AF551817

EUL
VERLAG

SUPPLY CHAIN, LOGISTICS AND OPERATIONS MANAGEMENT

Herausgegeben von Prof. Dr. Dr. h. c. Wolfgang Kersten, Hamburg

Band 9
Wolfgang Kersten, Thorsten Blecker and Christian M. Ringle (Eds.)
Managing the Future Supply Chain – Current Concepts and Solutions for Reliability and Robustness
Lohmar – Köln 2012 • 428 S. • € 67,- (D) • ISBN 978-3-8441-0180-5

Band 10
Thorsten Blecker, Wolfgang Kersten and Christian M. Ringle (Eds.)
Pioneering Supply Chain Design – A Comprehensive Insight into Emerging Trends, Technologies and Applications
Lohmar – Köln 2012 • 444 S. • € 68,- (D) • ISBN 978-3-8441-0181-2

Band 11
Thorsten Lammers
Komplexitätsmanagement für Distributionssysteme – Konzeption eines strategischen Ansatzes zur Komplexitätsbewertung und Ableitung von Gestaltungsempfehlungen
Lohmar – Köln 2012 • 276 S. • € 58,- (D) • ISBN 978-3-8441-0191-1

Band 12
Mayolo Alberto López Castellanos
Agent Based Simulation Approach to Assess Supply Chain Complexity and its Impact on Performance
Lohmar – Köln 2012 • 296 S. • € 59,- (D) • ISBN 978-3-8441-0209-3

Band 13
Philipp Alexander Hohrath
Analyse der strategisch und strukturell induzierten Verwundbarkeit von Wertschöpfungsnetzwerken – Eine empirische Untersuchung am Beispiel der Windenergieanlagenindustrie
Lohmar – Köln 2013 • 456 S. • € 69,- (D) • ISBN 978-3-8441-0239-0

Band 14
Daniel Dumke
Strategische Ansätze zur Risikoreduktion im Supply-Chain-Netzwerkdesign
Lohmar – Köln 2013 • 364 S. • € 64,- (D) • ISBN 978-3-8441-0253-6

JOSEF EUL VERLAG

Strategische Ansätze zur Risikoreduktion im Supply-Chain-Netzwerkdesign

Vom Promotionsausschuss der
Technischen Universität Hamburg-Harburg
zur Erlangung des akademischen Grades

Doktor der Wirtschafts- und Sozialwissenschaften
(Dr. rer. pol.)

genehmigte Dissertation

von

Daniel Dumke
aus
Dachau

2013

1. Gutachter: Prof. Dr. Dr. h. c. Wolfgang Kersten
Institut für Logistik und Unternehmensführung
Technische Universität Hamburg-Harburg

2. Gutachter: Prof. Dr.-Ing. Carlos Jahn
Institut für Maritime Logistik
Technische Universität Hamburg-Harburg

Tag der mündlichen Prüfung: 6. Februar 2013

Reihe: Supply Chain, Logistics and Operations Management · Band 14
Herausgegeben von Prof. Dr. Dr. h. c. Wolfgang Kersten, Hamburg

Daniel Dumke

Strategische Ansätze zur Risikoreduktion im Supply-Chain-Netzwerkdesign

Mit einem Geleitwort von Prof. Dr. Dr. h. c. Wolfgang Kersten,
Technische Universität Hamburg-Harburg

Bibliografische Information der Deutschen Nationalbibliothek

Die Deutsche Nationalbibliothek verzeichnet diese Publikation in der Deutschen Nationalbibliografie; detaillierte bibliografische Daten sind im Internet über <http://dnb.d-nb.de> abrufbar.

Dissertation, Technische Universität Hamburg-Harburg, 2013

ISBN 978-3-8441-0253-6
1. Auflage Mai 2013

JOSEF EUL VERLAG GmbH
Brandsberg 6
53797 Lohmar
Tel.: 0 22 05 / 90 10 6-6
Fax: 0 22 05 / 90 10 6-88
E-Mail: info@eul-verlag.de
http://www.eul-verlag.de

Bei der Herstellung unserer Bücher möchten wir die Umwelt schonen. Dieses Buch ist daher auf säurefreiem, 100% chlorfrei gebleichtem, alterungsbeständigem Papier nach DIN 6738 gedruckt.

Hic sunt leones

Geleitwort

Unter dem Begriff des Supply-Chain-Managements wird seit den 1980er Jahren die systematische Betrachtung der Interaktionen zwischen rechtlich selbstständigen Unternehmen, welche zur Erfüllung eines Kundenwunsches zusammenarbeiten, gefasst.

Die Schriftenreihe *Supply Chain, Logistics and Operations Management* dokumentiert die neuesten Entwicklungen in diesem Forschungsgebiet, mit Arbeiten, welche die verschiedenen Aspekte der Kooperation zwischen Unternehmen in Supply Chains beleuchten.

Im vierzehnten Band der Reihe wird von Daniel Dumke mit einer Reflexion über die Handhabung von Risiken in Supply Chains (Supply-Chain-Risikomanagement) ein Thema aufgegriffen, welches in der Forschung in den letzten Jahren stark an Bedeutung gewonnen hat.

In den letzten Jahren erweisen sich symbolträchtige Manifestationen dieser Risiken auf die komplexen, globalen Lieferketten als Denkanstoß sowohl für Praktiker als auch Forscher. Die Forschung im Bereich der Supply-Chain-Risiken beschränkte sich bisher jedoch vornehmlich auf den operativen Umgang mit Risiken. Im Abgleich mit der Praxis ergeben sich jedoch insbesondere Fragen hinsichtlich der konkreten Bewertung und Auswahl effektiver Strategien zur Reduktion von Risiken.

Die vorliegende Arbeit unterzieht unterschiedliche strategische Ansätze des Supply-Chain-Netzwerkdesigns, welche der Risikoreduktion dienlich sein können, einer vergleichenden Analyse. Gestützt auf Literaturanalyse, Experteninterviews und eine agentenbasierte Simulationsstudie nennt und bewertet Herr Dumke robuste Strategien, welche die Auswirkungen von Risiken reduzieren. Gleichzeitig bestimmt er Einflussfaktoren für die Strategiewahl. Er konkludiert, dass die Auswahl einer robusten Strategie insbesondere die intensive

Auseinandersetzung mit den existierenden Systemstrukturen und den -risiken voraussetzt.

Die Betrachtung von Risiken in komplexen, verbundenen und interagierenden Systemen erweist sich gerade in den letzten Jahren als ein spannendes Problemfeld. Durch die intensive Aufarbeitung der Problemstellung im Rahmen der Simulation und die Zusammenführung von Stand der Praxis und der Literatur, erlangt die Arbeit erhebliche wissenschaftliche und praktische Bedeutung. Ihr ist eine weite Verbreitung zu wünschen.

Hamburg, Februar 2013

Prof. Dr. Dr. h. c. Wolfgang Kersten

Vorwort und Danksagung

Diese Dissertation ist das Ergebnis meiner zweieinhalbjährigen Forschungsarbeit zum Thema Risikomanagement in vernetzten Systemen am Institut für Logistik und Unternehmensführung der Technischen Universität Hamburg-Harburg.

Das unternehmensübergreifende Risikomanagement stellt eine große Herausforderung für weltumspannende Lieferketten dar. In den letzten zwanzig Jahren nahm die Verwundbarkeit von Lieferketten durch komplexere Netzwerke und größere Exposition gegenüber Unsicherheiten stetig zu. Die strategischen Kompetenzen innerhalb der Unternehmen haben mit dieser Entwicklung jedoch nicht Schritt gehalten.

Diese Arbeit beinhaltet, neben einer detaillierten Analyse des Status Quo der strategischen Risikoreduktion in Forschung und Praxis, im Kern eine Analyse von Strategien zur Risikomitigation und eine Evaluation der Einflussfaktoren der Strategiewahl.

Neben der Freude am Thema und der daraus gewonnenen Motivation ist die Umsetzung einer so umfangreichen Forschungsarbeit nur durch die Mithilfe zahlreicher Unterstützer möglich.

Für die Möglichkeit zur Promotion, die Betreuung während der letzten zwei Jahre, die fruchtvollen, offenen Diskussionen, die Zeit an der Technischen Universität sowie für die Chance zur persönlichen und fachlichen Fortbildung möchte ich mich bei Prof. Dr. Dr. h. c. Wolfgang Kersten sehr herzlich bedanken.

Ich danke Prof. Dr.-Ing. Carlos Jahn für die Erstellung des Zweitgutachtens und die Diskussion im Rahmen der Vorbereitung, Prof. Dr. Christian Ringle für die Erstellung eines der zusätzlichen Gutachtens und Prof. Dr. Kathrin Fischer darüber hinaus für die Übernahme des Vorsitzes des Prüfungsausschusses.

Weiterhin möchte ich mich bei meinen Kollegen und Freunden am Institut für Logistik und Unternehmensführung für die interessanten Gespräche und Debatten sowie die Durchsicht meiner Arbeit bedanken.

Ohne die kontinuierliche Unterstützung meiner Eltern wäre die Vollendung dieser Arbeit nicht möglich gewesen. Meiner Frau danke ich für das offene Ohr und den Beistand während der letzten zweieinhalb Jahre.

Hamburg, Februar 2013

Daniel Dumke

Inhaltsübersicht

Inhaltsverzeichnis

Abbildungsverzeichnis

Tabellenverzeichnis

Abkürzungsverzeichnis

Anfbest.	Anfangsbestand
BOM	Stückliste (Bill of Materials)
DC	Distributionszentrum
DCF	Discounted Cash Flow
DRSC	Deutsches Rechnungslegungs Standards Committee e.V.
etc.	et cetera
f.	folgende
FCF	Free Cash Flow
i. e. S.	im engeren Sinne
i. w. S.	im weiteren Sinne
MA	Mitarbeiter
Mgmt.	Management
MTO	Make-to-order
MTS	Make-to-stock
o. ä.	oder ähnliche
p. a.	per annum
Prodg.	Produktionsgeschwindigkeit
S.	Seite
SC	Supply Chain
SCRM	Supply-Chain-Risikomanagement
Tsd.	Tausend
u.	und
u. a.	und andere
Ungew.	Ungewissheit
VaR	Value at Risk
vgl.	vergleiche
W.	Woche

WACC	Weighted Average Cost of Capital
Wk.	Wahrscheinlichkeit

1

Einleitung

Aufgrund der engen Verknüpfung globaler Lieferketten können Unterbrechungen eines kleinen Teils des Netzwerks zu Ausfällen in der gesamten Supply Chain führen. Die strukturellen Eigenschaften des Netzwerks haben einen erheblichen Einfluss auf die Widerstandsfähigkeit. Ziel ist es Strategien zu entwickeln, welche zu einer Verbesserung der Robustheit führen.

Als Einführung in diese Dissertation wird in diesem Kapitel zunächst der Status Quo *näher beleuchtet. Als Überblick für die weitere Arbeit werden auf Basis einer Systematischen Literaturanalyse die* Zielsetzung *dieser Dissertation und die* Forschungsfragen *präsentiert.*

Forschungsfrage 1: *Welche robusten Supply-Chain-Netzwerkdesignstrategien zur Risikoreduktion finden in Literatur und Praxis Anwendung?*

Forschungsfrage 2:

- a *Welche Umwelt-, Supply-Chain-, Unternehmens- und Risikofaktoren beeinflussen die Wahl robuster Strategien?*
- b *Welchen Einfluss haben diese Faktoren auf die Wahl der robusten Strategie?*
- c *Welche Fallunterscheidungen ergeben sich für die Wahl der robusten Strategie?*

Forschungsfrage 3: *Welche allgemeinen Handlungsanleitungen können für die Anwendung robuster Strategien gegeben werden?*

1.1 Einführung

Unternehmen sehen sich wachsenden Supply-Chain-Risiken gegenüber. Steigende Distanzen zwischen den Elementen einer Supply Chain und erhöhte Anforderungen an Reaktionszeiten und Qualität aufgrund sich verschiebender Marktstrukturen auf Angebots- und Nachfrageseite führen zu einer höheren Anfälligkeit der Supply Chains (vgl. JÜTTNER U. A. 2003; KLEINDORFER U. SAAD 2005). Aktuelle, medienpräsente Katastrophen und Supply-Chain-Unterbrechungen, welche eine Vielzahl unterschiedlicher Lieferketten betreffen, erwecken den Eindruck, dass auch die Zahl und Schwere von Risiken zunimmt.

In der Praxis kann ein verstärktes Populärinteresse an den Auswirkungen disruptiver Ereignisse auf die Lieferketten verzeichnet werden. Dies kann insbesondere an der Berichterstattung in den Medien festgemacht werden, welche vermehrt auf die Hintergründe und Implikationen von Unterbrechungen auf Supply Chains eingeht (Beispiel Tsunami 2011: vgl. BRADSHER 2011). Weiterhin beginnen Unternehmen damit vermehrt Risikoaspekte höher zu priorisieren (vgl. KPMG 2010).

Fallbeispiele zeigen, dass die Auswirkungen der Risiken Unternehmen unterschiedlich betreffen können (vgl. NORRMAN U. JANSSON 2004). Die strategische Ausrichtung der Supply Chain stellt hierfür einen wesentlichen Einflussfaktor dar (vgl. CRAIGHEAD U. A. 2007). Unternehmen stehen daher vor der Aufgabe Risiken genau zu analysieren, Verwundbarkeiten festzustellen und vor allem Strategien zu entwickeln, um die strukturellen Voraussetzungen zu schaffen und damit die Supply Chains den Erfordernissen anzupassen.

In der betriebswirtschaftlichen Forschung zeigt sich dieser neue Fokus im Forschungsgebiet des Supply-Chain-Risikomanagements. Die Zahl der Veröffentlichungen mit Fokus auf dem Supply-Chain-Risikomanagement steigt in den letzten fünfzehn Jahren beständig (vgl. TANG U. MUSA 2011). Wissenschaftliche Verlage und Konferenzen unterstützen diese Entwicklung durch die Auflage einer großen Zahl von themenbezogenen Schwerpunkten (beispielsweise 2012: Elsevier; 2011: POMS, Emerald; 2010: InderScience; 2009: Elsevier).

1.2 Ausgangssituation

Die folgenden Ausführungen basieren auf einer Literaturanalyse, deren Ergebnisse in Kapitel 3 detailliert beschrieben werden. In der Supply-Chain-Forschung werden Risiken schon seit den 1990er Jahren in Forschungsansätze, Konzepte und Modelle integriert. Zusätzlich zu der hohen Komplexität der

Supply Chain bilden Risiken und Ungewissheit seitdem einen integralen Bestandteil dieser Überlegungen. Startpunkt stellt insbesondere die Integration von Nachfrageschwankungen in mathematische Modelle dar. Unterbrechungsrisiken, also Risiken, welche selten auftreten, jedoch ein hohes Schadenspotential besitzen, finden bis zur Jahrtausendwende kaum Beachtung.

Es können heute jedoch Veränderungen im Risikobewusstsein in Theorie und Praxis festgestellt werden, welche unter anderem auf die gesteigerte mediale Aufmerksamkeit für Unterbrechungen und die sich ändernden Rahmenbedingungen zurückgeführt werden können. Dies bedeutet auch eine Adjustierung des, seit den achtziger Jahren existierenden, Paradigmas der *schlanken Supply Chain*. Denn je nach Ausgestaltung vergrößern die Methoden des Lean-SCM, wie zum Beispiel die Just-in-Time-Produktion oder ähnliche, die Verwundbarkeit einer Supply Chain weiter.

Forschung und Praxis sind daher angehalten Strategien zu entwickeln, welche robuste Supply Chains fördern, ohne gleichzeitig errungene Kostenvorteile zunichte zu machen. Robuste Ansätze haben zum Ziel, die Verwundbarkeit der Supply Chain gegenüber einer großen Zahl von Risiken zu reduzieren. Dies kann jedoch nur durch eine intensive Auseinandersetzung mit den bestehenden Strukturen der Supply Chain, den zu erwartenden Risiken und den Wirkungsmechanismen der Strategien erfolgen, um so eine angepasste Risikominderung zu erreichen. Im Verlauf dieser Arbeit kann gezeigt werden, dass in Forschung und Praxis bisher Handlungshinweise fehlen, welche diese Entscheidungsfindung unterstützen. Die genauen Hebel der einzelnen Einflussfaktoren scheinen unklar und damit auch die Antwort auf die Frage, wie die Struktur der Supply Chain (Supply-Chain-Netzwerkdesign) beschaffen sein muss, um das Ziel der Robustheit zu erreichen. Dieser Umstand wird durch die Vielzahl der existierenden Strategien, aus welchen ausgewählt werden kann, weiter erschwert.

1.3 Ziel der Arbeit

Ziel dieser Arbeit ist die Entwicklung und Bewertung robuster Ansätze zur umfassenden Reduktion von Unterbrechungsrisiken im Rahmen des strategischen Supply-Chain-Netzwerkdesigns. Zur Vorbereitung von Forschungsvorhaben geben MELLO U. FLINT (2009) einen Prozess mit vier Schritten, von der Beschreibung eines ursprünglichen Phänomens bis hin zur Festlegung der Forschungsmethodik, vor.

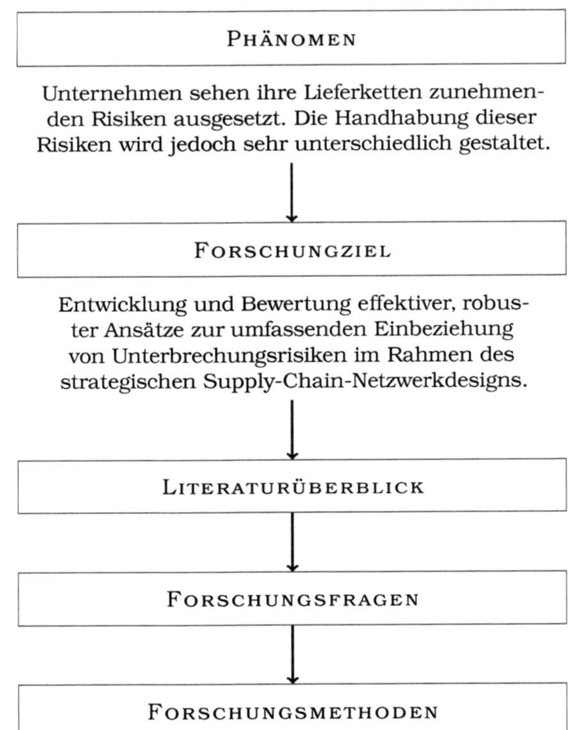

Abbildung 1.1: Prozessdarstellung: Vom Phänomen zur Forschungsmethode (aufbauend auf MELLO U. FLINT 2009, S. 110)

Zunächst muss das zu untersuchende *Phänomen* bestimmt werden. Hieraus leitet sich das *Forschungsziel* ab. Die *Forschungsfragen* konkretisieren dieses Ziel und grenzen die dazugehörigen Forschungsschwerpunkte ab. Aus den Forschungsfragen ergeben sich die zu verwendenden *Forschungsmethoden*. Für die hier vorliegende Forschungsarbeit ist der Prozess und die Beschreibung der ersten beiden Teilschritte in Abbildung 1.1 dargestellt. Die Ergebnisse der weiteren Schritte werden unten ausführlich erläutert.

Ausgehend von dem Forschungsziel werden die Forschungsfragen mit Hilfe eines Literaturüberblicks entwickelt und im Verlauf der Systematischen Literaturanalyse (Kapitel 3) konkretisiert. Das Forschungsziel wird mittels fünf Forschungsfragen aus unterschiedlichen Blickwinkeln näher beleuchtet. Es beinhaltet die Entwicklung und Bewertung effektiver und robuster Ansätze

Tabelle 1.1: Forschungsfragen

Nr.	Forschungsfrage	Selektierte Methode[1]
1	Welche robusten Supply-Chain-Netzwerkdesignstrategien zur Risikoreduktion finden in Literatur und Praxis Anwendung?	Literaturanalyse, Experteninterviews
2a	Welche Umwelt-, Supply-Chain-, Unternehmens- und Risikofaktoren beeinflussen die Wahl robuster Strategien?	Literaturanalyse, Experteninterviews und Simulation
2b	Welchen Einfluss haben diese Faktoren auf die Wahl der robusten Strategie?	Simulation
2c	Welche Fallunterscheidungen ergeben sich für die Wahl der robusten Strategie?	Simulation
3	Welche allgemeinen Handlungsanleitungen können für die Anwendung robuster Strategien gegeben werden?	Simulation

[1] Die Herleitung und Begründung der ausgewählten Methoden erfolgt zu Beginn der jeweiligen Kapitel. Ein Überblick findet sich in Abbildung 1.3.

zur umfassenden Einbeziehung von Unterbrechungsrisiken im Rahmen des strategischen Supply-Chain-Netzwerkdesigns.

Tabelle 1.1 zeigt eine Gegenüberstellung der Forschungsfragen und der jeweils anzuwendenden Methodik. Mit der *ersten Forschungsfrage* soll die Anknüpfung an die betriebswirtschaftliche Praxis sichergestellt und gleichzeitig die Basis für die weitere Forschung gelegt werden. Basis für die Beschreibung der Strategien stellt eine Systematische Literaturanalyse und Experteninterviews dar.

Die *zweite Forschungsfrage* kann in drei aufeinander aufbauende Unterpunkte gegliedert werden. Teilfrage *2a* zielt darauf ab, die Einflussfaktoren für die Auswahl robuster Strategien im Supply-Chain-Netzwerkdesign aufzudecken und aufzulisten. Hierfür werden die Ergebnisse der Experteninterviews und einer Simulationsstudie herangezogen. Als Fortführung dient die Teilfrage *2b* dazu, herauszufinden, inwiefern die aufgedeckten Einflussfaktoren auf die Auswahl robuster Risikoreduktionsstrategien wirken. Dieser Teilaspekt soll mit Hilfe der Simulationsstudie untersucht werden. Hieraus ergeben sich Fallunterscheidungen, welche in Frage *2c* Betrachtung finden.

Zuletzt soll in der *dritten Forschungsfrage* der Bogen zurück zur Praxis geschlagen werden und Handlungsempfehlungen für die Ausgestaltung robuster Strategien des Supply-Chain-Netzwerkdesigns zur Reduktion von Unterbrechungsrisiken innerhalb der Supply Chain gegeben werden.

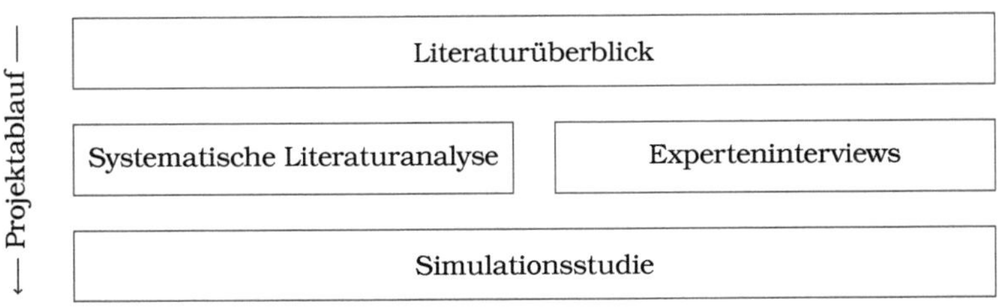

Abbildung 1.2: Zeitlicher Kontext der Methodenumsetzung

Um die Validität der Ergebnisse zu erhöhen erfolgt die Analyse der Forschungsfragen mit Hilfe einer methodischen Triangulation. Neben der Literaturanalyse erfolgt die Beantwortung der Fragen mit Hilfe von Experteninterviews und einer Simulationsstudie. In den Kapiteln 3.1, 4.1 und 5 wird die Begründung der Methodenauswahl für die jeweilige Methode dargelegt.

Die zeitliche Umsetzung der Methoden ist in Abbildung 1.2 zusammengefasst. Grundlage für die weitere Forschung stellt zunächst der vorbereitende Literaturüberblick dar. Dieser legt die Basis für die Systematische Literaturanalyse und die Experteninterviews. Die Expertengespräche dienen dazu einen praktischen Einblick in das Forschungsfeld zu gewinnen und werden von der Systematischen Literaturanalyse begleitet. Der Erkenntnisgewinn aus diesen Methoden hält im Anschluss daran Einzug in die Simulation.

1.4 Vorgehensweise und Aufbau

Die Analyse der Forschungsfragen erfolgt in dieser Arbeit in drei Hauptteilen. Abbildung 1.3 stellt den Aufbau in einer Übersicht zusammenfassend dar.

In *Kapitel 2* werden zunächst die begrifflichen Grundlagen für die Arbeit gelegt. Hier werden die unterschiedlichen Definitionsansätze dargelegt und die für diese Arbeit getroffene Auswahl begründet.

Die darauf folgenden vier Kapitel präsentieren die drei verwendeten Forschungsmethoden in dieser Arbeit und deren Ergebnisse. Im Einzelnen wird in *Kapitel 3* die Basis der Arbeit durch die Analyse der vorhandenen Literatur zu diesem Thema gelegt und es erfolgt die Ableitung der Forschungslücken. Zu diesem Zweck wird zunächst die Methode der Systematischen Literaturanalyse erläutert. Im Anschluss daran werden die Ergebnisse dargestellt.

Kapitel 4 zeigt den aktuellen Stand der Praxis, bezogen auf die Forschungsfragen, auf. Zuerst werden Experteninterviews als Forschungsmethode erläutert, um

KAPITEL 1: EINLEITUNG

↓

KAPITEL 2: THEORETISCHE GRUNDLAGEN

2.1–2.6 Begriffliche Abgrenzung des Themengebietes

2.7 Darstellung der theoretischen Fundierung

↓

KAPITEL 3: STAND DER FORSCHUNG

3.1 Begründung und Ausführung der Methode der Systematischen Literaturanalyse

3.2–3.5 Aktueller Forschungsstand und Herausarbeitung der Forschungslücken in den Bereichen Risikobetrachtung, -reduktionsstrategien und Handlungsempfehlungen

↓

KAPITEL 4: STAND DER PRAXIS

4.1–4.2 Beschreibung des Experteninterviews als Grundlage für die Analyse des Praxisstandes

4.3–4.4 Vorstellung und Diskussion der Ergebnisse und deren Auswirkungen auf die weitere Forschung

↓

KAPITEL 5: SIMULATION ALS FORSCHUNGSMETHODE

5.1–5.2 Erläuterung quantitativ ausgerichteter Forschungsmethoden

5.3–5.4 Beschreibung der (agentenbasierten) Simulation

↓

KAPITEL 6: SIMULATION UND AUSWERTUNG DER ERGEBNISSE

6.1–6.2 Erläuterung des verwendeten Simulationsmodells und dessen Erstellungsprozess

6.3–6.4 Beschreibung der Simulationsexperimente und -durchführung

6.5–6.6 Präsentation und Analyse der Simulationsergebnisse

↓

KAPITEL 7: GESTALTUNGSEMPFEHLUNGEN

7.1 Beantwortung der Forschungsfragen und Ableitung von Handlungsempfehlungen

7.2–7.3 Fazit und Ausblick auf weiteren Forschungsbedarf

Abbildung 1.3: Aufbau der Arbeit

daraufhin die Ergebnisse aus neun intensiven, semi-strukturierten Gesprächen darzulegen.

Die Simulation als Methode zur quantitativen Analyse der Problemstellung wird in *Kapitel 5* vorgestellt und die Ergebnisse der Simulation werden im Anschluss daran in *Kapitel 6* präsentiert.

In *Kapitel 7* werden aus diesen Ergebnissen Handlungsempfehlungen für das Supply-Chain-Netzwerkdesign abgeleitet und im Hinblick auf Managementimplikationen und die gestellten Forschungsfragen erörtert.

2

Theoretische Grundlagen

Als Grundlage für die weitere Arbeit ist es notwendig, die verwendeten Begriffe zu erläutern. Hierzu werden anhand einer Quellenanalyse unterschiedliche Definitionen für die häufig verwendeten Bezeichnungen erörtert und eine situationsadäquate Definition für die weitere Arbeit festgelegt.

Die folgenden Definitionen für zwei häufig gebrauchte Termini werden zu Grunde gelegt:

> **Unterbrechung.** *Unterbrechungen umfassen alle Risiken, welche einen* signifikanten *Einfluss auf das Gleichgewicht zwischen Angebot und Nachfrage in einer Supply Chain haben und eine geringe Eintrittsfrequenz aufweisen.*

> **Supply-Chain-Netzwerkdesign.** *Supply-Chain-Netzwerkdesign bezeichnet denjenigen Teil der Supply-Chain-Strategie, welcher sich auf das Supply-Chain-Netzwerk und seine strategischen Parameter, wie beispielsweise Standorte, Kapazität, Produktionsprozesse bezieht.*

Neben diesen Definitionen werden die Begriffe Risiko, Risikomanagement *und dessen Bestandteile sowie* Supply Chain *und* Supply-Chain-Management *diskutiert. Außerdem wird in Abschnitt 2.6 auf die speziellen Aspekte von* Supply-Chain-Risiken *eingegangen. Der letzte Abschnitt erläutert die* Kontingenztheorie *als theoretische Fundierung der Arbeit.*

2.1 Risiko

2.1.1 Konzeptualisierung

Der Risikobegriff wird in den wissenschaftlichen Forschungsgebieten sehr unterschiedlich definiert, es existiert keine mehrheitlich verwendete, klar abgegrenzte Spezifizierung (vgl. JONEN 2007, S. 1). Daher werden in diesem Abschnitt zunächst die historische Begriffsentwicklung und die Eigenschaften von Risikodefinitionen beleuchtet, um im Anschluss daran eine kontextabhängige Definition des Risikobegriffs zu entwickeln.

2.1.1.1 Etymologische Herleitung

Eine etymologische Betrachtung ergibt Hinweise auf die Entstehung des Risikobegriffs im Altgriechischen, Lateinischen oder Arabischen.

Als griechischer Ursprung kann ρίζα (*rhiza*: „Wurzel", „Klippe"; KLUGE U. GÖTZE 1951, S. 618) oder ριζικών (*rhizikon*: „Klippe"; PINKUS 2011, S. 63) heran gezogen werden.

Unter Rückgriff auf das lateinische *risicare* beziehungsweise *resecare* („Gefahr laufen", „wagen"; KLUGE U. GÖTZE 1951, S. 618) ist eine Deduktion ebenfalls möglich. Diesen Begriffen ist gemein, dass sie das Risiko zwar als ein Hindernis oder eine Gefahr beschreiben, dieses jedoch unter Umständen entdeckt und umschifft werden kann.

Der Ausdruck kann ebenfalls aus dem Arabischen hergeleitet werden. Hier ist das Wort رزق (*rizq*: „von Allah gegeben") anzuführen. Diese Übersetzung deutet jedoch eher auf eine schicksalhafte Natur der Bedrohung hin (vgl. NORRMAN U. LINDROTH 2004, S. 17 f.; KLUGE U. GÖTZE 1951, S. 618).

Der Duden gibt an, dass im Deutschen seit dem 16. Jahrhundert *risico* als kaufmännischer Begriff für die Gefahr oder das Wagnis Verwendung findet (vgl. DROSDOWSKI 1989, S. 595). Insbesondere den Bedarf zur besseren Beurteilung von Glücksspielen sehen KHAN U. BURNES (2007, S. 198) als Grund für die intensivere Auseinandersetzung mit dem Risiko im 17. Jahrhundert. Trotz der weitreichenden Verwendung des Begriffs ergibt sich aus der historisch/ etymologischen Betrachtung keine einheitliche Begriffsverwendung. Eine wissenschaftliche Definition muss daher auf anderer Basis erfolgen. Hierzu wird im Folgenden zunächst die heutige Begriffsverwendung in unterschiedlichen Disziplinen analysiert.

2.1.1.2 Heutige Begriffsverwendung

Die uneinheitliche Verwendung des Risikobegriffs hat ihren Ursprung in praktischen Überlegungen (vgl. JONEN 2007, S. 6). Beispielsweise kann Risiko entweder einseitig mit einer Beschränkung auf die negativen Aspekte betrachtet werden oder alternativ mit sowohl positiven als auch negativen Ausprägungen. Somit sind auch je nach wissenschaftlichem Kontext unterschiedliche Definitionen gebräuchlich (vgl. LUHMANN 1991, S. 9).

Der *mathematisch-technische Ansatz* definiert das Risiko als das Produkt von Ausmaß und Eintrittswahrscheinlichkeit (vgl. hier und im Folgenden JONEN 2007, S. 9 ff.). Die Wahrscheinlichkeit (p) bezieht sich auf ein zukünftiges, unsicheres Ereignis, welches mit Ausmaß (A) auf eine Zielgröße wirkt (vgl. TODHUNTER 1865, S. 469 ff.). Die Formel 2.1 dient dazu das vorab zu erwartende Ausmaß zu errechnen (Erwartungswert).

$$EW = p * A \tag{2.1}$$

Kritik wird vor allem an der Nichtbeachtung von subjektiven Empfindungen und Wahrnehmungen geäußert, außerdem wird die Ursache des Risikos in dieser Betrachtung ausgeklammert.

Auch in der *Soziologie* wird ein Risikobegriff verwandt. Hier wird das Risiko von der Gefahr unterschieden. Eine Gefahr liegt dann vor, wenn externe Einflüsse zu einem möglichen Schaden führen können, ein Risiko, wenn eine eigene Entscheidung dies zur Folge haben kann. Risiken werden in der Soziologie nicht gemessen, sondern der Begriff steht für einen „zentralen gesellschaftlichen Konfliktgegenstand" (LAU 1989, S. 419).

In den *Rechtswissenschaften* wird der Risikobegriff zum Teil ohne Definition verwandt, zum Teil jedoch sehr umfassend in Gesetzen, wie beispielsweise dem Gentechnikgesetz (GenTG) definiert. Auch im, für die Unternehmenspraxis bedeutsamen (vgl. FIEGE 2006, S. 12 ff.), Gesetz zur Kontrolle und Transparenz im Unternehmensbereich (KonTraG) hat das Risiko eine besondere Relevanz, wird jedoch nicht direkt definiert und muss abgeleitet werden (vgl. hier und im Folgenden FIEGE 2006, S. 44 f.). Nach der herrschenden Meinung schließt in diesem Sinne ein Risiko auch Ungewissheit (siehe Kapitel 2.1.1.3) mit ein, es ist demnach nicht notwendig, dass einem Ereignis eine Wahrscheinlichkeit zugeordnet werden kann. Des Weiteren liegt der Fokus auf Risiken im negativen Sinne. Für die Betrachtung weiterer Gesetze, welche einen Risikobegriff definieren, sei auf JONEN (2007, S. 13 ff.) verwiesen.

Auch innerhalb der *Betriebswirtschaftslehre* weichen die verwendeten Definitionen voneinander ab. Nach PFOHL u. EHRENHÖFER (2009, S. 126) und

Jüttner u. a. (2003, S. 199) kann das Risiko als ursache- oder wirkungsbezogener Begriff Verwendung finden. In einer umfassenden Literaturanalyse identifiziert Jonen (2007, S. 17 ff.) den angenommenen Informationszustand als zusätzliches Attribut einer Risikodefinition. Der folgende Abschnitt detailliert die betriebswirtschaftliche Risikodefinition, mit dem Ziel eine adäquate Definition für den Kontext dieser Arbeit zu finden.

2.1.1.3 Risikokategorisierung

Im Folgenden werden Möglichkeiten der Ordnung von Risiken vorgestellt. Diese dienen im nächsten Kapitel als Grundlage für die qualitative Risikodefinition. Die Definitionsmerkmale der betriebswirtschaftlichen Risikodefinition werden hinsichtlich der Aspekte Risikoursache, Informationszustand und Zieldimension näher spezifiziert. Diese Analyse legt die Grundlagen für die darauf folgende qualitative und quantiative Definition.

Ursprung des Risikos

Risikodefinitionen können sich zunächst auf den Ursprung des Risikos beziehen. Dabei werden die drei Faktoren Entscheidungsorientierung, Ereignisorientierung und Basisfaktoren unterschieden.

In der *entscheidungsorientierten Ausrichtung* steht die Entscheidung über mögliche Handlungsalternativen im Vordergrund. Das Risiko der Folgen der Entscheidung wird mit der Verteilungsfunktion der Wahrscheinlichkeiten $f(x)$ abgebildet. So kann das Risiko präzise abgegrenzt werden. Dies führt jedoch dazu, dass andere Schäden, welche nicht auf einer bewussten Handlung beruhen, lediglich als Gefahr und nicht mehr als Risiko aufgefasst werden.

Definitionen können sich des Weiteren auch auf ein *Ereignis* beziehen, welches zu der Zielabweichung (Kapitel 2.1.1.3) beiträgt. Hierbei kann es sich ebenfalls um eine potentielle Störung handeln, welche durch Menschen oder technische Ursachen hervorgerufen wird.

Unter den *Basisfaktoren* werden die Umweltzustände zusammengefasst, in welche eine Leistungserbringung eingebettet ist. Risiko ist hier somit ein Nebenprodukt jeder wirtschaftlichen Handlung. Hier liegt häufig die „Annahme einer schicksalhaften Verknüpfung von wirtschaftlicher Tätigkeit und Risiko zu Grunde“ (Jonen 2007, S. 19).

Informationszustand

Risiko kann ebenso als ein Informationszustand beschrieben werden. Es stellt hiernach einen Zustand dar, in welchem zumindest die möglichen Umstände bekannt sind und Wahrscheinlichkeiten für jeden Zustand angegeben werden können. Hiervon muss der Zustand der Ungewissheit abgegrenzt werden, in welchem es nicht möglich ist, objektive Wahrscheinlichkeiten für zukünftige Umweltzustände anzugeben und/oder es nicht möglich ist, die Umweltzustände an sich vollständig aufzulisten (vgl. KNIGHT 1921, S. 11). Als Beispiel für die Unterscheidung kann der Wurf eines perfekten Würfels angeführt werden; dieser stellt unter diesem Aspekt eine Risikosituation dar, da die möglichen Ergebnisse vollständig bestimmbar und die Wahrscheinlichkeit für ihr Eintreten bekannt sind. Entscheidungen im Unternehmensumfeld, bei welchen die Konsequenzen häufig nur unvollständig analysiert werden können, sind dagegen ein Beispiel für Ungewissheit. Sie bezeichnet somit einen speziellen Informationszustand in der Entscheidungstheorie, bei welchem keine Informationen über die Wahrscheinlichkeit eines Ereignisses vorliegen (vgl. BAMBERG U. A. 2008, S. 111 f.; EISENFÜHR U. WEBER 2003, S. 259 f.). Für den Fall, dass zusätzlich keine Informationen über die möglichen Umweltzustände vorhanden sind, spricht KNIGHT (1921, S. 11 f.) von vollkommener Ungewissheit. EISENFÜHR U. WEBER argumentieren weiter, dass es auch in der Praxis stets möglich sein sollte zumindest einen Bereich für die Wahrscheinlichkeit anzugeben und damit eine entscheidungstheoretische Bearbeitung des Problems zu ermöglichen.

Darüber hinaus kann der Informationsstand bezüglich der Wahrscheinlichkeit weiter in subjektive beziehungsweise objektive Wahrscheinlichkeiten aufgeschlüsselt werden (vgl. ROGLER 2002, S. 9 f.). Subjektive Wahrscheinlichkeiten bezeichnen einen Fall, in welchem eine individuelle Abschätzung über die Wahrscheinlichkeit eines Ereignisses vorgenommen werden muss. Im Gegensatz dazu wird von objektiven Wahrscheinlichkeiten gesprochen, wenn diese unabhängig nachvollziehbar sind. In einer großen Mehrheit der Veröffentlichungen in den Forschungsfeldern der Betriebswirtschaftslehre wird davon ausgegangen, dass objektive Wahrscheinlichkeiten und ein definiertes Ausmaß vorliegen (vgl. ADAMS 1996, S. 10 ff.).

Zieldimension

Außerdem weist der Risikobegriff auch wirkungsbezogene beziehungsweise zielorientierte Bestandteile auf. Gesetzte Ziele können so Einzug in die Risikodefinition halten. Zunächst kann eine Zielerreichung unterschiedliche Bereiche betreffen. Der Zielbereich kann vorrangig nach der Art der Abweichung, beispielsweise in Gefahr einer Kostenerhöhung, Vermögensverlust oder immaterielle Werte, unterteilt werden. Des Weiteren ist zu definieren, ob ausschließlich negative oder aber auch positive Abweichungen vom Zielwert als Risiko gesehen werden. Hierbei stellt die Festlegung des *Nullpunktes* einen wichtigen Aspekt dar, so wird bei individuellen Entscheidungen häufig ein vorgegebener Wert (beispielsweise der Break-Even Punkt) als Referenz angewendet (vgl. EISENFÜHR u. WEBER 2003, S. 179 f.). Hier werden unterschiedliche Interpretationsmöglichkeiten deutlich. Nach ARROW (1965) beinhaltet das Risiko sowohl positive als auch negative Zielabweichungen. Insbesondere empirische Studien mit Managern (beispielsweise MARCH u. SHAPIRA 1987) kommen jedoch zu dem Schluss, dass Risiko von diesen primär als negative Abweichung interpretiert wird.

Zuletzt quantifiziert das Zielausmaß das Risiko und ist damit ein entscheidendes Kriterium für die Beurteilung der Höhe des Risikos. Hierbei sind auch Aspekte wie der zeitliche Horizont (kurz-, mittel- oder langfristig) mit einzubeziehen.

Einschränkungen

Risikodefinitionen enthalten häufig Einschränkungen, um einzelne Faktoren auszugrenzen (vgl. JONEN 2007, S. 28). Diese ausgeschlossenen Anteile sind dann nicht mehr zum Zweck der Definition zu zählen. Als Beispiel kann angeführt werden, dass Risiken, welche nicht zum Kern der Unternehmenstätigkeit gehören aus dem Geltungsbereich einer Definition ausgeschlossen werden. Diese Risiken werden dementsprechend nicht weiter betrachtet. Insbesondere der Begriff der Supply-Chain-Risiken, welcher in Kapitel 2.6 näher erläutert wird, impliziert jedoch eher ein weiter gefasstes Verständnis des Risikobegriffs.

2.1.1.4 Qualitative Definition

Die vorangegangenen Überlegungen dienen als Basis für die folgende, qualitative Definition. Die oben genannten Merkmale einer Risikodefinition werden für den Kontext dieser Arbeit diskutiert und im Anschluss daran festgelegt. Der Bezugsrahmen dieser Arbeit bestimmt die einzubeziehenden Bestandteile der Risikodefinition. Im Bereich der strategischen Planung sind auch positive Abweichungen zu berücksichtigen, da eine veränderte Designentscheidung nicht nur eine Veränderung hin zu negativen Ergebnissen zur Folge haben, sondern sehr wohl auch positive Chancen aufweisen kann. Manager in der Unternehmenspraxis tendieren jedoch dazu Risiko als einseitig negativ zu interpretieren (vgl. MARCH u. SHAPIRA 1987, S. 1407). Um diesen Anforderung gerecht zu werden, können darüber hinaus Risikomaße einbezogen werden, welche einen speziellen Fokus auf das negative Risiko legen. Beispiele hierfür können der Value at Risk (VaR) oder Semivarianz (vgl. RUEFLI u. A. 1999, S. 180) sein.

Für diese Arbeit und insbesondere im Hinblick auf die Supply Chain manifestiert sich Risiko durch eine Unterbrechung von Material-, Informations-, Wissens-, Steuerungs- oder Koordinationsfluss (vgl. NARASIMHAN u. TALLURI 2009, S. 115). Zusammenfassend wird Risiko wie folgt definiert:

Definition 2.1. *Risiko ist das potentielle Auftreten eines Ereignisses, das zu einer positiven oder negativen Zielabweichung innerhalb einer Supply Chain führen kann. Das Vorliegen objektiver Eintrittswahrscheinlichkeiten ist nicht notwendig.*

Der Fokus dieser Definition liegt dementsprechend auf der Analyse der Wirkung von Risiken. Ursachen und Wahrscheinlichkeiten werden nicht weiter betrachtet.

2.1.1.5 Quantitative Definition

Da diese Arbeit vornehmlich auf quantitative Methoden zurückgreift, soll in diesem Abschnitt zudem eine quantitative Definition entwickelt werden. Dementsprechend werden in diesem Abschnitt die oben genannten Aspekte in einer quantitativen Definition von Risiko zusammengefasst.

Risiken können entweder szenariobasiert oder als Wahrscheinlichkeitsverteilung abgebildet werden (vgl. GUPTA u. MARANAS 2003, S. 1222). Ein Szenario stellt eine einzelne Kombination aus einem Ereignis, seiner Eintrittswahrscheinlichkeit und der daraus erwachsenden Konsequenz dar. Dabei konvergiert die Modellierung einer szenariobasierten Abbildung hin zum distributionsbasierten Risiko, wenn die Zahl der Szenarien (N) erhöht wird (für $N \to \infty$). Eine distributionsorientierte Abbildung des Risikos beinhaltet folglich, dass ein Ereignis nicht nur eine mögliche Konsequenz haben kann, sondern unterschiedliche Konsequenzen mit jeweils eigenen Wahrscheinlichkeiten (vgl. GOETSCHALCKX u. FLEISCHMANN 2008, S. 119 f.). Konsequenz–Wahrscheinlichkeitspaare können in Form eines Distributionsgraphen dargestellt werden (Abbildung 2.1; kontinuierlich mit $N = 50$).

Eine unsichere Zukunft wird nach KAPLAN u. GARRICK (1981, S. 13) mittels dreier Aspekte vollständig beschrieben: Szenario (S_i), Eintrittswahrscheinlichkeit (p_i) und Konsequenz (x_i). Das Risiko (R) wird damit als Tripel wie folgt festgelegt:

$$R_i = (S_i, p_i, x_i), \quad \forall \quad i = 1, 2, ..., N \tag{2.2}$$

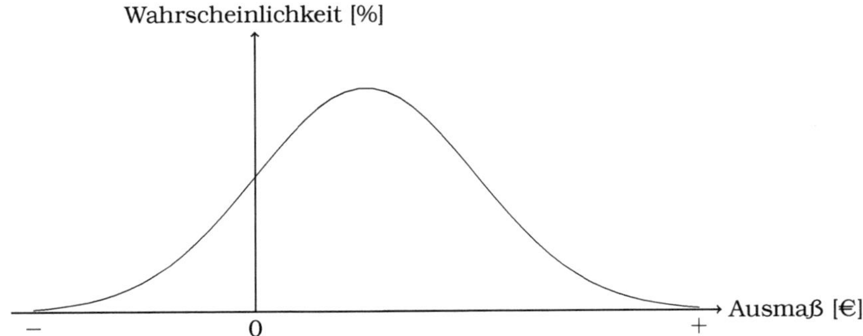

Abbildung 2.1: Dichtefunktion einer normalverteilten Zufallsvariable

Distributionsbasierte Risiken werden dagegen mittels einer Verteilungsfunktion definiert. Gleichung 2.3 zeigt als Beispiel die Dichtefunktion $f(x)$ einer normalverteilten Zufallsgröße (mit $\mu = 0$ und $\sigma = 1$; BARTH U. A. 1998, S. 110).

$$f(x) = \frac{1}{\sqrt{2\pi}} e^{-x^2/2} \tag{2.3}$$

In dieser Arbeit werden Risiken als Szenarien verstanden und in dieser Form analysiert. Sie werden vorab einzeln identifiziert und bewertet, um daraufhin Einzug in die weitere Untersuchung halten zu können.

2.1.2 Kategorisierung von Risiken

Einzelrisiken können weiterhin verschiedenen Klassen zugeordnet werden. Das Ziel der Risikokategorisierung ist es, die Vielzahl möglicher Risiken zu ordnen, um eine vollständige Erfassung zu ermöglichen. Kern dieser Arbeit stellen die Unterbrechungsrisiken dar, welche im folgenden Kapitel definiert werden.

Tabelle 2.1 gibt einen Überblick über die in der Literatur verwendeten Kriterien. Aufgrund der Vielzahl unterschiedlicher Risiken kann diese Aufstellung nur einen Ausschnitt abbilden. Andere Autoren haben die von ihnen verwendeten Risiken weiter untergliedert, so wurden beispielsweise spezifische Unterkategorien für Insolvenzrisiko (vgl. PFOHL U. EHRENHÖFER 2009), für Produktrisiken (vgl. DAHMEN 2002) oder für Lieferantenausfallrisiken (vgl. BABICH 2006) entwickelt.

Tabelle 2.1: Risikokategorisierung in der Literatur (in Anlehnung an BÖGER 2010, S. 16f.)

Quelle	Kriterium	Beschreibung
CHRISTOPHER U. PECK (2004); RAO U. GOLDSBY (2009); RITCHIE U. BRINDLEY (2000); ROGLER (2002)	Risikoquelle	Bereich, in dem ein Schaden entsteht
HARLAND U. A. (2003); HAYWOOD U. PECK (2003)	Schadensart	Art der Zielabweichung
MESECK (2004)	Treiber	Mögliche Risikofaktoren
ROGLER (2002)	Risikograd/ -ausmaß	Höhe des möglichen Schadens/der Zielabweichung
BURGER U. BURCHHART (2002); WU U. A. (2006)	Beeinflussbarkeit	Grad der Beeinflussbarkeit eines Risikos
BURGER U. BURCHHART (2002)	Versicherbarkeit	Grad der Versicherbarkeit eines Risikos
CAVINATO (2004); TSAI (2008)	Supply-Chain-Fluss	Teilsystem der Supply Chain, auf das sich das Risiko bezieht
BURGER U. BURCHHART (2002); ROGLER (2002)	Messbarkeit	Möglichkeit, Zustände zahlenmäßig abzubilden
ROGLER (2002)	Abwälzbarkeit	Möglichkeit der Abwälzbarkeit auf Dritte
ROGLER (2002)	Kalkulatorische Behandlung	Behandlung eines Risikos im Rechnungswesen
ROGLER (2002); TUMMALA U. LEUNG (1996)	Häufigkeit	Häufigkeit beziehungsweise Wahrscheinlichkeit eines Risikos
BURGER U. BURCHHART (2002); FAISAL U. A. (2007a); SCHÜTZ U. A. (2009)	Zeitlicher Kontext	Zeitraum, auf den sich ein Risiko bezieht
BURGER U. BURCHHART (2002); KAJÜTER (2003a)	Beziehungen	Beziehungen zwischen einzelnen Risiken
CHOPRA U. SODHI (2004)	Vorhersagbarkeit	Möglichkeit das Risiko vorherzusagen

2.1.3 Unterbrechungen und stetige Risiken

Unterbrechungen (*disruption*) können als spezielle Risikokonfiguration verstanden werden (beispielsweise Chopra u. Sodhi 2004, S. 55 oder Oke u. Gopalakrishnan 2009, S. 168). In Tabelle 2.2 werden die Kategorien Risikoausmaß und -wahrscheinlichkeit gegenübergestellt. Risiken, welche gleichzeitig durch eine hohe Frequenz beziehungsweise Eintrittswahrscheinlichkeit und ein geringes Risikoausmaß charakterisiert sind, werden als *stetige Risiken* bezeichnet (beispielsweise Trkman u. McCormack 2009, S. 248). Auf der anderen Seite bezeichnen *Unterbrechungen* diejenigen Risiken, welche eine geringe Frequenz aufweisen, jedoch zugleich ein hohes Ausmaß besitzen (Chopra u. Sodhi 2004, S. 55 nennen hier zusätzlich die Eigenschaft der „Nichtvorhersagbarkeit"). Pfohl u. a. (2010) folgen dieser Bezeichnung und teilen Unterbrechungen i. w. S. in *Störungen*, welche nur für kurze Zeit mit kleinem Ausmaß auf die Supply Chain wirken und *Unterbrechungen* ein, welche ein großes Ausmaß zu eigen haben und deren Konsequenzen längerfristig anhalten. Jedes Risiko

Tabelle 2.2: Gegenüberstellung von Ausmaß und Wahrscheinlichkeit

	Ausmaß	
Wahrscheinlichkeit	gering	hoch
gering	–	Unterbrechungsrisiko
hoch	stetiges Risiko	–

kann entsprechend der oben genannten eindimensionalen Kategorien geordnet werden. Eine direkte Kombination der Dimensionen gibt die Möglichkeit Risiken im Rahmen einer tiefergehenden Analyse zu untersuchen. Unterbrechungen stellen eine dieser Kombinationen dar und werden im Folgenden definiert.

Diese klare Trennung scheint auch in der Praxis angemessen zu sein, basierend auf einer Fallstudie folgern Oke u. Gopalakrishnan (2009, S. 172):

> „Most supply chain risks fall into two fairly distinct categories: high-likelihood, low-impact risks (or inherent and frequent risks) and low-likelihood, high-impact risks (or disruption and infrequent risks)."

Das Ergebnis eines eingetretenen Unterbrechungsrisikos ist die Störung der Flüsse in der Supply Chain. Kleindorfer u. Saad (2005, S. 53) unterscheiden Unterbrechungen im Sinne der ungeplanten Unterbrechung von allgemeinen

Risiken, welche bei der Koordination zwischen Beschaffung und Nachfrage auftreten können. Analog hierzu fassen VAKHARIA U. YENIPAZARLI (2009, S. 245 ff.) unter einer Unterbrechung jedes Ereignis, welches negative Folgen für das betrachtete System hat. Nach dieser Auffassung repräsentiert die Unterbrechung somit die *Auswirkungen* eines Risikos. Die tatsächliche Eintrittswahrscheinlichkeit tritt dabei in den Hintergrund. Da das primäre Ziel des Supply-Chain-Managements darin besteht Beschaffung und Nachfrage im Einklang zu halten (vergleiche Ziele des Supply-Chain-Management in Kapitel 2.4), ist jede relevante Unterbrechung auch ein Risiko für die Koordination von Beschaffung und Nachfrage. Um die Abgrenzbarkeit zu gewährleisten, muss die Definition daher erweitert werden:

Definition 2.2. *Unterbrechungen umfassen demnach alle Risiken, welche einen signifikanten Einfluss auf das Gleichgewicht zwischen Angebot und Nachfrage in einer Supply Chain und eine geringe Eintrittsfrequenz aufweisen.*

Demgegenüber steht die Definition der stetigen Risiken:

Definition 2.3. *Stetige Risiken beinhalten kurz andauernde, geringfügige Störungen des Gleichgewichts zwischen Angebot und Nachfrage in der Supply Chain, welche gleichzeitig eine hohe Eintrittswahrscheinlichkeit aufweisen.*

CHOPRA U. A. (2007) zeigen an einem einfachen Beispiel, dass eine Vernachlässigung der Unterscheidung zwischen disruptiven und stetigen Risiken zu einer Fehleinschätzung der Supply-Chain-Situation und damit zu einer fehlerhaften Entscheidung führen kann.

Auch QI U. A. (2009, S. 527) berechnen Einsparungen, welche durch die Einbeziehung von Unterbrechungsrisiken bei der Optimierungsentscheidung entstehen und kommen zu dem Schluss, dass eine Integration erhebliche Kosteneinsparungen für die Supply-Chain-Teilnehmer mit sich bringen kann.

Es wurde in der Literaturanalyse keine quantitative Einschränkung des Zeithorizonts der Unterbrechung gefunden, daher wird das Betrachtung findende Wahrscheinlichkeitsintervall für diese Arbeit auf den Bereich zwischen 0 und 10 % p. a. festgelegt. Dies entspricht, bei Unabhängigkeit der Wahrscheinlichkeiten, einer erwarteten Eintrittsfrequenz ab einem Ereignis pro Dekade. Das jeweilige Ausmaß wird in der Szenariobeschreibung der Experimente, in Kapitel 6.3 festgelegt.

2.2 Risikomanagement

2.2.1 Ursprung

Der Begriff des Risikomanagements wurde in den 1950er Jahren in den Vereinigten Staaten von Amerika (USA) geprägt und bezeichnete zunächst die unternehmerische Auseinandersetzung mit versicherbaren Risiken (vgl. ROGLER 2002, S. 20). Das primäre Ziel bestand darin, anfallende Kosten für Versicherungsprämien zu reduzieren oder einzusparen (vgl. HALLER 1978, S. 483). Aufbauend auf diesem eingeschränkten Verständnis entwickelte sich das Risikomanagement im weiteren Sinne, welches seinen Fokus zusätzlich auf nicht versicherbare Risiken legt (vgl. HAHN 1987, S. 138).

2.2.2 Aktueller Forschungsstand

In der Forschung besteht weitgehender Konsens, dass das Risikomanagement die Handhabung von Risiken zum Ziel hat (vgl. GABRIEL 2007, S. 49). In Relation zu den allgemeinen Unternehmenszielen, strebt das Risikomanagement eine Reduktion der Abweichungen von diesen Zielen an (vgl. MIKUS 1996, S. 108).

Die folgenden drei Ziele des Risikomanagements können festgehalten werden (vgl. hier und im Folgenden HOFFMANN 1985):

Die *primäre* Aufgabe des Risikomanagements stellt die Existenzsicherung des Unternehmens dar. Das bedeutet, dass Risiken, welche das Überleben des Unternehmens bedrohen, frühzeitig erkannt und abgewendet werden müssen. Als *sekundäres* Ziel wird die Sicherung des langfristigen Unternehmenserfolgs genannt, es beinhaltet somit die Handhabung von Risiken, welche diesen Erfolg in Zukunft behindern könnten. Das *tertiäre* Ziel stellt die Reduktion der Kosten für das Risikomanagement dar. Hierunter fallen die Aufwendungen für Versicherungsprämien, selbst getragene Schäden, Schadensverhütungs- und Verwaltungskosten.

Mittels dieser Einteilung kann eine Zielfestsetzung auf Basis der Unternehmensziele und der zu erwartenden Schäden erfolgen. Aus diesen Überlegungen heraus wurde als Kombination die Forderung gestellt, dass Risikomanagement wertorientiert innerhalb des Unternehmens ausgerichtet werden sollte. Ziel ist es hierbei, den Barwert des Unternehmens zu maximieren. Basis des wertorientierten Risikomanagements ist die Berechnung des Shareholder Value aus dem erwarteten Free Cash Flow (FCF) und dem Weighted Average Cost of Capital (WACC) (vgl. FIEGE 2006, S. 73). Die Einführung des Risikomanagements führt zu erhöhter Transparenz, verbesserter Planungsqualität, gestärkter

Chancennutzung, gesteigertem Risikobewusstsein und damit Verbesserungen bei FCF und WACC (vgl. Fiege 2006, S. 73).

Innerhalb der Betriebswirtschaftslehre kann das Risikomanagement unter heterogenen Blickwinkeln aufgefasst werden. Die Entscheidungstheorie gibt Anhaltspunkte für das Treffen rationaler Entscheidungen auch bei Unsicherheit (vgl. Eisenführ u. Weber 2003, S. 4 ff.). Andere Aspekte zeigen sich in der Finanzwirtschaft (beispielsweise Smith u. a. 1990), im Strategischen Management (beispielsweise Baird u. Thomas 1990; Simons 1999) oder im Internationalen Management (beispielsweise Miller 1992; Ting 1988).

Im Deutschen Rechnungslegungsstandard wird Risikomanagement wie folgt definiert und im weiteren Verlauf zu Grunde gelegt:

Definition 2.4. *„Risikomanagement ist ein nachvollziehbares, alle Unternehmensaktivitäten umfassendes System, das auf Basis einer definierten Risikostrategie ein systematisches und permanentes Vorgehen mit folgenden Elementen umfasst: Identifikation, Analyse, Bewertung, Steuerung, Dokumentation und Kommunikation von Risiken sowie die Überwachung dieser Aktivitäten."* (DRSC *2010)*

2.2.3 Gesetzliche Grundlagen

Die Notwendigkeit für ein Risikomanagement kann auf Basis gesetzlicher Anforderungen begründet werden.

Bereits das deutsche Aktiengesetz sieht vor, dass die davon betroffenen Unternehmen ein „geeignetes" Risikomanagement zu etablieren haben (beispielsweise AktG §91 Abs. 2 als Umsetzung des KonTraG[1]). Darauf aufbauend sehen der Deutsche Corporate Governance Kodex und der Amerikanische Sarbanes-Oxley-Act (S-OX) weitergehende Regelungen vor (vgl. Fiege 2006, S. 31 ff.). Die Unterschiede in den Details der gesetzlichen Anforderungen sind gravierend; während das Aktiengesetz die Anforderungen nur sehr allgemein beschreibt, sieht der Sarbanes-Oxley-Act detaillierte Anforderungen an die Verantwortlichkeiten des Managements und die Dokumentation der internen Kontrollsysteme vor.

2.2.4 Prozess und Werkzeuge

Zusammenfassend können die sechs Elemente in einem dreigliedrigen Prozess dargestellt werden (vgl. hier und im Folgenden Pfohl 2002).

[1]Zitat AktG §91 Abs. 2: „Der Vorstand hat geeignete Maßnahmen zu treffen, insbesondere ein Überwachungssystem einzurichten, damit den Fortbestand der Gesellschaft gefährdende Entwicklungen früh erkannt werden."

- Die *Risikoidentifikation* und *-bewertung* dient im ersten Schritt dazu Risiken aufzudecken, zu analysieren und zu sammeln, um diese dem nächsten Prozessschritt zuzuführen.
- Die *Risikosteuerung* stellt den zweiten Schritt dar, hier werden Maßnahmen selektiert und ergriffen, um Risiken zu verringern.
- Zuletzt dient die *Risikokontrolle* dazu, eine Überwachung der im Fokus stehenden Risiken durchzuführen und bei Bedarf die ergriffenen Maßnahmen anzupassen.

Im Zusammenhang mit der Risikosteuerung, welche in dieser Arbeit im Fokus liegt, stehen mehrere generische Maßnahmen zur Minderung der aufgedeckten Risiken zur Verfügung (vgl. PFOHL 2002, S. 41 ff.):

Risiken können zunächst generell *vermieden* werden. Ziel ist es Risiken vollständig zu eliminieren. Da jedoch argumentiert werden kann, dass Risiken eine Folge der regulären Geschäftstätigkeit sind, kann diese Maßnahme nur für ausgewählte Risiken angewandt werden. Des Weiteren können Risiken *reduziert* werden. Ziel dieser Maßnahme ist demnach die Verminderung von Risiken auf ein akzeptiertes Niveau. In diesem Sinne können Risiken außerdem *begrenzt* werden. Diese Maßnahme kann auf zwei Arten umgesetzt werden, zunächst ist es möglich durch Diversifikation (Portfoliotheorie) eine Reduktion des Gesamtrisikos zu erreichen. Zum anderen ist es möglich Grenzen für das Eingehen von Risiken für das Management festzulegen und damit eine Limitierung zu erreichen. Als vierte Maßnahme steht der *Risikotransfer* zur Verfügung. Hierbei wird beispielsweise durch Vertrag eine Überwälzung des Risikos auf eine andere Partei erreicht. Alle Risiken, welche nicht mittels der oben genannten Maßnahmen reduziert werden können, werden *akzeptiert*.

2.2.5 Abhängigkeiten zwischen Risiken

Risikodarstellungen im Unternehmenskontext beinhalten oftmals eine Zusammenfassung mehrerer Risiken zu Gruppen, insbesondere führen gesetzliche und unternehmensinterne Anforderungen auch dazu, dass Risiken in aggregierter Form verarbeitet werden. Eine Nichtberücksichtigung von Korrelationen zwischen diesen Risiken im Modell kann zu Fehlern in der Risikobewertung führen (vgl. HEMPEL U. OFFERHAUS 2008, S. 12 f.).

Daher muss im Rahmen des Risikomanagements beachtet werden, dass zwischen unterschiedlichen Risiken ursachen- und wirkungsbezogene Abhängigkeiten bestehen können (vgl. WENCKE-SCHRÖDER 2005, S. 52 ff.). Ursachenbezogene Abhängigkeiten drücken sich durch eine Überschneidung der Auslöser der Risiken (Risikoquellen) aus und dies führt dazu, dass die Risiken nicht unabhängig voneinander sind.

Beispiel. *Die Risiken* Stromausfall *und* physische Schäden *an einem Produktionsstandort können beide durch dasselbe Erdbeben verursacht werden. Sie sind folglich durch ihre Ursache miteinander verknüpft.*

Risiken können außerdem wirkungsbezogen verknüpft sein, hierbei führen zwei Risiken mit unterschiedlichen Ursachen zu der selben Konsequenz und steigern somit Gesamtschaden und beziehungsweise oder die aggregierte Wahrscheinlichkeit der Konsequenz.

Beispiel. *Die Risiken* Stau *und* Streik von Lastkraftwagenführern *erhöhen beide die Wahrscheinlichkeit einer verspäteten Lieferung. Auch wenn die Risiken unterschiedliche Quellen haben, besteht eine wirkungsbezogene Verbindung. Eine Vernachlässigung eines der Risiken führt zu einer Unterschätzung des Gesamtrisikos der verspäteten Lieferung.*

Die Nichtbeachtung beider Verknüpfungsarten kann bei positiver Korrelation zu einer Unterschätzung oder bei negativer Korrelation zu einer Überschätzung des Gesamtrisikos führen.

In den Wirtschaftswissenschaften werden Risikoabhängigkeiten in der Portfoliotheorie betrachtet und können unter anderem mittels Monte-Carlo-Simulation umgesetzt werden (vgl. WENCKE-SCHRÖDER 2005, S. 150). Für die Modellierung komplexer Systeme ist es aufgrund von Abstraktionserfordernissen unerlässlich Risiken zusammenzufassen. In der Literatur werden diese Verknüpfungen nur zum Teil direkt betrachtet. BABICH (2006) beleuchtet beispielsweise mehrere Lieferantenausfallrisiken und die Korrelationen zwischen Ausfällen verschiedener Lieferanten.

2.3 Supply Chain

2.3.1 Konzeptualisierung

Die Supply Chain kann zunächst als System verstanden werden (vgl. OEHMEN U. A. 2009). Die Systemtheorie wurde in den 1950er Jahren als „Allgemeine Systemtheorie" von VON BERTALANFFY (1957) begründet. Systembasiertes Management baut auf den Konzepten der Systemtheorie und der Kybernetik auf und wurden in den 50er Jahren von BEER (1959) innerhalb der Betriebswirtschaftslehre etabliert und führte zu einer systemorientierten Managementlehre (vgl. SENGE 1997).

Das Supply-Chain-System besteht aus Elementen und deren Verknüpfungen. Diese wiederum bestehen aus Subsystemen. Somit bildet sich aus Elementen und deren Verknüpfungen ein Netzwerk/System (vgl. LUHMANN 2004 oder WILLKE 1993, S. 42; siehe Abbildung 2.2).

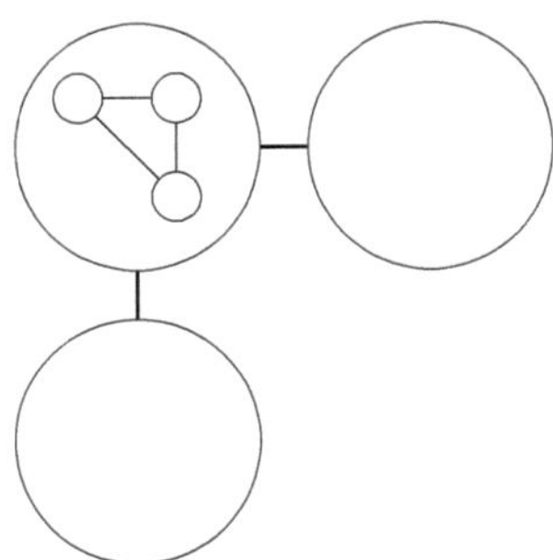

Abbildung 2.2: Knoten und Verknüpfungen als konstituierende Elemente von Systemen und Subsystemen

In der Supply-Chain-Forschung wird die Systembasierung häufig zu Grunde gelegt (beispielsweise HEIDTMANN 2008, S. 36; MENTZER U. A. 2001a, S. 5) und es ergeben sich hieraus, unterschiedliche Ebenen der Betrachtung des Supply-Chain-Systems. Die Ebenen werden in Abbildung 2.3 dargestellt.

Die Elemente der Supply Chain unterteilen das Netzwerk in Abhängigkeit der relativen Position der Elemente zu einem fokalen Unternehmen (siehe Kapitel 2.5.3, S. 40) in ein Versorgungs- und Distributionsnetzwerk (vgl. KERSTEN U. HOHRATH 2007, S. 168 f.).

Definition 2.5. *In diesem Sinne kann eine Supply Chain definiert werden als Zusammenschluss von „allen Parteien, welche direkt oder indirekt an der Erfüllung von Kundenwünschen beteiligt sind. Die Supply Chain beinhaltet nicht nur den Hersteller und dessen Lieferanten, sondern auch Transportdienstleister, Groß- und Einzelhändler und die Kunden selbst. Innerhalb einer Organisation beinhaltet die Supply Chain alle Funktionen, welche an der Entgegennahme und Erfüllung des Kundenwunschs partizipieren.“* (CHOPRA U. MEINDL *2004, S. 4*[2])

[2]Eigene Übersetzung.

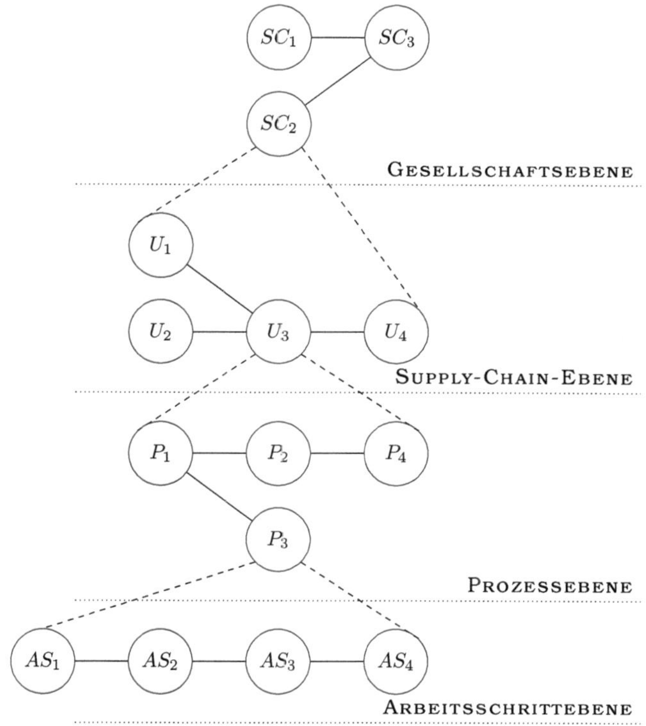

Abbildung 2.3: Ebenen im Supply-Chain-System (in Anlehnung an CHOY U. LEE 2003, S. 145)

Es existieren weitere Definitionen, welche sich jedoch im Allgemeinen lediglich im Detail unterscheiden (vgl. FREIWALD 2005, S. 6). Die folgenden Eigenschaften haben die meisten Definitionen gemein (vgl. CHRISTOPHER 2005, S. 17; MENTZER U. A. 2001b, S. 4; CHOPRA U. MEINDL 2004, S. 4; PECK 2006, S. 128).

- Eine Supply Chain ist aus voneinander rechtlich und funktional *unabhängigen Elementen* aufgebaut.
- Die Verknüpfung der Elemente erfolgt durch den Informations-, Geld- und Warenfluss (*Flussorientierung*).
- Die Flüsse innerhalb der Supply Chain haben des Weiteren eine vorgegebene *Flussrichtung*.

- Die Supply Chain besteht aus einer Vielzahl von Elementen und Verknüpfungen/Flüssen, welche sich nicht auf die direkten Lieferanten und Kunden eines Unternehmens beschränken, sondern auch weitere Ebenen dahinter mit einbeziehen und ein *Netzwerk* bilden.
- Primäres Ziel der Supply Chain ist die Erfüllung eines *Kundenwunsches.*

Als synonyme Begriffe sind im Deutschen zudem die Wertschöpfungskette oder Lieferkette gebräuchlich (vgl. FREIWALD 2005, S. 5 oder KERSTEN U. A. 2010a, S. 40).

2.3.2 Leistungsmaße

Die Leistung der Supply Chain wird mittels eines oder mehrerer Leistungsmaße ermittelt. Diese fassen die Leistungsfähigkeit oder deren Aspekte in wenigen Kenngröße zusammen. Beispiele hierfür im Supply-Chain-Kontext sind die Durchlaufzeit oder die Supply-Chain-Kosten.

Die Messung der Supply-Chain-Leistung stellt einen wichtigen Bestandteil des Supply-Chain-Managements dar. In der Literatur zeigt sich, dass die Supply-Chain-Leistung signifikant mit der Unternehmensperformance korreliert ist (vgl. FUGATE U. A. 2010; LANGABEER U. SEIFERT 2003). Im Folgenden soll ein Überblick über verschiedene Leistungsmaße gegeben werden.

Als Kategorien für Supply-Chain-Leistungsmaße werden Ressourceneinsatz (beispielsweise Kosten und Lagerhaltung), Ergebnis (beispielsweise anhand der Qualität, Durchlaufzeit oder Variabilität der Durchlaufzeit) und Flexibilität genannt (vgl. BEAMON 1999, S. 281 ff.). FREIWALD (2005) merkt an, dass auch die Robustheit in ihren Ausprägungen (Optimalitäts-, Zuverlässigkeits-, Ergebnis- und Zielrobustheit) ebenfalls ein wichtiger Bestandteil der Leistungsmessung sein kann, um eine bessere Einschätzung der Leistungsbewertung vornehmen zu können.

Für die weitere Betrachtung wurden aus jeder Kategorie Maße ausgewählt, um sie einer Bewertung zuzuführen. Die Auswahl wurde anhand der Häufigkeit der Verwendung in der Literatur getroffen und ist in Tabelle 2.3 aufgelistet.

Eine Bewertung von Supply-Chain-Leistungsmaßen kann nach BEAMON (1999) anhand der Kriterien Inklusivität, Universalität, Messbarkeit und Konsistenz erfolgen. Die *Inklusivität* bedeutet, dass alle zum Supply-Chain-Ziel gehörigen Aspekte mit in das Maß einfließen. Die *Universalität* bezieht sich darauf, dass es möglich sein sollte das Leistungsmaß einzelner Messungen für eine möglichst große Anzahl von Szenarien untereinander verglichen zu können.

Die *Messbarkeit* gibt an, dass die Daten, welche Einfluss finden sollen, auch messbar sein müssen. Zuletzt fordert die *Konsistenz*, dass das gewählte Supply-Chain-Leistungsmaß auch mit den Zielen der Supply Chain und Organisation übereinstimmen sollte.

Tabelle 2.3: Auswahl und Bewertung der Supply-Chain-Leistungsmaße

		Bewertung			
Kategorie	Maß	Inklusivität	Universalität	Messbarkeit	Konsistenz
Ressource	Gesamtkosten	◑	●	●	◑
	Durchlaufzeit	○	◑	●	○
Ergebnis	Gewinn/DCF	●	●	●	●
	Servicelevel	○	◑	●	○
Flexibilität		○	◑	○	○

●: voll erfüllt; ◑: teilweise erfüllt; ○: nicht erfüllt

In der Zusammenschau deutet sich der, durch die Supply-Chain-Aktivitäten verursachte Gewinn als vorteilhaftes Leistungsmaß an. In der Supply-Chain-Literatur wird der Gewinn dann verwendet, wenn strategische Fragestellungen im Vordergrund stehen. Gerade die häufig zu Grunde gelegte Nebenbedingung operativer Modelle der unbedingten Nachfragebefriedigung kann sich sehr wohl als nicht gewinnmaximierend herausstellen und damit den Unternehmenszielen entgegenwirken (vgl. SHEN 2006). In einer Fallstudie mit einem operativen Modells kommt GUILLEN U. A. (2005, S. 1543) zu dem Schluss, dass die Gewinnmaximierung zu einer deutlich geringeren Nachfragebefriedigung führen würde. Für kurz- und mittelfristige Entscheidungen mag es sinnvoll sein, von einer reinen Gewinnmaximierung abzusehen, langfristig orientierte Entscheidungen sollten sich dagegen am Gewinn als unternehmensweiter Zielgröße orientieren. Insbesondere aktuellere Modelle greifen zunehmend auf den Gewinn als Leistungsmaß zurück (vgl. BEAMON 1999; NARASIMHAN U. A. 2008; TSAI 2008). Alternativ kann auch die Umsatzseite durch Einbeziehung von entgangenen Umsätzen in eine Kostenfunktion Einzug halten (beispielsweise CHEN U. LI 2009). Da in der vorliegenden Arbeit primär strategische, unternehmensübergreifende Fragestellungen beantwortet werden sollen, findet der Supply Chain induzierte Gewinn als Leistungsmaß Verwendung. Die Definition der Bestandteile der in dieser Arbeit verwendeten Gewinngröße erfolgt in Kapitel 6.1.2.

2.3.3 Diskussion

Es kann zunächst argumentiert werden, dass diese Auslegung des Supply-Chain-Begriffs zu weit gefasst ist. Empirische Untersuchungen legen nahe, dass in der Praxis eher die unmittelbar nächsten Nachbarn im Netzwerk betrachtet werden und ein starker Fokus auf die Lieferantenseite zu verzeichnen ist (beispielsweise HOLWEG U. A. 2005 oder NEPAL U. A. 2012). Da jedoch die Supply-Chain-Leistungsfähigkeit mit dem Umfang der Einbeziehung von Supply-Chain-Partnern ansteigt (vgl. FROHLICH U. WESTBROOK 2001), liegt dieser Arbeit eine erweiterte Definition zugrunde.

Eine Supply Chain kann zudem nicht im Wortsinn als *Kette* interpretiert werden, sondern stellt sich als Netzwerk verbundener Unternehmen dar (vgl. CHOPRA U. MEINDL 2004, S. 99 f.; PECK 2006, S. 132 für eine visuelle Darstellung des Netzwerks).

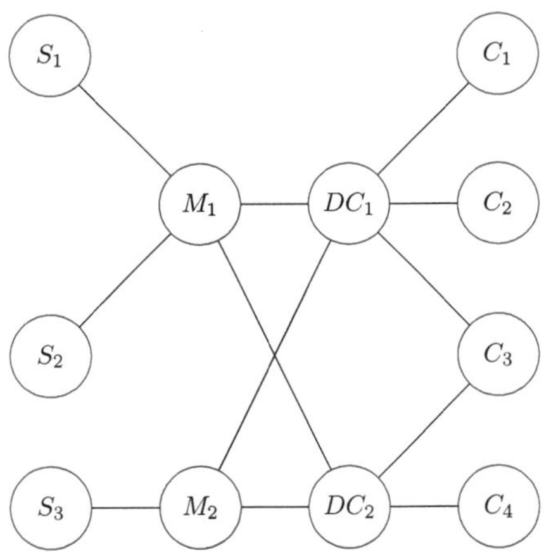

Abbildung 2.4: Supply-Chain-Netzwerk (Schema)

Netzwerkbasierte Definitionen der Supply Chain sind seit den 1990er Jahren in Verwendung (vgl. PECK 2006, S. 128). Aus theoretischer Sicht ist demnach eine Betrachtung des vollständigen Netzwerks zwar wünschenswert, jedoch aufgrund der hohen Komplexität in der Praxis häufig nicht umsetzbar (vgl. MERSCHMANN 2007, S. 16). In der Forschung bezieht sich die Analyse daher in der Regel auf einen zu betrachtenden Ausschnitt (vgl. PECK 2006, S. 128).

MENTZER U. A. (2001b, S. 4) grenzen in diesem Sinne drei Supply-Chain-Klassen voneinander ab: direkte Supply Chain, erweiterte Supply Chain und der ultimativen Supply Chain. Diese unterscheiden sich in der Komplexität und insbesondere in der Zahl der im Fokus stehenden Supply-Chain-Teilnehmer. Die direkte Supply Chain besteht nur aus drei Elementen, dem eigentlichen Unternehmen und je einer Ebene auf Seiten des Lieferanten und Kunden. Die erweiterte Supply Chain fügt hier noch je eine weitere Ebene auf Lieferanten- und Kundenseite hinzu. Zuletzt beinhaltet die ultimative Supply Chain alle Supply-Chain-Teilnehmer, vom ersten Rohmateriallieferanten bis hin zum letzten Endkunden.

Es kann als kritisch angesehen werden, dass die Supply Chain auch in der ultimativen Fassung noch immer als Kette aufgefasst wird. Nicht direkt verbundene Organisationen, welche jedoch indirekte Verbindungen aufweisen, werden vernachlässigt. Hierzu könnten beispielsweise Konkurrenten gehören, welche ähnliche Kundengruppen ansprechen und möglicherweise auch ähnliche Lieferanten nutzen. Zusätzlich vernachlässigt diese Einteilung auch die in der Forschung häufig betrachtete Zweierbeziehung zwischen nur einem Käufer und Verkäufer (beispielsweise SULE 1981).

In dieser Arbeit werden daher für die Beschreibung des Betrachtungsrahmens aufbauend auf SACHAN U. DATTA (2005, S. 673) die folgenden Bezeichnungen verwendet:

- *Funktion*, wenn als Betrachtungsrahmen einzelne Funktionsbereiche innerhalb eines Unternehmens gewählt werden.
- *Unternehmen*, für die Analyse eines einzelnen Unternehmens innerhalb einer Supply Chain.
- *Dyade*, für den Fall, dass eine Zweierbeziehung (beispielsweise zwischen Lieferant und Produzenten oder zwischen Produzenten und Kunden) Betrachtung findet.
- *Kette*, für den Betrachtungsrahmen einer Supply Chain aus drei oder mehr direkt verbundenen Elementen.
- *Netzwerk*, steht für eine erweiterte Betrachtung in der neben den direkten Lieferanten und Kunden auch diejenigen Elemente betrachtet werden, welche nur indirekt (beispielsweise über einen gemeinsamen Lieferanten) in Verbindung stehen.

Wie bereits in Kapitel 2.1.1.4 angedeutet, können die Interaktionen innerhalb der Supply Chain in unterschiedliche Flüsse eingeteilt werden. Hierbei werden in der Literatur fünf Ströme unterschieden (vgl. BOWERSOX U. A. 2010, S. 6): Material- oder Produktfluss, Informations-, Finanz-, Service- und Wissensfluss.

Weiterhin kann die Supply Chain auch nicht auf die reine Einkaufsfunktion (*Supply*) beschränkt werden, sondern bezieht sich insbesondere auch auf die Erfüllung von Kundenwünschen, deren Vernachlässigung nicht definitionskonform wäre. Einige Autoren (beispielsweise FROHLICH 2002; HEIKKILÄ 2002; JÜTTNER U. A. 2010) haben daher den Begriff der Demand Chain geprägt, welcher diese Überlegung besser integrieren soll. Kerninhalt ist eine verstärkte Marktfokussierung der Supply Chain, welche mit den steigenden Ansprüchen der Kunden einhergeht (vgl. JÜTTNER U. A. 2010, S. 108). Aufgrund der größeren Verbreitung findet in dieser Arbeit dennoch der Begriff *Supply Chain* Verwendung.

Des Weiteren können Supply Chains entsprechend des zugrundeliegenden Wirtschaftssektors differenziert werden. Es zeigt sich hierbei, dass erhebliche Unterschiede in den Supply Chains im Dienstleistungssektor gegenüber dem produzierenden Gewerbe vorhanden sind (vgl. MERSCHMANN 2007, S. 10 f.). Diese wirken sich insbesondere auch auf den Umgang mit Unsicherheit aus. Aus diesem Grund werden in dieser Arbeit nur Supply Chains aus dem produzierenden Gewerbe betrachtet.

2.4 Supply-Chain-Management

2.4.1 Konzeptualisierung

Der Begriff des Supply-Chain-Managements wurde in den 1980er Jahren geprägt und beschreibt die Verknüpfung zwischen den bis dahin getrennten Forschungs- und Praxisfeldern der Logistik, welche sich mit Transport, der Lagerhaltung und dem Operations Management beschäftigen (vgl. PECK 2006, S. 129).

Seitdem wurden weitere Forschungsbereiche in das Supply-Chain-Management integriert. Hierzu zählen beispielsweise Aspekte des Marketing, der Produktentwicklung und die Betrachtung von Zahlungsströmen (COOPER U. A. 1997). In der Literatur hat sich jedoch keine einheitliche Definition für das Supply-Chain-Management etabliert. Nach BECHTEL U. JAYARAM (1997, S. 17) lassen sich die verwendeten Definitionen fünf unterschiedlichen Gedankenschulen zuordnen:

- *Chain Awareness* fokussiert sich auf den Materialfluss von den Lieferanten bis zu den Endkonsumenten.

- *Linkage/Logistics* geht über die vorhergehenden Definitionen hinaus und gibt den Verknüpfungen zwischen den funktionalen Einheiten ein größeres Gewicht.

- Im Gegensatz zu den vorangegangenen Definitionen betont die *Information School* den Informationsfluss zwischen den Parteien.

- Die *Integration/Process School* definiert die Supply Chain als Prozessansammlung, welche das Ziel hat die bestmögliche Leistung des Gesamtsystems zu erreichen.

- Unter der Gedankenschule *Future* verstehen die Autoren zukünftige Entwicklungen des Supply-Chain-Management-Konzeptes. Hierunter fallen beispielsweise eine engere Verknüpfung zwischen Supply-Chain-Management und strategischen Allianzen beziehungsweise Partnerschaften, aber auch die Entwicklung hin zu einer stärkeren Demand-Chain-Orientierung (siehe auch Kapitel 2.3.3).

Aktuelle Definitionen des Supply-Chain-Managements können in diese Kategorien eingeordnet werden (siehe Tabelle 2.4). Entsprechend der genannten Merkmale soll die folgende Definition aus der Gedankenschule „Integration/ Process“ als Grundlage für diese Arbeit gelten:

Definition 2.6. *„Supply chain management is a set of approaches utilized to efficiently integrate suppliers, manufacturers, warehouses, and stores, so that merchandise is produced and distributed at the right quantities, to the right time, in order to minimize systemwide costs while satisfying service level requirements.“ (*SIMCHI-LEVI U. A. *2003, S. 1)*

Gemäß dieser Definition wird die Logistik als Teil des Supply-Chain-Managements verstanden („Unionist“ Ansatz; MENTZER U. A. 2001b, S. 16 f.).

2.4.2 Diskussion

Auch wenn einige Autoren (beispielsweise PECK 2006, S. 130) ein weitgehend übereinstimmendes Verständnis der generellen Aufgaben des Supply-Chain-Managements erkennen, muss dennoch eine weitere Spezifizierung erfolgen. Zunächst können lang- und kurzfristige Aspekte des Supply-Chain-Managements

Tabelle 2.4: Kategorisierung der Definitionen des Supply-Chain-Managements

Kategorie	Quellen	Beispiel
Chain Awareness	HOULIHAN (1988, S. 14)	„Supply-Chain-Management covers the flow of goods from supplier through manufacturer and distributor to the end user.“
Linkage/Logistics	TURNER (1993, S. 52)	„[SCM] is a technique that looks at all the links in the supply chain from raw material suppliers through various levels of manufacturing to warehousing and distribution to the final customer.“
Information	VAN WEELE (2010, S. 17)	„[Supply-Chain-Management] can be described as the management of all activities, information, knowledge and financial resources associated with the flow and transformation of goods and services up from the raw materials suppliers, [...] in such a way that the expectations of the end users of the company are being met or surpassed.“
Integration	CHRISTOPHER (1998, S. 18)	„The Management of upstream and downstream relationships with suppliers and customers to deliver superior customer value at less cost for the the supply chain as whole.“
Future Supply-Chain-Management	AYERS (2006, S. 10)	„Design, maintenance, and operation of supply chain processes for satisfaction of end user needs.“

ausgemacht werden (beispielsweise TAN U. A. 1998, S. 2816 f.). Langfristige Ziele beinhalten die Steigerung der Kundenzufriedenheit, des Marktanteils und der Gewinne der Supply-Chain-Mitglieder. Zu den kurzfristigen Zielen gehören die Erhöhung der Produktivität und die Reduktion von Lagerhaltung und Durchlaufzeiten. Auch MENTZER U. A. (2001b) erkennen innerhalb des Supply-Chain-Managements diese unterschiedlichen Ansätze. Auf der strategischen Ebene dient das Supply-Chain-Management der Koordination und Steuerung der Kollaboration und auf funktionaler Ebene umfasst der Fokus das taktische Management des Supply-Chain-Prozesses und der -Funktionen über die Grenzen des einzelnen Unternehmens hinweg.

Analog zu Schnetzler u. a. (2007, S. 24) wird in dieser Arbeit in Übereinstimmung mit der oben genannten Definition unter Supply-Chain-Management auch „das langfristige und kooperative Design, die Steuerung und die Entwicklung eines wertorientierten Netzwerks" verstanden.

Entsprechend der zeitlichen Auswirkungen können Entscheidungen des Supply-Chain-Managements in operativ, taktisch und strategisch unterteilt werden (vgl. Schneider 2009). Zusätzlich kann eine übergeordnete normative Ebene des Supply-Chain-Managements, welche die Supply-Chain-Management-Vision als Bild einer zukünftigen Ausrichtung beschreibt und grundsätzliche strategische Ziele wie die Make-or-Buy Politik vorgibt (vgl. Göpfert 2005), ergänzt werden. Diese Vision wiederum bestimmt die Strategie des Supply-Chain-Managements, welche zum Ziel hat die Supply-Chain-Fähigkeiten auf- und auszubauen. Das taktische und operative Supply-Chain-Management setzt die festgelegte Supply-Chain-Strategie um. Hierunter fallen auch operative Planungs- und Steuerungsaufgaben im Rahmen der eigentlichen Umsetzung (vgl. Schnetzler u. a. 2007, S. 24).

2.5 Strategisches Supply-Chain-Netzwerkdesign

2.5.1 Strategie in der Supply Chain

Aus theoretischer Sicht kann eine *Strategie* als ein Richtlinienset (vgl. Levy 1994, S. 172) aufgefasst werden, welches Entscheidungen und Verhalten beeinflusst. Im Einklang mit diesem Ansatz fügen Schnetzler u. a. (2007, S. 25) hinzu, dass es sich um eine Zusammenstellung priorisierter Supply-Chain-Management-Ziele handelt.

Alternativ dazu steht die Definition von Mintzberg (1978), welche die Strategie anhand ihrer sichtbaren Ergebnissen beurteilt und als „Muster in einem Entscheidungsstrom" definiert. Die *Supply-Chain-Strategie* kann demnach als Muster von Entscheidungen bezogen auf den Einkauf von Materialien, Kapazitätsplanung, Produktion, Nachfragemanagement, Kommunikation und Lieferung von Produkten und Dienstleistungen definiert werden (vgl. Narasimhan u. a. 2008, S. 4). Hierbei können bewusste und emergente Strategien unterschieden werden (vgl. Mintzberg u. Waters 1985). Das differenzierende Merkmal ist der Grad zu dem die realisierte Strategie durch einen gesteuerten Prozess generiert worden ist (bewusste Strategie) oder hauptsächlich durch externe Faktoren beeinflusst wurde (emergente Strategie). Im Folgenden wird das erstgenannte Verständnis zu Grunde gelegt.

In der Forschungspraxis werden verschiedene Interpretationen des Strategiebegriffs verwendet. Diese manifestieren sich in den unterschiedlichen Bestandteilen einer Strategie. Dies soll an einem Beispiel verdeutlicht werden: NARASIMHAN U. A. (2008) verstehen unter einer Supply-Chain-Strategie eine Kombination bestimmter Supply-Chain-Initiativen (beispielsweise Supply-Chain-Integration, Informationsweitergabe, Just-in-Time, o. ä.). Spezifische Kombinationen der Initiativen bilden dann Strategien, welche zum Beispiel mit den Begriffen „Velocity“ und „Visibility“ umschrieben werden können. Dahingegen fasst TOMLIN (2006) eine Strategie als die Selektion einer oder mehrerer Taktiken (beispielsweise bedingte/optionale Lieferanten, erhöhte Lagerhaltung o. ä.) auf.

Weiterhin ist die Strategie auch von der Taktik abzugrenzen. Der Strategie liegt der längere Zeithorizont zu Grunde, während sich die Taktik durch den Fokus auf die Vorgabe von operativen Entscheidungsrichtlinien beschränkt (vgl. SCHNETZLER U. A. 2007).

Definition 2.7. *„Die Supply-Chain-Strategie kann somit definiert werden als Set priorisierter Ziele, die das Supply-Chain-Management betreffen. [...] Dies beinhaltet die strategischen Prioritäten und Maßnahmen für deren Umsetzung.“ (*SCHNETZLER U. A. *2007, S. 25*[3]*)*

Die Aufgabe der strategischen Planung der Supply Chain ist es, eine strategische Entscheidung über vorhandene Alternativen zu treffen, um eine den Zielen entsprechende Strategie auszuwählen. Supply-Chain-Strategien werden häufig entsprechend ihres Zweckes zusätzlich untergliedert; so sind Risikominderungsstrategien oder Kostensenkungsstrategien möglich. Ziel dieser Strategien ist es, auf Basis einer bisher etablierten Strategie, den vorangestellten Zweck zusätzlich zu erreichen. Sie stellen demnach für die angesprochenen Teilaspekte eine Modifikation der originären Supply-Chain-Strategie dar. Außerdem werden ein oder mehrere Wirkungsorte einer Supply-Chain-Strategie zugerechnet. Dieser bezeichnet diejenige Entität oder Funktion, bei welcher eine Anpassung von Entscheidungsvariablen zur Umsetzung der Strategie angezeigt ist.

Entsprechend des Zeithorizontes lassen sich analog zu oben *Supply-Chain-Entscheidungen* in strategisch, taktisch und operativ unterscheiden (vgl. SIMCHI-LEVI U. A. 2003, S. 8 f.). Strategische Entscheidungen sind diejenigen, welche für einen längeren Zeitraum (beispielsweise 3-10 Jahre) getroffen werden (vgl. GUPTA U. MARANAS 2003, S. 1220). Der Zeithorizont für taktische Entscheidungen liegt zwischen zwölf Monaten und zwei Jahren. Entscheidungen, welche

[3] Eigene Übersetzung.

als operativ bezeichnet werden, beziehen sich dementsprechend in der Regel auf einen Zeitraum bis zu zwölf Monaten. Gleichzeitig sehen diese Begriffe jedoch auch eine prozessuale Reihenfolge vor, in welcher strategische Entscheidungen vor taktischen und operativen getroffen werden (vgl. SHEN 2007, S. 1 f.). Diese Arbeit fokussiert auf die strategischen Planungsaspekte.

2.5.2 Konzeptualisierung

Unternehmen können mittels der Supply-Chain-Strategie das Design der Supply Chain bestimmen (vgl. DEMETER U. A. 2006). Zugleich zeigten PERO U. A. (2010), dass wichtige Eigenschaften des Supply-Chain-Designs die Leistungsfähigkeit der Supply Chain mitbestimmen. Im Folgenden soll das Konzept des Supply-Chain-Netzwerkdesigns dargelegt werden.

Eine Übersicht über gebräuchliche Definitionen des Supply-Chain-Netzwerkdesigns findet sich in Tabelle 2.5. Aus der Übersicht wird deutlich, dass die Begriffe Supply-Chain-Design, Netzwerkdesign und Supply-Chain-Konfiguration im selben Kontext verwendet werden. FREIWALD (2005, S. 16) stellt zusätzlich fest, dass die Begriffe Supply-Chain-Design, -Strategie und -Netzwerkdesign, in anderen Arbeiten häufig ohne Definition verwendet werden. Zur Verdeutlichung der Netzwerkkomponente des Begriffs findet im Folgenden der Ausdruck des Supply-Chain-Netzwerkdesigns Anwendung.

Das Ergebnis des Supply-Chain-Netzwerkdesigns ist die Supply Chain (vgl. FREIWALD 2005, S. 17). Das Supply-Chain-Netzwerkdesign kann somit entweder als Prozess (beispielsweise KISTNER U. STEVEN 2001, S. 335) oder als Ergebnis (vgl. PERSSON U. OLHAGER 2002, S. 231) des Planungsprozesses gesehen werden. In dieser Arbeit wird das Ergebnis des Supply-Chain-Netzwerkdesignprozesses stets als die Supply Chain gesehen.

Aufgrund der kausalen Verknüpfung von Supply-Chain-Netzwerkdesign und Supply Chain orientieren sich die Ziele des Supply-Chain-Netzwerkdesigns an den Zielen des Supply-Chain-Management; die Gestaltung einer effektiven und effizienten Supply Chain, welche aus mehreren Konfigurationsalternativen ausgewählt wird, steht im Vordergrund (vgl. YAN U. A. 2003, S. 2135). Durch die bestehende Zielidentität sind in Relation zu dem Supply-Chain-Management zwei Sichtweisen möglich: das Supply-Chain-Netzwerkdesign kann als Voraussetzung für das Supply-Chain-Management gesehen werden, dies betont die besondere Bedeutung des Supply-Chain-Netzwerkdesigns und orientiert sich an einer Trennung von strategischem und operativem Supply-Chain-Management. Alternativ ist das Supply-Chain-Netzwerkdesign Teil des Supply-Chain-Managements, hierbei steht die Integration der Konzepte im Vordergrund (vgl. FREIWALD 2005, S. 18).

In der vorliegenden Dissertation umfasst das Supply-Chain-Netzwerkdesign die folgenden Bestandteile:

Definition 2.8. *Supply-Chain-Netzwerkdesign bezeichnet denjenigen Teil der Supply-Chain-Strategie, welcher sich auf das Supply-Chain-Netzwerk und dessen strategischen Parameter, wie beispielsweise Standorte, Kapazität oder Prozesse bezieht.*

Entscheidungen im Supply-Chain-Netzwerkdesign können, je nach Entscheider, zentral oder dezentral getroffen werden (vgl. QU U. A. 2010). Dezentrale Entscheidungen werden auf einer eingeschränkten Informationsbasis getroffen und der Umfang der möglichen freien Entscheidungsvariablen ist ebenfalls beschränkt. Zentral getroffene Entscheidungen dagegen können alle vorhandenen Informationen zur Supply Chain mit einbeziehen und alle möglichen Parameter des Supply-Chain-Netzwerkdesigns festlegen.

Die in Tabelle 2.5 gezeigten, gebräuchlichen Definitionen des Supply-Chain-Netzwerkdesigns beziehen sich sowohl auf die Festlegung der Supply-Chain-Struktur als auch der Eigenschaften der einzelnen Supply-Chain-Elemente. Hierfür ist es vorab notwendig die Supply-Chain-Strategie festzulegen, welche generelle Ziele, unter anderem Festlegung der Make-or-Buy Entscheidung und dem Order-Penetration-Point, beinhaltet (vgl. GÖSSINGER U. CORSTEN 2001, S. 101). Auf dieser Basis kann die Definition des Supply-Chain-Netzwerkdesigns erfolgen. In die Tabelle wurden die Definitionen hinsichtlich einiger Merkmale kategorisiert und im Anschluss erläutert.

Tabelle 2.5: Definition des Supply-Chain-Netzwerkdesigns

Quelle	Definition	Fokus	Zeithorizont/Ebene
Simchi-Levi u. a. (2003, S. 284)	„Strategic network design allows planners to pick the optimal number, location and size of warehouses and/or plants; to determine optimal sourcing strategy, that is, which plant/vendor should produce which product; and to determine the best distribution channels, that is, which warehouses should service which customers. The objective is to minimize total costs [...], by identifying the optimal trade-offs between the number of facilities and service levels."	logisch/physikalisch	strategisch
Chopra u. Meindl (2004, S. 99)	„A supply chain design problem comprises the decisions regarding the number and location of production facilities, the amount of capacity at each facility, the assignment of each market region to one or more locations, and supplier selection for sub-assemblies, components and materials."	physikalisch	strategisch
Vidal u. Goetschalckx (1997, S. 2)	„The strategic design of a supply chain requires managers to determine: the number, location, capacity, and type of manufacturing plants and warehouses to use; the set of suppliers to select; the transportation channels to use; the amount of raw materials and products to produce and ship among suppliers, plants, warehouses, and customers; and the amount of raw materials, intermediate products, and finished goods to hold at various locations in inventory."	logisch/physikalisch	strategisch und taktisch
Shen (2007, S. 1)	„Some major supply chain network design decisions include: Which producers should we use? How many DCs should there be and where should they be located? How do we set the DC capacity at each location? What products should each factory produce? Given locations and capacities, supply chain decisions will then try to answer questions such as the following: What quantities should we produce and store at these locations? What quantities should be moved from location to location and at what time?"	physikalisch	strategisch/taktisch
Graves u. Willems (2003, S. 95 f.)	„One might group the design decisions into three broad categories. [...] traditional decisions of network design as applied to the design of a supply chain. [...] we mention the decisions that are made in product design that determine the topology, as well as the key economics, of the supply chain. [...] the design decisions that allow the supply chain to be responsive to uncertainty and variability. [...] consideration for how to configure the supply chain."	logisch/physikalisch	strategisch

Fortsetzung

Quelle	Definition	Fokus	Zeithorizont/Ebene
YAN U. A. (2003, S. 2135)	„Supply chain design is to provide an optimal platform for efficient and effective supply chain management.“	logisch/physikalisch	k.A.
TALLURI U. BAKER (2002, S. 545)	„[...] SCN design involves the identification of an effective combination of suppliers, producers, and distributors that provide the right mix of quantity of products and services to customers.“	logisch/physikalisch	k.A.
PERSSON U. OLHAGER (2002, S. 231)	„By supply chain design we mean the structure of the chain, i.e. the sequential links between different sourcing, production and distribution activities or processes.“	physikalisch	strategisch
WALTHER (2001, S. 12)	„Die Konfiguration integrierter Lieferketten bezieht sich auf [...] die Modellierung und Optimierung spezifischer Lieferketten in Bezug auf die beteiligten Kooperationspartner sowie deren Standorte und deren Kapazitäten [...]“	physikalisch	strategisch
KISTNER U. STEVEN (2001, S. 335)	„Im Mittelpunkt der Supply-Chain-Konfiguration steht die strategisch ausgerichtete Planung und Konfiguration der dem Netzwerk zugrunde liegenden Netzwerkstruktur.“	logisch/physikalisch	strategisch
HARRISON (2001, S. 413)	„Supply chain design is the process of determining the supply chain infrastructure - the plants, distribution centers, transportation mode and lanes, production processes, etc. that will be used to satisfy customers demands.“	physikalisch	strategisch
BALLOU (2001, S. 418)	„[...] the [supply chain] network design problem is one of configuring the nodal points on a product flow network that range from the source of raw material to the points of final consumption.“	physikalisch	strategisch
FREIWALD (2005, S. 18)	„Supply-Chain-Design ist der Prozess der Planung einer Supply Chain, die ein effektives und effizientes Supply-Chain-Planning und Supply-Chain-Execution gestattet.“	Prozess	strategisch/taktisch

Der Überblick der Definitionen zeigt einige Auffälligkeiten im Hinblick auf Designparameter und den Voraussetzungen des Supply-Chain-Netzwerkdesigns.

Zunächst wird keine *Trennung von logischem und physikalischem Netzwerkdesign* durchgeführt. Logisches Design der Supply Chain bezieht sich auf die Festlegung der Prozessreihenfolgen auf der Ebene des Netzwerks und jedes einzelnen Unternehmens. In dieser Phase werden auch die Entscheidungen bezüglich Eigenfertigung oder Fremdbezug getroffen. Das Ergebnis der Festlegung des logischen Designs ist dann die Auswahl aller möglichen Prozesskombinationen, welche zur Erfüllung des Kundenwunsches führen. Darauf aufbauend stellt das physikalische Design der Supply Chain die Menge aller möglichen Knoten/Elemente sowie die Menge aller möglichen Verknüpfungen zur Verfügung. Auf Basis dieser Daten können dann die tatsächlichen Standorte der einzelnen Elemente und deren Verknüpfungen in einem Optimierungsprozess ausgewählt werden. Eine Mehrheit der Definitionen fokussiert sich lediglich auf den physikalischen Aufbau der Supply Chain (beispielsweise CHOPRA U. MEINDL 2004 oder SHEN 2007).

Des Weiteren findet keine *Einbeziehung bereits existierender Strukturen* statt. Hierbei steht die Frage im Mittelpunkt, auf welchen vorhandenen Grundlagen eine Supply-Chain-Design-Entscheidung aufgebaut werden muss. Im englischsprachigen Raum wird dies mittels der Begriffe *green-field-* beziehungsweise *brown-field approach* deutlich. Ein *green-field*-Ansatz stellt die meisten Freiheitsgrade zur Verfügung; alle Entscheidungsvariablen können entsprechend der optimalen Lösung des Supply-Chain-Netzwerkdesignproblems gesetzt werden (beispielsweise SNYDER U. A. 2006). Dieser Ansatz kann jedoch in Forschung und Praxis nur selten verfolgt werden. (vgl. GEORGIADIS U. A. 2011, S. 254)

Eine solche simplistische Einordnung kann dem Thema jedoch nicht genügen. In der Praxis steht vor jedem Supply-Chain-Netzwerkdesign zunächst zumindest ein spezifischer Kundenwunsch als Grundlage. Dieser setzt zumindest einen Kunden voraus, welcher unter anderem durch einen eigenen Standort definiert ist. Daher kann bereits hier aus theoretischer Sicht nicht mehr von einem *green-field*-Ansatz gesprochen werden. Diese Situation stellt dennoch einen (theoretischen) Extrempunkt dar. In anderen Fällen können auch deutlich mehr Voraussetzungen gefordert werden. In Definitionen des Supply-Chain-Netzwerkdesigns wird häufig implizit zusätzlich von weiteren grundlegenden Strukturen, wie logischen Prozessketten oder vorhandenen Rohmateriallieferanten, ausgegangen. Keine der aufgedeckten Definitionen bezieht bereits existierende Strukturen mit ein und sie gehen damit von einem *green-field*-Ansatz aus.

Drittens, kann der *Fokus der Betrachtung* auf die strategische, taktische und operative Ebene zur Differenzierung von Definitionen im Supply-Chain-Netzwerkdesign herangezogen werden. In der Literatur wird das Supply-Chain-Netzwerkdesign in der Regel als strategische Aufgabe wahrgenommen. Dementsprechend stellen die vorhandenen Definitionen strategische Entscheidungen, wie beispielsweise Standortwahl oder langfristige Lieferantenbeziehungen, in den Vordergrund. Jedoch wird von einigen Autoren eine erweiterte Definition zugrunde gelegt und auch taktische Problemstellungen, wie die Festlegung von Lagerhaltungsrichtlinien (beispielsweise Shen 2007), mit einbezogen.

Für diese Arbeit wird das Supply-Chain-Netzwerkdesign analog zu Kistner u. Steven (2001, S. 335) definiert:

Definition 2.9. *„Im Mittelpunkt der Supply-Chain-Konfiguration steht die strategisch ausgerichtete Planung und Konfiguration der dem Netzwerk zugrunde liegenden Netzwerkstruktur."*

Diese Definition umfasst auch die Aspekte der Planung des logischen Supply-Chain-Netzwerks. Weiterhin werden für diese Arbeit insbesondere Planungsaufgaben verfolgt, welche auf ein existierendes Supply-Chain-Netz aufbauen (*brown-field*-Ansatz). Der Fokus wird auf die strategischen Aspekte gelegt, eine vollständige Elimination ist jedoch in der Modellierung nicht erreichbar.

2.5.3 Ziele

Vor der Festlegung der Supply-Chain-Strategie und des Supply-Chain-Netzwerkdesigns müssen entsprechend der oben erläuterten Definition, auf Basis der Präferenzen, die Ziele für die Supply Chain festgelegt werden. Die Spannbreite der Ziele kann sehr umfangreich ausfallen. Neben der Festlegung des zu verwendenden Leistungsmaßes gehört insbesondere auch die Spezifikation des Betrachtungsrahmens. Im Kontext der Supply Chain stellt sich insbesondere die Frage, ob die Ziele auf ein fokales Unternehmen ausgerichtet sind oder die gesamte Supply Chain im Mittelpunkt steht.

Peck (2006, S. 139) argumentiert, dass „no one person or firm manages a whole end-to-end supply chain". Der Handlungsspielraum kann demnach deutlich eingeschränkt sein. Somit können sich auch die Ziele nur auf einen Ausschnitt der Supply Chain beziehen, welcher im Einflussfeld des Entscheiders liegt. Zugleich sieht Gripsrud u. a. (2006, S. 645), aufgrund der starken Einbettung jedes Unternehmens innerhalb der Supply Chain, Schwierigkeiten bei der Fokussierung auf ein Unternehmen. In der Literatur besteht dennoch weitgehender

Konsens, dass eine übergreifende Optimierung für alle beteiligten Unternehmen zu einer Erhöhung des Gewinns führt (beispielsweise LeBlanc u. Abdulaal 1984). Da bereits die Definition der Supply Chain vorsieht, dass die Teilnehmer rechtlich unabhängig voneinander sind, ist eine globale Steuerung des Supply-Chain-Netzwerkdesigns in der Regel nicht möglich.

Auch wenn aufgrund dessen ein holistischer Ansatz bevorzugt wird, fokussieren sowohl die Unternehmenspraxis (vgl. Peck 2006, S. 140) als auch die Forschung häufig nur einen sehr limitierten Ausschnitt (siehe auch Kapitel 3.18, S. 103), bei welchem einzelne Beziehungen, ausgehend von dem fokalen Unternehmen, im Vordergrund stehen.

Aus dieser Überlegung ergibt sich auch für diese Arbeit als Ausgangspunkt ein fokales Unternehmen, aus dessen Blickwinkel die Supply Chain betrachtet wird. Der Entscheidungsspielraum geht jedoch durch Möglichkeiten zur direkten und indirekten Einflussnahme über das eigene Unternehmen hinaus.

2.5.4 Prozess

Der Prozess des Supply-Chain-Netzwerkdesigns zielt darauf ab die Voraussetzungen für eine optimale Supply Chain zu schaffen (vgl. Talluri u. Baker 2002, S. 545; Walther 2001, S. 12). Aus einer Prozesssicht können die Supply-Chain-Netzwerkdesignentscheidungen in drei Phasen aufgeteilt werden; Vorbereitungs-, Markt- und Produktrücklaufphase (vgl. Seuring 2009, S. 225). Die Vorbereitungsphase beinhaltet die strategische Konfiguration der Produkte und des Supply-Chain-Netzwerks sowie das eigentliche Produktdesign. Im Rahmen der Markt- und Produktrücklaufphase wird das Supply-Chain-Netzwerk (operativ) ausgestaltet und die Prozesse optimiert (siehe Tabelle 2.6).

Das Supply-Chain-Netzwerkdesign, im Verständnis dieser Arbeit, manifestiert sich in der Vorbereitungsphase. Dieser Prozessschritt steht auf dem Fundament der Supply-Chain-Struktur, welche sich in der Festlegung der freien Entscheidungsvariablen ausdrückt und welche zum Teil bereits aus den in Tabelle 2.5 genannten Definitionen hervorgehen. Im Allgemeinen fallen hierunter die Standortentscheidungen für Hersteller, Lieferanten, Kunden, Läger und Transporteinrichtungen, die Festlegung der jeweiligen Kapazitäten und die Allokation von Verbindungen zwischen den Elementen des Netzwerks (vgl. Shen 2007, S. 1).

Der Prozess des Supply-Chain-Netzwerkdesigns kann in drei Schritte eingeteilt werden, welche jedoch nicht hintereinander, sondern parallel durchgeführt werden (vgl. Chopra u. Meindl 2004, S. 99): Zunächst muss die *logische*

Struktur des Netzwerks definiert werden. Hierzu gehört sowohl die Festlegung der Elemente der Supply Chain wie Produktionsstätten, Lieferanten, Lager- und Verteilzentren und die dort ausgeführten Prozesse als auch deren Verknüpfungen und Rollen im Netzwerk. Des Weiteren müssen die *Standorte der Elemente* festgelegt werden. Im selben Planungsschritt müssen auch die Kapazitäten der Einrichtungen sowie die *Verknüpfung der Elemente* mit den Endkunden und (Rohmaterial-)Lieferanten bestimmt werden. Diese Entscheidungen beeinflussen sich gegenseitig und müssen daher gemeinsam getroffen werden.

Tabelle 2.6: Integrierter Supply-Chain-Netzwerkdesignprozess (SEURING 2009, S. 225)

	Product dimension		
Supply chain dimension	Product design (pre-phase)	Production and logistics (market-phase)	Product return (post-phase)
Configuration	I. Strategic configuration of product and network	III. Formation of the production network	V. Formation of the reduction network
Operation	II. Product design in the supply chain	IV. Process-optimization in the supply chain	VI. Process-optimization in the return chain

2.6 Supply-Chain-Risiken

2.6.1 Konzeptualisierung

Die Supply Chain fügt mehrere Aspekte zum Kontext des klassischen Risikomanagements hinzu; KAJÜTER (2003a, S. 111) nennt die folgenden relevanten Charakteristika:

- erweiterter Handlungsrahmen,
- Informationsasymmetrien, auch bezüglich der Risiken,
- Risiken der Supply Chain sind nicht gleich der Summe der Risiken der Partnerunternehmen,
- Unterschiede hinsichtlich der Risikobereitschaft und Risikotragfähigkeit zwischen den Akteuren,

- begrenzte Anpassungsbereitschaft an Standards,
- unterschiedliche regulatorische Anforderungen bei international aufgestellten Supply Chains,
- erschwertes Erkennen von Ursache-Wirkungszusammenhängen in komplexen Systemen.

Die Hauptaufgabe des Supply-Chain-Risikomanagements besteht darin die Handhabung von Risiken innerhalb der Supply Chain zu leiten, als Grundlage soll zunächst der Begriff des Supply-Chain-Risikos definiert werden.

Die Supply Chain betreffende Literatur zeigt keine einheitliche Abgrenzung von allgemeinen Unternehmens- und Supply-Chain-Risiken auf. Unterschiede zeigen sich in der Kategorisierung der Risiken, welche häufig aus der Literatur des Risikomanagements abgeleitet werden, jedoch entsprechend den Anforderungen des Supply-Chain-Managements interpretiert werden müssen (beispielsweise RAO U. GOLDSBY 2009, S. 101 ff.). Einige Autoren argumentieren jedoch, dass es nicht ausreicht die Einzelrisiken von Kunden und Lieferanten zu handhaben, sondern diese auf Ebene der gesamten Supply Chain behandelt werden müssen (vgl. COUSINS U. A. 2004; HARLAND U. A. 2003; LEWIS 2003). Andere Autoren orientieren sich in der Risikokategorisierung an den systematischen Gemeinsamkeiten von Supply Chains und ordnen die Risiken in unternehmensinterne, Supply Chain interne Risiken sowie Umfeldrisiken (vgl. CHRISTOPHER U. PECK 2004, S. 4 f.).

Allgemein lassen sich die vorgenommenen Kategorisierungen zunächst in diejenigen unterscheiden, welche die *Supply-Chain-Risiken i. e. S.* definieren. Diese stehen in direktem Zusammenhang mit der Zusammenarbeit im Rahmen der Supply Chain, deren Errichtung und Betrieb (Kooperationsrisiken, Lieferrisiken etc.). Im Gegensatz dazu beinhalten Ansätze, welche *Supply-Chain-Risiken i. w. S.* verstehen, auch Risiken der Einzelunternehmen und stellen damit weitgehend eine Erweiterung des unternehmensinternen Risikobegriffs dar. Abbildung 2.5 verdeutlicht den Zusammenhang zwischen den unterschiedlichen Risikoauffassungen. Die Supply-Chain-Risiken i. w. S. enthalten sowohl die Supply-Chain-Risiken i. e. S. als auch unternehmensinterne Risiken. Diese inkludierende Sichtweise kann begründet werden vor dem Hintergrund, dass jedes unternehmensinterne Risiko auch gleichzeitig eine Erhöhung des Risikos für die Supply Chain nach sich zieht. Zusätzlich könnte es Unternehmensrisiken geben, welche nicht Teil der Supply-Chain-Risiken sind. KAJÜTER (2003a, S. 111 ff.) argumentiert, dass hierunter diejenigen unternehmensinternen Risiken fallen, welche keine Auswirkungen auf die Supply Chain haben und demnach nicht zu den Supply-Chain-Risiken gezählt werden können. Als Beispiel führt er Risiken an, welche ein anderes, nicht zur Supply Chain gehörendes Produkt betreffen. Diese Einschränkung ist jedoch insofern kritisch zu sehen, als dass auch diese Risiken eine potentielle Schwächung des Unternehmens darstellen können, daher auch Auswirkungen auf die im Fokus stehende Supply Chain haben und damit auch diese Risiken zu den Supply-Chain-Risiken gezählt werden müssen.

Tabelle 2.7 zeigt verwendete Typologien für die Einordnung von Supply-Chain-Risiken. KERSTEN U. A. (2009, S. 96 f.) verweisen auf weitere, in der Literatur verwendete, Kategorisierungsmöglichkeiten der Supply-Chain-Risiken. Diese können unterschieden werden in Kategorien, welche einen direkten Bezug auf Eigenschaften der Supply Chain nehmen und allgemeine Risikokategorisierungen, welche auf den Supply-Chain-Kontext angewandt werden (beispielsweise NORRMAN U. LINDROTH 2004, S. 19: strategische, finanzielle, operationelle, kommerzielle und technische Risiken). Eine Mehrheit der Autoren verwendet jedoch Supply-Chain-Risikokategorien, welche direkt auf die Eigenschaften der Supply Chain eingehen (beispielsweise CHOPRA U. SODHI 2004; ROGLER 2002; ZSIDISIN 2003). Im Folgenden wird auf die Risikokategorisierung von CHRISTOPHER U. PECK (2004) zurückgegriffen, welche eine Risikoquellen- und Supply-Chain-orientierte Kategorisierung vorsieht.

2.6.2 Diskussion

Supply-Chain-Risiken sind eingebettet in eine Kausalkette der Risikorealisierung innerhalb der Supply Chain. Zunächst existiert eine *Verwundbarkeit* der

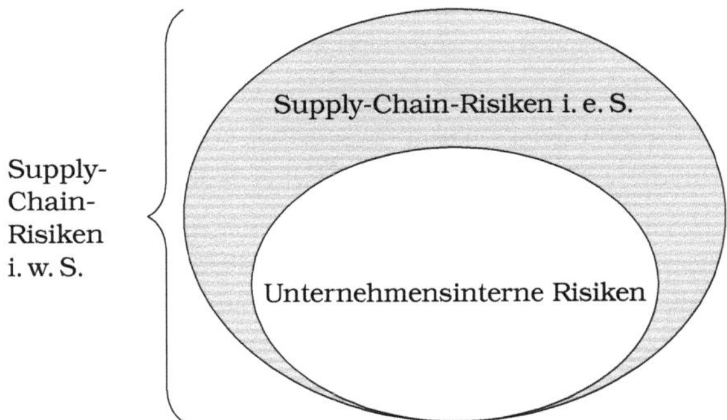

Abbildung 2.5: Abgrenzung des Supply-Chain-Risikoverständnisses

Tabelle 2.7: Typologie für Supply-Chain-Risiken (Auszug aus KERSTEN U. A. 2009, S. 96 f.)

Quelle	Risikokategorisierung
RAO U. GOLDSBY (2009, S. 114)	Umfeld-, Industrie-, Organisations-, Problemspezifische Risiken, Risiken des Entscheidungsträgers
TAPIERO U. GRANDO (2008, S. 202)	Operationelle (intraprozess) Risiken, externe Risiken, strategische Risiken, Risikoexternalitäten
CHRISTOPHER U. PECK (2004, S. 4 f.)	Umfeldrisiken, Risiken in der Versorgung und Nachfrage (Supply-Chain-interne Risiken), Risiken in den Prozessen und der Steuerung (Unternehmensinterne Risiken)

Supply Chain (vgl. HARLAND U. A. 2003 oder PECK 2006) gegenüber verschiedenen Risikoquellen (1). Nach dem Eintreten eines riskanten Ereignisses führt dieses, für den Fall einer prä-existierenden Verwundbarkeit, zu einer *Risikokonsequenz* (2) innerhalb der Supply Chain (vgl. JÜTTNER U. A. 2003). Weiter risikoerhöhend wirken die *Risikotreiber*, welche im Bereich der Supply Chain (3) zu suchen sind und beispielsweise an dem Trend zu vermehrten Auslagerungen und der Globalisierung festgemacht werden können (vgl. JÜTTNER U. A. 2003, S. 204). *Risikoreduktionsstrategien* (4) werden dazu verwendet, um diese Risiken zu senken. Die Unternehmens- und Supply-Chain-Strategie kann hierbei sowohl als Risikotreiber als auch zur -reduktion dienen (vgl. DANI 2009, S. 58). Abbildung 2.6 verdeutlicht den Zusammenhang.

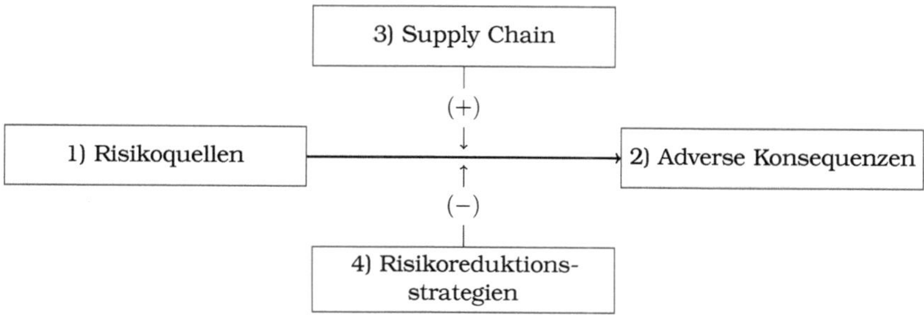

Abbildung 2.6: Konzepte des Supply-Chain-Risikomanagements (in Anlehnung an JÜTTNER U. A. 2003, S. 204)

2.6.2.1 Risikoquellen und -konsequenzen

Unterbrechungen der Supply-Chain-Aktivitäten können in erheblichem Maße zu negativen operativen Ergebnissen (vgl. HENDRICKS U. SINGHAL 2005b), Aktienkursverlusten (vgl. HENDRICKS U. SINGHAL 2005a) und damit Vermögensreduktionen von Aktionären (vgl. HENDRICKS U. SINGHAL 2003) beitragen.

Aus diesem Grund stellen Unterbrechungen einen festen Bestandteil in der Supply-Chain-Risikoforschung dar (vgl. TANG 2006a). Im Supply-Chain-Kontext können Unterbrechungen der *Supply-Chain-Flüsse* auftreten (vgl. NARASIMHAN U. TALLURI 2009, S. 115): Unterbrechungen des Materialflusses, Informationsflusses, Wissensflusses und des Steuerungs- und Koordinationsflusses. Zusätzlich kann auch der Geldfluss unterbrochen werden (vgl. PFOHL U. A. 2003).

Es können unterschiedliche Unterbrechungsarten separiert werden. VAKHARIA U. YENIPAZARLI (2009, S. 250 f.) und SHEFFI (2005, S. 115) unterscheiden entsprechend der *Ursache* der Unterbrechung in solche natürlichen Ursprungs (beispielsweise Erdbeben oder Windhosen) und vom Menschen verursachte Unterbrechungen, welche von Qualitätsproblemen bis hin zu Anschlägen reichen können. Von zufälligen Ereignissen bis hin zu menschengemachten Unterbrechungen enthält diese Liste: Naturkatastrophen, Unfälle, Nachlässigkeiten sowie bewusst herbeigeführte Unterbrechungen. Vorsätzliche Anschläge auf die Supply Chain sind dem Forschungsbereich der Supply-Chain-Sicherheit zuzuordnen (vgl. SHEFFI 2005, S. 121). Aufgrund ihres erhöhten Ausmaßes sind Unterbrechungen stets ein Problem für die gesamte Supply Chain und nicht nur für das einzelne Unternehmen (vgl. SHEFFI 2009, S. 23).

Des Weiteren können Unterbrechungen auch nach dem *Lebenszyklus der Supply Chain* unterschieden werden. Im Lauf der Entwicklung einer Supply Chain liegt der Fokus insbesondere in den frühen Stadien auf der Unterbrechungsprävention in den Prozessen Produktdesign und -einführung sowie der Einhaltung von Qualitätsanforderungen. Dahingegen steht in einer reiferen Supply Chain vor allem der effiziente, aber auch ununterbrochene Warenfluss zur Reduktion der Kosten im Fokus des Managements (vgl. VAKHARIA U. YENIPAZARLI 2009, S. 251).

Zuletzt können verschiedene *Unterbrechungswirkungen* unterschieden werden. VAKHARIA U. YENIPAZARLI (2009, S. 251 f.) erkennen hier vier Faktoren in einer Supply Chain, welche von Unterbrechungen negativ beeinflusst werden können: Qualität, Durchlaufzeit, Abweichungen in den produzierten beziehungsweise gelieferten Mengen und Unterbrechungen in der Technologie.

2.6.2.2 Supply-Chain-Netzwerkdesign und -Risikoreduktionsstrategien

Es zeigt sich, dass die Supply-Chain-Konfiguration großen Einfluss auf die Höhe der Risikokonsequenzen haben kann. NORRMAN U. JANSSON (2004) analysieren die Fallstudie der Ericsson-Mobilfunksparte, welche aufgrund eines Feuers bei einem Lieferanten zunächst Ausfälle bei einer essentiellen Komponente und in der Folge einen hohen Verlust verkraften musste. In diesem Fall hatte das gewählte Supply-Chain-Netzwerkdesign einen erheblichen Einfluss auf die Höhe der Konsequenzen. Ericsson hatte sich beispielsweise gegen eine Doppelquellenbeschaffung für notwendige Teile entschieden. Gleichzeitig zeigt sich, dass andere Kunden dieses Lieferanten, aufgrund einer schnelleren Reaktion, in der Lage gewesen sind zügig zu einem anderen Lieferanten zu wechseln und somit größere Konsequenzen zu vermeiden. In einer konzeptionellen Studie entwickeln CRAIGHEAD U. A. (2007) die Idee, dass die Design-Charakteristika der Supply-Chain-Komplexität, -Dichte und die Kritikalität der Supply-Chain-Elemente Haupteinflussfaktor für die Schwere der Unterbrechung seien.

Allgemein können Unterbrechungen verhindert werden, indem diese präventiert oder gesteuert werden oder das Ausmaß vermindert wird (Impact Management: vgl. VAKHARIA U. YENIPAZARLI 2009, S. 255 und SHEFFI 2005, S. 274). Die *Prävention* von Unterbrechungen zielt darauf ab ex ante eine Verringerung der Eintrittswahrscheinlichkeit herbei zu führen. Das Ziel der *Unterbrechungssteuerung* ist es, Prozesse zur Erkennung von Risiken zu etablieren und die Planung und Vorbereitung für den Fall einer Unterbrechung zu veranlassen. Für den letzten Schritt, *Verringerung des Ausmaßes*, stehen die Etablierung von Redundanzen und die Erhöhung der Flexibilität als generische Maßnahmen zur Erhöhung der Widerstandsfähigkeit zur Verfügung (vgl. SHEFFI U. RICE 2005).

Diese Aufteilung entspricht auch dem Vorschlag von TOMLIN (2006, S. 640), eine Unterteilung in Kontingenz- und Minderungsstrategien vorzunehmen. Risikominderungsstrategien dienen dazu bereits vor dem Eintritt des Risikos dieses in Wahrscheinlichkeit oder Ausmaß zu reduzieren. Ein Beispiel wäre die präventive Erhöhung der Lagerbestände. Kontingenzstrategien werden vor dem Eintritt des Risikos geplant, jedoch werden Aktionen erst nach Eintritt des Risikos notwendig. Hierunter fallen beispielsweise Strategien zur bedingten Lieferantensuche.

Zur Verringerung der Risiken existieren generische Strategiekategorien. Hier haben sich insbesondere die Begriffe der Widerstandsfähigkeit und Robustheit herausgebildet. Die *Widerstandsfähigkeit* (Resilience) bezeichnet die Fähigkeit der Supply Chain, nach dem Eintreten einer Risikokonsequenz, wieder in den Ausgangszustand oder einen gewünschten Zustand zurückkehren zu können (vgl. PECK 2006, S. 132; CHRISTOPHER U. PECK 2004; FIKSEL 2003; PETTIT U. A. 2010; SHEFFI 2005). *Robustheit* dagegen bezeichnet eine Supply-Chain-Strategie, welche erstens erlaubt die Supply Chain ohne die Einwirkung einer Unterbrechung effizient zu gestalten und zweitens während einer Unterbrechung die Zielerfüllung der Supply Chain so gut wie möglich gewährleistet und drittens nach der Unterbrechung eine schnellstmögliche Rückkehr zum Status quo ante ermöglicht (vgl. HUSDAL 2010; KLIBI U. A. 2010; PAN U. NAGI 2010; QIANG U. A. 2009; TANG 2006b). Jedoch ist dieser Begriff nicht eindeutig, eine allgemeinere Definition versteht unter einer robusten Strategie diejenige, deren Ergebnisse bei allen Szenarien der szenariooptimalen Idealstrategie nahe kommt (vgl. FREIWALD 2005).

2.7 Theoretische Fundierung

Supply-Chain-Risiken und deren Reduktion können vor dem Hintergrund unterschiedlicher theoretischer Blickwinkel betrachtet werden. Für die Analyse der Kooperation zwischen den Supply-Chain-Teilnehmern könnte beispielsweise die Spieltheorie herangezogen werden. Risiken werden hier durch die Informationsasymetrie zwischen den Partnern verursacht (vgl. NEUMANN 2009, S. 11 f.).

Alternativ könnte die Transaktionskostentheorie für die Erklärung der beobachteten Phänomene herangezogen werden. Risiken ergeben sich hier insbesondere durch opportunistisches Verhalten der Kooperationspartner, der Faktorspezifität und der Häufigkeit der Transaktionen. Risiko- und Kostenreduktion könnten sich beispielsweise durch langfristige Geschäftsbeziehungen und eine damit verbundene Verbesserung der Vertrauensbasis erreichen lassen (vgl. KHAN U. BURNES 2007, S. 205).

Im Ressourcenbasierten Ansatz wird zu Grunde gelegt, dass die Kompetenzen und das Vermögen eines Unternehmens/der Supply Chain über die Auswirkung von Risiken auf den Erfolg Aufschluss geben können (vgl. SORENSEN 2005, S. 401).

Eine Vielzahl weiterer Ansätze, wie die Prinzipal-Agent-Theorie (vgl. NEUMANN 2009, S. 11 f.), könnte, auch in Kombination, als Grundlage für die Arbeit dienen.

Im Zuge dieser Arbeit stehen jedoch die Fragen nach den Einflussfaktoren für die Risikoneigung von Supply-Chain-Strukturen und den Empfehlungen zur situationsadäquaten Ausgestaltung der Lieferkette im Vordergrund. Diese Fragestellungen decken sich mit den Grundthesen des *Situativen Ansatzes*. Dieser basiert auf empirischen Analysen zu Faktoren, welche die Organisationsstruktur beeinflussen (beispielsweise CHILD 1970). Die Grundideen des Situativen Ansatzes können nach MORGAN (2006) wie folgt zusammengefasst werden:

- „Organizations are open systems that need careful management to satisfy and balance internal needs and to adapt to environmental circumstances."
- „There is no one best way of organizing. The appropriate form depends on the kind of task or environment one is dealing with."
- „Management must be concerned, above all else, with achieving alignments and good fits."
- „Different types or species of organizations are needed in different types of environments."

Der Situative Ansatz sieht damit vor, dass für die optimale Ausgestaltung einer Organisationsstruktur immer auch die Ausgangslage der Organisation berücksichtigt werden muss (vgl. KIESER 2006; WOODWARD 1958, 1980).

Der Situative Ansatz wurde von STAEHLE (1973) in der deutschen Forschung bekannt gemacht. Im Englischen findet der Begriff des *contingency approach* Anwendung. Aufgrund dessen hat sich im Deutschen weitgehend der Begriff der *Kontingenztheorie* etabliert. Die Theorie wurde gewählt, da sie die situations- und risikoadäquate Gestaltung der Supply Chain begründet.

KIESER (2006, S. 218) beschreibt drei grundlegende Fragestellungen, welche als Ausgangspunkt des Situativen Ansatzes gesehen werden:

A. „Wie können Organisationsstrukturen beschrieben – in Begriffe gefasst – und operationalisiert – messbar gemacht – werden, um Unterschiede zwischen Organisationsstrukturen in empirischen Untersuchungen aufzeigen zu können?"

B. „Welche situativen Faktoren oder Einflussgrößen erklären eventuell festgestellte Unterschiede zwischen Organisationsstrukturen?"

C. „Welche Auswirkungen haben unterschiedliche Situations-Struktur-Konstellationen auf das Verhalten der Organisationsmitglieder und die Zielerreichung (Effizienz) der Organisation? Lässt sich für jede Situation eine

Organisationsstruktur finden, die das Verhalten der Organisationsmitglieder so steuert, dass die Effizienz der Organisation gesichert werden kann?"

Diese Fragen spiegeln sich auch in der vorliegenden Arbeit in den Forschungsfragen wider. Zur Beantwortung von Frage A wird auf existierende Forschungsergebnisse und -literatur zurückgegriffen. Die begriffliche Einordnung und Abgrenzung erfolgte in diesem Kapitel. Die Basis für die Definition der Leistungsmaße wurde in Kapitel 2.3.2 gelegt.

Kern dieser Arbeit stellen jedoch die Fragen B und C dar, hieraus wurden die Forschungsfragen in Kapitel 1.3 (S. 3) abgeleitet. Im Kontext dieser Arbeit ergibt sich aus Frage B die Suche nach Faktoren, welche die Wahl des Supply-Chain-Netzwerkdesigns im Hinblick auf Risiken beeinflussen (Forschungsfragen 2a, b und c). Frage C zielt schlussendlich darauf ab, den Einfluss dieser Faktoren auf die Wahl robuster Supply-Chain-Netzwerkdesigns festzustellen und Fallunterscheidungen für die Wahl des optimalen Designs zu entwickeln (Forschungsfrage 3).

Des Weiteren bilden die Systemtheorie und Kybernetik einen weiteren wichtigen Baustein für diese Arbeit. Diese werden in Kapitel 2.3 und 5.3 näher beleuchtet. Die Einheit der Supply Chain wird als System verstanden. Die Kybernetik, welche in den 1950er Jahren durch FORRESTER (1958) begründet wurde, ergänzt die Systemtheorie durch die regulativen Aspekte innerhalb eines Systems und erklärt, wie eine Steuerung des Systems erfolgen kann.

3

Stand der Forschung

Eine Systematische Literaturanalyse bildet die erste methodische Säule dieser Dissertation. Hierbei handelt es sich um einen strukturierten Ansatz, um eine große Zahl unterschiedlicher Quellen zu einem Themengebiet einer einheitlichen, übergreifenden Analyse zu unterziehen. Ziel ist die Realisierung eines hohen Objektivitätsgrades und einer möglichst umfänglichen Einbeziehung bisheriger Einsichten in der relevanten Materie.

Zunächst erfolgt im ersten Abschnitt die Erläuterung der Systematischen Literaturanalyse als wissenschaftliche Forschungsmethode, um dann in den darauf folgenden Kapiteln die Ergebnisse in Beantwortung der einzelnen Forschungsfragen darzustellen.

Als Ergebnis ergeben sich zum einen der aktuelle Wissenstand und zum anderen auch Erkenntnisse zu Lücken in der aktuellen Forschung. Aus diesen leiten sich die Forschungsfragen ab, welche in Kapitel 1.3 zusammengefasst dargestellt werden.

3.1 Methodik

Die Literaturanalyse erfüllt zwei Funktionen für diese Arbeit. Einerseits sollen Lücken in der aktuellen Forschung aufgedeckt und des Weiteren die Grundlagen für die Beantwortung der oben genannten Forschungsfragen gelegt werden. Hierfür wurde die Methode der Systematischen Literaturanalyse (*systematic review*) ausgewählt.

3.1.1 Beschreibung der Systematischen Literaturanalyse

Die Methode der Systematischen Literaturanalyse hat ihren Ursprung in der medizinischen Forschung der 1980er Jahre (hier und im Folgenden TRANFIELD u. DENYER 2003). Das Ziel liegt darin, den wissenschaftlichen Anspruch von Literaturanalysen in der Forschung zu verbessern, da häufig nicht mit der notwendigen Gewissenhaftigkeit gearbeitet wird (MULROW 1987; TRANFIELD u. DENYER 2003, S. 209). Im Zuge der weiteren Anwendung in anderen Forschungsfeldern, wie dem Gesundheitsmanagement, entwickelten sich zwei Säulen als Grundlage für die Systematische Literaturanalyse: *Gewissenhafte Formulierung* und *Praxisrelevanz der Ergebnisse*. Die Systematische Literaturanalyse für die betriebswirtschaftliche Forschung baut auf den Prinzipien der Transparenz, Inklusivität, Erklärbarkeit und heuristischen Empfehlungen auf (vgl. DENYER u. TRANFIELD 2009, S. 679).

Um die Übertragbarkeit der Erfahrungen aus dem medizinischen Umfeld sicherzustellen, diskutieren TRANFIELD u. DENYER (2003, S. 212 ff.) auch, inwiefern eine Forschungsmethodik aus anderen wissenschaftlichen Disziplinen in die betriebswirtschaftliche Forschung übernommen werden kann, auch wenn gravierende Unterschiede in der Ausrichtung und dem Reifegrad der Disziplinen bestehen. Die Autoren kommen zu dem Schluss, dass nicht zuletzt in der betriebswirtschaftlichen Forschung eine Systematische Literaturanalyse durch rigide Methodikanwendung dazu dienen kann, neue Erkenntnisse zu generieren und offene Forschungsfragen zu begründen (vgl. HIGGINS u. GREEN 2008, S. 6).

Die Systematische Literaturanalyse beinhaltet mehrere Maßnahmen zur Reduktion von Fehlern und Voreingenommenheit (Bias) des Analysten. Sie kann somit als Methode für die Generierung qualitativ hochwertiger Evidenzen verwendet werden (vgl. TRANFIELD u. DENYER 2003, S. 210).

Die systematische Analyse mehrerer Studien trägt zudem, durch den Vergleich der Ergebnisse anderer Arbeiten, zur Festigung existierender Erkenntnisse bei. Tabelle 3.1 zeigt die Akzeptanzhierarchie für verschiedene Arten der wissenschaftlichen Beweisführung in der Medizin.

In Studien der Betriebswirtschaftslehre hat sich die Verwendung der systematischen Literaturanalyse noch nicht weit verbreitet. SHEPHERD u. GÜNTER (2006, S. 244) geben an, die Nutzung einer Systematischen Literaturanalyse geprüft, diese jedoch aufgrund des folgenden Arguments verworfen zu haben:

> „The problem with this positivist notion [of the systematic review] is it assumes it is possible to put aside ones theoretical commitments

Tabelle 3.1: Hierarchie der Evidenzen in der Medizin (DAVIES U. NUTLEY 1999, zitiert in TRANFIELD U. DENYER 2003, S. 210)

Level	Description
I-1	Systematic review and meta-analysis of two or more double blind randomized controlled trials.
I-2	One or more large double-blind randomized controlled trials.
II-1	One or more well-conducted cohort studies.
II-2	One or more well-conducted case-control studies.
II-3	A dramatic uncontrolled experiment.
III	Expert committee sitting in review; peer leader opinion.
IV	Personal experience.

and step outside of rhetoric, a position robustly contested by post-modern researchers."

Das Problem wird demnach darin gesehen, dass ein Analyst seine bereits bestehenden Ansichten nicht verlassen könne und daher auch ein expliziter, gründlicher Prozess der Literaturanalyse nicht zu einer Verringerung der damit einhergehenden Tendenzen beitragen könne. Der Autor der vorliegenden Arbeit vertritt jedoch die Ansicht, dass eine intensivere Dokumentation der Schritte der Literaturanalyse zu einer Verbesserung der Ergebnisse beitragen kann. Dies wird auch in der betriebswirtschaftlichen Forschung bestätigt (beispielsweise PITTAWAY U. A. 2004; TRANFIELD U. DENYER 2003).

3.1.2 Prozess

Der Prozess der Systematischen Literaturanalyse findet in drei Stufen statt. In der ersten Stufe wird die Literaturanalyse geplant, die zweite Stufe beinhaltet die Durchführung der Analyse und als letzter Schritt werden die Ergebnisse für die Stakeholder aufbereitet und berichtet. Tabelle 3.2 fasst die Schritte zusammen.

3.1.2.1 Stufe 1

Stufe 1 beinhaltet zwei Schritte zur Ausarbeitung der Eckpunkte des Forschungsvorhabens in einem Forschungsprotokoll. Diese Punkte beinhalten die Forschungsfragen, Aussagen über die Grundgesamtheit der einzubeziehenden Studien, Details der geplanten Suchstrategie und Kriterien zur Auswahl relevanter Studien. Stufe 1 stellt daher besondere Anforderungen an den Forscher, da für die Durchführung der einzelnen Schritte bereits ein Vorwissen über

Tabelle 3.2: Schritte der Systematischen Literaturanalyse (TRANFIELD U. DENYER 2003, S. 214; eigene Übersetzung)

Schritt	Beschreibung
STUFE 1	Planung der Literaturanalyse
Schritt 0	Identifikation des Bedarfs für eine Analyse
Schritt 1	Ausarbeitung des Analysevorhabens im Forschungsprotokoll
Schritt 2	Entwicklung des Protokolls
STUFE 2	Durchführung der Literaturanalyse
Schritt 3	Identifikation der relevanten Literatur
Schritt 4	Auswahl der Studien
Schritt 5	Bewertung der Studienqualität
Schritt 6	Extraktion der relevanten Daten und Überprüfung des Fortschritts
Schritt 7	Datensynthese
STUFE 3	Berichterstattung und Veröffentlichung
Schritt 8	Erstellung eines Abschlussberichts und Empfehlungen
Schritt 9	Übernahme der Erkenntnisse in die Praxis

das eigentliche Forschungsfeld vorausgesetzt wird. Diese Phase steht vor der eigentlichen Literaturanalyse, daher ist vorgesehen, bereits vorab eine Kurzanalyse der Literatur durchzuführen, um die notwendigen Parameter bestimmen zu können (vgl. TRANFIELD U. DENYER 2003, S. 214). Zusätzlich kann es sinnvoll sein einen flexibleren Ansatz zu wählen, bei welchem Anpassungen des Forschungsprotokolls auch im Nachhinein möglich sind, sofern diese vollständig und nachvollziehbar dokumentiert werden.

Abbildung 3.1 zeigt das gewählte Vorgehen für diese Arbeit und die Ergebnisse der ersten Stufe. Das Forschungsvorhaben wurde zunächst über mehrere Monate im Rahmen einer initialen Literaturrecherche entwickelt und im Anschluss daran im Forschungsprotokoll festgehalten. Als Quelle für die Basisliteratur wurden die Forschungsgebiete Supply-Chain-Management, Logistik, Risikomanagement, Supply-Chain-Risikomanagement sowie der Systemforschung und Finanzwirtschaft festgelegt. Dieser breite Ansatz wird im Lauf der Durchführung der Systematischen Literaturanalyse weiter fokussiert, hin zu den Teilgebieten der Strategischen Supply-Chain-Planung und der Supply-Chain-Modellierung.

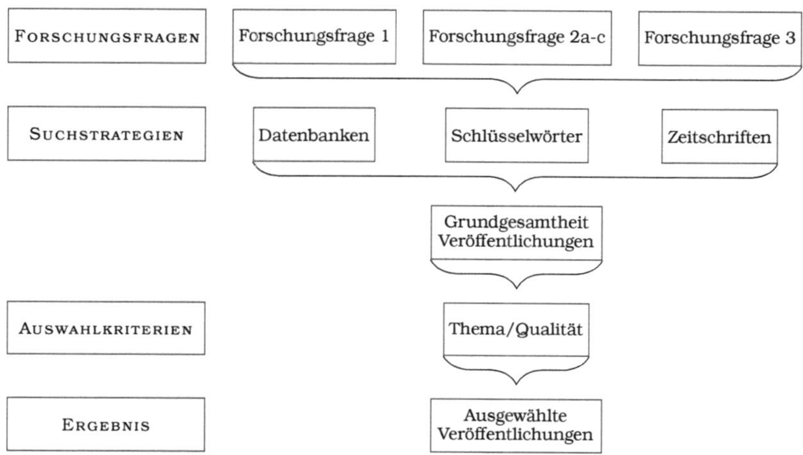

Abbildung 3.1: Vorgehen bei der Systematischen Literaturanalyse Stufe 1

Im Spannungsfeld zwischen der Einbeziehung und Auslassung der Literatur wurden inhaltliche und qualitative Kriterien für die Einbeziehung relevanter Literatur festgelegt. Tabelle 3.3 listet die inhaltlichen Merkmale auf.

Für die Sicherstellung der Qualität der Schlussfolgerungen der ausgewählten Literatur wurde die Erfüllung der folgenden Anforderung von POPAY U. A. (1998) überprüft:

- „A primary marker: is the research aiming to explore the subjective meanings that people give to particular experiences and interventions?"

Tabelle 3.3: Kriterien für die Einbeziehung und Auslassung von Literatur

Kriterium	Kommentar
Strategieorientierung	Ausschluss von Literatur, bei welcher taktische und operative Problemstellungen im Vordergrund stehen.
Strategien: Supply-Chain-Netzwerkdesign	Einbeziehung von Literatur, welche Strategien zur Verringerung von Risiken auf Basis von Methoden aus dem Supply-Chain-Netzwerkdesign beinhalten.
Risiken: Unterbrechungen und Modellrisiko	Fokus auf Unterbrechungsrisiken und weiteren Risiken, welche robuste Strategien erforderlich machen.

- „Context sensitive: has the research been designed in such a way as to enable it to be sensitive/flexible to changes occurring during the study?"
- „Sampling strategy: has the study sample been selected in a purposeful way shaped by theory and/or attention given to the diverse contexts and meanings that the study is aiming to explore?"
- „Data quality: are different sources of knowledge/understanding about the issues being explored or compared?"
- „Theoretical adequacy: do researchers make explicit the process by which they move from data to interpretation?"
- „Generalizability: if claims are made to generalizability do these follow logically and/or theoretically from the data?"

Die hier vorliegende Literaturanalyse erfolgte an der Schnittstelle zwischen dem Supply-Chain-Netzwerkdesign und Supply-Chain-Risikomanagement und kombiniert somit Aspekte aus beiden Forschungsfeldern (siehe Abbildung 3.2).

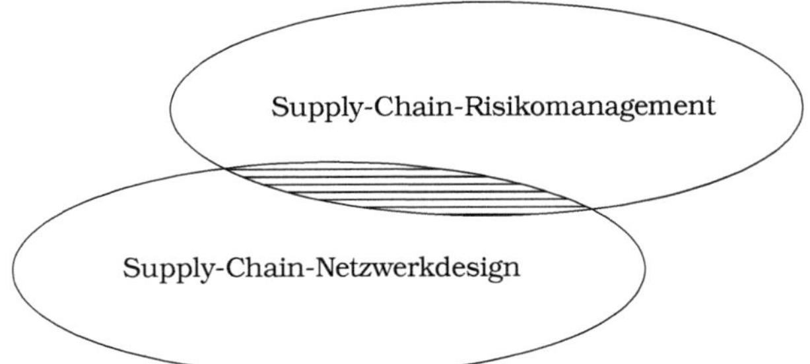

Abbildung 3.2: Konzeptionelle Schnittmenge zwischen Supply-Chain-Risikomanagement und Supply-Chain-Netzwerkdesign

Auf Basis der oben genannten (Kapitel 1.3) Forschungsfragen ergeben sich die folgenden Fragen an die Literatur:

1. Welche Ansätze gibt es zur Einbeziehung von Unsicherheit und Ungewissheit bei strategischen Entscheidungen im Kontext des Supply-Chain-Netzwerkdesigns?
2. Welche Strategien eignen sich besonders zur Reduktion von Unterbrechungsrisiken im strategischen SCND?

3. Welche konkreten Handlungsempfehlungen lassen sich daraus für die Praxis ableiten?

3.1.2.2 Stufe 2

Stufe 2 beginnt mit der *Identifikation* der relevanten Literatur auf Basis des Forschungsprotokolls. Die Suchstrategie wurde wie folgt geplant und umgesetzt:

Es wurde eine umfassende Datenbankanalyse in mehreren Zeitschriftendatenbanken durchgeführt, hierfür wurden Business Source Premier, JSTOR, Science Direct sowie Google Scholar als Meta-Datenbanken genutzt. Des Weiteren wurden die Onlinekataloge der Deutschen Zentralbibliothek für Wirtschaftswissenschaften und der Technischen Universität Hamburg-Harburg genutzt. In der Stichwortsuche wurden unter anderem die folgenden Suchbegriffe sowie ihre Äquivalente im Deutschen verwendet: *disruption risk, supply chain risk, supply chain disruption, supply chain resilience, supply chain design, supply chain configuration, logistic risk, supply chain uncertainty, supply chain model risk*. Insbesondere durch die Nutzung von Meta-Datenbanken wurde sichergestellt, dass auch Literatur, welche nicht in Zeitschriften veröffentlicht worden ist, gefunden werden konnte (vgl. TRANFIELD u. DENYER 2003, S. 215). Hierunter fallen insbesondere unveröffentlichte Arbeiten, Tagungsberichte von Konferenzen und Veröffentlichungen im Internet. Zusätzlich wurden die Jahrgänge ausgewählter Zeitschriften gesamthaft nach relevanter Literatur durchgegangen (Tabelle 3.4). Daraufhin wurde analog zu SORENSEN (2005) eine Überprüfung der Qualität aller generierten Treffer durchgeführt.

Insgesamt wurde so eine Bibliothek mit über 1000 Artikeln generiert. Nach näherer Bestimmung der Relevanz, der Qualität und der Übereinstimmung mit den Forschungsfragen, wurden hieraus etwa 470 Artikel herausgefiltert und in eine intensivere Analyse einbezogen (vgl. TRANFIELD u. DENYER 2003, S. 216). Die ausgewählten Artikel wurden daraufhin *zusammengefasst und die Informationen in einer Datenbank aufbereitet*. Die so erstellte Tabelle beinhaltet allgemeine Daten zur betrachteten Studie, wie Titel und weitere bibliographische Angaben. Des Weiteren wurden wichtige inhaltliche Aspekte, beispielsweise neue Erkenntnisse, Konzepte und Modelle sowie die verwendeten Methoden und ergänzende Notizen für die Synthese der Informationen in der Tabelle festgehalten (vgl. TRANFIELD u. DENYER 2003, S. 216 f.). Auf Basis dieser Tabelle wurden die Arbeiten entsprechend der oben genannten Kriterien weiter selektiert. Die Protokollierung der Ergebnisse in der Tabelle hat, laut HIGGINS u. GREEN (2008, S. 164), drei Hauptfunktionen:

Tabelle 3.4: Grundgesamtheit der Veröffentlichungen aus der Durchsicht selektierter Zeitschriften (in Anlehnung an SORENSEN 2005, S. 391)

Journal	Zeitraum	Artikel [Zahl]
SUPPLY-CHAIN-MANAGEMENT		
European Journal of Purchasing and Supply Management	1994 - 2002	7
International Journal of Logistics: Research and Applications	1999 - 2011	15
International Journal of Physical Distribution and Logistics Management	1992 - 2011	26
Journal of Business Logistics	1996 - 2011	28
Journal of Purchasing and Supply Management	2003 - 2011	8
Journal of Supply Chain Management	1998 - 2011	6
Supply Chain Management: An International Journal	1997 - 2011	16
Supply Chain Management Review	2004 - 2010	2
The International Journal of Logistics Management	1993 - 2011	18
OPERATIONS MANAGEMENT		
European Journal of Operational Research	1980 - 2011	90
Interfaces	1981 - 2011	5
International Journal of Production Economics	1996 - 2011	88
International Journal of Operations and Production Management	1999 - 2011	11
Journal of Operations Management	1981 - 2011	23
Operations Research	1988 - 2011	11
MANAGEMENT		
Decision Sciences	1998 - 2011	8
European Management Journal	2000 - 2011	2
Harvard Business Review	1990 - 2011	7
Industrial Marketing Management	2000 - 2011	9
Management Science	1990 - 2011	17
Omega	1993 - 2012	28
Sloan Management Review	2003 - 2011	4
INFORMATIK		
Computers and Operations Research	1990 - 2011	27
Computers and Industrial Engineering	1990 - 2011	18

1. Die Tabelle steht in direktem Zusammenhang mit den Forschungsfragen und bietet demnach einen grafischen Überblick über diese.
2. Sie dient darüber hinaus als Dokumentation der chronologischen Entwicklung des Forschungsfortschritts.
3. Des Weiteren wird sie als Datengrundlage für die folgende Analyse verwandt.

Der letzte Schritt der zweiten Stufe dient der *Datensynthese.*

> „Research synthesis is the collective term for a family of methods for summarizing, integrating, and, where possible, cumulating the findings of different studies on a topic or research question.“ (MULROW 1994)

In dieser Arbeit wurde die Metasynthese als Methode zur Auswertung der Ergebnisse ausgewählt. Hierbei werden mehrere Studien interpretativ verglichen. Damit wird dem Faktor Rechnung getragen, dass aufgrund der Vielzahl der Forschungsansätze ein Vergleich betriebswirtschaftlicher Studien häufig mit Hindernissen verbunden ist und so zumindest eine interpretative Auswertung ermöglicht wird. Eine umfassende Aufstellung möglicher Methoden und deren Erläuterung finden sich in TRANFIELD u. DENYER (2003, S. 217 f.).

3.1.2.3 Stufe 3

In der dritten Stufe werden die Ergebnisse der vorhergehenden Schritte für die Berichterstattung aufbereitet (vgl. TRANFIELD u. DENYER 2003, S. 218 f.). In den Kapiteln 3.2 und 3.3 wird ein vollständiger Überblick über die gewonnenen Erkenntnisse gegeben. Dies erfolgt zum einen in einer deskriptiven Analyse und zum anderen durch die Hervorhebung thematischer Gemeinsamkeiten und Unterschiede in der Metaanalyse. Ziel ist es, damit die Grundlage zu legen und die weitere Forschung in dieser Arbeit zu begründen.
Zusätzlich sieht die Systematische Literaturanalyse vor, dass die gewonnenen Erkenntnisse in konkrete Handlungsempfehlungen für die Praxis übertragen werden. Dieser letzte Schritt erfolgt in einer gemeinsamen Darstellung aller Ergebnisse in Kapitel 7.1.

3.1.3 Aufbau der Literaturanalyse

Dieser Abschnitt stellt den Aufbau der Literaturanalyse dar. Hierfür wurde aus der oben genannten Vorabanalyse der Literatur ein Konzept für die Gliederung der Ergebnispräsentation entwickelt. Dieses ist in Abbildung 3.3 dargestellt und wird im Folgenden der Literaturanalyse zu Grunde gelegt. Zunächst sollen jedoch die Bestandteile des Konzeptes beschrieben werden.

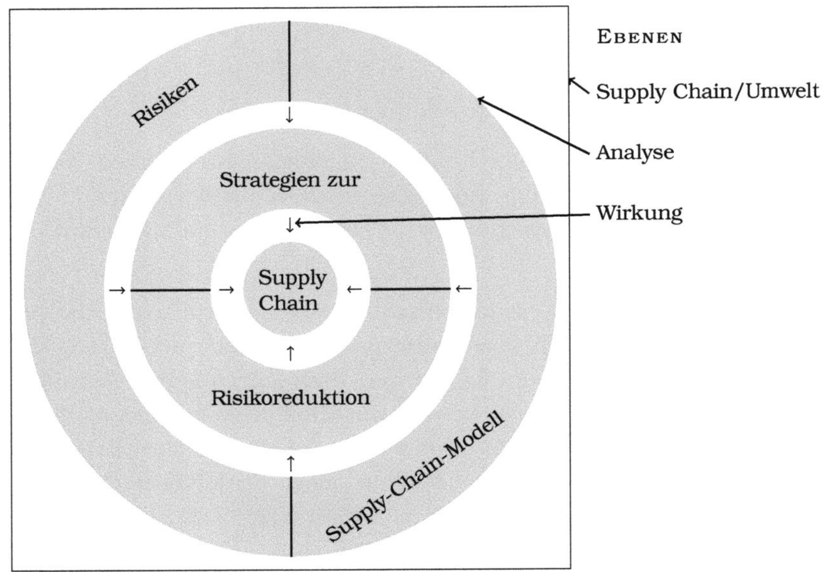

Abbildung 3.3: Konzept der Literaturanalyse

Den Rahmen bildet zunächst die eigentlich zu betrachtende Supply Chain und das dazugehörige Umfeld aus Konkurrenten, Lieferanten, Konsumenten, Risiken und weiteren Determinanten (siehe Abbildung 3.3). Das Konzeptmodell des Supply-Chain-Netzwerkdesigns unter Unsicherheit befindet sich innerhalb dieses Rahmens.

Der äußere Ring repräsentiert die Ergebnisse der Analyse der Supply Chain. Diese werden durch die bewerteten Risiken, welche identifiziert, analysiert und bewertet wurden, in der linken Hälfte und dem finalen Supply-Chain-Modell, rechts, dargestellt. Mit diesem Ring wird auch die physikalisch vorhandene Supply Chain vom abstrakten Supply-Chain-Modell und den Risiken abgegrenzt. Somit beinhaltet diese Ebene die Ergebnisse der ersten Schritte des Supply-Chain-Risikomanagement- wie auch die des Supply-Chain-Netzwerkdesignprozesses.

Der mittlere Ring repräsentiert diejenigen Risikoreduktionsstrategien, welche auf der Basis der Analyse der Risiken und dem Supply-Chain-Modell ausgewählt werden. Um zum zweiten Ring zu gelangen, muss demnach ein Entscheidungsprozess im Rahmen des Supply-Chain-Risikomanagements und Supply-Chain-Netzwerkdesign durchlaufen werden, welcher zur Auswahl der optimalen Strategie zur Risikoreduktion führt. Exemplarisch können hier Flexibilitäts- beziehungsweise Redundanzstrategien genannt werden.

Die gewählte Strategie hat dann wiederum Auswirkungen auf die zu Grunde liegende Supply Chain und die Risikolandschaft, welche durch den Kreis in der Mitte veranschaulicht werden. Die relevante Literatur wird entsprechend dieses Konzeptes in drei Teilen vorgestellt:

- *Äußerer Ring*: In Kapitel 3.2 werden Modelle, welche Risiken integrieren vorgestellt und die sich ergebenden Forschungslücken herausgearbeitet. Abschnitt 3.2.2 geht auf Risiken ein, welche im Modellbildungsprozess entstehen und Abschnitt 3.2.3 stellt Unterbrechungsrisiken in den Vordergrund.
- *Mittlerer Ring*: In Kapitel 3.3 werden Strategien zur Risikoreduktion vorgestellt und kategorisiert.
- *Zentrum*: In Kapitel 3.4 werden die bisherigen Erkenntnisse zu den Auswirkung unterschiedlicher robuster Strategien auf die Leistungsfähigkeit der Ziel-Supply-Chain dargestellt.

Die Aspekte der Prozesse der Modellbildung und der Risikoanalyse selbst gehören nicht zum Kernthema der Arbeit und werden daher nicht in die Betrachtung mit einbezogen. Hierfür wird auf weiterführende Literatur wie beispielsweise HAFEEZ U. A. (1996); JULKA U. A. (2002); QIANG U. A. (2009); SHEN (2006); SWAMINATHAN U. A. (1998) für die Modellbildung und NEIGER U. A. (2009); TANG U. MUSA (2011); VAN DER VORST U. BEULENS (2002) zum Thema Risikoanalyse verwiesen.

3.2 Risiken in Supply-Chain-Netzwerkdesignmodellen

3.2.1 Chronologie der Modellentwicklung

Erste Ansätze der Modellierung von Entscheidungen im Supply-Chain-Netzwerkdesign beschränkten sich auf die Integration von grundlegenden Fragestellungen, wie der Standortwahl und der Entscheidung zu Verknüpfungen zwischen den Elementen einer Supply Chain (vgl. BURNS u. SIVAZLIAN 1978; EFROYMSON u. RAY 1966; SULE 1981; TRUSCOTT 1980). Diese Modelle wurden entwickelt, um generische Aufgaben im Supply-Chain-Kontext zu lösen. So ist es auch leicht möglich diese für andere Einsatzzwecke anzuwenden (vgl. SULE 1981, S. 215); hierunter fallen verwandte Probleme wie beispielsweise die Bestimmung der optimalen Lokation von Krankenhäusern (vgl. BENNETT 1981) oder aber auch die Feststellung der optimalen Standorte von Bankkonten, mit dem Ziel der Minimierung der Transaktionslaufzeiten (vgl. SULE 1981, S. 215).

Im Zusammenhang mit der Reifung der Methodenanwendung wurden die Modelle weiter angepasst, spezifiziert und realitätsnähere Annahmen zugrunde gelegt. Zu den Erweiterungen zählen unter anderem die Aufhebung von Kapazitätsbeschränkungen (SRIDHARAN 1995 gibt einen Überblick) und Mehrfachziele (vgl. FORTENBERRY u. MITRA 1986; MITRA u. FORTENBERRY 1986). Im Zuge dessen wurden auch Risiken mit in die Modelle zur Supply-Chain-Planung einbezogen. Als zusätzlicher Anstoß hierfür können auch die Ergebnisse der Forschung im Bereich der Entscheidungstheorie gesehen werden. Diese deuten darauf hin, dass die besonderen Anforderungen, welche den Entscheidungen unter Risiko entstammen, häufig nicht durch die Manager in dem Entscheidungsprozess wahrgenommen werden können (vgl. MARCH u. SHAPIRA 1987, S. 1414 f.). Daher könnte eine vereinfachte Strukturierung der Probleme Verbesserungen in der rationalen Entscheidungsfindung erwirken.

Insgesamt zeigt sich, dass bisher kein umfassendes *Grundmodell* entwickelt wurde, welches alle Szenarien, Risiken und Konfigurationsmöglichkeiten abdecken würde, sondern im Gegenteil Modelle zumeist individuell für die jeweiligen Fragestellungen erarbeitet werden.

Des Weiteren werden Risiko und Unsicherheit als Modellerweiterung stark vernachlässigt. VIDAL u. GOETSCHALCKX (1997, S. 10) bestätigen für Produktions- und Distributionsmodelle, dass kaum stochastische Aspekte darin modelliert werden. Auch aktuelle Studien bestätigen dieses Ergebnis und sehen Lücken in der Integration von Risiken in Supply-Chain-Modellen (vgl. KHAN u. BURNES 2007; SORENSEN 2005).

Tabelle 3.5: Integration von Risiken in Konzepten des Supply-Chain-Netzwerkdesigns (Auswahl; bis 2011)

Quelle	Beitrag zur Forschung
TOWILL U. A. (1992)	Strategien zur Reduktion von *Supply-Chain-Multiplikatoren* und dem Bullwhip-Effekt

Fortsetzung

Quelle	Beitrag zur Forschung
Berry u. Naim (1996)	Analyse von Strategien zur *Reduktion des Bullwhip-Effekts*
Fisher (1997)	Integration von *Supply-Chain-Risiken in das strategische Supply-Chain-Netzwerkdesign*
Mason-Jones u. Towill (1997)	*Zeitbasiertes Management* zur Reduktion von Unsicherheiten
Sheffi (2001)	Diskussion neuer Risiken, welche durch den *globalen Terrorismus* entstehen
Coutu (2002)	Einführung des Begriffs der *Widerstandsfähigkeit* aus der Psychologie
Lee (2002)	Erweiterung des Konzepts von Fisher (1997) um *Versorgungsunsicherheiten*
van der Vorst u. Beulens (2002)	Vorstellung einer Methode zur Analyse des Supply-Chain-Netzwerks und der Identifikation *effektiver Supply-Chain-Strategien*
Helferich (2003)	Absicherung der Supply Chain gegen *Katastrophen*
Hendricks u. Singhal (2003)	Analyse der *Auswirkungen von Unterbrechungen auf die Leistungsfähigkeit* von Unternehmen
Harland u. a. (2003)	*Klassifizierung von Risiken* in Supply Chains und Entwicklung von Methoden zur Identifikation und Analyse von Supply-Chain-Risiken
Sheffi u. a. (2003)	Risiken und Strategien zur *Minderung von terrorbedingten Unterbrechungen*
Christopher u. Peck (2004)	Kategorisierung von Supply-Chain-Risiken und Maßnahmen hin zur *widerstandsfähigen Supply Chain*
Jüttner (2005)	Ableitung der Anforderungen an das Supply-Chain-Risikomanagement aus einer Praktikerperspektive und Entwicklung eines *integrierten Supply-Chain-Risikomanagement-Ansatzes*
Blackhurst u. a. (2005)	Analyse von der Auswirkungen von *Unterbrechungsrisiken in der Praxis* und Entwicklung eines Konzepts für den Umgang mit Unterbrechungen
Kleindorfer u. Saad (2005)	Konzeptentwicklung, welche auf die speziellen Aspekte der *Analyse und Reduktion von Unterbrechungsrisiken* eingeht
Sheffi u. Rice (2005)	Anforderungen an und Anleitung für Unternehmen, welche planen eine *widerstandsfähige Supply Chain* aufzubauen

Fortsetzung

Quelle	Beitrag zur Forschung
TANG (2006b)	Entwicklung des Konzepts *robuster Strategien* zur Reduktion von Unterbrechungsrisiken
TOMLIN (2006)	Vergleich unterschiedlicher *Strategien zur Reduktion von Unterbrechungsrisiken*
SNYDER U. A. (2006)	Darstellung von strategischen Supply-Chain-Netzwerkdesignmodellen, welche Unterbrechungen mit einbeziehen
CHOPRA U. A. (2007)	Belege für die Notwendigkeit einer *Trennung von Unterbrechungs- und stetigen Risiken* in einer Supply Chain
WAGNER U. A. (2009)	Diskussion von *Abhängigkeiten zwischen Lieferantenrisiken*
YANG U. A. (2011)	Analyse der *Robustheit von Strategien* bezüglich des Informationsaustauschs

Tabelle 3.5 liefert die Eckpunkte der Chronologie der konzeptionellen Beschreibung und Integration von Risiken in das strategische Supply-Chain-Netzwerkdesign. Diese begann ab den 1990er Jahren mit der Analyse der Auswirkungen des Bullwhip-Effektes, welcher durch Nachfrageschwankungen ausgelöst wird und den Konsequenzen dieses Risikohebels auf die Strategiefindung in der Supply Chain. Die Diskussion und Integration von Unterbrechungsrisiken im Zusammenhang mit dem Supply-Chain-Netzwerkdesign wurde erst ab dem Jahr 2001, mit einem starkem Bezug auf die Angriffe auf das World-Trade-Center, verstärkt in die konzeptionelle Forschung einbezogen (vgl. COUTU 2002; SHEFFI 2001 u. a.).

Tabelle 3.6 gibt einen Überblick über diese Entwicklung von den 1980er Jahren bis 2010. Dabei zeigt sich, dass diese Evolution mit der Einführung einzelner stochastischer Elemente begann. Hiervon ausgehend können zwei Tendenzen beobachtet werden. Zum einen gehört zu diesem Thema die Nutzung alternativer Methoden, um eine bessere Abbildung der komplexen Interaktionen innerhalb einer Supply Chain zu erreichen. Hierzu gehört beispielsweise die Nutzung agentenbasierter Modellierung und Simulation seit dem Ende der 1990er Jahre (vgl. SWAMINATHAN U. A. 1998). Zum anderen fand ebenfalls eine zunehmende Integration weiterer Aspekte in die Modelle statt. Dies reicht von der gleichzeitigen Modellierung strategischer und taktischer Problemstellungen (vgl. JAYARAMAN U. ROSS 2003 oder MIRANDA U. GARRIDO 2004) über die Erweiterung des Detaillierungsgrades durch Integration der Stückliste (vgl. YAN

U. A. 2003) oder die Distributionsplanung (vgl. ESKIGUN U. A. 2005) bis hin zur Einbeziehung einer größeren Anzahl von Risiken (vgl. SANTOSO U. A. 2005).

Diese Schlussfolgerungen werden auch von den Literaturanalysen anderer Autoren gestützt. MEIXELL U. GARGEYA (2005) stellt für global orientierte Supply-Chain-Modelle fest, dass diese noch immer keine umfassende Analyse des Kernproblems zur Verfügung stellen, sondern auf Teilaspekte beschränkt werden. Diese Erkenntnis wird von TERZI U. CAVALIERI (2004, S. 8) erweitert: Die Autoren zeigen, dass ein großer Teil der Modelle nur zwei Supply-Chain-Stufen modellieren. SHEN (2007, S. 23) stellt in seiner Literaturanalyse fest, dass es noch weiteren Forschungsbedarf im Bereich der Modellierung robuster Netzwerke und der Verbesserung der Zuverlässigkeit der Ergebnisse strategischer Supply-Chain-Netzwerkdesignmodelle gibt.

Tabelle 3.6: Integration von Risiken in Modellen des Supply-Chain-Netzwerkdesigns (Auswahl; bis 2011)

Quelle	Beitrag zur Forschung
LOGENDRAN U. TERRELL (1988)	Modell und Lösungsalgorithmen für Supply Chain mit *stochastischer und preissensitiver Nachfrage*
COHEN U. A. (1989)	Gemischt-ganzzahliges Modell mit *stochastischen Preisen und Wechselkursen*
TOWILL U. A. (1992)	Strategien zur Reduktion von *Supply-Chain-Multiplikatoren* und dem Bullwhip-Effekt
ANUPINDI U. AKELLA (1993)	Modellierung von *Versorgungsunsicherheit* und Doppelquellenbeschaffung
PARLAR U. WANG (1993)	Doppelquellenbeschaffung bei *unsicherer Versorgung in Economic-Order-Quantity- und Newsboy-Modellen*
EECKHOUDT U. A. (1995)	Einführung und Modellierung des *risikoaversen Newsboys*
BERRY U. NAIM (1996)	Analyse von Strategien zur *Reduktion des Bullwhip-Effekts*
HUCHZERMEIER U. COHEN (1996)	Kombination der Modellierung von *Flexibilität und stochastischen Wechselkursen*
GÜRLER U. PARLAR (1997)	Modellierung von *unsicherer Liefersituation* mittels Markov-Prozessen
LEE U. TANG (1997)	Integration von verzögerter *Produktdifferenzierung* (Postponement) als Strategie zur Risikoreduktion
BARBUCEANU U. A. (1997); LIN U. A. (1998); SWAMINATHAN U. A. (1998)	Agentenbasierte Modellierung einer *Supply Chain mit Unterbrechungen*

Fortsetzung

Quelle	Beitrag zur Forschung
PETROVIC (2001); PETROVIC U. A. (1998)	Modellierung der Supply-Chain-Risiken mit Hilfe von *Fuzzylogik*
TSIAKIS U. A. (2001)	Entwicklung eines Modells zur Abbildung von Supply-Chain-Netzwerken mit mehreren Supply-Chain-Stufen und Nachfrageunsicherheit
NOZICK U. TURNQUIST (2001)	Modell zur Bestimmung des optimalen Lagerhaltungsortes im Netzwerk mit unsicherer Nachfrage
LI U. O'BRIEN (2001)	*Quantitative Überprüfung* der Annahmen von FISHER (1997)
PERSSON U. OLHAGER (2002)	Modellierung weitergehender Unsicherheiten wie *stochastischer Prozessdurchlaufzeiten, Produktfehler und Nachfrage*
JAYARAMAN U. ROSS (2003)	Trennung der Modelle in zwei Stufen: *Planungs- und Durchführungsmodell*
YAN U. A. (2003)	Modellierung der Stückliste (BOM)
MOYAUX U. A. (2004)	Agentenbasierte Modellierung zur Simulation von kooperativen Strategien zur Reduktion des Bullwhip-Effekts
SNYDER U. DASKIN (2005)	*Dynamische Modellierung des Ausfalls von Standorten* und den daraus entstehenden zusätzlichen Transportkosten
DELERIS U. ERHUN (2005)	Anwendung der Monte-Carlo-Simulation zur Analyse von Supply-Chain-Risiken
SANTOSO U. A. (2005)	Stochastische Programmierung zur Einbeziehung von unsicheren Transportkosten, Nachfrage, Lieferungen und Kapazitäten
FREIWALD (2005)	Integration robuster Entscheidungen in die Supply-Chain-Modellierung
GUILLEN U. A. (2005)	Integration von Mehrfachzielen in die Supply-Chain-Netzwerkdesignmodellierung unter Unsicherheit
XIAO U. YU (2006)	Modellierung und Analyse von *Unterbrechungsrisiken*
KARA U. A. (2007)	Simulation einer Reverse Supply Chain mit Transportkostenunsicherheit
DAI U. A. (2008)	Modellierung der Risikobündelung und *stochastischer, preisabhängiger Nachfrage*
LI U. A. (2009)	Analyse von *Kooperationen und Konkurrenz* in einer Supply Chain mit Unterbrechungen
OKE U. GOPALAKRISHNAN (2009)	Entwicklung von Strategien für die Reduktion von Supply-Chain-Risiken

Fortsetzung

Quelle	Beitrag zur Forschung
RONG U. A. (2009)	Modellierung von Preissetzungsstrategien und deren Wirkung zur Risikoreduktion
PARK U. A. (2010)	Modellierung einer *erweiterten Supply Chain* mit Bündelung von Risiken

3.2.2 Herleitung einer umfassenden Risikobetrachtung

SODHI U. TANG (2009a) stellen fest, dass für eine vollständige Untersuchung von Risikoreduktionsstrategien eine umfassendere Betrachtung des Risikomanagementprozesses notwendig sein kann. Daher wird in diesem Kapitel zunächst der Modellbildungsprozess zum Zwecke der Betrachtung der dort entstehenden Risiken diskutiert.

In der Literatur stehen im Supply-Chain-Risikomanagementprozess zumeist die Schritte der Risikoidentifikation und -bewertung im Vordergrund. Die Modellierung der Supply Chain zur Bestimmung optimaler Steuerungsstrategien nimmt in der Regel einen vernachlässigten Teil ein (beispielsweise KAJÜTER 2003b). Auch in den Modellen der Supply-Chain-Netzwerkdesign-Literatur zeigt sich, dass dem Modellbildungsprozess und den damit verbundenen Risiken nur eine untergeordnete Rolle eingeräumt wird und der Fokus maßgeblich auf der Analyse der Modellergebnisse gelegt wird.

Im Prozess des Supply-Chain-Risikomanagements werden im Allgemeinen die Identifikation und Bewertung der zu erwartenden Risiken vor der Bestimmung der optimalen Strategie für das Supply-Chain-Netzwerkdesign genannt (beispielsweise KAJÜTER 2003b oder KERSTEN U. A. 2011a). Abbildung 3.4 verdeutlicht diese Position.

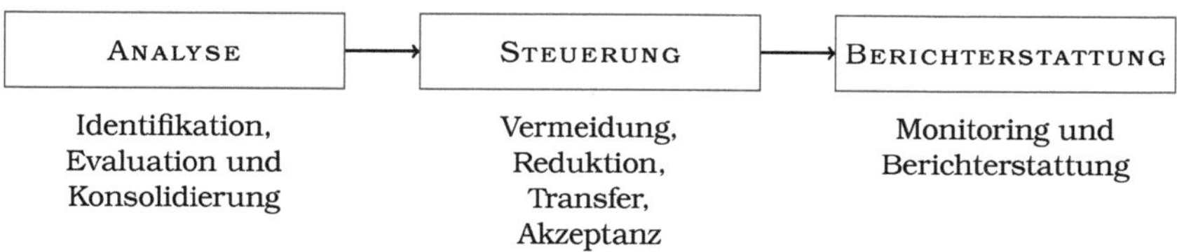

Abbildung 3.4: Supply-Chain-Risikomanagementprozess (in Anlehnung an KAJÜTER 2003b, S. 328 ff.)

Zusätzlich zu diesen Informationen ist für die Bewertung der Strategiealternativen eine Modellierung der Supply Chain zu Grunde zu legen. Dieses Kapitel stellt dar, dass dieser Schritt zusätzliche Risiken für die Auswahl der optimalen Strategie einbringen kann. Aus diesem Grund soll zunächst untersucht werden, inwiefern in Supply-Chain-Netzwerkdesignmodellen hier eine ganzheitliche Sichtweise bezüglich der Risiken angenommen wird.

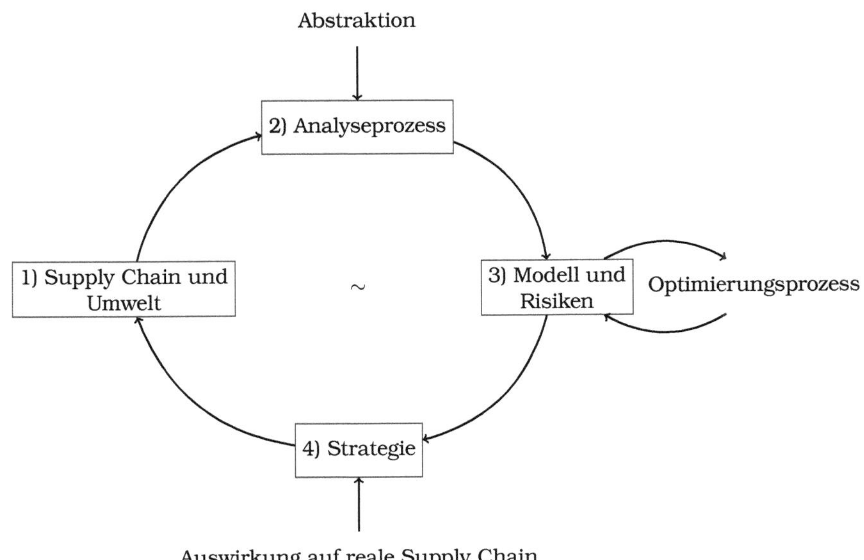

Abbildung 3.5: Supply-Chain-Netzwerkdesignprozess unter Risiko

Abbildung 3.5 stellt einen Prozess der Supply-Chain-Modellierung und Strategiefindung als Kombination aus Teilen der Supply-Chain-Netzwerkdesign und Supply-Chain-Risikomanagementprozesse vor. Entsprechend des Fokus dieser Arbeit liegt die Betonung auf der Modellierung von Supply Chain und Risiken und die Auswirkungen der Risiken auf die Auswahl der optimalen Supply-Chain-Strategie. Ausgehend von der Supply Chain und deren Umfeld (1) auf der linken Seite wird die Analyse der Supply Chain und der Risiken durchgeführt (2). Als Ergebnis stehen somit ein Modell der Supply Chain und der relevanten Umwelt zur Verfügung (3), welche auch die analysierten Risiken enthalten. Der Fokus dieser Arbeit liegt auf den Unterbrechungsrisiken. Dieses Modell dient wiederum als Grundlage für die Evaluation möglicher Risikoreduktionsstrategien (4).

Die ausgewählte Strategie wird darauf folgend implementiert und entfaltet ihre Wirkung im Kontext der tatsächlichen Supply Chain (1).

Aus diesem Prozessschema wird deutlich, dass für die erfolgreiche Umsetzung einer Strategie an drei Punkten zusätzliche Risiken, über die Risiken des originären Supply-Chain-Systems hinaus, entstehen können.

1. Der Prozess der Risikoanalyse kann zu unvollständigen oder falschen Annahmen über die vorhandenen Risiken führen.

2. Der Prozess der Modellbildung kann weitere Annahmen über die zu Grunde liegende Supply Chain treffen, welche nicht zutreffend sind. Gründe hierfür können fehlende Informationen oder Abstraktionserfordernisse sein. Des Weiteren kann auch die Modellberechnung Fehler enthalten, sodass die daraus gewonnenen Schlussfolgerungen inkorrekt sind.

3. Zuletzt können Fehler in der Umsetzung der Strategie dazu führen, dass diese nicht wie gewünscht auf die Ziel-Supply-Chain wirken kann.

Die Auswirkungen dieser Schätzungs-, Modellierungs- und Umsetzungsfehler können in Höhe (Ausmaß) und Eintrittswahrscheinlichkeit unbekannt sein. Sie stellen damit einen ungewissen Faktor dar. Aus diesem Grund erscheint eine Selektion robuster Strategien, welche geeignet sind in unterschiedlichen Szenarien eine risikoreduzierende Wirkung zu entfalten, notwendig.

3.2.2.1 Konzeptualisierung einer umfassenden Risikobetrachtung

Auch die betriebswirtschaftliche Forschung bestätigt die Erkenntnis, dass Modelle falsche Ergebnisse liefern können (vgl. FIKSEL 2003, S. 5333). Der Ursprung dieser Überlegung kann jedoch in der finanzwirtschaftlichen Forschung gesehen werden. Modellrisiko wird von CROUHY U. A. (2000, S. 579) definiert als „dasjenige Risiko, welches auftritt, wenn mathematische Modelle [...] verwendet werden".

Modellrisiko entsteht daher durch die Verwendung inadäquater Modelle oder deren fehlerhafte Spezifikation (vgl. HULL U. SUO 2002, S. 299). Der Begriff des Modellrisikos stammt aus der Forschung zu Derivaten und wurde dort aufgrund der starken Abhängigkeit der Finanzakteure von mathematischen Modellen verwendet. Wie oben beschrieben kann auch in der Supply-Chain-Risikomanagement-Forschung die Abbildung immer komplexerer Systeme in Modellen beobachtet werden.

Die Unterteilung dieser (Modell-)Risiken in der finanzwirtschaftlichen Forschung wird im Folgenden dargestellt (vgl. hier und im Folgenden GREEN U. FIGLEWSKI 1999) und soll als Grundlage für die Untersuchung dieses Teilaspektes dienen.

Inkorrekte Spezifikation

Zunächst ist es möglich, dass das Modell eine inkorrekte Spezifikation der zufallsabhängigen Modelleigenschaften aufweist. In einer Vielzahl von Supply-Chain-Modellen wird von einem vorgegebenen Prozess zur Generierung der Nachfrage ausgegangen. In einem klassischen Newsboy-Problem könnte die Nachfrage beispielsweise auf einer Normalverteilung basieren. Dies muss jedoch auf die tatsächliche Nachfrage nicht zutreffen und eine Übertragbarkeit der Ergebnisse vom Modell auf die Realität kann daher gefährdet sein. In der umfassenden Literaturrecherche konnte kein Artikel ausgemacht werden, welcher dieses Problem in Betracht zieht.

Inkorrekte Wahrscheinlichkeiten

Die meisten stochastischen Parameter eines Supply-Chain-Modells sind im abzubildenden System nicht beobachtbar und für die Parametrisierung damit nicht aus dem System ableitbar. Durch diese Ungewissheit über die Parameter des Modells, können verwendete Kenngrößen, wie zum Beispiel die Wahrscheinlichkeiten des Modells, ungleich denen des realen Systems sein. Auch hieraus können Fehler in der Entscheidungsfindung begründet werden. Ein Ansatz zur Reduktion dieses Effekts im Supply-Chain-Management ist die Integration dieses Problems in die Entscheidungsmodelle selbst. Hierzu kann Fuzzylogik verwendet werden. QIN U. JI (2010) folgt diesem Ansatz und integriert Ungewissheit über die Eintrittswahrscheinlichkeiten unterschiedlicher Risiken mittels Fuzzylogik. Damit können robustere Lösungen generiert werden. Als zweiter Ansatz kann auch die Szenarioanalyse dienen. In diesem Fall werden gefundene Lösungen im Nachhinein auf ihre Robustheit gegenüber unterschiedlichen Risiken überprüft.

Inkorrekte Annahmen

Des Weiteren können weitere grundlegende Annahmen, auf welchen das Modell basiert, nicht der Realität entsprechen. Jede Modellierung eines Systems beinhaltet auch eine Vereinfachung einzelner Aspekte im Vergleich mit dem ursprünglichen System. Somit führen diese Abstraktionserfordernisse dazu, dass Modell und das abzubildende System Unterschiede aufweisen. In einer Supply

Chain könnten neben dem Detaillierungsgrad auch Vereinfachungen in einer Vielzahl weiterer Parameter (beispielsweise Produktionsfunktion, Transportmodi etc.) stattfinden. Damit kann eine Einflussnahme auf das zu optimierende Entscheidungsproblem nicht ausgeschlossen werden.

Zusammenfassung

Das folgende Beispiel eines Supply-Chain-Nachfragerisikos soll die oben genannten Risiken im Gesamtkontext konkretisieren.

Beispiel. *In einer Beispiel-Supply-Chain ist die Nachfrage unsicher (*Risiko 1; originäres Supply-Chain-Risiko*). In der Modellierung wird angenommen, dass die Nachfrage einer Normalverteilung folgt, jedoch zeigt die Historie der Nachfrage höhere Wahrscheinlichkeiten für extreme Ereignisse (Fat-Tails) und wird daher durch die Normalverteilungsannahme nur unvollständig charakterisiert (*Risiko 2; Inkorrekte Spezifikation*). Die Parameter der Nachfrageverteilung sind ebenso unsicher und müssen geschätzt werden (*Risiko 3; Inkorrekte Wahrscheinlichkeiten*). Außerdem wird in der Modellierung die Nachfrage mehrerer Konsumenten zu Clustern zusammengefasst. Die Auswirkungen dieser Aggregation sind allerdings unklar (*Risiko 4; Inkorrekte Annahmen*).*

3.2.2.2 Literaturanalyse

Tabelle 3.7: Abdeckung von Risiken im Supply-Chain-Netzwerkdesign

Quelle	originäre Supply-Chain-Risiken	Inkorrekte Spezifikation	Inkorrekte Annahmen	Inkorrekte Wk.en
Fisher (1997)	●	○	○	○
Persson (2002)	○	○	◑	○
Lee (2002)	●	○	○	○
Tomlin (2006)	●	○	○	◑
Chopra u. a. (2007)	●	○	◑	○
Yu u. a. (2009)	●	◑	○	◑

●: voll abgedeckt; ◑: teilweise abgedeckt; ○: nicht abgedeckt

Im Folgenden werden aufbauend auf der Kategorisierung des Modellrisiko von Green u. Figlewski (1999) die aktuell in der Literatur verwendeten Ansätze erläutert und diskutiert. Tabelle 3.7 zeigt die Auswertung der Risiko- und Supply-Chain-Netzwerkdesign bezogenen Literatur hinsichtlich ihrer Einbeziehung der oben genannten Risiken. Der Fokus liegt insbesondere auf der Betrachtung möglicher zusätzlicher Fehlerquellen. Insgesamt scheint sich nur eine geringe Autorenzahl mit den erweiterten Risiken zu beschäftigen und keiner der Autoren inkludiert eine umfassende Risikoperspektive im oben genannten Sinne.

TOMLIN (2006) analysiert zunächst sechs Taktiken auf deren Eignung zur Risikoreduktion bei unterschiedlichen Risikokonfigurationen. Als Ergebnis entwickelt er daraus Strategieempfehlungen für gegebene Risikokonfigurationen. Anschließend werden die Auswirkungen von Fehleinschätzungen der Risikokonfiguration diskutiert (vgl. TOMLIN 2006, S. 651). Er kommt zu dem Schluss, dass Fehleinschätzungen zu einer signifikanten Erhöhung der Supply-Chain-Kosten führen können, jedoch die Strategie der Volumenflexibilität eine größere Robustheit gegenüber fehlerhaften Risikoschätzungen aufweist.

PERSSON (2002) überprüft, inwiefern unterschiedliche Detaillierungsgrade eines Modells einer Produktions-Supply-Chain Einfluss auf die Ergebnisse einer Simulation haben. Hierzu wird ein Simulationsmodell herangezogen, welches in drei unterschiedlichen Aggregationsgraden der Produktionsschritte vorliegt. Der Autor kommt anhand der Simulationsfallstudie zu dem Schluss, dass unterschiedliche Detaillierungsgrade im Rahmen der Modellierung erhebliche Auswirkungen auf die Ergebnisse haben können. Damit wird insbesondere auch die herausragende Stellung der Modellvalidierung betont.

YU U. A. (2009) analysiert die Auswirkungen von Unterbrechungen auf die strategische Entscheidung zwischen Doppel- und Einzelquellenbeschaffung. Insbesondere führen die Autoren eine Sensitivitätsanalyse der Ergebnisse hinsichtlich mehrerer Parameter durch und überprüfen, welchen Einfluss inkorrekte Wahrscheinlichkeiten und inkorrekte Spezifikation auf die Ergebnisse haben können.

Insgesamt kann konstatiert werden, dass Modellrisiko in den betrachteten Supply-Chain-Modellen nicht direkt angesprochen wird. Einzelne Artikel beziehen jedoch einzelne Risiken aus der umfassenden Risikobetrachtung mit ein, die Analyse erfolgt jedoch nur unvollständig (beispielsweise YU U. A. 2009 oder TOMLIN 2006) und nicht umfassend für alle oben erläuterten Risiken. Zur Sicherstellung der Validität der Ergebnisse für ein breiteres Anwendungsspektrum wäre dies jedoch wünschenswert.

3.2.3 Unterbrechungsrisiken

In diesem Abschnitt werden die in der Literatur existierenden Ansätze zur Einbindung von Unterbrechungsrisiken dargestellt und in einer Synthese die bestehenden Lücken aufgezeigt.

Vakharia u. Yenipazarli (2009) schlagen vor, die Literatur bezüglich Unterbrechungsrisiken entsprechend der Wirkungsortes des Risikos in Versorgungsrisiken, Produktrisiken, Transportrisiken und Herstellungs-/Prozessrisiken zu unterteilen. Dieser Aufteilung soll hier gefolgt werden und die in der Literatur vorgeschlagenen Modelle und Unterbrechungsreduktionsstrategien werden im Folgenden in diesen Kategorien präsentiert.

3.2.3.1 Charakteristika von Supply-Chain-Netzwerkdesignmodellen mit Unterbrechungsrisiken

Die Chronologie der Modellentwicklung in Kapitel 3.2.1 zeigt eine Vielzahl verschiedener Ansätze zur Modellierung von Risiken, welche in der Forschung Anwendung finden. Dieser Abschnitt dient dazu die Eigenschaften der Modelle genauer zu charakterisieren. Hierzu wurde eine Analyse durchgeführt, in welcher sowohl existierende Literaturanalysen als auch Arbeiten mit einzelnen Modellen einbezogen wurden, welche sich mit der Modellierung von Supply Chains zum Zweck der Risikoreduktion beschäftigen. Ziel dieser Analyse ist es, einen Überblick über die aktuell in der Literatur verwendeten Modelleigenschaften zu erhalten.

Tabelle 3.8 fasst zunächst die verwendeten *strategischen Entscheidungsvariablen* zusammen. Hierzu gehört zunächst die Standortauswahl für Produktion und Lagerhaltung, außerdem die Allokation der Produktion beziehungsweise Kapazitäten zu diesen Standorten. Des Weiteren wird hierunter auch der Aufbau des Supply-Chain-Netzwerks gezählt. Innerhalb der einzelnen Produktionsstätten muss darüber hinaus die Produktionstechnologie gewählt werden. Im Zusammenhang mit der strategischen Nachfragesteuerung können auch die Endproduktpreise angepasst werden. Die Unternehmensfinanzierung wird als weitere strategische Entscheidungsvariable wahrgenommen.

Tabelle 3.9 gibt einen Überblick über weitere Einflussfaktoren, welche entweder sicher oder unsicher sein können. Je nach Modell kann somit jede Größe, wie beispielsweise die Nachfrage mittels einer stochastischen Zufallsvariable oder alternativ als konstante Größe dargestellt werden.

In Tabelle 3.10 werden verwendete Zielfunktionen aufgelistet. Neben den Gesamtkosten finden auch speziellere Leistungsmaße, wie Lagerstände oder Ant-

Tabelle 3.8: Modelleigenschaften: Strategische Entscheidungsvariablen

Entscheidungsvariable	Quelle
Standortwahl für Produktionsstandorte	GUILLEN U. A. (2006); HAMMAMI U. A. (2009); MEIXELL U. GARGEYA (2005); MELO U. NICKEL (2009); MIN U. ZHOU (2002); VIDAL U. GOETSCHALCKX (1997)
Allokation der Produktion zu den Standorten	GUILLEN U. A. (2006); MEIXELL U. GARGEYA (2005)
Etablierung von Verknüpfungen im Netzwerk	GUILLEN U. A. (2006); MEIXELL U. GARGEYA (2005); MIN U. ZHOU (2002)
Selektion der Produktionstechnologie	HAMMAMI U. A. (2009); VIDAL U. GOETSCHALCKX (1997)
Preissetzung	MEIXELL U. GARGEYA (2005)
Unternehmensfinanzierung	MEIXELL U. GARGEYA (2005); VIDAL U. GOETSCHALCKX (1997)
Kapazitätsbeschränkungen in Produktion, Lieferanten, Transportkanäle, Distributionszentren	DULLAERT U. A. (2007); MEIXELL U. GARGEYA (2005); MELO U. NICKEL (2009); VIDAL U. GOETSCHALCKX (1997)
Bestimmung der Produktions- und Transportmengen	MEIXELL U. GARGEYA (2005)
Kapazitäts- und Technologieanpassung im Betrieb	DULLAERT U. A. (2007); HAMMAMI U. A. (2009); MEIXELL U. GARGEYA (2005)

wortzeiten Anwendung. Neuere Metastudien zeigen auch, dass die Verwendung des Gewinns als umfassenderes Risikomaß an Bedeutung gewinnt. Die Literaturanalyse zeigt, dass die zu berücksichtigende Zielfunktion, wie die Kosten oder Umsätze, im Allgemeinen aus den verwendeten Entscheidungsvariablen abgeleitet werden können. Somit finden nur Leistungsmaße, welche auch durch die jeweiligen Entscheidungsvariablen beeinflusst werden können, in den Modellen Berücksichtigung.

Tabelle 3.11 fasst weitere wichtige Modelleigenschaften zusammen hierunter fallen insbesondere die Zahl der Stufen oder inwiefern neben dem Materialfluss auch die Finanz- und Informationsflüsse in die Modellierung Einzug halten.

3.2.3.2 Literaturanalyse

Aufbauend auf dem vorherigen Kapitel wird im Folgenden die Literatur zu Supply-Chain-Netzwerkdesignmodellen, welche Unterbrechungen betrachten, untersucht.

Tabelle 3.9: Modelleigenschaften: sichere und unsichere Einflussfaktoren

Einflussfaktor	Quelle
Lieferantenzuverlässigkeit	VIDAL U. GOETSCHALCKX (1997)
Transportkanalzuverlässigkeit	VIDAL U. GOETSCHALCKX (1997)
Durchlaufzeit in Produktion und Transport	MELO U. NICKEL (2009); VIDAL U. GOETSCHALCKX (1997)
Nachfrage	DULLAERT U. A. (2007); MELO U. NICKEL (2009); VIDAL U. GOETSCHALCKX (1997)
Kosten	MELO U. NICKEL (2009)
Politisches Umfeld	VIDAL U. GOETSCHALCKX (1997)
Internationale Aspekte	MEIXELL U. GARGEYA (2005); MELO U. NICKEL (2009)

Tabelle 3.10: Modelleigenschaften: Zielfunktionen

Zielfunktionen	Quelle
Gewinn, Nachsteuergewinn, Operating Profit	GUILLEN U. A. (2006); MEIXELL U. GARGEYA (2005); MELO U. NICKEL (2009); VIDAL U. GOETSCHALCKX (1997)
Gesamtkosten, Logistikkosten	BECHTEL U. JAYARAM (1997); MEIXELL U. GARGEYA (2005); MELO U. NICKEL (2009)
Lagerstand	BECHTEL U. JAYARAM (1997)
Erfüllungsrate	BECHTEL U. JAYARAM (1997)
Nutzung von Recycling	BECHTEL U. JAYARAM (1997)
Durchsatz	BECHTEL U. JAYARAM (1997)
Antwortzeiten	BECHTEL U. JAYARAM (1997)
Cash-to-Cash Zyklus	BECHTEL U. JAYARAM (1997)

Auf der in den vorangegangenen Kapiteln gelegten Basis wird nun die Detailanalyse strategischer Modelle, welche Unsicherheit mit einbeziehen, durchgeführt. In Tabelle 3.12 werden die Modelleigenschaften gegenübergestellt. Darin sind Modellen enthalten, welche Unterbrechungen mit einbeziehen und Strategien zur Reduktion der Unsicherheit entwickeln und vergleichen.

In den verwendeten *Entscheidungsvariablen* zeigt sich eine starke Ausrichtung auf taktische Supply-Chain-Entscheidungen wie der Lagerhaltungs- oder Preispolitik, aus welchen dann Strategien zusammengesetzt werden. Wenig erforscht sind dagegen inhärent strategische Aspekte, welche unter anderem die Standortwahl, Allokation von Kapazitäten für die Produktion, den Transport und die Lagerhaltung integrieren.

Tabelle 3.11: Modelleigenschaften: sonstige Eigenschaften der Supply Chain

Supply-Chain-Eigenschaften	Quelle
Integration der Supply-Chain-Flüsse	VIDAL U. GOETSCHALCKX (1997)
Zahl der Supply-Chain-Stufen	DULLAERT U. A. (2007); GEBENNINI U. A. (2009); MEIXELL U. GARGEYA (2005); MELO U. NICKEL (2009); MIN U. ZHOU (2002); VIDAL U. GOETSCHALCKX (1997)
Art der Stufen	GEBENNINI U. A. (2009); GUILLEN U. A. (2007); MIN U. ZHOU (2002)
Anzahl der Waren und Produkte sowie Produkteigenschaften	GEBENNINI U. A. (2009); GUILLEN U. A. (2007); MELO U. NICKEL (2009)
Anzahl der modellierten Perioden	DULLAERT U. A. (2007); GEBENNINI U. A. (2009); MELO U. NICKEL (2009); VIDAL U. GOETSCHALCKX (1997)

Nur wenige (beispielsweise YU U. A. 2009) der im Fokus stehenden Arbeiten beziehen ein breiteres Spektrum an *Unterbrechungen* mit in die Betrachtung ein. Auch zeigt sich, dass eine Vielzahl von Autoren Unterbrechungen als reine Störung der Supply-Chain-Tätigkeit sehen und damit ihren Fokus hauptsächlich auf stetige Risiken legen (beispielsweise GUILLEN U. A. 2005; LEE U. TANG 1997; TOWILL U. A. 1992; TUNCEL U. ALPAN 2010). Eine Unterscheidung zwischen stetigen Risiken und Unterbrechungen im Sinne dieser Arbeit findet jedoch nicht statt.

Die Modelle integrieren in der Regel einen sehr eingeschränkten Umfang typischer *Supply-Chain-Eigenschaften*. Häufig finden nur Teile der gesamten Lieferkette Betrachtung. Auch die Vielfalt der abgebildeten Supply-Chain-Flüsse (Material-, Informations- und Geldfluss) erschöpft sich im Allgemeinen mit der Abbildung nur eines oder zwei der genannten Flüsse. Hierbei liegt der Fokus auf dem Material- und dem Informationsfluss. Dagegen zeigt sich, dass bereits mehrere unterschiedliche Supply-Chain-Elemente in den Stufen modelliert werden. Neben Kunden und Lieferanten kommen hier insbesondere Fabriken, Verteilzentren und Einzelhändler zur Anwendung.

Die Analyse der verwendeten Leistungsmaße in der *Zielfunktion* bestätigt diese Beobachtung. Auch diese werden in der Regel sehr stark fokussiert und können somit keine vollständige Abbildung der Umwelt leisten. Trotz einiger Argumente für die Verwendung umfassender Leistungsmaße in der Zielfunktion, wie einer Bewertung durch den Unternehmensgewinn (beispielsweise SHEN 2006,

S. 681, siehe auch Kapitel 6.1.5), zielen die meisten Modelle nur auf einen Teil der Gewinnfunktion, wie Umsatz, Kosten oder Teilaspekten davon, ab. Hierzu gehören auch das Serviceniveau als potentieller Umsatztreiber oder die Lagerhaltung als Kostenfaktor. Auch nichtmonetäre Blickwinkel, wie beispielsweise die Analyse der Höhe von Klimagasemissionen, können eingenommen werden, jedoch wurden diese in der hier betrachteten Literatur noch nicht integriert.

Blackhurst u. a. (2005, S. 4069) fassen den aktuellen Stand der Forschung wie folgt zusammen:

> „While the literature related to supply-chain disruptions is informative, it has primarily focused on supply-chain disruptions from a general or high-level view of the phenomenon (e.g. supply-chain uncertainty, risk perceptions). Additionally, although most would agree that disruptions are present in all supply chains, there is a limited amount of information on how to deal with them from a practical perspective in both the short term and long term."

Aus Sicht der hier dargestellten Modelle muss dieser Aussage zugestimmt werden. Die Betrachtung von Unterbrechungen findet in den analysierten Modelle nur in Teilaspekten statt und auch die zur Verfügung stehenden strategischen Optionen werden nur unvollständig genutzt.

Tabelle 3.12: Abdeckung der Modelleigenschaften in strategischen Modellen

Quelle	Tomlin (2006)	Rong u. a. (2009)	Chen u. Li (2009)	Berry u. Naim (1996)	Schmitt u. Singh (2009)	Snyder u. Daskin (2005)	Gürler u. Parlar (1997)	Tomlin u. Wang (2005)	Tomlin (2009)	Yu u. a. (2009)	Li u. a. (2009)	Xiao u. Yu (2006)
Entscheidungsvariablen												
Standortwahl	○	○	○	○	○	●	○	○	○	○	○	○
Allokation der Kapazitäten zu den Standorten	○	○	○	○	○	●	○	○	○	○	○	○
Etablierung von Verknüpfungen im Netzwerk	●	○	○	○	●	○	○	●	●	●	○	○
Generierung von Flexibilität	●	○	○	○	●	○	○	●	●	○	○	○
Selektion der Produktionstechnologie	○	○	○	●	○	○	○	●	○	○	○	○
Unternehmensfinanzierung	○	○	○	○	○	○	○	○	○	○	○	○
Nachfragesteuerung	○	●	○	○	○	○	○	○	●	○	●	●
Lagerhaltung	●	○	●	●	●	○	●	○	○	○	○	○
Unterbrechungen												
Lieferantenzuverlässigkeit	○	●	●	○	●	●	●	●	●	●	○	●
Transportkanalzuverlässigkeit	○	○	○	○	●	●	○	○	○	●	○	○
Durchlaufzeit/Kapazität	●	●	○	○	○	○	○	○	○	○	○	○
Nachfrage	●	○	●	●	○	○	○	○	●	●	●	●
Umfeld	○	○	○	○	○	○	○	○	○	○	○	○
Supply Chain Eigenschaften												
Zahl der Stufen	2	2	3	5	3	3	2	2	2	2	2	3
Anzahl der Waren und Produkte sowie Produkteigenschaften	1	1	1	1	2	1	1	2	2	1	1	1
Bestandteile der Zielfunktion												
Umsatz	○	●	○	○	○	○	○	●	●	●	●	●
Gesamtkosten	●	●	●	○	○	●	●	●	●	●	●	●
Risiko	●	●	○	●	○	○	○	○	○	○	○	○
Servicelevel	○	○	○	○	●	○	○	○	○	○	○	○
Lagerhaltung	○	○	○	●	○	○	○	○	○	○	○	○

●: voll abgedeckt; ○: nicht abgedeckt

3.3 Risikoreduktionsstrategien

Dieses Kapitel stellt die aktuell in der Literatur verwendeten Strategien zur Risikoreduktion näher vor. Es werden zwei Funktionen erfüllt. Zunächst wird ein Überblick über die aktuelle Forschung gegeben und zudem werden mögliche Strategien für die weitere Erforschung in den folgenden Kapiteln vorgestellt.

Es ist zu erörtern, inwiefern strategische Aspekte des Supply-Chain-Managements, im Sinne von Mentzer u. a. (2001b), bezogen auf die Supply-Chain-Risiken, in der bisherigen Literatur Betrachtung finden. Supply-Chain-Netzwerkdesign wird als ein Teil des strategischen Supply-Chain-Managements verstanden; andere Sichtweisen, wie beispielsweise die Entwicklung und Etablierung eines Supply-Chain-Risikomanagementprozesses, werden nicht betrachtet. Risiken können stets einen Einfluss auf das Supply-Chain-Netzwerkdesign nehmen, daher beinhaltet der erste Gesichtspunkt die direkte Einbeziehung von Risiken in die Supply-Chain-Netzwerkdesignplanung.

Sorensen (2005) untersucht die Einbeziehung von Risiken und zeigt in einer Literaturanalyse, dass Risiken auf der operativen Ebene in der Supply-Chain-Forschung durchaus einen wichtigen Baustein darstellen, jedoch der Betrachtung von Risiken im Kontext des *strategischen Supply-Chain-Netzwerkdesigns* bisher eine eher untergeordnete Bedeutung zukommt.

Auch Sabri u. Beamon (2000, S. 584) schließen aus einer Literaturanalyse strategischer und operativer Supply-Chain-Modelle, dass nur in wenigen Fällen Risiken in die strategische Entscheidungsfindung Einzug finden.

Mitchell (1995) und Harland u. a. (2003) gehen noch einen Schritt weiter und konstatieren, dass die Verknüpfung zwischen Risikoreduktionsstrategien und den dazugehörigen Anwendungsfällen noch sehr unvollständig in der Literatur abgebildet werden. Dieser Punkt wird in Kapitel 3.4 näher beleuchtet.

3.3.1 Kategorisierung

Zur Beurteilung von Supply-Chain-Strategien ist es sinnvoll diese zu klassifizieren. In der Literatur haben sich hierzu eine Vielzahl von Ansätzen zur Beschreibung von Supply-Chain-Strategien herausgebildet.

Zunächst können die Supply-Chain-Strategien nach dem direkt betroffenen Wirkungsort kategorisiert werden. Wirkungsorte können im Kontext der Supply Chain horizontal oder vertikal unterteilt werden. Horizontal bezieht sich auf einen Wirkungsort, welcher vor, hinter oder im fokalen Unternehmen zu suchen ist. In einer vertikalen Analyse können Strategien hinsichtlich der Ebene der

Einflussnahme (beispielsweise Funktion, Unternehmen oder Supply Chain) unterschieden werden. Auf der Ebene der Funktionen findet sich die Bezeichnung der Fokussierung oft im Namen der Strategie: die Produktions- oder Marketingstrategie können hier genannt werden. Andere Strategien können sich auf ein einzelnes Unternehmen oder Teile der Supply Chain beziehen.

Ein weiteres Unterscheidungskriterium ergibt sich aus den Anwendungsfällen der Strategie. Diese werden in der Regel normativ vorgegeben und beschreiben als Grundlage der Einordnung Eigenschaften der Supply Chain (beispielsweise FISHER 1997; LEE 2002) oder der Umwelt (beispielsweise TOMLIN 2006). FISHER (1997) stellt ein Bezugssystem vor, welches Supply-Chain-Netzwerkdesignstrategien entsprechend der zugrundeliegenden Unsicherheit der Nachfrage, welche durch die Produktkategorie bestimmt wird, einteilt. Produkte fallen entweder in die Klasse der innovativen oder funktionalen Produkte, wobei innovative Produkte einer größeren Nachfrageschwankung unterliegen als funktionale. Aus den spezifischen Eigenschaften dieser Produktcluster schließt FISHER, dass funktionalen Produkten ein effizientes Supply-Chain-Netzwerkdesign zugrundeliegen sollte, innovativen Produkten dagegen eine reaktionsfreudige (*responsive*) Supply Chain.

LEE (2002) erweitert die Kategorisierung von FISHER und kombiniert diese mit einer Einteilung entsprechend der Beschaffungseigenschaften. Diese werden ebenfalls einem von zwei Zuständen zugeordnet und können *stabil* oder *in Entwicklung* sein. Entsprechend dieser zwei Dimensionen teilt LEE zunächst das Produkt in einen von vier Zuständen ein und generiert hieraus normative Vorgaben für die Strategien entsprechend des zugrundeliegenden Unsicherheitsprofils.

FAISAL U. A. (2006) allozieren Supply-Chain-Netzwerkdesignstrategien in einem zweidimensionalen Konzept mit den Achsen Kundensensitivität und unternehmerische Risikovermeidungskompetenz. Als Strategiecluster werden traditionelle, schlanke, leagile und agile Supply Chains genannt.

Bezogen auf FISHER (1997) kann jedoch konstatiert werden, dass diese Klassifikation im Allgemeinen nicht trennscharf ist (vgl. KERSTEN U. A. 2009, S. 32) und somit zwar allgemeine Entscheidungsrichtungen, jedoch keine konkreten Empfehlungen darauf aufgebaut werden können.

BERRY U. NAIM (1996) unterscheiden nach der Größe des Eingriffs in die Supply Chain. Dabei differenzieren sie Strategien, welche größere, strukturelle Änderungen vornehmen und diejenigen, welche nur kleinere Anpassungen an einzelnen Parametern durchführen.

Im Gegensatz hierzu bauen VAN DER VORST U. BEULENS (2002) ihre Kategorisierung in Übereinstimmung mit den verwendeten Wirkungsorten der Strategien auf und verwendet dafür die Entscheidungsvariablen als Grundlage. Somit fallen Strategien in eine von vier Kategorien: Konfigurationsparameter, Steuerungsstruktur, Informationssysteme und Organisationsstruktur. Zu den *Konfigurationsparametern* zählen die Struktur der Supply Chain, die Anlagen sowie die Allokation von Elementen zueinander. Die *Steuerungsstruktur* beinhaltet alle Entscheidungsrichtlinien, welche die Ausführung der operativen Aktivitäten steuern. Sie dienen dazu, die Ziele der Supply Chain zu erfüllen. Die *Informationssysteme* bezeichnen diejenigen Systeme, welche die Entscheidungsfindung unterstützen oder für die Durchführung spezifischer Aufgaben notwendig sind. Hierzu zählen Electronic Data Interchange (EDI), Enterprise Resource Planning (ERP), Advanced-Planning-Systems (APS) etc. Die *Organisationsstruktur* beinhaltet die Bestimmung von gemeinsamen Leistungsindikatoren, welche innerhalb der Supply-Chain-Anwendung finden.

Die bis hierhin genannten Ansätze zur Ordnung von Supply-Chain-Strategien soll im Folgenden für Risikoreduktionsstrategien spezifiziert werden. TOMLIN (2006) separiert Kontingenz- und Reduktionsstrategien. Erstere sind definiert als Strategien, welche zwar bereits geplant sind, jedoch eine Aktion erst im Falle des Eintritts eines Risikos notwendig ist. Hierbei könnte es sich beispielsweise um eine Strategie zur bedingten Umleitung von Warenströmen handeln, welche erst in Kraft tritt, sobald eine Unterbrechung der bisherigen Versorgungswege eingetreten ist. Reduktionsstrategien erfordern demgegenüber bereits vor einer Unterbrechung eine Aktion. Hierunter würde beispielsweise die Aufstockung der Lager zur Reduktion von Risiken fallen.

Als weitere grundlegende Kategorisierung von Strategien ist es möglich diese in Relation zu den Risiken selbst einzuteilen. Risiken können grundsätzlich auf zwei Arten reduziert werden: Durch eine Reduktion der Eintrittswahrscheinlichkeit oder durch eine Reduktion der Risikokonsequenzen. GUILLEN U. A. (2005) nennt die Strategien, welche darauf abzielen Wahrscheinlichkeiten zu vermindern, *Shaper*, da sie eine aktive Veränderung der Umwelt anstreben. Diejenigen Strategien, welche zum Ziel haben die Konsequenzen zu mindern heißen *Adapter*, da hier die Adaption des eigenen Unternehmens an die Risiken im Vordergrund steht. Einzelne Strategien können immer auch mehreren Klassen zugeordnet werden.

Einzelne Strategien werden häufig in abstrakten *Konzepten* zusammengefasst. Hierzu können die Konzepte der agilen oder schlanken Supply Chain gezählt werden (beispielsweise CHRISTOPHER U. TOWILL 2001). BOWERSOX U. DAUGHER-

TY (1987, S. 51) teilen Supply-Chain-Strategien in Prozess, Markt und Informationsstrategie auf. NARASIMHAN U. A. (2008) führt eine empirische Untersuchung, basierend auf einer umfangreichen Stichprobe aus den Vereinigten Staaten von Amerika zur Klassifizierung von Supply-Chain-Strategien, durch. Eine Korrelationsanalyse deckt sechs grundlegende Supply-Chain-Management-Strategien auf. Die folgenden Kategorien wurden entwickelt: Supply-Chain-Integration, Information sharing, Just-in-Time, Lieferantenbeziehungen, Kundenbeziehungen, Geographische Nähe. Hierbei wird die Supply-Chain-Strategie als Muster in den Entscheidungen, bezogen auf die Funktionen Einkauf, Kapazitätsplanung, Produktion, Nachfrage und Kommunikation betrachtet (vgl. NARASIMHAN U. A. 2008, S. 5234).

Die Darstellung von Supply-Chain-Strategien in dieser Form muss jedoch konkretisiert werden, um eine Umsetzung für die weitere Anwendung in Modellen zu erlauben. Daher werden Supply-Chain-Strategien alternativ auch direkt auf Basis der betroffenen Entscheidungsbereiche beziehungsweise -variablen kategorisiert (Ebene der *Entscheidungsvariablen*). VAN DER VORST U. BEULENS (2002) folgen diesem Ansatz (siehe oben). Dies stellt ein sehr viel eingeschränkteres Verständnis von Strategie dar: Während NARASIMHAN U. A. (2008) darunter ein sehr facettenreiches Konstrukt fasst, bezieht sich eine Strategie bei VAN DER VORST U. BEULENS (2002) oder auch TOMLIN (2006) hauptsächlich auf die Veränderung weniger Stellgrößen beziehungsweise Entscheidungsvariablen. Letzterer Ansatz bietet sich insbesondere für die Operationalisierung von Strategien an, da die Umsetzung nur wenige, klar definierte Bereiche betrifft. Die Strategie in diesem Sinne hat daher ihren Platz in einem Kontinuum zwischen dem Extrem des reinen Konzeptes und der detaillierten Beschreibung der zu verändernden Entscheidungsvariablen. Tabelle 3.13 zeigt jeweils ein Beispiel für Strategien der unterschiedlichen Ansätze. Eine Strategieimplementierung, wie sie in dieser Arbeit angestrebt wird, ist auf die explizite Darlegung der betroffenen Teilbereiche der Supply Chain angewiesen. Allgemeine Konzeptstrategien, wie die einer robusten Supply Chain, können nur dann umgesetzt werden, wenn alle notwendigen Details dazu bekannt sind.

3.3.2 Robuste Strategien als Konzept zur Risikoreduktion

SHEFFI U. RICE (2005) sehen zwei grundlegend verschiedene Konzepte zur Reduktion von Risiken vor: Redundanz und Flexibilität. *Flexibilität* kann als Strategie zur Risikoreduktion gesehen werden (vgl. CHANDRA U. GRABIS 2009). Es werden mehrere Dimensionen der Flexibilität unterschieden (vgl. DUCLOS

Tabelle 3.13: Unterschiedliche Ansätze der Strategiedefinition

Ansatz	Strategie (Beispiel)	Beschreibung (Quelle)
Konzept	Velocity & Visibility	Diese Strategie setzt sich aus mehreren Teilinitiativen zusammen, welche zugleich die Verbesserung der Verbindung und Beziehung zu den Lieferanten als auch eine starke Kundenorientierung und kundenorientierte Logistik vorsehen (vgl. NARASIMHAN U. A. 2008).
Entscheidungsvariablen	Risikoreduktion durch Anpassung der Lagerhaltungsstrategie	Erhöhung des Lagerbestandes zur Reduktion der Auswirkungen unvorhergesehener Ereignisse (vgl. TOMLIN 2006).

U. A. 2003). Diese beinhalten unter anderem: Operative Flexibilität, Markt-, Logistik-, Versorgungs-, Organisations-, und Informationssystemflexibilität. Zusätzlich können auch unterschiedliche Flexibilitätsarten unterschieden werden. Hierzu gehören die Wechsel-, Kapazitätsanpassungs-, Zeit- und Abbruchflexibilität (vgl. KERSTEN U. SINGER 2011). MERSCHMANN (2007) zeigt in einer empirischen Untersuchung, dass bei steigender Unsicherheit ein höherer Grad an Flexibilität notwendig sein kann. TANG U. TOMLIN (2008) bestätigen, anhand von fünf geläufigen Flexibilitätsstrategien, dass wachsende Flexibilität (abgesehen von den Kosten) stets vorteilhaft ist.

Als zweite Strategie wird darauf aufbauend *Agilität* genannt (beispielsweise CHRISTOPHER U. TOWILL 2000). Diese fasst die Strategien der Flexibilität und geringer Antwortzeiten (*responsiveness*) zusammen. Die Strategie der Agilität kommt insbesondere dann zum Einsatz, wenn die Produktnachfrage schwer vorhersehbar ist (vgl. CHRISTOPHER U. A. 2006).

Die *Widerstandsfähigkeit* (Resilience) ist im Sinne der Materialwissenschaften: „die Tendenz eines Materials in seine originäre Form zurückzukehren, nachdem eine auf das Material wirkende Kraft entfernt wurde" (PETTIT U. A. 2010, S. 3). Die Steigerung der Widerstandsfähigkeit eines Unternehmens hat die Reduktion der Auswirkungen von Risiken zum Ziel. Sie kann gesehen werden als „die Fähigkeit eines Unternehmens in einem turbulenten Umfeld das Überleben zu sichern, sich anzupassen und zu wachsen" (FIKSEL 2006, S. 16). Robuste Strategien werden zumeist für unvorhergesehene Ereignisse mit einem hohen potentiellen Schaden empfohlen (vgl. SHEFFI 2008). Im Zuge der Risikoreduktion wird, nach SHEFFI U. RICE (2005), mittels Redundanz und Flexibilität auch die Widerstandsfähigkeit erhöht. Auch KLIBI U. A. (2010) argumentieren für die stärkere Erforschung von Konzepten und Strategien für die Generierung robuster Supply-Chain-Netzwerkdesigns.

Robuste Strategien werden in der Literatur unterschiedlich definiert. Einerseits bezeichnen sie im direkten Wortsinn Strategien, welche ein Supply-Chain-Netzwerkdesign schaffen, welches für eine Reihe künftiger Szenarien seine Ziele erreichen kann (robuste Entscheidung, vgl. KLIBI U. A. 2010). Andere Autoren (beispielsweise TANG 2006b) sehen robuste Strategien als eine Erweiterung der Widerstandsfähigkeit. Hierbei wird zusätzlich die ökonomische Durchführbarkeit als Bedingung eingefügt, sodass robuste Strategien in diesem Sinne die Widerstandsfähigkeit gegenüber plötzlichen Änderungen erhöhen und gleichzeitig ohne das Eintreten dieser Risiken zu einer Verbesserung der Wettbewerbsfähigkeit beitragen.

3.3.3 Strategien zur Risikoreduktion

Tabelle 3.14 zeigt eine Übersicht zu den Strategien im Supply-Chain-Netzwerkdesign, welche zur Minderung von Unterbrechungsrisiken in der Literatur vorgeschlagen werden. Die folgenden Fragen standen bei der Analyse im Vordergrund:

1. Welche Strategieaggregationsebene findet Verwendung (Kapitel 3.3.1)?
2. Wie werden die Supply-Chain-Netzwerkdesignstrategien kategorisiert?
3. Welche Methoden der Analyse kommen zur Anwendung?

Die Übersicht zeigt, dass eine Mehrzahl (9 von 12) der ausgewählten Artikeln Strategien als Konzept verstehen und offen lassen, welche konkreten Anpassungen an dem Supply-Chain-Design notwendig sind. Drei der Artikel dagegen verwenden einen Strategiebegriff, bei welchem die Strategie direkt einer oder mehreren Entscheidungsvariablen zugeordnet werden kann. Die Variante auf Basis der Entscheidungsvariablen findet häufig dann Anwendung, wenn eine Überprüfung der Wirksamkeit einer Strategie mittels eines mathematischen Modells getestet werden soll (beispielsweise bei TOMLIN 2006 oder VAN DER VORST U. BEULENS 2002), wohingegen die konzeptuelle Ausrichtung des Begriffs insbesondere in der qualitativen und normativen Forschung verwendet wird (beispielsweise KOVÁCS U. TATHAM 2009; LEE 2002).

Im Bereich der oben genannten originären Supply-Chain-Risiken werden in der Supply-Chain-Netzwerkdesign bezogenen Literatur Unterbrechungsrisiken von den stetigen Risiken unterschieden. Unterbrechungsrisiken scheinen insbesondere in den letzten Jahren ein verstärktes Forschungsinteresse auf sich zu ziehen. Insgesamt jedoch konnten von 89 analysierten Artikeln, welche das Thema Risikoreduktion in Supply Chains bearbeiten, nur 24 identifiziert werden, welche sich explizit oder implizit auf Unterbrechungsrisiken beziehen. Im Folgenden werden die Reduktionsstrategien für Unterbrechungsrisiken unterteilt nach den Risikoquellen dargestellt.

Tabelle 3.14: Übersicht: Strategien zur Risikoreduktion

Quelle	Strategiebegriff	Strategien	Kategorisierung der Strategien	Beispiel der Kategorisierung	Methode
TOMLIN (2006)	Entscheidungs-variable	Akzeptieren, Lagerhaltung, Beschaffung, Bedingte Umleitung, Kombinationsstrategie	keine	keine	Simulation
LEE (2002)	Konzept	efficient, responsive, risk-hedging and agile Supply Chain	Umweltzustand	Unsicherheit von Nachfrage und Beschaffung	Konzeptuell
VAN DER VORST U. BEULENS (2002)	Entscheidungs-variable	Anpassung: Rollen und Prozesse, Durchlaufzeit, Angleichung von Prozessen an die Nachfrage etc.	hervorgerufene Veränderungen	Konfiguration, Steuerungsstruktur, Informationssysteme, Organisationsstruktur	Konzeptuell/ Fallstudie
KOVÁCS U. TATHAM (2009)	Konzept	Vorbereitung auf Zwischenfälle	hervorgerufene Veränderungen	Vorbereitung durch Ressourcen in Physischem-, Human- und Organisationskapital	Fallstudie
FAISAL U. A. (2006)	Konzept	traditionelle, schlanke, leagile und agile Supply Chain	keine	keine	Interpretative, strukturelle Modellierung
NARASIMHAN U. A. (2008)	Konzept	Sechs Strategien (ohne Namen) als Kombination von Supply-Chain-Initiativen	keine	Supply-Chain-Initiativen auf Unternehmens und Funktionaler Ebene	Umfrage
CHILDERHOUSE U. A. (2002)	Konzept	MRP, Design & Build, Kanban, Packaging Center	Umweltzustand	Strategie entsprechend des Produktlebenszyklus	Fallstudie

Fortsetzung

Quelle	Strategiebegriff	Strategien	Kategorisierung der Strategien	Beispiel der Kategorisierung	Methode
CHRISTOPHER U. A. (2006)	Konzept	Lean, Leagile, Agil	Umweltzustand	Vorhersagbarkeit der Nachfrage, Länge der Durchlaufzeiten	Konzeptuell
MITCHELL (1995)	Konzept	Multiple Strategien zur Reduktion von Beschaffungsrisiken	keine	keine	Literatur
MASON-JONES U. TOWILL (1998)	Entscheidungsvariable	Reduktion der Durchlaufzeiten von Informations- und Materialfluss	keine	keine	Simulation
FISHER (1997)	Konzept	Effiziente und reaktionsfreudige Supply Chain	Umweltzustand	Unsicherheit der Nachfrage beziehungsweise Produkteigenschaften	Konzeptuell
BERRY U. NAIM (1996)	Konzept (Ausnahme, operationalisiert die Strategien zur Simulation)	Just in Time, Übergreifende Planung und Logistikintegration, Vendor Integration, Zeitbasiertes Management	keine	keine	Literatur/ Simulation

3.3.3.1 Versorgungsrisiken

Zunächst werden Strategien zur Verminderung von Unterbrechungen in der Versorgung betrachtet. Risiken unterschiedlicher Ursache und Ausmaßes sollten getrennt analysiert werden. Chopra u. a. (2007) stellen für eine weitergehende Analyse zwei verschiedene Risiken gegenüber: wiederkehrende Risiken, welche geringeres Ausmaß besitzen, jedoch häufig auftreten und Unterbrechungsrisiken, welche selten auftreten, jedoch einen vollständigen Lieferstopp zur Folge haben. Um nun festzustellen wie riskant eine Entscheidung ist, können diese beiden Risikoarten entweder getrennt oder gemeinsam betrachtet werden. Die Autoren zeigen: eine gemeinsame Betrachtung führt dazu, dass das Gesamtrisiko, gemessen mittels Erwartungswert und Standardabweichung, als zu hoch eingeschätzt wird. Für den Fall, dass eine solche Analyse als Entscheidungsgrundlage für Supply-Chain-Entscheidungen verwendet wird, kann es so zu einer fehlerhaften Strategieselektion kommen. In einem Zwei-Lieferanten-Fall zeigen die Autoren, dass die Zusammenfassung der zwei Risiken zu einer zu hohen Nutzung des günstigeren Lieferanten führt und der zuverlässigere Lieferant zu selten genutzt wird. Oke u. Gopalakrishnan (2009) bestätigen in einer Fallstudie die Wichtigkeit der Trennung dieser beiden Risikoarten.

Snyder u. Daskin (2005) erweitern das klassische Lokations-/Allokationsmodell um die Möglichkeit, dass Anlagen nicht immer verfügbar sind und kurzfristig ausfallen können. Nach dem Ausfall eines Standortes müssen die Produkte alternativ von einem anderen Standort transportiert werden. Dies führt zu erhöhten Transportkosten. Über eine Tradeoff Analyse zeigen die Autoren, dass kleine Erhöhung der operativen Ausgaben zu stark sinkenden erwarteten Ausgaben im Fall einer Unterbrechung führen können.

Tomlin (2006) geht von einer zweistufigen Supply Chain mit zwei Lieferanten und einem Produzenten aus. Ein Lieferant ist zuverlässig, der andere zwar billiger, jedoch von Unterbrechungen betroffen, welche zu einem Erliegen der Lieferfähigkeit führen. Der Autor testet fünf Taktiken zur Risikoreduktion, namentlich: Akzeptanz, Risikoreduktion durch Lagerhaltung, sichere Versorgung, bedingte Umleitung von Warenströmen und einer Kombination aus Lagerhaltung und der bedingten Umleitung. Es zeigt sich, dass die Haupteinflussfaktoren für den Erfolg des fokalen Unternehmens die Dauer der Unterbrechung und die prozentuelle Verfügbarkeit des instabilen Lieferanten sind. Die Ergebnisse zeigen Taktiken auf, welche, bei gegebener Unterbrechungsdauer und Verfügbarkeit des Lieferanten, zu optimalen Ergebnissen führen. Tomlin zeigt, dass Lieferantendiversifikation über Lagerhaltungsstrategien bevorzugt wird, sofern die Unterbrechungen selten und lang andauernd sind. Für den Fall, dass die Unterbrechungen häufig, aber kurz sind, wird dagegen die Reduktion des Risikos über Lagerhaltung bevorzugt.

YU U. A. (2009) überprüfen die Vor- und Nachteile von Einzel- beziehungsweise Doppelquellenbeschaffung für den Fall, dass Lieferunterbrechungen auftreten können. Die Ergebnisse zeigen, dass drei Fälle anhand der Unterbrechungswahrscheinlichkeit (p) des Hauptlieferanten unterschieden werden können: Ist diese kleiner einer kritischen Wahrscheinlichkeit ($p_1^{critical}$), dann sollte der Hauptlieferant als einziger gewählt werden. Für den Fall, dass $p_1^{critical} < p < p_2^{critical}$ werden beide Lieferanten in einer Doppelquellenbeschaffungskonfiguration gewählt, und für den Fall, dass $p > p_2^{critical}$ sollte nur der Zweitlieferant gewählt werden.

3.3.3.2 Prozessrisiken

CHEN U. LI (2009) simulieren eine Supply Chain mit Lagerhaltung und drei Stufen (Lieferant, Einzelhandel, Kunde). Unsicherheit besteht in allen Ebenen, Unterbrechungen können beim Lieferanten und beim Händler selbst auftreten. Zusätzlich werden Kunden in Segmente mit unterschiedlichen Zielwerten für das Servicelevel eingeteilt. Die Autoren folgern, dass die Unterbrechungsdauer einen größeren Einfluss auf die Gesamtkosten hat als die Unterbrechungsfrequenz.

3.3.3.3 Produkt- und Nachfragerisiken

FISHER entwickelt in seinem Artikel aus dem Jahr 1997 eine Kategorisierung einer Supply Chain anhand ihrer Produkte und gibt auf dieser Basis normative Empfehlungen für die passende Supply-Chain-Strategie. Es werden funktionale und innovative Produkte unterschieden. Mit diesen sind neben anderen Charakteristika, vor allem auch unterschiedliche Nachfrageunsicherheiten verbunden. Während funktionale Produkte in der Regel auf eine sehr vorhersagbare Nachfrage treffen, weisen die innovativen Produkte eine stark schwankende Nachfrage auf. Aufgrund dieser Eigenschaften begründet FISHER die passenden Strategien: Für funktionale Produkte wird eine effiziente Supply Chain und für innovative Produkte eine antwortfreudige Supply Chain empfohlen.

SNYDER U. A. (2006, S. 237 f.) schlagen fünf Strategien zur Reduktion von Nachfragerisiken vor: Erweiterung der Kapazitäten, Erhöhung der Lagerbestände, Verbesserung der Nachfrageprognosen, Postponement und Nutzung von Flexibilität in der Produktion. Jedoch wird keine Einordnung der Strategien durchgeführt, dass heißt die Autoren lassen offen unter welchen Umständen welche Strategie vorteilhaft sein könnte.

3.3.3.4 Übergreifende Arbeiten

Die in diesem Abschnitt vorgestellten Artikel betrachten entweder sowohl Beschaffungs- als auch Nachfragerisiken oder beinhalten keine Unterscheidung in dieser Form.

OKE U. GOPALAKRISHNAN (2009) führen eine Fallstudie einer Einzelhandels-Supply-Chain durch, um Strategien zur Risikoreduktion zu erforschen. Das Ergebnis ist zunächst eine Liste möglicher Risiken und möglicher Risikoreduktionsstrategien, um diese zu senken. Des Weiteren argumentieren die Autoren, dass für Unterbrechungsrisiken spezifische Strategien notwendig sind, um diese effektiv zu verringern. Wohingegen generische Strategien, welche auf eine bessere Koordination zwischen Versorgung und Nachfrage abzielen, benötigt werden, um Risiken mit hoher Wahrscheinlichkeit und geringem Ausmaß zu vermindern.

TOMLIN (2009) erforscht drei verschiedene Supply-Chain-Taktiken (Versorgungsdiversifikation, Ersatzlieferanten und Nachfrageverschiebung), welche zu zwölf Strategien kombiniert werden. Hierzu wird das Modell eines Newsvendors mit zwei Produkten herangezogen. Es zeigt sich, dass in Abhängigkeit einer Vielzahl von produkt-, lieferanten- und unternehmensspezifischer Parametern (beispielsweise Zuverlässigkeit des Lieferanten, Korrelation zwischen den Ausfällen unterschiedlicher Lieferanten, Höhe der Nachfrageunsicherheit, Risikoaversion des Unternehmens etc.) die optimale Strategie angepasst werden muss.

THUN U. HOENIG (2009) beschreiben die Ergebnisse einer empirischen Studie mit Unternehmen aus der deutschen Automobilindustrie. Auf Basis einer Clusteranalyse werden die Unternehmen in Gruppen zusammengefasst. Hierbei zeigt sich, dass diejenigen Unternehmen, welche einen reaktiven Ansatz im Supply-Chain-Risikomanagement nutzen, besser in der Lage sind die Auswirkungen von Unterbrechung und den Bullwhip Effekt zu vermindern. Demgegenüber zeigen Unternehmen, welche einen präventiven Ansatz im Supply-Chain-Risikomanagement nutzen, bessere Ergebnisse bezüglich der Flexibilität und weisen insgesamt geringere Sicherheitsbestände auf.

SCHMITT U. SINGH (2009) entwickeln ein Simulationsmodell mit dem Ziel die Verwundbarkeit gegenüber Unterbrechungen zu analysieren und deren Einfluss auf das Servicelevel zu bestimmen. Hierzu bauen sie die Simulation auf einer Fallstudie auf. Zusätzlich werden verschiedene Strategien auf ihre Eignung zur Risikoreduktion getestet. Die Autoren verwenden Monte-Carlo-Simulation, um zunächst Risikoprofile für Standorte und Verbindungsstrecken zu ermitteln und simulieren im Anschluss daran das gesamte Netzwerk mittels diskreter Simulation (Kapitel 6.1.2). Es zeigt sich, dass die Wirksamkeit von Reduktionsstrategien stark von dem Zeitpunkt der Unterbrechung und damit dem aktuellen Stand der Lagerbestände abhängig ist.

Sheffi u. Rice (2005) und Sheffi (2009) teilen Unterbrechungen entsprechend ihrer Ursachen in die Kategorien Naturkatastrophen, Unfälle, Nachlässigkeit, vorsätzlicher Angriff. Diese Kategorien unterscheiden sich durch den Grad des menschlichen Einflusses daran. Die Autoren schlagen zwei generische Planungsansätze zur Reduktion von Risiken vor. Das Konzept der Redundanz zielt auf die Etablierung mehrfach vorhandener substituierbarer Elemente und Verknüpfungen innerhalb der Supply Chain ab. Dies beinhaltet beispielsweise sowohl die Beschaffung eines Rohstoffs aus mehreren Quellen, wie auch die Lagerhaltung. Flexibilität hat dagegen zum Ziel Fähigkeiten zu schaffen, welche die Reaktionsfähigkeit im Falle einer Unterbrechung erhöhen und somit zur Verringerung des Ausmaßes beitragen. Sheffi u. Rice (2005, S. 48) argumentiert, dass ein Unternehmen den Fokus hierbei auf die Schaffung zusätzlicher Flexibilität legen sollte. Die Autoren argumentieren:

> „Flexibility not only increases resilience in times of disruption but also garners benefits and operational efficiencies in the normal course of business."

Im Gegensatz dazu führt die Aufrechterhaltung von Redundanzen in aller Regel zu dauerhaften Kosten und schafft ausschließlich im Fall einer Unterbrechung Vorteile.

Tomlin u. Wang (2005) bauen auf dieser konzeptionellen Grundlage auf und überprüfen anhand eines mathematischen Optimierungsmodells unter welchen Vorraussetzungen Flexibilität Vorteile vor einer redundanten Doppelquellenbeschaffung haben kann. Die Autoren zeigen, dass solange eine Firma risikoneutral agiert, eine Flexibilitätsstrategie gegenüber anderen Strategien stets zu bevorzugen ist, sofern die Implementierung der anderen Strategien teurer ist. Im Fall der Risikoaversion muss dies jedoch nicht zutreffen. Des Weiteren wird gezeigt, dass die Wahl des Flexibilitätsniveaus stark von den Kosten und der Zuverlässigkeit der Investitionsgüter abhängig ist.

Lee (2002) konzentriert seine Forschung, aufbauend auf Fisher (1997), auf die Risikoeigenschaften der Supply Chain. Neben Nachfragerisiken (funktionale und innovative Produkte) bezieht der Autor auch Versorgungsrisiken (stabil und in Entwicklung) mit ein. Damit ergeben sich vier Strategiecluster: Für stabile Nachfrage und stabile Versorgung sollte eine effiziente Supply Chain gewählt werden, für hohe Versorgungsunsicherheiten sollten Risikoabsicherungen im Vordergrund stehen, hohe Nachfragerisiken dagegen führen analog zu FISHER (1997) zu einer reaktionsfreudigen Supply Chain. Für den Fall, dass beide Risiken als hoch eingestuft werden, wird eine agile Supply Chain empfohlen.

CHRISTOPHER U. A. (2006) bauen auf LEE (2002) auf und erweitern die von FISHER (1997) vorgeschlagene Kategorisierung um die Wiederbeschaffungszeit (replenishment lead time) als zusätzliche Dimension zur Kategorisierung der Beschaffungsseite der Supply-Chain-Strategien. Für lange Wiederbeschaffungszeit und vorhersagbare Nachfrage schlagen die Autoren eine schlanke (lean) Supply Chain vor, welche auf vorausschauende Planung fokussiert ist. Bei unvorhersehbarer Nachfrage schlagen die Autor eine leagile Supply Chain vor, also eine Kombination aus Eigenschaften schlanker und agiler Supply Chains, welche durch Postponement erreicht werden könnte. Kurze Wiederbeschaffungszeiten führen im Fall von vorhersagbarer Nachfrage wieder zu einer schlanken Supply Chain, in diesem Fall mit einem Fokus auf einer kontinuierlichen Wiederauffüllung. Im Fall einer unvorhersehbaren Nachfrage, sollte der Fokus auf eine agile Supply Chain mit schnellen Reaktionszeiten gelegt werden.

PETTIT U. A. (2010) zielen auf eine widerstandsfähige (*resilient*) Supply Chain ab und entwickelt einen Rahmen für strategische Entscheidungen im Supply-Chain-Netzwerkdesign. Die Autoren gehen davon aus, dass jedes Unternehmen Schwachstellen (*Vulnerabilities*) hat und diese durch bestimmte Fähigkeiten (*Capabilities*) ausgeglichen werden können. Der Aufbau von Fähigkeiten ist mit Investitionen verbunden. PETTIT U. A. argumentieren daher, dass es ein optimales Fähigkeitenlevel geben sollte, da zu geringe Fähigkeiten dazu führen, dass die Schwachstellen im Unternehmen zu Risiken und damit Verlusten führen und zu große Fähigkeiten aufgrund der damit einhergehenden Kosten den Gewinn unter ein optimales Level reduzieren.

TANG (2006b) begegnet dem oben genannten Kosteneinwand (vgl. PETTIT U. A. 2010 und SHEFFI 2009) für Supply-Chain-Strategien, welche auf Redundanz abzielen und entwickelt robuste Strategien, welche positive Effekte auf die Leistungsfähigkeit der Supply Chain haben sowohl im Fall einer Unterbrechung als auch ohne eine Unterbrechung. Die vorgeschlagenen Strategien beinhalten solche zur Verbesserung der Flexibilität (Postponement, flexible Versorgungsbasis, Make-and-buy-Entscheidung, flexible Transportwege), zur Erhöhung der Produktverfügbarkeit (Strategische Platzierung der Läger, Anreize für neue Lieferanten) sowie Strategien zur verbesserten Steuerung der Kundennachfrage (Umsatzmanagement, Planung des Produktsortiments, stille Produktüberwälzung).

3.3.4 Robuste Supply Chains zur Überwindung von Unterbrechungs- und Modellrisiken

Den oben genannten Risiken und deren Analyse stehen Strategien gegenüber, um die Wahrscheinlichkeit des Auftretens oder das Ausmaß zu reduzieren. Aus den Eigenschaften sowohl der Unterbrechungsrisiken als auch des Modellrisikos folgt eine Risikoperspektive, welche weniger das Einzelrisiko im Blick hat als die Suche nach Strategien zur Verminderung von Risiken in einer Vielzahl von Szenarien zur Folge hat. Aus diesem Grund sollen robuste Strategien gefunden werden, um die Auswirkungen zu minimieren.

Die Definition einer robusten Strategie (siehe Kapitel 2.6.2.2, S. 47) impliziert, dass die zu Grunde liegende Supply Chain aufgrund der gewählten Strategie gegenüber einer Vielzahl von Risiken – Unterbrechungen sowie Modellrisiken – widerstandsfähig ist. Im folgenden werden Strategien aufgezeigt, welche die Robustheit einer Supply Chain fördern.

Aufbauend auf dem Konzept der Widerstandsfähigkeit definiert Tang (2006b) die neun oben genannten robusten Strategien auf Basis mehrerer Fallstudien. Diese sollen die Auswirkungen von Unterbrechungen verringern und basieren auf den Zielen einer höheren Flexibilität (Postponement, flexible Versorgungsbasis, Make-and-buy-Entscheidung, Anreize für neue Lieferanten, flexible Transportwege, Umsatzmanagement, Planung des Produktsortiments, stille Produktüberwälzung) sowie optimierter Redundanz (Strategische Platzierung der Läger).

Auch die robusten Strategien anderer Autoren lassen sich in die Kategorien Flexibilität und Redundanz einordnen. Tabelle 3.15 zeigt Beispiele für Strategien in der Literatur und deren Einordnung in die oben genannten Kategorien.

Tabelle 3.15: Einordnung von Strategien unter die Oberbegriffe Redundanz und Flexibilität

Quelle	Redundanz	Flexibilität
LIN U. A. (1998)		Strategien zum Informationsaustausch, Synchronisation von Material und Kapazitätsverfügbarkeit, Koordinierte Nachfragemanagementrichtlinien
TANG (2006b)	Strategische Platzierung der Läger	Postponement, flexible Versorgungsbasis, Make-and-buy-Entscheidung, Anreize für neue Lieferanten, flexible Transportwege, Umsatzmanagement, Planung des Produktsortiments, stille Produktüberwälzung
YANG U. A. (2011)	Redundanz im Informationsfluss (mehrere Strategien)	Flexibilität im Informationsfluss (mehrere Strategien)
SNYDER U. A. (2006)	Erweiterung der Kapazitäten, Erhöhung der Lagerbestände	Verbesserung der Nachfrageprognosen, Postponement und Nutzung von Flexibilität in der Produktion

3.4 Handlungsempfehlungen zur Risikoreduktion

Dieser Abschnitt stellt den aktuellen Stand der Literatur bezüglich Strategieempfehlungen zur Minderung von Unterbrechungsrisiken dar. Handlungsempfehlungen unterstützen den Entscheider bei der Selektion passender Alternativen. Im Kontext des Supply-Chain-Netzwerkdesigns werden hierfür mehrere Strategiealternativen analysiert und Szenarien entwickelt, für welche eine Strategie die besten Ergebnisse liefert. Da keine Strategie für alle Szenarien die selbe Wirkung entfalten kann, ist in der Regel eine Fallunterscheidung Voraussetzung für die Empfehlung optimaler Risikoreduktionsstrategien. Für Risikoreduktionsstrategien stehen hierbei unterschiedliche Risikoszenarien im Vordergrund, können jedoch durch andere Eigenschaften der Produkte und Supply Chain ergänzt werden. Zudem ist es notwendig, dass eine Bewertung der Strategien hinsichtlich ihrer Eignung für diese verschiedenen Anwendungsfälle stattfindet. Im Folgenden werden diese Punkte anhand ausgewählter Arbeiten illustriert.

KOVÁCS U. TATHAM (2009) untersuchen die Handhabung von Unterbrechungen anhand einer Fallstudie. Forschungsobjekte sind das Militär und eine humanitäre Organisation. Die Autoren identifizieren unterschiedliche Strategien, welche entsprechend der genutzten Fähigkeiten in den Bereichen Organisation, Material und Humankapital eingeteilt werden können. Als Schlussfolgerung ist zunächst festzuhalten, dass die offensichtlich sehr unterschiedlichen Ausgangssituationen der verglichenen Organisationen zu deutlichen Unterschieden in der Ausgestaltung der Reaktion auf Unterbrechungen führen. Des Weiteren wird insbesondere aus dem Fall der humanitären Organisation deutlich, dass eine verstärkte Koordination mit anderen Organisationen ein Kernelement der Unterbrechungsreaktion darstellt.

Pettit u. a. (2010) bauen ebenfalls auf dem Gedanken der Ressourcentheorie auf und definieren allgemein Fähigkeiten und Verwundbarkeiten eines Unternehmens. Diese müssen zur Reduktion von Risiken in einem ausgewogenen Verhältnis stehen. Jedoch werden hier weder die resultierenden Strategien weiter spezifiziert noch eine Bewertung der Auswirkungen darauf aufbauender Strategien vorgenommen.

Wie oben bereits dargestellt entwickelt Tang (2006b) Strategien zur Risikoreduktion und stellt diese ausführlich dar. Als Methode verwendet er eine Fallstudie. Er führt jedoch keine Bewertung dieser Strategien durch.

Berry u. Naim (1996) analysieren im Form einer historischen Fallstudie vier Strategien (Just-in-Time, Prozessintegration, Integration der Lieferanten, zeitbasiertes Management) und quantifizieren ihre relativen Auswirkungen auf die Supply Chain mit Hilfe einer Simulationsstudie. Die Autoren schließen daraus, dass alle vier Strategien positive Auswirkungen auf die Leistung der Supply Chain haben. Jedoch werden keine Aussagen darüber getätigt, welche der Strategien oder ihrer Kombinationen die größten Leistungsgewinne produzieren. Des Weiteren wurde keine Analysen eventuell vorhandener weiterer Einflussfaktoren durchgeführt.

Tomlin (2009) untersucht zwölf Supply-Chain-Risikomanagement-Strategien mittels eines mathematischen Modells auf ihre Eignung zur Gewinnmaximierung durch die Reduktion von Risiken. Dabei werden Faktoren aus den Bereichen Lieferanten, Produkte und Firma auf ihren Einfluss auf die optimale Strategiewahl untersucht. Die Ergebnisse zeigen, dass einige der Faktoren (wie die Risikoaversion und die Risikoquelle und -wahrscheinlichkeit) erheblichen Auswirkungen auf die Wahl der optimale Strategie haben und damit zu einem Wechsel der zu wählenden Strategie führen können. Die Untersuchung zeigt, dass die Strategie der bedingten Lieferanten gegenüber Doppelquellenbeschaffung bevorzugt werden sollte, sofern die Lieferantenausfallwahrscheinlichkeit hoch genug ist. Auf der anderen Seite sollte Doppelquellenbeschaffung bevorzugt werden, für den Fall, dass das Nachfragerisiko einen Grenzwert übersteigt.

Fisher (1997) unterscheidet unterschiedliche Produkttypen als Szenarien. Diese beinhalten unterschiedlich hohe Nachfragerisiken der Produkttypen (funktionale und innovative Produkte). Fisher kommt aufgrund konzeptioneller Überlegungen zu dem Schluss, dass für die optimale Handhabung von funktionalen Produkten ein schlanke Supply Chain notwendig sei und für innovative eine Agile. Li u. O'Brien (2001) überprüfen dieses Modell quantitativ mittels einer Simulation und kommen zu dem Schluss, dass nicht alle Erkenntnisse von Fisher bestätigt werden können. Insgesamt fokussieren sich die gegebenen Handlungsempfehlungen jedoch ausschließlich auf die Produkteigenschaften und nehmen daher einen starken Einzelunternehmensfokus ein. Weitere Eigenschaften der Risiken oder Supply Chain fehlen.

Lee (2002) ergänzt die oben genannten produktbezogenen Szenarien um die Angebotsseite (stabil und entwickelnd). Vier verschiedene Szenariokombinationen stehen daher zur Verfügung. Für jedes dieser Szenarien werden auf konzeptioneller Basis Strategien vorgeschlagen, um die optimale Supply Chain zu gestalten. Lee erweitert damit die Strategien von Fisher um eine Strategie geringer Antwortzeiten für innovative Produkte mit stabiler Versorgung. Des Weiteren schlägt er eine Strategie der Risikoabsicherung für sich entwickelnde Versorgung und funktionale Produkte vor.

Childerhouse u. a. (2002) führen eine Fallstudie durch. Die optimale Strategie wird hierbei anhand der Dauer des Produktlebenszyklus, dem Zeitfenster für die Auslieferung der Produkte, dem Produktvolumen, der Vielfalt und der Variabilität der Produkte bestimmt. Entsprechend dieser Szenarien werden die optimalen Strategien festgelegt. Die Autoren stellen fest, dass in ihrem Fall der Abgleich zwischen Produkten und einem passenden Supply-Chain-Netzwerkdesign erhebliche Reduktionen der Produktentwicklungszeiten, Herstellkosten und Durchlaufzeiten zu Folge hat.

Christopher u. a. (2006) bauen ebenfalls auf Fisher und Lee auf und entwickeln Szenarien anhand unterschiedlicher Nachfrage- und Versorgungseigenschaften des fokalen Unternehmens innerhalb der Supply Chain. Die unterschiedlichen Szenarien begründen sich auf der Lieferantendurchlaufzeit (kurz und lang) und der Vorhersagbarkeit der Nachfrage. Im Ergebnis ordnen die Autoren drei Strategien (*lean*, *leagile*, *agile*) auf Basis theoretischer Überlegungen den Szenarien zu.

Als einer der ersten Autoren fokussiert Tomlin (2006) seine Handlungsempfehlungen ausschließlich auf Unterbrechungsrisiken. Seine Szenarien beschränken sich auf die Risikokonfiguration in Form der Unterbrechungsfrequenz und der -dauer. Reduktionsstrategien, welche die Lieferanten betreffen, werden insbesondere dann gegenüber erhöhter Lagerhaltung favorisiert, wenn die Unterbrechungsfrequenz sinkt.

Oke u. Gopalakrishnan (2009) arbeiten neun Strategien auf Basis einer Fallstudie innerhalb einer Einzelhandels-Supply-Chain aus. Die Strategien basieren auf den Konzepten einer verbesserten Planung, Steigerung der Flexibilität und der Etablierung von bedingten Kapazitäten. Auch hier wird keine mathematische Bewertung der Strategien durchgeführt. Jedoch wird auf Basis der durchgeführten Befragungen eine Zuordnung zwischen den Wirkungsorten der Risiken (Lieferanten oder Nachfrage), dem Risikotyp (beispielsweise Naturkatastrophen, gesamtwirtschaftliche Risiken etc.) und der Risikoart (Unterbrechung oder stetiges Risiko) eine Zuordnung der empfohlenen Strategie zu der entsprechenden Umwelt- und Risikokonfiguration vorgenommen.

Chopra u. Sodhi (2004) analysieren normativ, welche Strategien zur Minderung unterschiedlicher Risikoarten (unter anderem Unterbrechungen, Verzögerungen, Kapazitäts-, Lagerhaltungsrisiken) zur Verfügung stehen und welche spezifischen Vor- und Nachteile sie bezüglich dieser Risiken mit sich bringen. Die Ergebnisse zeigen, dass Risikominimierungsstrategien für eine Risikoart zur selben Zeit andere Risiken erhöhen können. Somit wird auch hier die Notwendigkeit einer Fallunterscheidung deutlich.

Tabelle 3.16: Quantitative Bewertung von Unterbrechungsreduktionsstrategien

Quelle	Eigenschaften der Strategien				
	Kategorisierung	Anzahl	Bewertung	Einflussfaktoren	Methode
Towill u. a. (1992)	–	4	◑	–	Simulation
Berry u. Naim (1996)	Historische Abfolge	4	●	–	Simulation
Snyder u. Daskin (2005)	–	2	◑	Kosten	Math. Modellierung
Tomlin u. Wang (2005)	–	2	◑	Kosten, Verfügbarkeit, Risikoaversion	Math. Modellierung
Tang (2006b)	Flexibilität, Verfügbarkeit, Steuerung	9	○	–	Fallstudie
Tomlin (2006)	Kontingenz/Reduktion	6	●	Uptime, Frequenz d. Unterbrechung	Math. Modellierung (nur eine Company)
Xiao u. Yu (2006)	Gewinn-/Umsatzmaximierung	2	●	Marktgröße, Einkaufskosten	Spieltheorie
Chen u. Li (2009)	Kundensegmentierung	1	○	Unterbrechungsdauer, -frequenz	Simulation
Kovács u. Tatham (2009)	Ressourcennutzung	2	○	–	Fallstudie
Oke u. Gopalakrishnan (2009)	Planung, Flexibilität, Kontingenz	9	◑	Risikotyp, Risikoart	Fallstudie
Rong u. a. (2009)	Preissetzung	4	●	–	Math. Modellierung

Fortsetzung

Quelle	Eigenschaften der Strategien				
	Kategorisierung	Anzahl	Bewertung	Einflussfaktoren	Methode
Schmitt u. Singh (2009)	–	6	◑	Produktvolumen, Erholungszeit	Monte-Carlo-Simulation
Tomlin (2009)	–	12	●	Frequenz d. Unterbrechung, Lieferantenzuverlässigkeit, Produktmarge, Nachfrageunsicherheit, Risikoaversion	Math. Modellierung
Yu u. a. (2009)	Einkauf	2	●	Frequenz d. Unterbrechung	Math. Modellierung (nur eine Company)
Xu u. Nozick (2009)	–	1	○	Kosten	Math. Modellierung
Thun u. Hoenig (2009)	Benötigtes Aktivitätsniveau	2	●	–	Empirische Untersuchung
Sodhi u. Tang (2009a)	–	5	○	Zeit vor und während Unterbrechungen	Konzept
Pettit u. a. (2010)	Fähigkeiten, Verwundbarkeit	1	○	–	Grounded Theory

●: voll abgedeckt; ◑: teilweise abgedeckt; ○: nicht abgedeckt

Tabelle 3.16 gibt eine Übersicht der Literatur der Bewertung von Strategien zur Reduktion der Auswirkungen von Unterbrechungen. Die zweite Spalte zeigt – sofern vorhanden – die verwendete Kategorisierung der Strategien. Spalte drei enthält die Anzahl der analysierten Strategien. In der vierten Spalte wird angezeigt, ob eine Bewertung der Strategien vorgenommen wird. Für den Fall, dass eine Analyse über die Faktoren, welche einen Einfluss auf die Wahl der optimalen Strategie haben, durchgeführt wurde, werden diese in der fünften Spalte aufgeführt. Die sechste Spalte gibt dann Auskunft über die verwendete Methode zur Erkenntnisgenerierung.

Die Zusammenschau zeigt, dass nur wenige Autoren eine quantitative Bewertung der Strategien zur Reduktion der Auswirkungen von Unterbrechungen vornehmen. Zusätzlich fehlt insbesondere ein umfassender Vergleich mehrerer Strategien miteinander unter Einbeziehung einer komplexeren Supply-Chain-Struktur. In den oben genannten quantitativen Artikeln finden lediglich Supply Chains mit zwei oder drei Stufen Anwendung. Komplexere Supply Chains werden lediglich mit Hilfe qualitativer Analysemethoden betrachtet. Aus diesen Überlegungen heraus können die folgenden Ergebnisse festgehalten werden:

1. In der Literatur wird die Effektivität von Strategien zur Reduktion von Unterbrechungsrisiken kaum vergleichend untersucht.
2. Für den Fall, dass ein quantitativer Vergleich durchgeführt wird, basieren die Ergebnisse auf stark vereinfachten Supply-Chain-Modellen.

3.5 Zusammenfassung der Forschungslücken

Die vorangegangenen Ausführungen zeigen Lücken in der betriebswirtschaftlichen Forschung auf.

Zunächst wurde in Kapitel 3.2.1 ausgeführt, dass die bisherige Forschung kein übergreifendes Supply-Chain-Modell entwickelt hat, welches in einer größeren Zahl von Forschungsprojekten Anwendung findet. Des Weiteren konnte gezeigt werden, dass strategische Fragestellungen allgemein weniger Betrachtung finden als operative. Im Besonderen belegte die Analyse, dass auch die Risikobetrachtung bisher in strategischen Modellen häufig vernachlässigt worden ist. Darüber hinaus deutet die Analyse darauf hin, dass Unterbrechungen als besondere Risikoart erst vor kurzer Zeit Einzug in die strategische Supply-Chain-Forschung erhalten haben.

Als Nächstes wurden in Kapitel 3.2.2 Lücken bezüglich der Abdeckung von Risiken im Rahmen der Modellentwicklung festgestellt. Hier zeigt sich, dass

Abweichungen zwischen der Modellierung und dem realen Supply-Chain-System zu unabsehbaren Fehlern in der Entscheidungsfindung führen können. Diese Fehler können jedoch im Allgemeinen nicht ex ante vollständig verhindert werden und müssen somit in die Auswahl der passenden Strategie mit einbezogen werden, um eine robuste Entscheidung zu gewährleisten.

In Kapitel 3.2.3 wurde die aktuelle Forschungslandschaft bezüglich der Unterbrechungsrisiken detailliert. Hierbei wurde die bisherige Handhabung von Risiken in den Modellen aus der Literatur dargestellt und die Breite der Abdeckung der Risiken erörtert. Als Ergebnis kann festgehalten werden, dass die Abdeckung der Modelle sehr lückenhaft ist. Zumeist werden dyadische Supply-Chain-Beziehungen statt Netzwerkinteraktionen analysiert und nur ausgewählte Risiken beziehungsweise Unterbrechungen betrachtet.

Die Kapitel 3.3 und 3.4 betrachteten vorgeschlagene Strategien zur Risikoreduktion näher. Hierfür wurde zunächst darauf hingewiesen, dass es kein einheitliches Verständnis des Strategiebegriffs und der Kategorisierung von Strategien gibt. Mit der Vorstellung einiger Kategorisierungen wurde jedoch die Grundlage für den zweiten Teil gelegt. Dort wurden robuste Strategien zum Zweck der Reduktion der Auswirkungen von Risiken getrennt nach Unterbrechungen und stetigen Risiken dargestellt. Es zeigt sich, dass bisher keine systematische Erforschung der Einflussfaktoren auf die optimale Risikoreduktionsstrategie erfolgt ist. Die meisten Artikel beziehen sich lediglich auf einzelne Strategien und stellen deren Vor- und Nachteile dar oder vergleichen Strategien unter stark eingeschränkten Rahmenbedingungen.

Bezogen auf die Risikoarten kann konstatiert werden, dass Modellrisiken allein nur selten Einzug in die Strategieentwicklung und -bewertung finden. Folglich werden auch Kombinationen aus Modell- und Unterbrechungsrisiken in den analysierten Forschungsarbeiten nicht mit einbezogen. In Tabelle 3.18 werden die analysierten Beiträge zusammengefasst.

Insgesamt zeigt sich damit das in Abbildung 3.17 dargestellte Bild der existierenden Forschungslücken. Diese Arbeit hat zum Ziel, die markierten Bereiche näher zu analysieren.

Tabelle 3.17: Fokussierte Forschungslücken

	Planungsebene			
	strategisch		operativ	
	Analyseumfang		Risikoreduktion	
Risiken	vergleichend	singulär	vergleichend	singulär
Modellrisiko	○	○	○	◑
Unterbrechungsrisiko	○	◑	●	●
Kombination	○	○	○	○

●: voll abgedeckt; ◑: teilweise abgedeckt; ○: nicht abgedeckt

Tabelle 3.18: Literatur zur strategischen Risikoreduktion

Quelle	Strategien	quantitativer Vergleich	Modellrisiko inkl. Ungew.	Unterbrechungen	Ausrichtung[a]	Handlungs-empfehlungen	Methode
TOMLIN (2006)	○	●	○	●	Dyade	●	math. Modellierung
PERSSON (2002)	○	●	◑	○	Unternehmen	◑	Simulation
LEE (2002)	●	○	○	○	Kette	●	Konzept
VAN DER VORST U. BEULENS (2002)	●	○	○	○	Kette	●	Fallstudie
KOVÁCS U. TATHAM (2009)	◑	○	○	●	Unternehmen	○	Fallstudie
VAKHARIA U. YENIPAZARLI (2009)	○	○	○	●	Kette	○	Literaturanalyse
FAISAL U. A. (2006)	●	○	○	○	Kette	●	Konzept
CHILDERHOUSE U. A. (2002)	○	○	○	○	Kette	●	Fallstudie
CHRISTOPHER U. A. (2006)	●	○	○	○	Kette	●	Konzept
CHEN U. LI (2009)	●	○	○	●	Kette	○	Simulation
MITCHELL (1995)	●	○	○	○	Funktion	◑	Literaturanalyse
MASON-JONES U. TOWILL (1998)	●	◑	○	○	Kette	●	Simulation und Literatur
FISHER (1997)	●	○	○	○	Dyade	●	Konzept

●: voll abgedeckt; ◑: teilweise abgedeckt; ○: nicht abgedeckt

[a] SACHAN U. DATTA (2005) unterscheiden in ihrer Literaturanalyse fünf Ebenen der Supply-Chain-Analyse. Der Fokus kann auf Unternehmensfunktion, Firma, der Dyade (zwei Firmen), Kette oder dem Netzwerk als Analyseobjekt liegen.

4

Stand der Praxis

Die zweite methodische Säule dient dazu, den aktuellen Stand der Praxis bezüglich der Forschungsfragen zu erfassen. Hierzu findet die Methode der Experteninterviews *Anwendung, welche in den ersten zwei Abschnitten dieses Kapitels erläutert werden.*

Die Ergebnisse, welche in den folgenden Abschnitten präsentiert werden, deuten auf die signifikanten Defizite in der praktischen Umsetzung von Supply-Chain-bezogenen Maßnahmen zur Risikoreduktion hin. Die genannten Maßnahmen aus den Gesprächen fallen in sieben Kategorien (Lokation, Lager, Prozess, Information, Backup, Leistung und Akzeptanz) und werden in der Praxis zur Reduktion von Unterbrechungsrisiken angewandt.

Die Resultate sind dazu geeignet, den Stand der Praxis zu beschreiben, des Weiteren werden sie, gemeinsam mit den Erkenntnissen aus der Literaturanalyse, als Grundlage für die gewählten Strategien in der Simulationsstudie herangezogen.

4.1 Experteninterviews als Forschungsmethode

Qualitative Forschungsansätze stellen einen wichtigen Bestandteil der Forschung im Bereich des Supply-Chain-Managements dar (vgl. SACHAN U. DATTA 2005). Ziel der Arbeit ist, im Sinne der Forschungsfragen 1 und 2a (Tabelle 1.1, S. 5), einen Einblick in die Analyse von Risiken in der Praxis und die Umsetzung von Risikoreduktionsstrategien zu erhalten.

Die Literaturübersicht hat gezeigt, dass bisher kein allgemein akzeptiertes Konzept für die Auswahl von Risikoreduktionsstrategien als Teil des Supply-Chain-Netzwerkdesigns existiert. Jedoch existieren bereits explorative Studien, welche Ansätze zur Auswahl von Risikoreduktionsstrategien erörtern (beispielsweise BLACKHURST U. A. 2005; BÖGER 2010; CHRISTOPHER U. A. 2011; ELKINS U. A. 2005; JÜTTNER 2005; JÜTTNER U. ZIEGENBEIN 2008). Diese Studien tragen wesentlich zum Verständnis des Themengebiets bei und ihre Ergebnisse geben Hinweise zu den relevanten Einflussfaktoren für die Auswahl von Risikoreduktionsstrategien. Jedoch lag der Schwerpunkt jeweils nicht gleichzeitig auf der Feststellung von Risiken, adäquaten Risikoreduktionsstrategien und insbesondere deren Einflussfaktoren, wie in den Forschungsfragen gefordert.

Aufgrund des explorativen Forschungsansatzes wurden Experteninterviews als passende Methode zur Erkenntnisgenerierung ausgewählt (vgl. BOGNER U. MENZ 2002). Fokussierte, semi-strukturierte Experteninterviews stellen zum einen die Grundlage für eine Vielzahl anderer Methoden, wie beispielsweise Fallstudien (vgl. YIN 2009) oder der Grounded Theory (vgl. GLASER U. STRAUSS 1967) dar, zum anderen können sie jedoch auch als eigenständige Methode zur Erkenntnisgenerierung angewandt werden (vgl. BOGNER U. MENZ 2002, S. 33 ff.).

Insbesondere „um Wirkungszusammenhänge oder Einflussfaktoren auf die Ergebnisse zu ermitteln, stellen ExpertInneninterviews eine wissenschaftlich adäquate Methode dar, die zudem auch [...] Effizienzansprüchen entspricht" (LEITNER U. WROBLEWSKI 2002). Mittels Experteninterviews können speziell zum Zweck der Erfassung komplexer Zusammenhänge hochvalide Ergebnisse generiert werden. Zudem ermöglichen sie ein aggregiertes Bild über einen Sachverhalt zu entwickeln (vgl. MEUSER U. NAGEL 2002, S. 91 f.).

In dieser Arbeit findet das explorative Experteninterview Anwendung. Es kann von dem systematisierenden und dem theoriegenerierenden Interview abgegrenzt werden. Der Fokus des Interviews wird durch den Forscher anhand der Forschungsfragen festgelegt. Ziel ist es dem Interviewkandidaten die Möglichkeit zu geben, seine Ansicht zu einem speziellen Thema zu erläutern und „das Untersuchungsgebiet thematisch zu strukturieren und Hypothesen zu generieren“ (Bogner u. Menz 2002, S. 37).

Zu diesem Zweck wird eine offene Fragestellung verwendet und im Rahmen der Interviews erwähnte Aspekte können im selben Gespräch vertieft werden. Die Gesprächsführung zielt darauf ab, eine Gesprächssituation entstehen zu lassen, welche den Absichten des Interviews dienlich ist. Im Gegensatz zu strukturierteren Umfragen wird aus diesen Gründen die Formulierung der Fragen nicht für alle Kandidaten identisch sein.

Die Aufgabe der Experteninterviews in dieser Arbeit ist die Aufdeckung von Lücken innerhalb der Supply-Chain-Risikomanagementprozesse, insbesondere im Hinblick auf das Supply-Chain-Netzwerkdesign in der praktischen Umsetzung sowie weitere Ergebnisse hinsichtlich der Forschungsfragen zu generieren.

4.2 Durchführung von Experteninterviews

Für die Durchführung der Befragungen wurde der in Abbildung 4.1 dargestellte Prozess verwendet.

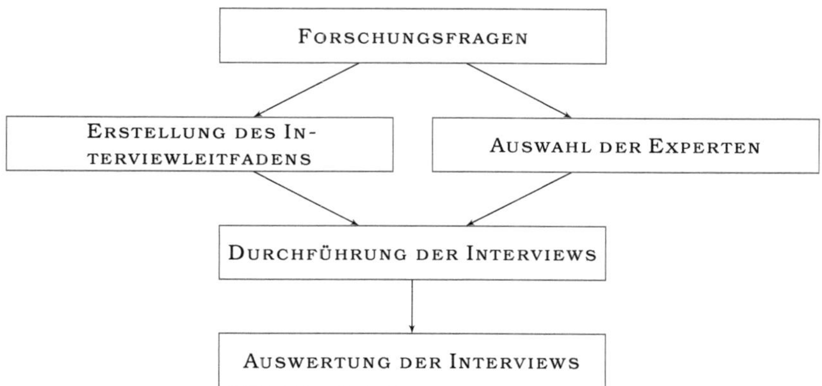

Abbildung 4.1: Prozessdarstellung zur Durchführung der Experteninterviews

Zunächst erfolgte die Erstellung der Interviewleitfäden. Zeitgleich wurden auf Basis der Forschungsfragen passende Experten, im Rahmen einer theoriebasierten Auswahl, selektiert und angeschrieben. Die Leitfäden wurden den Teilnehmern vorab zur Verfügung gestellt. Im Anschluss daran wurden die Interviews terminiert und durchgeführt. Die Auswertung der Interviews begann direkt im Anschluss daran, nach der Transkription und Verschlagwortung der

Gespräche. Die detaillierten Arbeitsschritte werden in den folgenden Kapiteln dargelegt.

4.2.1 Interviewleitfaden

Im Zuge der Vorbereitung der semi-strukturierten Interviews wurde ein Befragungsleitfaden auf Basis der Ergebnisse der in Kapitel 3 vorgestellten Literaturanalyse entworfen und anhand von Diskussionen mit anderen Wissenschaftlern des Instituts finalisiert (vgl. MEUSER u. NAGEL 2002, S. 78). Der vollständige Leitfaden findet sich in Appendix 7.3. Der Leitfaden behandelt vier Kernaspekte der Verringerung von Risiken in Unternehmen.

- *Supply Chain des im Fokus stehenden Unternehmens.* Abfrage der Organisationsstruktur sowie weiterer Eigenschaften der Supply Chain.
- *Supply-Chain-Netzwerkdesignprozess.* Erörterung der Einbettung des Supply-Chain-Netzwerkdesigns in den Prozessen des Unternehmens und dessen Details sowie Feststellung von Auslösern für den Anstoß des Supply-Chain-Netzwerkdesignprozesses.
- *Risiken im Rahmen des Supply-Chain-Netzwerkdesigns.* Unterscheidung von Risikokategorien. Inwiefern finden diese Risiken Eingang in den Supply-Chain-Netzwerkdesignprozess?

Ambivalente Begriffe wurden für jeden Teilaspekt vorab definiert, um eine gemeinsame Gesprächsbasis zu begründen.

4.2.2 Selektionsprozess

Zur Generierung der Stichprobe wurde ein theoriebegründetes Auswahlverfahren (*theoretical sampling*) angewandt, mit dem Ziel Teilnehmer mit einem breiten Spektrum unterschiedlicher Erfahrungshintergründe und einer umfangreichen Wissensbasis zu akquirieren (vgl. GLASER u. STRAUSS 1967, S. 45). Das Prinzip der maximalen strukturellen Variation („maximum variation"; FLYVBJERG 2006, S. 230) entspricht diesem Ziel und sieht vor, dass insbesondere auch Extremfälle und mögliche Anomalien mit in die Grundgesamtheit mit einbezogen werden, um daraus Schlussfolgerungen für die im Zentrum stehenden Fragestellungen ziehen zu können (vgl. FROSCHAUER u. LUEGER 2002, S. 231). Daher wurden die Auswahlkriterien so festgelegt, dass Einblicke in verschiedene Branchen gewonnen und unterschiedliche Konzepte des Supply-Chain-Risikomanagements und insbesondere der Risikoreduktion extrahiert werden können.

Insbesondere standen die Relevanz für die Fragestellung, das Potential zur Generierung neuer Informationen und die Generalisierbarkeit der Ergebnisse im Vordergrund (vgl. MILES u. HUBERMAN 1994, S. 172 ff.; CURTIS u. a. 2000, S. 1004).

Die Gesprächsteilnehmer wurden aus unterschiedlichen Branchen gewählt. Zugleich wurde auch darauf geachtet eine Diversität in den Funktionen und Aufgaben der Befragten zu erreichen, um so unterschiedliche Perspektiven berücksichtigen zu können (vgl. KANWISCHER 2002, S. 97). Um dem Anspruch der breiten Stichprobe Rechnung zu tragen, wurden auch Erkenntnisse von einem Logistikdienstleister (4PL) mit aufgenommen.

Die folgenden Einschränkungen wurden vorgenommen: Der Fokus wurde in Anlehnung an BLOME u. SCHOENHERR (2011, S. 51) grundsätzlich auf produzierende Firmen und deren Supply Chains gelegt, da für diese Supply-Chain-Risikomanagement im Gegensatz zu serviceorientierten Unternehmen eine größere strategische Bedeutung darstellt. Zudem wurden überproportional große Unternehmen ausgewählt, da kleine und mittlere Unternehmen häufig geringer ausgebaute Risikomanagementprozesse aufweisen (vgl. FAISAL u. a. 2007b). Dies gilt im Besonderen auch für die Supply-Chain-Risikomanagement-Aktivitäten (vgl. HÖLSCHER u. a. 2006; KERSTEN u. a. 2007, S. 110).

Die Beendigungsbedingung für eine explorative Forschung ist im Allgemeinen die Erreichung einer theoretischen Sättigung (vgl. EISENHARDT 1989; GLASER u. STRAUSS 1967; PERRY 1998). Die Angabe einer genauen Zahl an Interviews ist daher nicht möglich. Zudem muss der Methodenkontext dabei mit beachtet werden. Im Rahmen von Multifallstudien werden zwischen vier und 15 Fällen verwendet (vgl. PERRY 1998), wobei hierbei in der Regel mehrere Interviews für jedes Unternehmen geführt oder zusätzlich andere Quellen herangezogen werden. Dementsprechend hoch sind auch die Interviewzahlen bei Forschungsprojekten, welche ausschließlich auf Experteninterviews aufbauen (beispielsweise SCHRADER u. a. 2005 mit 28 Interviews).

Häufig werden Experteninterviews jedoch als Grundlage oder Ergänzung – wie auch in der vorliegenden Arbeit – zusätzlich zu einer anderen Forschungsmethode hinzugezogen. In solchen Fällen liegt die Interviewanzahl in der Regel auf geringerem Niveau, da die Analyse der Befragungen fokussierter erfolgt und somit bereits früher eine theoretische Sättigung erreicht werden kann. Somit liegt die Zahl der Interviews in diesen Fällen eher zwischen sieben und zehn (sieben: ROSENZWEIG u. ROTH 2007; acht: MEYER (2007); neun: CRAIGHEAD u. a. 2007 und zehn: SEITER 2006).

Bei der Auswahl der zu befragenden Experten wurde die folgenden Schritte durchgeführt:

1. Aufstellung einer Grundgesamtheit

2. Auswahl passender Unternehmen aufgrund der oben genannten Kriterien

3. Anfrage der Unternehmen

Zur Erzeugung der Grundgesamtheit wurde die Teilnehmerliste der *CSCMP Annual Global Conference 2010* analysiert und ausgewählte Unternehmen angesprochen. Sieben Experten erklärten sich bereit an der Befragung teilzunehmen und die Interviews wurden im Laufe der Konferenz durchgeführt. Zwei weitere Unternehmen (Abkürzung A, I; siehe Tabelle 4.1) wurden im Nachgang akquiriert, um zusätzliche Erkenntnisse aus Sicht zweier großer Unternehmen zu generieren. Insgesamt liegt die Stichprobenanzahl damit bei *neun Experten* aus unterschiedlichen Unternehmen.

4.2.3 Durchführung der Befragung

Die Interviews wurden zwischen September 2010 und März 2011 durchgeführt. Der Interviewleitfaden wurde vorab an die Teilnehmer verteilt. Die Befragungen selbst nahmen zwischen 45 und 90 Minuten in Anspruch.

In den Gesprächen wurden mit dem jeweiligen Teilnehmer der Schwerpunkt der Befragung auf unterschiedliche Aspekte im Rahmen des Interviewleitfadens gelegt. Um die Qualität in der Weiterverarbeitung zu sichern, wurden die Interviews aufgezeichnet und direkt nach Beendigung transkribiert.

Zur Sicherstellung der korrekten Transkription wurden die Protokolle den Teilnehmern zur Überprüfung zur Verfügung gestellt; aufgetretene Fehler wurden korrigiert. Des Weiteren wurden zusätzlich veröffentlichte Informationen und Unterlagen von der Unternehmenswebseite gesammelt, um das Umfeld der Unternehmen näher zu beleuchten und somit fundiertere Schlussfolgerungen ziehen zu können (vgl. Yi u. a. 2011, S. 273).

4.2.4 Auswertung

Die Auswertung der Interviews dient dazu Gemeinsamkeiten der befragten Unternehmen herauszuarbeiten, jedoch zugleich Unterschiede der individuellen Experten deutlich zu machen (vgl. Meuser u. Nagel 2002, S. 80 ff.). Entsprechend Meuser u. Nagel (2002, S. 83 ff.) wurden die folgenden Schritte durchgeführt:

1. *Transkription und Paraphrasierung* der aufgezeichneten Interviews.

2. *Kodierung* des Interviews. Hierbei werden Passagen, in welchen ähnliche Themen behandelt werden, unter einer Überschrift zusammengefasst.

3. *Thematischer Vergleich.* Mit diesem Schritt geht die Auswertung über das einzelne Interview hinaus mit dem Ziel Ähnlichkeiten zwischen den Passagen aufzudecken.

4. *Soziologische Konzeptualisierung.* Erst in diesem Schritt werden die von den Befragten verwendeten Begriffe zusammengefasst in der Absicht einheitliche Kategorien für gemeinsame Phänomene zu finden und zuzuordnen.

5. *Theoretische Generalisierung.* Auf der Basis von Schritt 4 werden, losgelöst vom Interviewmaterial, die Zusammenhänge zwischen den Kategorien deutlich gemacht und systematisiert.

Die Auswertung der Gespräche erfolgte mit Hilfe der Software MaxQDA, in welcher die Kodierung und Kategorisierung vorgenommen wurde.

4.3 Vorstellung der befragten Unternehmen

Tabelle 4.1 fasst Eigenschaften der teilnehmenden Unternehmen zusammen und zeigt die Funktion des Befragten an. Um einen Überblick über die befragten Unternehmen zu bekommen, werden zunächst die Unternehmen anhand der jeweiligen Supply Chain systematisiert. Es wurde eine breite Streuung der Branchen erreicht, sie reichen von Groß- und Einzelhandel über die Automobil- bis zur Chemiebranche. Ebenso konnte ein Logistikdienstleister (4PL) für die Teilnahme gewonnen werden. Es wurden fast ausschließlich Vertreter großer Unternehmen befragt. Die Größe der Unternehmen (ohne D), gemessen anhand der Mitarbeiterzahl, liegt zwischen 2'000 (H) und 160'000 (I). Unternehmen D ist als Logistikdienstleister als Ausnahme zu sehen. In Abbildung 4.2 werden die Unternehmensgröße und Supply-Chain-Komplexität relativ zum Stichprobendurchschnitt gegenübergestellt. Unternehmen mit hoher Supply-Chain-Komplexität weisen eine große Zahl an Produkten, Lieferanten und Kunden auf. Des Weiteren weisen Unternehmen mit hoher Komplexität eine größere Zahl an Verknüpfungen zwischen den Teilen der Supply Chain auf (vgl. KERSTEN U. A. 2010b).

Tabelle 4.2 stellt die strategische Ausrichtung der Unternehmen bezogen auf die Einkaufs-, Produktions- und Distributionsstrategie dar. Fast alle Unternehmen

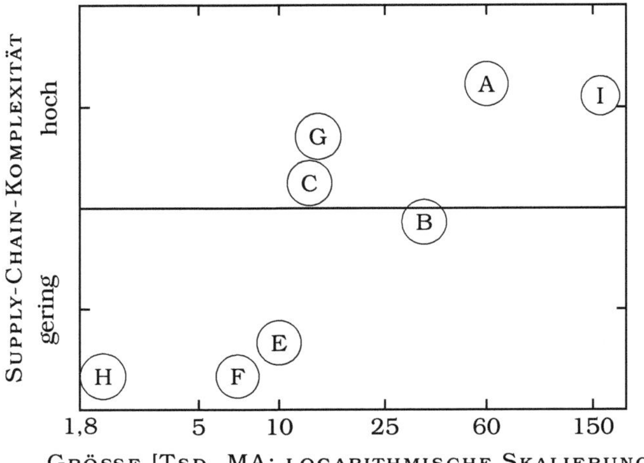

Abbildung 4.2: Systematisierung der befragten Unternehmen

folgen entweder einer internationalen oder globalen Unternehmensstrategie. Diejenigen Gesellschaften, welche einer globalen Strategie folgen (A, F, I), haben sowohl die Beschaffung als auch die Produktion und den Vertrieb in einem globalen Netzwerk organisiert. Die internationalen Gesellschaften weisen einen lokaleren Fokus auf, wobei teilweise die Produktion (E, G) oder die Distribution (B, C) nur regional stattfinden. Das Unternehmen H ist regional orientiert. Alle Unternehmen nutzen auch externe Dienstleister für Logistikaufgaben, die operative Führung von Lägern oder für Auftragsfertigungen in der Produktion.

Strategien im Supply-Chain-Risikomanagement können als aktiv oder reaktiv beschrieben werden (vgl. Dani 2009, S. 58). Reaktive Strategien werden dann eingesetzt, wenn Unterbrechungen bereits materialisiert sind, wohingegen aktive Strategien darauf abzielen vor dem Auftreten eines Risikos die Eintrittswahrscheinlichkeit oder das Ausmaß zu minimieren. In diesem Sinne wurden die Unternehmen anhand der von ihnen hauptsächlich genannten Strategien, der Ausgestaltung der relevanten Prozesse und der strategischen Bedeutung des Supply-Chain-Risikomanagements kategorisiert und in aktive und reaktive Unternehmen unterteilt. Die Aufteilung kann der Abbildung 4.3 entnommen werden. Die Unternehmen A, C, F, und H verfolgen dabei aktivere Ansätze; B, D, E, G und I dahingegen wählen insgesamt eher passive Ansätze.

Tabelle 4.1: Befragte Experten und Funktionen

Kürzel	Branche	Mitarbeiter	Funktion Interviewpartner
A	Chemische Industrie	60'000	Supply-Chain-Direktor
B	Elektrogroßhandel	28'000	Vizepräsident Business Transformation
C	Einzelhandel	13'000	Vizepräsident Supply-Chain-Optimierung
D	Logistikdienstleister	50	Direktor Business Development
E	Automobilindustrie	10'000	Internationale Logistik & Betrieb
F	Medizinische Geräte	7'000	Vizepräsident Globale Supply Chain
G	Lebensmittelindustrie	14'000	Supply-Chain-Modellierung
H	Lebensmittelindustrie	2'000	Distribution
I	Konsumgüterindustrie	160'000	Produkt Design & Marketing

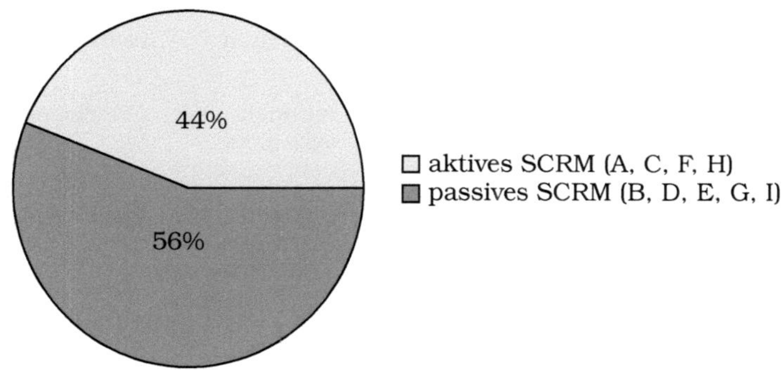

Abbildung 4.3: Segmentierung Teilnehmer: primär aktive beziehungsweise reaktive Risikoreduktion

Tabelle 4.2: Eigenschaften der analysierten Supply Chains

	Bereich			
Kürzel	Versorgung	Herstellung	Distribution	Kundenzugang
A	global, mehrere Lieferanten	global, mehrere Standorte	global, direkt von der Fabrik, Nähe zum Kunden	Geschäftskunden, global verteilt
B	global	nur Eigenmarken in externer Auftragsfertigung	regionale Verteilzentren	kleine und mittlere Geschäftskunden
C	global	nur Eigenmarken in externer Auftragsfertigung	regionale Verteilzentren	national, Privatkunden, eigenes Einzelhandelsnetzwerk
D		—		
E	global, Einzelquellenbeschaffung	eigene Produktion, lokal	regionale Verteilzentren, an Dritten ausgelagert	globales, dediziertes Händlernetz
F	global, Einzelquellenbeschaffung	eigene Produktion, global	regionale Verteilzentren	Groß- und Einzelhandel
G	global, Einzelquellenbeschaffung	eigene Produktion, lokal	regionale Verteilzentren	Einzelhandel
H	regional	eigene Produktion, regional	regionale Verteilzentren, zum Teil an Dritte ausgelagert	Einzelhandel
I	global, wechselnde Lieferanten	global, je nach Produkt eigene oder ausgelagerte Produktion	regionale Verteilzentren	Einzelhandel

4.4 Ergebnisse

4.4.1 Supply-Chain-Netzwerkdesign

4.4.1.1 Prozess

Der Supply-Chain-Netzwerkdesignprozess wird von den befragten Managern eher einheitlich beschrieben. Zwei Szenarien wurden mit den Interviewteilnehmern erörtert: Zum einen der Umbau einer existierenden Lieferkette, zum anderen der Aufbau einer neuen Lieferkette, welche existierende Strukturen, wie zum Beispiel Lieferanten-, Produktions- oder Verteilnetz nutzen. Der vollständige Neubau war entsprechend der Vorgaben nicht Teil der Gespräche (siehe Kapitel 2.5.2, S. 39).

Der Anstoß zur Durchführung von Änderungen an existierenden Supply Chains ist in den Unternehmen wenig formalisiert. Änderungsprozesse am Supply-Chain-Netzwerkdesign werden meist nach Eintritt eines internen oder externen Ereignisses ausgelöst und durchgeführt. Als Beispiel für ein externes Ereignis können dabei Verschiebungen in der Nachfrage gesehen werden (C). In anderen Fällen werden sinkende Immobilienpreise zum Anlass genommen Anpassungen an der Supply-Chain-Struktur anzustoßen (B, D). Aber auch interne Veränderungen an Teilen der Supply Chain können weitere Anpassungen im eigenen Netzwerk notwendig machen. Teilnehmer C nennt hierzu die Anpassung der Zuordnung von Einzelhändlern zu den Distributionszentren, nach der Etablierung neuer Einzelhändler im Netzwerk. Einige Unternehmen (B, E, F, H) gaben an auch regelmäßige, nicht ereignisgesteuerte Überprüfungen des Supply-Chain-Netzwerkdesigns vorzunehmen. Im Fall des Unternehmens B wird das Supply-Chain-Netzwerkdesign typischerweise etwa alle drei Jahre einer Überprüfung unterzogen. Bei den anderen Unternehmen liegt das Intervall ähnlich, zwischen zwei und vier Jahren. Für die ereignisgesteuerte Prüfung hat jedoch keines der befragten Unternehmen eine vollständige Auflistung der in Frage kommenden Ereignisse vorliegen.

Nach dem Beginn einer Anpassung werden Alternativen für das neue Supply-Chain-Netzwerkdesign erarbeitet und bewertet. In dem Prozess werden von den meisten Unternehmen Risiken explizit berücksichtigt. Bereits die dahinterstehende Analyse erfolgt jedoch häufig nur qualitativ. Zudem finden die risikobezogenen Ergebnisse in den Entscheidungsvorlagen häufig nur am Rande Erwähnung.

Der Planungshorizont für Entscheidungen im Supply-Chain-Netzwerkdesign liegt etwa bei 5 bis 10 Jahren für strategische Kapazitäts- und Lokationsent-

scheidungen (F, G). Im Kontext des Supply-Chain-Netzwerkdesigns müssen unterschiedliche Konfigurationsalternativen bewertet werden. Bei den befragten Unternehmen werden zur Leistungsmessung sehr unterschiedliche Maße verwendet. Nur wenige Unternehmen verwenden umfassende Kriterien, wie A: Hier werden Kosten, Working Capital, Service und Risiko in die Supply-Chain-Netzwerkdesign Entscheidungen mit einbezogen. Bei den übrigen Unternehmen wurde ein starker Fokus auf Service, beispielsweise gemessen anhand der Lieferfähigkeit innerhalb einer bestimmten Frist, und Kosten deutlich (E, G, H). Der Befragte von Unternehmen E sieht jedoch auch Verbesserungsbedarf bei den verwendeten Leistungsmaßen, die insbesondere den Einfluss der Supply Chain auf die Umsatzseite der Gewinn- und Verlustrechnung besser darzustellen vermögen. Bei keinem Unternehmen gehen jedoch Umsätze direkt in die Supply-Chain-Modellierung mit ein.
Wie Tabelle 4.2 zeigt, werden Teile der betrachteten Supply Chains an Dritte ausgelagert. Zur Steuerung dieser Partner werden separate, angepasste und detailliertere Leistungsmaße verwendet und getrennt überwacht (F, H).

4.4.1.2 Motivation

Die verfolgte Strategie im Supply-Chain-Netzwerkdesign wird maßgeblich durch die vorgegebene Unternehmensstrategie geprägt (B). Für die Einbeziehung von Risiken ist daher insbesondere entscheidend, inwiefern die Unternehmensführer dem Supply-Chain-Risikomanagement eher eine aktive (A, C, F, H) oder passive (E, G) Rolle zuweisen. Die internen und externen Beweggründe hinter dem Supply-Chain-Netzwerkdesigns werden von den Unternehmen sehr unterschiedlich gesehen. Neue Risiken gehören jedoch für die meisten Unternehmen nicht zu den relevanten Treibern der Supply-Chain-Netzwerkdesign Entscheidungen. Tabelle 4.3 gibt eine Übersicht. Als Haupttreiber der Änderungen am Supply-Chain-Netzwerkdesign können Kosteneinsparungen und Prozessverbesserungen genannt werden. Nur von wenigen Unternehmen werden Risikoaspekte wie Widerstandsfähigkeit (A) und soziologische Risiken an Standorten (F) genannt.

4.4.1.3 Modellierung

Die Unternehmen weisen eine unterschiedliche Modellierungsintensität auf. Es lassen sich dabei drei Gruppen unterscheiden.

- Einige Unternehmen (B, E, H) benutzen keinen übergreifenden Supply-Chain-Modellierungsansatz. Alternative Supply-Chain-Designs werden

Tabelle 4.3: Darstellung der Treiber des Supply-Chain-Netzwerkdesigns

Kürzel	Motivation des Supply-Chain-Netzwerkdesigns
A	Wettbewerbsvorteile, Kundengewinnung, Produkteigenschaften (beispielsweise Höhe der Marge), Widerstandsfähigkeit
B	Kosteneinsparungen, technologischer Fortschritt
C	vorhandenes Optimierungspotential, Minderung existierender Risiken (jedoch mit geringerer Priorität), Nachfrageveränderungen, Kapazitätsanpassungen, veränderte Angebotslage, vorherige Änderung eines (anderen) Teils innerhalb der Supply Chain, finanzielle Zielsetzungen (beispielsweise Verringerung des Umlaufvermögens)
D	gesamtwirtschaftliche Entwicklung, Kosteneinsparungen
E	Internationalisierung, Kosteneinsparungen, Anpassung des Produktionsprozesses
F	Kosteneinsparungen, geändertes Verhältnis von Arbeits- zu Materialkosten, notwendige Nähe zum Absatzmarkt, soziologische Risiken (Beispiel: Unruhen in Mexiko)
G	Kosteneinsparungen, Prozessverbesserung
H	Kosteneinsparungen, Nachfrageveränderungen, Prozessverbesserungen
I	Kosteneinsparungen, Prozessverbesserungen, Nachhaltigkeit

daher mit Hilfe einfacher Excel-Tabellen modelliert und verglichen. Diese Unternehmen gaben jedoch auch an, dass es nützlich sein könnte die Modellierungsfähigkeiten zu verbessern.

- In der nächsten Gruppe finden sich die Unternehmen C, G und I, diese benutzen Supply-Chain-Modellierung entweder auf Basis umfangreicher Excel-Modelle oder unter Verwendung angepasster Supply-Chain-Modellierungssoftware. Aufgrund der hohen Komplexität der jeweiligen Supply Chain sind die Modelle jedoch nur partielle Abbildungen und fokussieren ausgewählte Aspekte.

- Von den vorherigen Gruppen lassen sich zwei weitere Unternehmen unterscheiden: A und F verfügen über spezielle Modellierungsabteilungen, welche für die Vorbereitung von Entscheidungen bezüglich des Supply-Chain-Netzwerkdesigns herangezogen werden können. Zugleich sind sich die Unternehmen der Beschränkungen von Supply-Chain-Modellen bewusst und nutzen daher spezifische Modelle für jeden Anwendungsfall. Im Gegensatz zu den anderen Unternehmen werden Risiken in die Modellierung integriert mit dem Ziel robustere Supply-Chain-Netzwerkdesigns zu schaffen.

Die befragten Unternehmen zeigen unterschiedliche Ansätze für die Integration von Risiken in die Supply-Chain-Modellierung. Nur die Unternehmen A und F beziehen Risiken systematisch mit in die Supply-Chain-Modellierung mit ein. Teilnehmer A analysiert die Auswirkungen bestimmter Risiken mittels Szenarioanalysen. Risiken werden somit nicht in Form von Wahrscheinlichkeiten in ein stochastisches Modell integriert, sondern das Modell wird mit der Annahme gestartet, dass das jeweils zu analysierende Risiko mit der Wahrscheinlichkeit Eins eintritt. Ziel ist es dann, die Auswirkungen dieses Risikos zu reduzieren. Die Modellierung von alternativen Supply-Chain-Netzwerkdesigns wird im Allgemeinen von einer dedizierten Abteilung durchgeführt. Auch das Unternehmen F bildet Risiko in Form von Szenarioanalysen ab.

Bei den übrigen Teilnehmern, welche Modelle verwenden, werden Risiken mittels abgeschätzter Risikozu- oder abschläge in die Modellierung mit aufgenommen.

4.4.2 Risikoverständnis und -identifikation

Im Risikoverständnis zeigen sich die einzelnen Unternehmen sehr unterschiedlich. Über alle Teilnehmer hinweg zeichnet sich ab, dass kein umfassendes Verständnis der besonderen Risiken innerhalb einer Supply Chain existiert oder wie diese zu analysieren sind.

Die folgenden vier Gruppen lassen sich unterscheiden:

- Zunächst gibt es die Gruppe der Unternehmen, welche den wirtschaftlichen Überlegungen Vorrang vor der Betrachtung von Risiken einräumt (B, E, G) und dementsprechend einen geringeren Fokus auf Supply-Chain-Risiko und Risikovermeidungsstrategien legen.

- Davon können diejenigen Unternehmen (D, H) abgegrenzt werden, welche erste Ansätze der Risikoidentifikation und -bearbeitung zeigen, jedoch dabei sehr selektiv vorgehen und nur ausgewählte Risiken in den Fokus stellen.

- Als Nächstes steht eine Gruppe von Unternehmen (C, I), welche im Supply-Chain-Netzwerkdesign Risikoerwägungen teilweise mit berücksichtigt. Supply-Chain-Risiken stellen jedoch nicht das primäre Ziel dar und sie werden nachrangig behandelt.

- Für die letzte Gruppe von Unternehmen stellen die Risikoidentifikation und die weitere Bearbeitung einen integralen Bestandteil in der Supply-Chain-Strategie dar (A, F). Risiken werden deshalb in das Design der Supply Chain mit einbezogen, da hierin Wettbewerbs- und Kostenvorteile gesehen werden. Ziel ist es ein langfristig stabiles System zu etablieren.

Im Folgenden soll zum besseren Verständnis auf das individuelle Risikoverständnis der teilnehmenden Unternehmen eingegangen und anhand ausgewählter Zitate der jeweiligen Unternehmen verdeutlicht werden. Für das *Unternehmen B* gilt: Das höhere Management zeigt nur wenig Aufmerksamkeit für Risiken innerhalb der Supply Chain. Innerhalb des Risikomanagements zielen die Aktivitäten mehr auf interne Risiken, wie zum Beispiel Finanzrisiken (beispielsweise Währungsschwankungen) oder Rechtsstreitigkeiten mit Kunden oder Konkurrenten ab. Supply-Chain-Risikomanagement ist daher sehr reaktiv ausgelegt.

> „It's not until after the fact, after the earthquake, after the hurricane that the management reacts."

Verbesserungspotenziale bezüglich des Risikomanagements sieht B insbesondere im Einkauf. Vornehmlich gegenüber dem klassischen Risikomanagement sieht der Befragte noch Nachholbedarf. Ziel im Sinne der Risikoreduktion sollte es sein, den Anteil lokal eingekaufter Produkte zu erhöhen, um so die Abhängigkeit von weit entfernten Lieferanten zu reduzieren. Jedoch werden bis jetzt Risiken nicht mit in die Lieferantenauswahl einbezogen. Und so wird auch der Bedarf einer intensiveren, präventiven Auseinandersetzung mit den Supply-Chain-Risiko erkannt:

> „Those companies that think five steps ahead, like in a chess game and [those that] can balance the risk and have contingency plans in place that they can fall back on, they're the ones that will excel."

Ein solides Supply-Chain-Risikomanagement muss jedoch auch auf einer etablierten Supply-Chain-Management-Basis aufgebaut werden. Aus diesem Grund sieht B eine Hauptaufgabe auch darin, zunächst die etablierten Supply-Chain-Prozesse zu verbessern und schlanker zu gestalten, um damit die Profitabilitätsvoraussetzungen für das Supply-Chain-Risikomanagement zu schaffen. Risikomanagement wird demnach als unterstützende Funktion innerhalb des Unternehmens gesehen und Verbesserungen in diesem Bereich sind von der allgemeinen finanziellen Situation des Unternehmens abhängig. Das bedeutet für dieses Unternehmen, dass interne Risiken, wie beispielsweise die Einführung neuer Prozesse, im Fokus stehen, wohingegen externe Risiken, wie zum Beispiel Bedrohungen der Sicherheit, Naturkatastrophen oder die Risiken von Dienstleistern oder Lieferanten eher akzeptiert werden oder höchstens mit einer Redundanzstrategie mitigiert werden.

Auch *Teilnehmer E* sieht das Supply-Chain-Risikomanagement als eine unterstützende Funktion und daher können Verbesserungen im Risikomanagement erst dann durchgeführt werden, wenn die wirtschaftliche Lage des Unternehmens einen Mindeststand erreicht hat. Für das Unternehmen selbst sieht E eine Priorisierung von Maßnahmen, welche stetige Risiken betreffen. Seltene, große Risiken werden dahingegen vom Management eher akzeptiert. Dadurch liegt die Hauptaufgabe des Supply-Chain-Risikomanagements aktuell bei der effizienten Reaktion auf Unterbrechungen. Interne Risiken, wie beispielsweise bei Produktneueinführungen stehen dabei im Vordergrund. Externe Risiken, wie Sicherheitsbedrohungen, Naturkatastrophen oder Risiken bei Dienstleistern werden meist entweder ignoriert oder mittels einfacher Redundanzen umgangen.

Im Fall von *Teilnehmer G* werden operative Risiken innerhalb der Produktion laufend überwacht. Aus den Supply-Chain-Risiken werden jedoch nur einige wenige in die Betrachtung mit einbezogen. Unterbrechungen innerhalb der unternehmensexternen Supply Chain werden nicht weiter betrachtet.

Der Fokus auf eine stark eingeschränkte Auswahl von Risiken ist auch bei *Teilnehmer D* zu beobachten. Als Logistikdienstleister stehen bei ihm insbesondere transportbezogene Risiken, beispielsweise im Zusammenhang mit Steuer- und Zollbestimmungen, im Vordergrund und in diesen Fällen werden Risiken auch tiefergehend analysiert. Andere Risiken wie beispielsweise Ausfälle auf Kunden- oder Lieferantenseite werden nur eingeschränkt mit in Betracht gezogen. Für D führt ein erfolgreiches Risikomanagement nicht nur zur Reduktion existierender Risiken, sondern kann auch als Verhandlungsgrundlage für bessere Versicherungsprämien genutzt werden.

Unternehmen H zeigt sich hier bereits einen Schritt weiter. Dies geschieht in ersterem Fall aufgrund negativer Erfahrungen in der Vergangenheit. Im Zentrum der Anstrengungen stehen dabei Produktrückrufe aufgrund von Qualitätsmängeln; dieses Risiko wird daher bereits regelmäßig analysiert und geeignete Maßnahmen zur Reduktion getroffen.

> „Probably number one in the food industry is a [product] recall. As a company we have gone through a couple of these. They are top priori-

> ties for us. As a positive, going through a recall has [also] challenged us to improve our supply chain processes."

In der dritten Gruppe ist bei *Unternehmen C* das folgende Vorgehen zu betrachten: Maßnahmen zur Risikoreduktion werden zwar durchgeführt, jedoch nicht aus risikobezogenen Überlegungen gerechtfertigt, sondern mit Vorteilen für den Kunden beziehungsweise den Betrieb begründet. Kern der Analyse von Supply-Chain-Risiken stellen die Produkte dar. Im Moment werden die analytischen Fähigkeiten in diesem Bereich noch erweitert. Treiber dieser Entwicklung stellen jedoch vor allem strategische Überlegungen dar. Die Risikoreduktion ist lediglich ein positiver Nebeneffekt.

Beispiel. *Im konkreten Fall wurden Lagerkapazitäten aufgebaut. Diese tragen dazu bei die Produktverfügbarkeit für den Endkunden zu erhöhen. Das Vorgehen wurde jedoch aus Überlegungen zur Gewinnoptimierung und nicht aus Gründen der Risikoreduktion gewählt.*

In diesem Beispiel findet somit eine Neubetrachtung der Problematik („Reframing", Smith 2009) in einem umfassenderen (gewinnorientierten) Kontext statt.

Zudem wird zu Bedenken gegeben, dass das für jedes einzelne Unternehmen notwendige Sicherheitsniveau möglicherweise auch von der Branche abhängig sein kann. Die implizite Schlussfolgerung lautet daher, dass in der eigenen Branche geringere Aufwendungen notwendig sind.

> „Quality issues with supplies for an airplane are probably more important than for an apparel company."

Die Operationalisierung der Risiken erfolgt daher durch die Festlegung von Risikogrenzen für ausgewählte Risiken, wie beispielsweise das Risiko überalterter Produkte.

Ein ähnliches Vorgehen ist bei *Unternehmen I* zu betrachten. Hier wird das Supply-Chain-Management von mehreren, unterschiedlichen Zielen geleitet. Somit ist das Supply-Chain-Risikomanagement als ein Teil in einer breiteren Supply-Chain-Strategie zu sehen. Neben Kosteneffizienz ist die Erhöhung der Nachhaltigkeit primäres Ziel des Supply-Chain-Netzwerkdesigns. Die Supply-Chain-Prozesse werden zwar im Allgemeinen so gestaltet, dass sie zur Reduktion von Risiken beitragen. Im Betrieb stehen jedoch die oben genannten Ziele im Vordergrund. Als Folge daraus finden Risiken, welche mit diesen Zielen kongruieren auch Betrachtung; andere, unabhängige Risiken, wie beispielsweise für Lieferunterbrechungen aufgrund von Einzelquellenbeschaffung, werden nur nachrangig berücksichtigt.

Teilnehmer A erkennt die Grenzen des Supply-Chain-Risikomanagements. Diese liegen im Ausgleich zwischen Profitabilität und Stabilität begründet. Das Unternehmen zeigt einen großen Fokus auf effiziente Strategien, welche die Widerstandsfähigkeit der Supply Chain verbessern. Denn, das Unternehmen kommt zu dem Ergebnis, dass:

> „[something] is going to go wrong, so one should not focus too much on modeling the perfect world; but [instead] spend more energy and focus on business continuity planning, i.e. how to mitigate risk when something happens.“

Bei der Modellierung werden insbesondere das Wissen über die existierenden und künftigen Prozesse und deren Vorhersagen als Limitierung gesehen. Daher müssen in einigen Fällen fehlende Risikodetails im Supply-Chain-Netzwerkdesign intuitiv ergänzt werden. Dies ist insbesondere auch auf die hohe Komplexität bei der Vorhersage von Supply-Chain-Risiken zurückzuführen. Daher werden hier diejenigen Strategien im Supply-Chain-Netzwerkdesign favorisiert, welche einen möglichst breiten Bereich an Szenarien abzudecken in der Lage sind:

> „Nobody would have predicted Iceland[1]. Therefore we are focussing on resilience.“

Das Ziel ist es daher nicht jedes einzelne Risiko zu analysieren und zu bewerten, sondern vielmehr die verwundbaren Punkte innerhalb einer Supply Chain zu finden und diese belastbarer zu gestalten. Für den Fall, dass dies nicht möglich ist, werden Notfallprozesse vorgegeben, welche dazu beitragen eine Unterbrechung schnellstmöglich zu überwinden. Während der Betriebsphase einer Supply Chain werden Risiken kontinuierlich überwacht. Beispielsweise werden Ausfallzeiten der Fertigungsstätten bereits bei Unterbrechungen im Minutenbereich protokolliert und in einer zentralen Berichterstattung zusammengefasst. Maßnahmen werden ergriffen, sobald definierte Grenzwerte überschritten werden. Diese können auch dazu führen, dass Anpassungen am Supply-Chain-Netzwerkdesign vorgenommen werden. Risikomanagement wird intern als Wettbewerbsvorteil gesehen und auch extern von den Kunden so

[1]Der Interviewpartner referenziert hiermit auf die den Ausbruch des Vulkans *Eyjafjallajökull* auf Island im Frühjahr des Jahres 2010. In dessen Folge wurde im April 2010 in weiten Teilen Europas für mehrere Tage der Flugverkehr weitgehend eingestellt.

wahrgenommen. Die Einbeziehung von Risiken im Rahmen des Supply-Chain-Netzwerkdesigns wird daher als sehr wichtig angesehen.

> „I definitely see that as a competitive advantage and I want to build on that, [...] I want to be even better and make sure, [that this] competitive advantage becomes a decision criteria for a purchasing director. In the end you get market share through reliability, availability and service."

Zuletzt zeigt *Unternehmen F* die intensivste Auseinandersetzung mit den Supply-Chain-Risiken und arbeitet intensiv an einer Supply-Chain-übergreifenden Optimierung des Supply-Chain-Netzwerkdesigns. Der Teilnehmer hebt besonders hervor, dass es essentiell ist die Supply Chain insgesamt und die Wichtigkeit der einzelnen Teile, wie Materialien und Produkte, teilnehmenden Unternehmen und Verbindungen zu verstehen, um ein sinnvolles Risikomanagement leisten zu können. Damit wird ein sehr umfassender, effizienter Risikomanagementprozess begründet.

> „We are not as far along as doing a multi-echelon optimization of the supply chain, yet, [but] we are at a point now, where I think we are able to start looking at multiple suppliers at the same time."

Die Supply Chain wird als System verstanden. Die Relevanz ihrer Elemente, beispielsweise Rohmaterialien, Endprodukte, andere Unternehmen und deren Verknüpfungen, werden individuell analysiert, um ihre Kritikalität festzustellen und Maßnahmen zur Reduktion von Risiken zu ergreifen. Dies führt zu einem umfassenden und effizienten Prozess für die Risikoidentifikation.

4.4.3 Risikoanalyse und -bewertung

Nach der Identifikation der Risiken werden diese einer weiteren Analyse beziehungsweise Bewertung zugeführt. Hierbei nutzen manche Unternehmen rein qualitative Techniken, andere Unternehmen basieren ihre Bewertung auf den Ergebnissen quantitativer Modelle.

Einige Unternehmen verwenden in der Hauptsache qualitative Methoden zur Risikoanalyse (B, E, H). Insgesamt zeigt sich, dass diese Unternehmen mit einer genauen, quantitativen Abschätzung von Risiken eher zurückhalten sind. Die Ungewissheit und die damit einhergehenden Abschätzungsspielräume werden als zu gravierend angesehen.

Jedoch weisen diejenige Unternehmen, welche auf ausgefeiltere Methoden zur Risikoidentifikation zurückgreifen, ebenfalls ein umfangreicheres Repertoire an Methoden und Prozessen zur Bewertung der Risiken auf. Die Risikobewertung wurde mit einer Auswahl von Unternehmen vertieft, die Ergebnisse dieser Gespräche werden hier zusammengefasst.

Teilnehmer A bewertet Risiken in Bezug auf die drei Leistungsmaße Umlaufvermögen, Service und Kosten im Rahmen einer umfangreichen Modellierungen. Die Grenzen dieser Bewertung werden jedoch bei denjenigen Risiken gesehen, für welche keine ausreichende Informationsbasis vorliegt. In dieser Situation muss auf intuitive Bewertungen der Risiken zurückgegriffen werden.

Unternehmen C forciert einen fokussierten Ansatz. Lediglich für sehr spezifische Risiken werden Risikowerte bestimmt. Als Beispiel kann hier das Risiko der Überalterung von Produkten (Obsolesence) genannt werden.

Teilnehmer D bewertet Risiken unter Rückgriff auf unterschiedliche Szenarien. Entsprechend den Anforderungen der jeweiligen Kundenbranche werden für die Bewertung transportspezifische Leistungsmaße verwendet.

Teilnehmer E verwendet zur Bewertung von Risiken kein quantitatives Modell. Das Supply-Chain-Risikomanagement zeigt sich im Allgemeinen sehr reaktiv, wobei große, unwahrscheinliche Risiken häufig akzeptiert und dementsprechend keine weiteren Maßnahmen zur Reduktion getroffen werden. Bei strategischen Entscheidungen finden dennoch quantitative und qualitative Bewertungen der folgenden Faktoren statt: Einsparungen, ökologische Aspekte, Vorteile für die Effizienz der Supply Chain. Gegen eine quantitative Bewertung spricht, neben der oft aufwändigen Abschätzung auch, dass die eigentliche Bewertung häufig sehr subjektiven Einflüssen unterliegt und demnach die Sinnhaftigkeit der genauen quantitativen Einschätzung in Frage gestellt werden muss.

Bei *Unternehmen F* ist die Bewertung der Risiken in der Abteilung Einkauf angesiedelt und entsprechend der Produktkategorien geordnet. Eine umfassende Analyse der Endprodukte und der damit verbundenen Supply Chain und ihrer Risiken bildet die Grundlage dieser Risikoanalyse auf Lieferantenseite. Der Fokus wird dabei nicht auf Basis finanzieller Kenngrößen festgelegt, sondern aufgrund der Verfügbarkeit und Ersetzbarkeit der Rohmaterialien. Soweit es möglich ist wird eine Quantifizierung der Risiken angestrebt, jedoch werden auch die Grenzen der Plan- und Vorhersagbarkeit erkannt und daher manche Risiken lediglich qualitativ in die Planung einbezogen.

4.4.4 Risiken vor- und nachgelagerter Stufen

Der Betrachtungsrahmen der Supply Chain inkludiert jedoch insbesondere auch diejenigen Unternehmen oder Kunden, welche nicht in direkter Verbindung mit dem fokalen Unternehmen stehen. Daher wurden die Unternehmen auch danach befragt, inwiefern sie Risiken, welche ihre Quelle in den vor- oder nachgelagerten Stufen haben, in die Analyse mit einbeziehen. Diese Frage zielt damit auf die Kunden der direkten Kunden beziehungsweise die Lieferanten der direkten Lieferanten ab. Der vorherige Abschnitt ist auf die Risikoanalyse und den damit einhergehenden Schwierigkeiten in der Praxis eingegangen. Die dort angesprochenen Hindernisse treffen speziell auch auf die Risiken der nachgelagerten Stufen zu, da die Entfernung, räumlich, prozessual sowie informationell, in der Regel deutlich größer ist (vgl. Faisal u. a. 2007b, S. 591 ff.). Es zeigt sich jedoch, dass keines der Unternehmen ein umfassendes Supply-Chain-bezogenes Risikoverständnis umsetzt. Ein großer Anteil der befragten Unternehmen identifiziert, analysiert und bewertet die Risiken nachgelagerter Stufen nicht (B, D, G).

Unternehmen C, welches insgesamt mehr Zeit in die Risikoidentifikation investiert, zeigt, dass ihnen diese Risiken bewusst sind. Es werden jedoch keine Schritte unternommen, um deren Auswirkungen zu reduzieren.

Eine weitere Gruppe von Unternehmen bezieht die Risiken beispielsweise in die Vertragsgestaltung mit den Lieferanten mit ein (E, H, I). Hierzu werden Vorgaben gemacht, welche den Lieferanten verpflichten eine eigene Risikoanalyse durchzuführen und große Risiken zu melden oder zu minimieren. Beispielsweise hat *Unternehmen I* zu diesem Zweck spezifische Qualitätsstandards etabliert, welche von den direkten Lieferanten bei ihren Lieferanten sichergestellt werden müssen, um eine konstante Produktqualität gewährleisten zu können.

Auf der nächsten Ebene zeigen die Unternehmen (A, F) ein größeres Verständnis für diese Risiken. *Unternehmen A* bezieht diese Risiken in die Planungsmodelle mit ein, aggregiert sie jedoch bei den direkt verbundenen Unternehmen. Zuletzt zeigt das *Unternehmen F* den umfassendsten Ansatz für die Identifikation und Weiterverarbeitung von Risiken der nachgelagerten Stufen. Für strategisch wichtige Rohmaterialien wird eine Priorisierung auch dieser Risiken vorgenommen und für ausgewählte Risiken Strategien zur Reduktion entwickelt.

4.4.5 Strategien zur Risikoreduktion

Insgesamt wurden von den Teilnehmern 80 aktuell verwendete Strategien zur Risikoreduktion in der Supply Chain genannt. Diese lassen sich anhand der zugrundeliegenden Entscheidungsvariablen in sieben Reduktionsansätzen einordnen und werden in Tabelle 4.4 zusammengefasst aufgeführt. Die meisten genannten Strategien fallen in die Gruppe der *Prozessreduktion*. Hierin werden zum einen die Planung und Umsetzung von Notfallprozessen (Kontingenzplanung) gefasst, zum anderen auch Flexibilitätsverbesserungen in existierenden Prozessen. In diese Richtung gehen auch Strategien, welche zur Verbesserung der Bereitstellung und Verteilung von *Informationen* führen. Des Weiteren wurden *Lokationsveränderungen* als Strategie zur Risikoreduktion genannt. Hierunter fallen alle Strategien, welche die räumliche Struktur der Elemente der Supply Chain ändern. Beispielsweise können die Verlagerung der eigenen Produktion hin zum Kunden oder der Austausch von Lieferanten zur Vermeidung der Auswirkungen regionaler Naturkatastrophen, zur Reduktion von Risiken beitragen. Außerdem kann auch eine *Anpassung der existierenden Leistungsfähigkeit* durchgeführt werden. Auch hiervon können, ausgehend vom fokalen Unternehmen, alle Elemente der Supply Chain betroffen sein. Zusätzlich ist es möglich, durch den Einsatz von redundanten Elementen Risiken zu verringern. So können einerseits für die Supply-Chain-Elemente *Ersatz-(Backup)*-Elemente existieren, andererseits wurden auch für die Produkte Redundanzen in Form zusätzlicher *Lagerhaltung* angeführt. Zuletzt wurde die *Akzeptanz* eines erkannten Risikos als Nullstrategie in einigen Fällen genannt. Die Zahl der Nennungen kann hier nicht als aussagekräftig angesehen werden, da diese Nullstrategie nicht in allen Interviews Teil der Abfrage gewesen ist.

Im nächsten Schritt wurden entsprechend der Forschungsfrage 2a die Einflussfaktoren auf die Wahl der Strategien untersucht. Hierzu wurde eine Gruppierung der Unternehmen und der Risiken vorgenommen. Unternehmen wurden anhand ihrer Aktivität (siehe oben) in aktiv und reaktiv, anhand der durchschnittlichen Produktmarge, der Supply-Chain-Komplexität und der Größe (gemessen an der Zahl der Mitarbeiter) unterteilt. Die fokussierten Risiken wurden anhand ihrer Frequenz und ihres Ausmaßes in Unterbrechungen und stetige Risiken aufgeteilt. Als weiteres Unterscheidungskriterium der Risiken wurden die Risikoquellen herangezogen. Die Strategien wurden anhand ihrer Wirkungsorte aufgeteilt. Bezüglich der Produktmargen, der Supply-Chain-Komplexität und der Unternehmensgröße konnten keine Tendenzen bei der Anwendung bestimmter Strategien festgestellt werden, daher werden im Folgenden die Ergebnisse für die verbleibenden Faktoren dargestellt. Tabelle 4.5 gibt eine Übersicht über die Einflussfaktoren.

Die Auswertung hinsichtlich der Risikoart (Abbildung 4.4) zeigt, dass in der Praxis stetige Risiken vermehrt mit Lagerhaltungsstrategien verringert werden. Demgegenüber wird für die Reduktion von Unterbrechungen auf Strategien wie Lokationsänderungen und im Fall von Risiken im Lieferantenbereich auf redundante Zulieferbeziehungen zurückgegriffen. Es wurden insgesamt weni-

Tabelle 4.4: Supply-Chain-Risikoreduktionsansätze

Bezeichnung	Beschreibung	Beispiel	Nennungen [Zahl]
Prozess	Durchführung von Prozessanpassungen	Kontingenzplanung oder Verbesserung der Flexibilität der Prozesse	22
Lokation	Veränderung der Lokation von Standorten der Lieferkettenelemente	Verlagerung der Produktion in die Nähe des Kunden	16
Information	Verbesserung der Informationslage, im eigenen Unternehmen oder bei Supply-Chain-Partnern	Verbesserung der Informationstechnologie oder Durchführung von Audits bei Lieferanten	13
Lagerhaltung	Anpassung der Größe der Läger	Lagerhaltung zur Entkopplung von Produktion und Distribution	10
Leistungsfähigkeit	Leistungsveränderungen	Aufbau von Kapazität und Fähigkeiten für einen spezifischen Produktionsprozess	9
Backup	Etablierung von Rückfallalternativen für Produkte, Lieferanten, Verbindungsstrecken und Prozessierungseinheiten	Etablierung von Backup Logistikdienstleistern	7
Akzeptanz	Risiken werden akzeptiert	Akzeptanz der Risiken, welche aus hoch unwahrscheinlichen Unterbrechungen bestehen	3

Tabelle 4.5: Einflussfaktoren für die Wahl unterschiedlicher Reduktionsansätze

Art	Kategorie	Ausprägungen (Strategien pro Kategorie [Zahl])
Risiken	Risikoart	Unterbrechung (42), stetig (14), keine Zuordnung (24)
Risiken	Risikoquelle	Lieferant (14), Nachfrage (8), Steuerung (14), Prozesse (33), Umwelt (11)
Unternehmen	Aktivität	Aktive Ansätze (37), reaktive Ansätze (43)
Strategie	Wirkungsort	Transport (8), Lieferant (16), Intern (38), Distribution (18)

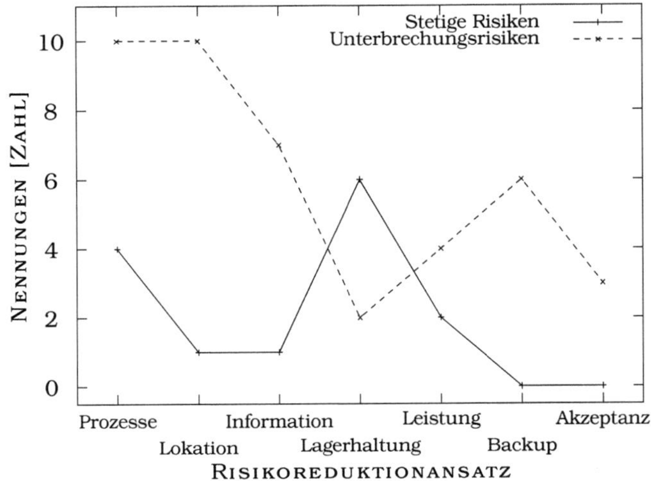

Abbildung 4.4: Risikoreduktion in Abhängigkeit der Risikoart

ger Strategien zur Minderung stetiger Risiken genannt, dies ist jedoch nicht auffällig, da der Fokus der Befragung verstärkt auf den Unterbrechungsrisiken lag. Die Verteilung der Strategien, welche bei Unterbrechungen angewandt werden unterscheiden sich in Abhängigkeit von den zugrunde liegenden Risiken. Bei stetigen Risiken liegt der Fokus auf Lagerhaltung (42 % der Nennungen), gefolgt von Prozessverbesserungen (28 %) und Anpassungen der Leistungsfähigkeit (14 %). Unterbrechungen werden durch Anpassung der Lokation (24 %), Prozessverbesserungen (24 %) und Informationsstrategien (17 %) bekämpft.

Die Unternehmen wurden zusätzlich unterteilt in diejenigen mit aktivem und diejenigen mit passivem Supply-Chain-Risikomanagement. Hier zeigt sich, dass Unternehmen mit eher reaktivem Supply-Chain-Risikomanagement vermehrt auf Strategien wie Prozessanpassungen und Verbesserungen des Informationsflusses setzen, wohingegen Unternehmen mit aktivem Supply-Chain-Risikomanagement eher auch eine Veränderung von Standorten in Betracht ziehen (Abbildung 4.5).

In Abhängigkeit von der Risikoquelle zeigt sich, dass die Unternehmen die Ansätze zur Risikoreduktion differenzieren (Tabelle 4.6). Risiken, welche der Versorgungsseite des fokalen Unternehmens entspringen, werden in der Hauptsache mittels Risikoreduktionsansätzen in Form von Backup, Prozess- und Informationsverbesserungen reduziert. Auch für Nachfragerisiken werden Prozessre-

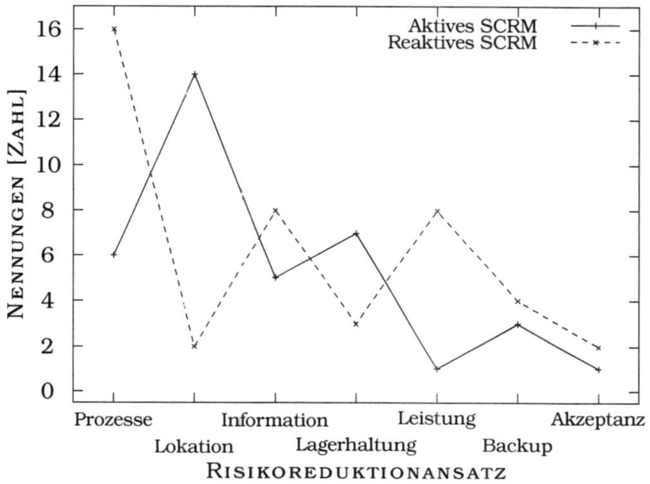

Abbildung 4.5: Risikoreduktion in Abhängigkeit des Aktivitätsgrades

Tabelle 4.6: Supply-Chain-Risikoreduktion und Risikoquelle

	Risikoquelle					
Reduktionsansatz	Lieferant	Nachfrage	Steuerung	Prozesse	Umwelt	Summe
Prozess	3	3	1	12	3	22
Information	3	0	5	4	1	13
Leistung	1	1	1	6	0	9
Backup	4	0	0	3	0	7
Lokation	1	2	3	5	5	16
Lagerhaltung	2	2	4	2	0	10
Akzeptanz	0	0	0	1	2	3
Summe	14	8	14	33	11	80

Tabelle 4.7: Supply-Chain-Risikoreduktion und Strategiewirkungsorte

	Strategiewirkungsort				
Reduktionsansatz	Transport	Versorgung	Intern	Distribution	Summe
Prozess	3	1	14	4	22
Information	0	6	6	1	13
Leistung	1	2	3	3	9
Backup	1	5	0	1	7
Lokation	3	0	7	6	16
Lagerhaltung	0	2	5	3	10
Akzeptanz	0	0	3	0	3
Summe	8	16	38	18	80

Tabelle 4.8: Strategiewirkungsort und Risikoquelle

	Risikoquelle					
Wirkungsort	Versorgung	Nachfrage	Steuerung	Prozesse	Umwelt	Summe
Transport	0	0	0	6	2	8
Lieferant	10	1	3	2	0	16
Intern	4	2	8	16	8	38
Distribution	0	5	3	9	1	18
Summe	14	8	14	33	11	80

duktionen verwendet. Für unternehmensinterne Risiken, welche die Steuerung und Prozesse betreffen, werden insbesondere Prozess- und Informationsstrategien sowie Kapazitätsanpassungen und Lagerhaltungsstrategien verwendet. Umweltrisiken werden in der Hauptsache mit Lokationsänderungen begegnet.

Als Nächstes soll analysiert werden, in welchen Bereichen der Supply Chain (Wirkungsorte) die sieben Strategien eingesetzt werden. Tabelle 4.7 fasst die Ergebnisse zusammen. Es zeigt sich, dass die meisten Strategien intern ausgerichtet sind (38). Im Bereich der Lieferanten als Wirkungsort werden vor allem Backupstrategien zur Risikoreduktion eingesetzt. Bezüglich des Transport werden vor allem Anpassungen der Lokation und der transportbedingten Prozesse eingesetzt.

Tabelle 4.8 stellt den Wirkungsort der Strategien und die Risikoquellen direkt gegenüber. Es zeigt sich, dass die Risiken im Allgemeinen direkt an der Quelle behoben werden. Jedoch sind auch Ausnahmen zu beobachten: Einige Risiken im Bereich der Versorgung werden durch interne Reduktionsansätze reduziert (28 %). Ebenso werden Risiken aus der Umwelt in der Hauptsache intern reduziert (73 %).

In einer übergreifenden Analyse zeigt sich, dass ein großer Anteil der Unsicherheiten mittels reaktiver Strategien abgedeckt wird. Zudem verwenden diejenigen Unternehmen, die ein aktives Supply-Chain-Risikomanagement betreiben, auch mehr Strategien, welche sich auf Unterbrechungen beziehen. Eine Kombination der Analyse der Wirkungsorte und der Risikoarten zeigt, dass Backupstrategien vor allem als Maßnahme gegen Unterbrechungen im Lieferantenbereich angewandt werden.

4.4.6 Diskussion der Ergebnisse

Ziel der explorativen Experteninterviews war es, Einsichten in die Umsetzung von Supply-Chain-Risikomanagementmaßnahmen im Bereich des Supply-Chain-Netzwerkdesigns zu erhalten. Aufgrund der begrenzten Zahl an Interviewteilnehmern können die Ergebnisse nicht als repräsentativ angesehen werden, sondern sind als gedanklicher Anstoß für die weitere Forschung und Theoriebildung zu interpretieren.

Zunächst ist festzuhalten, dass das Ziel einer breiten Streuung der Ergebnisse erreicht werden konnte. Die Unternehmen weisen große Unterschiede hinsichtlich aller Teilbereiche des Supply-Chain-Risikomanagements auf. Weder bei der Risikoidentifikation, noch bei der -bewertung oder der Implementierung strategischer Ansätze zur Risikoreduktion weisen alle Unternehmen Gemeinsamkeiten auf. Damit konnte eine große Bandbreite unterschiedlicher Impulse für die weitere Forschung gewonnen werden.[2] Einige Unternehmen zeigen einen hohen Aktivitätsgrad und richten, oft aufgrund negativer Erfahrungen in der Vergangenheit, einen besonderen Fokus auf die Verminderung künftiger Risiken. Andere Unternehmen nehmen aus unterschiedlichen, internen und externen Gründen eine eher passive Rolle ein.

Dennoch zeichnen sich auch Gemeinsamkeiten hinsichtlich des Risikoverständnisses und der Einflussfaktoren des Strategieeinsatzes ab. Ein gemeinsamer Nenner hinsichtlich der Risikoidentifikation sind Aussagen, welche auf die Nichterfassbarkeit aller denkbaren Risiken hindeuten. Die Analyse zeigt, dass hierbei sowohl bewusste Auslassungen, wie beispielsweise die fehlende Erfassung von Risiken aus vor- und nachgelagerten Stufen sowie mehr oder weniger unbewusste Auslassungen, bedingt durch eine übermäßige Kostenorientierung, bei der Bewertung von Risiken gemacht werden.

[2]Eine Zusammenfassung und Ausblick finden sich auch in: KERSTEN U. STENGEL 2011.

Die Interviews bestätigen, dass sogar diejenigen Unternehmen, welche als aktiv eingestuft worden sind, ihre Aufmerksamkeit hauptsächlich auf die Risikoreduktion auf der Lieferantenseite legen. Auf der Nachfrageseite zeigt sich sowohl die Risikoidentifikation als auch die Strategieumsetzung unterentwickelt und wurde von keinem der Interviewpartner auch auf Rückfrage erwähnt.

Es zeigt sich auch, dass ein größerer Fokus auf der Reduktion von klassischen Unternehmensrisiken liegt und Risiken, welche über das Unternehmen selbst hinaus gehen, nur eingeschränkt Betrachtung finden. So könnte auch die geringe Aufmerksamkeit der Unternehmen für Supply-Chain-Risiken erklärt werden.

Die Unternehmen konstatieren auch, dass nicht alle Aspekte der Supply Chain, einschließlich der Risiken, in systematischer Form modellierbar sind und sich daher Abstraktionen als notwendig erweisen. Dies ist wird insbesondere auch mit den großen Unsicherheiten und der Komplexität des Supply-Chain-Kontexts sowie nur eingeschränkt vorhandener Ressourcen begründet. Zusätzliche Risiken, die durch die Entscheidungsfindung auf Basis zu stark abstrahierter Modelle entstehen, werden in keinem Fall berücksichtigt. Einzelne Unternehmen reduzieren die Unsicherheiten und Flut möglicher Risiken durch Anstrengungen zur fokussierten Erfassung von Risiken, mit dem Ziel diese priorisiert bearbeiten zu können. Die befragten Unternehmen ziehen daher übereinstimmend den Schluss, dass Risikoreduktionsstrategien einen hohen Robustheitsgrad aufweisen sollten, um so gegen eine größere Zahl von Risiken gleichzeitig wirken zu können.

Die Risikoreduktionsansätze, welche in Tabelle 4.4 anhand der Entscheidungsvariablen gruppiert worden sind, lassen sich weiterhin wie folgt zusammenfassen: Die Reduktionsansätze in Form von Prozess- und Informationsverbesserungen, der Optimierung der Leistungsfähigkeiten, der Anpassung der Standorte und der Hinzufügung von Ersatzelementen innerhalb der Supply Chain, führen i. w. S. zu einer Anpassung von Kapazitäten innerhalb der Supply Chain. Diese werden daher für die folgenden Kapitel unter dem Oberbegriff der *Kapazität* zusammengefasst. Zusätzlich lassen sich davon diejenigen Reduktionsansätze unterscheiden, welche darauf abzielen, die *Lagerhaltung* zu verbessern.

Der Einsatz der jeweiligen Strategien ist von einer Vielzahl von Faktoren abhängig. In der Auswertung der Befragung zeigen insbesondere die Risikoart (Unterbrechung oder stetiges Risiko), die Risikoquelle, der Strategiewirkungsort und der Aktivitätsgrad im Supply-Chain-Risikomanagement des jeweiligen Unternehmens einen Einfluss.

5

Simulation als Forschungsmethode

Als dritte methodische Säule wird der Hauptteil der Arbeit in zwei getrennten Kapiteln dargestellt. In diesem Kapitel erfolgt die Darstellung der Simulation als Forschungsmethode. Hierzu wird zunächst in den ersten beiden Abschnitten ein Einblick in quantitative Forschungsmethoden gegeben, um dann im dritten Abschnitt unterschiedliche Simulationsansätze zu diskutieren.

Es zeigt sich, dass die agentenbasierte Simulation eine adäquate Abbildung der strukturellen und kommunikativen Eigenschaften einer Supply Chain erlaubt. Diese Methode wird daher für diese Arbeit ausgewählt und im dritten Abschnitt näher erläutert.

Die Ausführungen dieses Kapitels stellen die methodischen Grundlagen für die im nächsten Kapitel folgende Erläuterung des Simulationsmodells, der -durchführung und Präsentation der Ergebnisse zur Verfügung.

5.1 Quantitative Forschung und Modellierung

5.1.1 Zielvorgabe

Hintergrund für die Nutzung einer weiteren Methode ist das Konzept der methodischen Triangulation. Dieses sieht die Nutzung unterschiedlicher methodischer

Ansätze vor, um eine höhere Akzeptanz der Gesamtergebnisse zu erreichen (vgl. Fawcett u. a. 2008, S. 41).

Für diese Arbeit ist daher vorgesehen, zur Ergänzung und Erweiterung der Ergebnisse der qualitativen Experteninterviews (Kapitel 4.1) und der Literaturrecherchen, eine quantitative Analyse dagegenzustellen, um damit die Objektivität, Verlässlichkeit und Validität (vgl. Eisenhardt 1989, S. 533) der Gesamtarbeit weiter zu erhöhen.

Neben diesen methodischen Zielen stehen dabei insbesondere die Beantwortung der Forschungsfragen 2 und 3 (siehe Kapitel 1.3, Seite 3) im Fokus. Diese stellen weitere Anforderungen an die quantitative Forschungsmethode: Um den vielseitigen Anforderungen des Supply-Chain-Managements und insbesondere des Supply-Chain-Netzwerkdesigns gerecht werden zu können, erscheint ein flexibler Modellierungsansatz notwendig. Entsprechend den Anforderungen des Supply-Chain-Netzwerkdesigns, soll gleichzeitig eine breite Abdeckung der notwendigen, anpassbaren Parameter ermöglicht werden. Des Weiteren ist es notwendig, dass die gewählte Forschungsmethode, wie in den Forschungsfragen gefordert, eine Bewertung und Vergleich unterschiedlicher Ergebnisse zulässt, um so die gewünschte Entscheidungsorientierung zu erreichen.

5.1.2 Konzeptualisierung

Quantitative Methoden finden in allen betriebswirtschaftlichen Forschungsrichtungen Anwendung. Innerhalb der Betriebswirtschaftslehre fokussiert der Forschungsbereich des Operations Research, welcher in der Zeit um den Zweiten Weltkrieg entstand, insbesondere auf die Anwendung dieser Methoden. Erste Ansätze quantitativer Entscheidungsunterstützung für Unternehmen wurden jedoch bereits davor eingesetzt. Ein Beispiel hierfür ist die Preissetzung eines Monopolisten nach Antoine Augustin Cournot (1801 - 1877).

Abstrahierte Modelle bilden die Grundlage einer quantitativ ausgerichteten Forschung. Homburg (2000, S. 31) fasst das Modell „als ein System auf, das einem Originalsystem zugeordnet ist und zu diesem in einer gewissen Ähnlichkeitsbeziehung steht". Hierin bezeichnet das System „in diesem Zusammenhang eine Gesamtheit von Elementen, deren Beziehungen untereinander durch eine Menge von Relationen" beschrieben werden kann. Modelle stellen demnach ein vereinfachtes Abbild eines originären Systems dar (vgl. Domschke u. Drexl 2004, S. 3) und müssen zwei gegensätzlichen Anforderungen gerecht werden: Zum einen soll die Problemlösung durch die Abbildung ermöglicht beziehungsweise vereinfacht werden. Zum anderen müssen in der Modellierung alle relevanten

Anteile mit einbezogen werden, um eine Rückübertragbarkeit der Ergebnisse auf das Ursprungssystem gewährleisten zu können (vgl. ADAM 1996, S. 60 ff.; BAMBERG U. A. 2008, S. 13 ff.; BERENS U. A. 2004; HOMBURG 2000, S. 30 ff.). Eine zu umfangreiche Abstraktionen birgt demnach Schwächen. Bereits früh wurden daher die inhärenten Beschränkungen mathematischer Modelle erkannt und diskutiert (vgl. KOSIOL 1964 und HOMBURG 2000, S. 45). Auf diese Punkte wird im Folgenden daher nicht weiter eingegangen.

5.1.3 Kategorisierung

Nach FREIWALD (2005, S. 33) können die folgenden Kriterien dazu dienen unterschiedliche Modellarten voneinander abzugrenzen. Die Kategorisierung kann zunächst entsprechend des *Einsatzzweckes* erfolgen (vgl. MARKS 2007, S. 271 ff.). Im betriebswirtschaftlichen Kontext werden Modelle zur Beschreibung beziehungsweise Erklärung sowie zur Prognose getrennt gesehen. Als ein Beispiel für ein *Beschreibungsmodell* kann das betriebswirtschaftliche Rechnungswesen genannt werden, welches die tatsächliche finanzielle Situation in einem Unternehmen beschreibt (vgl. DOMSCHKE U. DREXL 2004, S. 3). *Erklärungsmodelle* können Aufschluss über die Auswirkungen von Entscheidungen geben. Ziel betriebswirtschaftlicher Modellierung ist außerdem häufig die Nutzung zur Entscheidungsunterstützung, hierfür werden *Entscheidungsmodelle* verwendet (vgl. BAMBERG U. A. 2008, S. 15; BERENS U. A. 2004, S. 25).

Weiterhin können Modelle entsprechend der *Art der verarbeiteten Informationen* in quantitative und qualitative Modelle unterschieden werden (vgl. ADAM 1996).

Anhand des *Zeitbezugs* können Modelle in statische und dynamische Modelle eingeteilt werden (vgl. DOMSCHKE U. SCHOLL 2008; HOMBURG 2000, S. 33)

Der *Informationsgrad* eines Modells bezieht sich darauf, inwiefern das Modell auf deterministischen oder stochastischen Informationen beruht. Sofern mindestens ein Parameter als Zufallsvariable modelliert ist, spricht man von einem stochastischen Modell (vgl. DOMSCHKE U. DREXL 2004, S. 6).

HOMBURG (2000) unterscheidet weiterhin die *Materialisation* des Modells. Modelle können demnach reale, physische Objekte sein oder ideell, das heißt nur in einer abstrakten Form, wie zum Beispiel einem Konzeptpapier oder einem Computerprogramm vorliegen.

Des Weiteren wird die *Symbolisierung* differenziert. Modelle können in diesem Zusammenhang verbal kommuniziert werden oder in einer mathematisch-logischen Form vorliegen.

Außerdem ist der *Abbildungsumfang* zu unterscheiden, welcher total oder partiell sein kann.

Entsprechend der gewählten Forschungsfragen stehen Entscheidungsmodelle in dieser Arbeit im Vordergrund. Das Modell bildet die Grundlage für die Entscheidungsfindung.

Für einen Überblick über die Forschung zu Supply-Chain-Modellen im Rahmen mathematischer Optimierungen sei auf SHEN (2007) für Supply-Chain-Netzwerkdesignmodelle und VIDAL u. GOETSCHALCKX (1997) zu strategischen Produktions- und Distributionsmodellen verwiesen. Simulationsmodelle werden in Kapitel 5.3 betrachtet.

5.1.4 Entscheidungsmodelle

Die folgenden Komponenten können als Bestandteile von Entscheidungsmodellen ausgemacht werden (vgl. EISENFÜHR u. WEBER 2003, S. 16 ff.):

- *Handlungsalternativen* stellen den Handlungsraum dar, aus welchem der Entscheider wählen kann. Diese werden im Modell durch die vorhandenen, freien Entscheidungsvariablen abgebildet.
- *Umwelteinflüsse* können vom Entscheider nicht oder nicht direkt beeinflusst werden, haben jedoch Auswirkungen auf das Ergebnis.
- *Konsequenzen* resultieren aus der gewählten Handlungsalternative und den tatsächlich eintretenden Umwelteinflüssen, gegebenenfalls muss die Konsequenz aus diesen Variablen in einem Wirkungsmodell errechnet werden.
- *Ziele und Präferenzen* stellen die Grundlage für die Bewertung der Konsequenzen dar.

Die Handlungsalternativen werden im Modell durch die zur Verfügung stehenden Entscheidungsvariablen festgelegt. In Abhängigkeit des gewählten Modells können die Handlungsalternativen beliebigen Parameterkombinationen entsprechen. Je nachdem über welche Handlungsalternativen in einem Modell entschieden wird, kann das Modell als strategisch, taktisch oder operativ bezeichnet werden (vgl. SCHMIDT u. WILHELM 2000, S. 1504 ff.).

Die Umwelteinflüsse haben Auswirkungen auf die Ergebnisse des Modells. Im Gegensatz zu den Handlungsalternativen können diese jedoch nicht oder nicht direkt vom Entscheider manipuliert werden. Daher stellt die Konfiguration der Entscheidungsvariable auch immer eine Reaktion auf die zu erwartenden Ausprägungen der Umwelteinflüsse dar. In Abhängigkeit des Modelltyps können die Umwelteinflüsse deterministisch oder stochastisch modelliert sein.

In der Summe führen die Umwelteinflüsse und die gewählte Handlungsalternative zu bestimmten Konsequenzen. Auch diese können wiederum deterministischer oder stochastischer Natur sein. Eine Messung der Konsequenzen erfolgt durch ein geeignetes Maß und wird vorab im Modellierungsprozess festgelegt.

Zuletzt müssen auch die Ziele und Präferenzen des Entscheiders modelliert werden. In mathematischen Modellen erfolgt dies in der Regel durch die Festsetzung einer Zielfunktion.

5.2 Quantitative Analysemethoden

5.2.1 Konzeptualisierung

Eine quantitative Analysemethode baut auf einem dazugehörigen mathematischen Modell auf. Sie dient der Analyse, Lösung und Optimierung des zugrundeliegenden Modells. Ein Modell ist somit gemeinsam mit der anzuwendenden Analysemethode zu sehen und die Formulierung des Modells, in Form von Eigenschaften und Parametern, schränkt die möglichen Lösungsverfahren bereits ein. Für die Lösung von mathematischen Modellen stehen insbesondere Optimierungsverfahren zur Verfügung. Zur Lösung von linearen Programmen findet beispielsweise das Simplex-Verfahren Anwendung (vgl. DANTZIG 1963). Können jedoch die für diesen Algorithmus notwendigen Bedingungen vom Modell nicht erfüllt werden, ist die Entwicklung alternativer Heuristiken zur optimalen oder näherungsweisen Lösung notwendig.

Auch im Rahmen des Supply-Chain-Managements werden angepasste, quantitative Methoden angewandt. Für Supply-Chain-Modelle wurde aus diesem Grund eine Vielzahl von Heuristiken entwickelt. Als Beispiele können die Arbeiten von SULE (1981), NAKATSU (2005), SILVA U. CUNHA (2009) oder PAN U. NAGI (2010) genannt werden.

Nach TUNCEL U. ALPAN (2010, S. 250) fällt die Mehrzahl, der in der Supply-Chain-Forschung angewandten, quantitativen Methoden in die Kategorien der diskreten Simulation und mathematischen Programmierung. Mathematische Optimierungsverfahren stellen hohe Anforderungen an das zu Grunde liegende Modell und schränken damit den Gestaltungsspielraum stark ein. Hauptelemente des Modells stellen die Zielfunktion und Nebenbedingungen, welche auch Nichtnegativitätsbedingungen enthalten, dar (vgl. DOMSCHKE U. DREXL 2004,

S. 13). Lineare Optimierung setzt voraus, dass Zielfunktion sowie Nebenbedingungen nur lineare Zusammenhänge enthalten. Für realistische Modelle ist dies jedoch häufig nicht der Fall. Nicht-lineare Optimierung erweist sich als deutlich komplexer und auch hier müssen neue Ansätze gesucht werden, für den Fall, dass Parameter stochastischer Natur sind.

Die Simulation stellt eine alternative Methode für die Analyse von Zusammenhängen in Modellen dar. In der Simulation werden die Abläufe so modelliert, dass eine zeitliche Abfolge der Ereignisse ausgeführt beziehungsweise simuliert werden kann. Somit sind auch hier, beschreibende und erklärende Modelle sowie Modelle zur Entscheidungsunterstützung möglich.

Nach Domschke u. Drexl (2004, S. 223) und Defee u. a. (2009, S. 72 f.) ist die Anwendung der Simulation insbesondere dann vorteilhaft, wenn

- eine vollständige mathematische Modellierung des Systems nicht möglich ist,
- andere Methoden zu einer übermäßig verfälschenden Vereinfachung des Modells führen,
- die Implementierung anderer Methoden zu kompliziert ist,
- eine umfassende Steuerung der externen Umwelteinflüsse notwendig ist,
- eine präzise Abbildung des Systems notwendig ist oder
- eine Experimentdurchführung am realen System zu kostspielig oder unsicher wäre.

Simulationsmodelle werden in der Forschung insbesondere auch als Entscheidungsmodelle (beispielsweise Bhaskaran 1998; Fleisch u. Tellkamp 2005; Higuchi u. Troutt 2004) verwendet, um Handlungsempfehlungen zu generieren. Da jedoch auch bei der Simulation, außer bei trivialen Problemen keine Sicherstellung der Optimalität möglich ist, werden diese von einigen Autoren als Entscheidungsmodelle i. w. S. bezeichnet (beispielsweise Domschke u. Scholl 2008, S. 31). Zudem werden auch Erklärungs- und Beschreibungsmodelle in Form von Simulationen umgesetzt (beispielsweise Towill u. a. 1992).

5.2.2 Methodenauswahl

Die vorgestellten Methoden zeigen individuelle Vor- und Nachteile, dementsprechend muss der Problemkontext für eine Entscheidungsfindung mit in Betracht gezogen werden, um zu einer adäquaten, quantitativen Forschungsmethode zu gelangen. Die folgenden Kriterien wurden zur Bewertung der Alternativen angewandt:

- Abbildbarkeit von *Unsicherheiten*
- *Flexibilität* zur leichten Veränderung von Modellparametern und Einstellungen
- *Lösungsgeschwindigkeit* bis zur Berechnung der Ergebnisse
- Möglichkeit der *Lösung zur Optimalität*
- *Weitere Anforderungen*, welche für die Entscheidung ausschlaggebend sein können

Tabelle 5.1 stellt die quantitativen Ansätze der Simulation und lineare Optimierung gegenüber.

Tabelle 5.1: Abwägung quantitativer Methoden

	Methode	
Kriterium	Mathematische Programmierung	Simulation
Unsicherheiten	Integration mittels komplizierter Lösungsmethoden zum Teil möglich	Abbildung jeder Unsicherheit und von Kombinationen möglich
Flexibilität	Anpassungen am Supply-Chain-Netzwerk können die Neuentwicklung des Modells notwendig machen	Anpassungen leicht möglich
Lösungsgeschwindigkeit	Bei gegebenen Lösungsmethoden schnell zur Optimalität oder guter Näherung lösbar	Hoher Zeitaufwand für die Optimierung
Lösung zur Optimalität	Für einfache Modelle häufig möglich	In der Regel nicht oder nur unter hohem Zeitaufwand möglich
Weitere Anforderungen	Modellierung und Lösung erfordern spezielle Kenntnisse	Modellierung und Lösung in Abhängigkeit der verwendeten Software intuitiv möglich

Die Integration von Risiken in mathematische Modelle stellt zusätzliche Anforderungen an die Modellierung und Lösung des Problems. Ein möglicher Ansatz zur Integration von Risiken im Supply-Chain-Kontext stellt daher die Simulation dar (LEVY (1994); WILSON (2007)).

Aufgrund der Flexibilität von Simulationsprogrammen wurde die Simulation bereits in den siebziger Jahren als die vielseitigste quantitative Methode bezeichnet (vgl. SOLOMON 1977, S. 15). Dagegen argumentiert SODHI U. TANG (2009b, S. 737), dass die Simulation im Vergleich zu einem dynamisch stochastischen Optimierungsprogramm zwar sehr simplistisch erscheint. Im selben Artikel stellen die Autoren jedoch fest, dass die Akzeptanz von Simulationsansätzen im Vergleich zu Optimierungsproblemen in der Praxis deutlich höher ist.

Die in der Literatur präsentierten Simulationsmodelle weisen in der Regel eine höhere Computerlaufzeit auf, als vergleichbare lineare Programme. Exemplarisch können hier AN U. A. (2007) und GUILLEN U. A. (2006) angeführt werden.

Simulation ermöglicht für nicht triviale Probleme keine optimale Lösung für ein gegebenes Modell, im Kontext des Supply-Chain-Risikomanagements erscheint jedoch die Optimalität nicht als ausschlaggebendes Kriterium, da eine robuste Lösung gegebenenfalls einer optimalen Lösung vorgezogen wird (vgl. KLEIJNEN 2005, S. 87).

Da das Supply-Chain-Modell in mehreren Forschungsprojekten Anwendung finden soll, ist eine intuitive Bedienbarkeit wünschenswert.

Gemessen an den oben genannten Anforderungen erscheint die mathematische Programmierung als zu unflexibel, um den Anforderungen der Forschungsfragen gerecht werden zu können. Daher wird im Folgenden die diskrete Simulation als quantitative Forschungsmethode selektiert.

5.3 Simulation

Die Simulation basiert auf den Konzepten der Systemtheorie und der Kybernetik. Die *Systemtheorie* wurde während der 1950er Jahre unter anderem von VON BERTALANFFY (1957) als „Allgemeine Systemtheorie" begründet. Kern ist dabei das Verständnis von Organisationen als System, welches aus Elementen und deren Verknüpfungen besteht. Es existieren offene Systeme, welche mit ihrer Umwelt interagieren und geschlossene Systeme, welche keine externen Interaktionen aufweisen. Die Systemtheorie findet in vielen Forschungsfeldern, wie der Biologie, Computerwissenschaften, der Physik und den Volks- und Betriebswirtschaften Anwendung.

Ebenfalls in den 1950er Jahren wurde das Konzept der *Kybernetik* entwickelt (vgl. FORRESTER 1958). Der Fokus liegt hierbei auf den Strukturen zur Regulierung von Systemen und begründet damit eine Theorie über die Steuerung von Systemen durch externe oder interne (selbststeuernde) Faktoren.

Für den Zweck der Simulation wird das ursprüngliche System in ein Modell überführt, um anhand dieses Modells Experimente durchführen zu können und damit Einblicke in die Systemzusammenhänge, also die Elemente, Verknüpfungen und Steuerungsparameter zu erhalten. Hieraus können Schlussfolgerungen für eine Verbesserung des Systems gezogen werden.

Die Simulation beinhaltet die systematische Durchführung („durchspielen", DOMSCHKE u. DREXL 2004, S. 8) von Experimenten. Das zu beobachtende System ist dabei eine physikalische Abbildung oder ein Computermodell. Simulationen mit Hilfe physikalischer Abbildungen eines Systems werden in den Wirtschaftswissenschaften häufig in Form von Planspielen durchgeführt (beispielsweise BERGMANN u. JAHN 2012; JAHN u. BERGMANN 2012). Im Vordergrund stehen hier häufig edukatorische Ziele. Viele Anwendungsfälle von Computermodellen sehen dabei vor, dass alternative Modellstrukturen miteinander verglichen, erklärt und auf der Basis der Erkenntnisse Empfehlungen abgegeben werden (vgl. WHITE u. INGALLS 2009, S. 12). Eine Lösung zur Optimalität ist dabei, außer bei trivialen Problemen, nicht möglich, daher wird eine Näherungslösung angestrebt.

Der Ursprung der Simulation ist zunächst in der Lösung von Differenzialgleichungen und Integralen auf experimenteller Basis zu suchen (vgl. TOCHER 1967, S. 1 f.). Als weiteres Anwendungsgebiet ist die Implementierung komplexer Wahrscheinlichkeitsverteilungen innerhalb mathematischer Modelle zu sehen. Der Fokus liegt somit auf der Lösung von Problemen, welche mithilfe klassischer mathematischer Gleichungslogik nicht gelöst werden können. Im Bereich des Operations Research beispielsweise werden die, auf Basis der Queue-Theorie entwickelten Systeme, zum Anlass genommen, die Simulation als Lösungsmethode in Betracht zu ziehen, da diese nicht mehr algebraisch gelöst werden können (vgl. TOCHER 1967, S. 3).

Die historische Entwicklung erfolgt dabei in drei Phasen: Erste Ansätze sind dabei in der prä-Computer Zeit zu sehen. Die Zeit zwischen den Jahren 1945 bis 1970 kann als formative Periode bezeichnet werden. Nachdem der Computer eine weitere Verbreitung erfahren hatte, kam es bis in die 80er Jahre zu einer Expansion der Simulation (vgl. GOLDSMAN u. NANCE 2009) und heute kann sie als integraler Bestandteil der Betriebswirtschaftslehre bezeichnet werden (vgl. DOMSCHKE u. DREXL 2004, S. 223).

Bereits in der formativen Periode wurden jedoch auch Probleme der Simulation aufgezeigt: Hierzu gehören unter anderem die Bestimmung einer richtigen Setzung der Ausgangsparameter des Simulationsmodells, die Schätzung der Varianz der Ergebnisse bei risikobehafteten Simulationsmodellen und der Vergleichbarkeit der Ergebnisse von Alternativen (vgl. TOCHER 1967).

Neben mathematischen Optimierungsmodellen stellt die Simulation somit eine weitere, häufig genutzte Methode für die quantitative Supply-Chain-Forschung dar (vgl. SACHAN U. DATTA 2005). Als erste Ansätze zur Nutzung von Simulation im Bereich des Supply-Chain-Managements können Arbeiten aus den 90er Jahren gesehen werden (beispielsweise von TOWILL U. A. 1992 oder HIRSCH U. A. 1998).

Die Formierung der Simulationsmethode wurde von dem Ziel getrieben „große Probleme" lösen zu können (ÖREN U. ZEIGLER 1979, S. 70). Bei Einführung der Simulationsmethode in den 70er Jahren lagen jedoch die Voraussetzungen noch nicht vor, um die Simulation effektiv anwenden zu können. Die Haupthinderungsgründe wurden in der aufwändigen Kommunikation zwischen Forscher und Computer gesehen, den unzureichenden konzeptionellen Grundlagen und dem Fehlen notwendiger Software und Datenstrukturen, um die Simulation umsetzen zu können. Die konzeptionellen Ursprünge sind jedoch bereits in dieser Phase zu sehen.

ÖREN U. ZEIGLER (1979) definieren sechs primäre Elemente einer Simulation. Die folgenden Komponenten können in einem Simulationsmodell unterschieden werden: Modellstruktur, Modellergebnisse, Modellablaufplanung, Initialisierung des Modells, Beendigungsbedingungen des Modells und zuletzt die Sammlung, Zusammenfassung und Darstellung der Simulationsergebnisse. Die *Modellstruktur* beschreibt die statischen und dynamischen Aspekte des Modells. Hierzu gehören die Teile des Modells, die Variablen und die Regeln für die Interaktion (siehe auch Kapitel 5.1.4). Die *Modellergebnisse* beinhalten alle Variablen und Funktionen, welche während und nach der Durchführung der Simulation beobachtet werden können. Hierzu können in Supply-Chain-Modellen beispielsweise die Durchlaufzeiten oder Gewinne dienen. Die *Planung der Ausgangsdaten* ist ein weiterer Bestandteil eines Simulationsmodells. Darunter subsummiert man einerseits die Art der Daten, welche Eingang in die Simulation erhalten, und andererseits den Zeitpunkt zu dem sie in die Simulation übergeben werden. Als Beispiel können hier die Nachfragedaten, welche über den Zeithorizont der Simulation verteilt werden, genannt werden. Die *Bedingungen für die Beendigung der Simulation* stellen eine weitere Komponente eines Supply Chain Modells dar. Hierbei wird festgelegt, unter welchen Bedingungen, beispielsweise nach einer bestimmten Zeit oder nach Erreichen eines bestimmten Standes der Modellergebnisse, die Simulation beendet wird. Die Parameter der *Datensammlung* bestimmen, welche Daten zu welchem Zeitpunkt im Lauf der Simulation erhoben werden. Als Rahmen für die Simulation dient der *Simulator*, welcher die Instruktionen des Modells ausführt, um von einem Zustand des Modells zum nächsten zu gelangen. Für die Generierung der neuen Erkenntnisse werden Experimente entwickelt. ÖREN U. ZEIGLER definieren Experimente wie folgt:

Definition 5.1. *„An experimental frame defines a limited set of circumstances under which the system is to be observed or subject to experimentation." (ÖREN U. ZEIGLER 1979, S. 72)*

Der Experimentalrahmen stellt somit ein Gegenstück des Modells dar und muss separat unter Bezugnahme auf das Modell definiert werden.

Das Modell und die dazugehörige Simulationsmethode sind in diesem Zusammenhang als Einheit zu sehen. Für Modelle mit kontinuierlicher Zeit ist auch eine Simulationsmethode notwendig, welche diese abzubilden vermag (beispielsweise Systems Dynamics), wohingegen Modelle, welche mit diskreten Zeitintervallen auskommen, auch diskret in der Simulation abzubilden sind (zeitdiskretes Simulationsmodell). Für den Fall, dass stochastische Parameter angenommen werden, kann es sinnvoll sein, diese in Form einer Monte-Carlo-Simulation in die Analyse einfließen zu lassen. Zusammenfassend können mit Hilfe der Simulation „wichtige Erkenntnisse gewonnen und Planungsentscheidungen optimiert und abgesichert werden" (JAHN 2012).

Die ereignisdiskrete Simulation scheint daher geeignet, um komplexe, systemorientierte Fragestellungen im Rahmen der Supply-Chain-Forschung beantworten zu können.

5.4 Agentenbasierte Simulation

Die agentenbasierte Simulation stellt eine Möglichkeit der Umsetzung der diskreten Simulation dar. Kernelemente der Methode sind die Konzepte der Systembasierung und der Autonomie der einzelnen Akteuere. Hierdurch eignet sich die agentenbasierte Simulation insbesondere für die Abbildung von Supply-Chain-spezifischen Problemstellungen. (vgl. BECKER U. A. 2006; BEMELEIT U. A. 2006; DATTA U. A. 2007; JANSSEN 2006; KERSTEN U. A. 2011b). In den folgenden Abschnitten werden die Eigenschaften einer agentenbasierten Simulation näher erläutert und deren Eignung für die Beantwortung der Forschungsfragen diskutiert.

5.4.1 Konzeptualisierung

Es existiert keine allgemein gültige, klar abgegrenzte Definition der agentenbasierten Simulation. Es werden jedoch von vielen Autoren die folgenden Punkte als grundlegend für diese Simulationsmethode akzeptiert. Kernelemente einer agentenbasierten Simulation sind die Agenten und deren Verknüpfungen. Diese Agenten besitzen im Allgemeinen die folgenden Eigenschaften (vgl. JULKA U. A. 2002, S. 1758; MACAL U. NORTH 2009, S. 87; KERSTEN U. A. 2011b, S. 265 f.).

- Agenten sind *autonome* Einheiten.
- Agenten *kommunizieren* mit anderen Agenten.
- Agenten arbeiten *asynchron*, eine Synchronisierung erfolgt nur zum Zweck der Kommunikation.
- Die eventuell notwendige *Koordination* der Handlungen erfolgt direkt zwischen den Agenten.
- Die Agenten *handeln* entsprechend vorgegebener Ziele.

Auf der diskreten Ereignissimulation aufbauend, wurde die agentenbasierte Simulation entwickelt. Agentenbasierte Simulation zeichnet sich dadurch aus, dass die Simulationsbasis aus *Agenten* aufgebaut ist, welche miteinander interagieren. In der Regel existiert keine zentrale Stelle, welche die Koordinierung der Agenten durchführt oder fördert. Die Ergebnisse einer agentenbasierten Simulation ergeben sich daher aus dem Zusammenspiel der einzelnen Agenten und nicht, wie bei anderen Simulationsarten, durch Vorgabe eines vorher festgelegten, globalen Ablaufplans (vgl. AXELROD 2003, S. 15).

Agentenbasierte Simulationsprogramme sind nicht auf eine bestimmte Aggregationsebene oder ein physisches Konstrukt beschränkt. So kann ein Agent für unterschiedliche Ebenen eines Systems modelliert werden und damit beispielsweise die Tätigkeiten eines einzelnen Arbeiters nachvollziehen oder im Aggregat ein Unternehmen repräsentieren. Die Ebene der Modellierung muss dabei auf die Simulationsziele abgestimmt werden (vgl. PERSSON 2002, S. 325).

Agentenbasierte Modellierung wird in den Natur- und Sozialwissenschaften, sowie in der Informatik und der Volkswirtschaftslehre angewandt. Es ermöglicht die Analyse von Elementen innerhalb einer Umgebung, in welcher die Interaktionen das Verhalten des Gesamtsystems bestimmen (vgl. GILBERT 2008, S. 2).

Agentenbasierte Modelle imitieren das Verhalten von realen Systemen durch regelbasiertes Verhalten (vgl. SWAMINATHAN U. A. 1998, S. 608) und stehen damit im Gegensatz zu mathematischen Optimierungsmodellen, welche eine Festlegung des Modells anhand von Gleichungen anstreben (vgl. VAN DYKE PARUNAK U. A. 1998, S. 277).

Die agentenbasierte Simulation stellt hierzu auf die Verwendung von Software-Bausteinen ab, welche für unterschiedliche Zwecke genutzt werden können und die Handlungen und Interaktionen der Elemente abbilden können. Die Beobachtung des Systems kann sowohl auf der Ebene der Elemente (Mikroebene) als auch auf der Ebene des Gesamtsystems (Makroebene) erfolgen (vgl. FOX U. A. 2000, S. 169). Analog zu einer Supply Chain besteht eine agentenbasierte Simulation als Zusammenschluss von Einzelelementen (vgl. BECKER U. A. 2006, S. 566). Ein Literaturüberblick zeigt, dass relativ zu anderen Methoden die agentenbasierte Simulation seltener als Analysemethode eingesetzt wird. Insbesondere neuere Publikationen gehen auf die agentenbasierte Simulation ein und wenden diese an. Tabelle 5.2 gibt einen Überblick über die Supply-Chain-Forschung, welche agentenbasierte Simulation einsetzt.

5.4.2 Agentenbasierte Simulation in der Supply Chain

Die agentenbasierte Simulation einer Supply Chain ermöglicht es, ein Modell einer genaueren Analyse zu unterziehen. Ziel ist es das Verständnis und Wissen über die Supply Chain, im Sinne eines Werkzeugs zur Entscheidungsunterstützung, zu verbessern und Alternativen zur Verbesserung der Leistungsfähigkeit der Supply Chain vorzuschlagen (vgl. SWAMINATHAN U. A. 1998, S. 608).

Eine agentenbasierte Simulation der Supply Chain betrachtet die Akteure als Agenten. Die Struktur der Supply Chain ergibt sich dann als Ergebnis ihrer Interaktionen im Rahmen der Kommunikation. Die Eigenschaften der agentenbasierten Simulation unterstützen diejenigen der Supply Chain als dynamisches, verteiltes, reaktionsfreudiges und rekonfigurierbares System (vgl. FOX U. A. 2000, S. 166 ff.; BARBUCEANU U. A. 1997, S. 36).

Die Supply-Chain-Eigenschaften befördern die agentenbasierte Simulation als Methode zur Analyse von Supply-Chain-Netzwerken. Auch in der Supply Chain treffen die Unternehmen im Allgemeinen Entscheidungen entsprechend ihrer eigenen Ziele und beeinflussen damit wiederum die Entscheidungsfindung der verbundenen Unternehmen (vgl. MACAL U. NORTH 2009, S. 88 ff.).

Tabelle 5.2 zeigt auch, dass vorangegangene, agentenbasierte Supply-Chain-Simulationen insbesondere auf die Etablierung von Konzepten für die Model-

Tabelle 5.2: Literaturübersicht zu agentenbasierten Simulationsansätzen

Quelle	Beschreibung
GIANNAKIS U. LOUIS (2010)	Konzept für die agentenbasierte Simulation
MACAL U. NORTH (2009)	Pros für die agentenbasierte Simulation
ALBINO U. A. (2007)	Simulation der Interaktionen in einem Industriepark
WANG U. A. (2007)	Agentenbasierte Simulation für die Überprüfung einer prognoseorientierten Supply-Chain-Steuerung
GOVINDU U. CHINNAM (2007)	Konzept für die Analyse und das Design von multiagenten Simulationen
SI U. A. (2007)	Analyse von Produktionsstrategien
BECKER U. A. (2006)	Vorstellung eines agentenbasierten Simulationsprogramms
MOYAUX (2004)	Multi-Agenten Simulation des Bullwhip-Effekts
AXELROD (2003)	Konzepte für die methodische Verbesserung der agentenbasierten Simulation
GARCIA-FLORES U. WANG (2002)	Agentenbasierte Simulation einer Supply Chain aus der Chemiebranche
LIN U. A. (1998)	Multiagenten Simulation als Methode für die Modellierung eines Ordererfüllungsprozesses
SWAMINATHAN U. A. (1998)	Agentenbasierte Simulation für die Risiko-Nutzenanalyse in einer Supply Chain

lierung, das Monitoring und das Management von Supply Chains fokussieren. Supply-Chain-Elemente werden so modelliert, dass damit die Interaktion auf unterschiedlichen Ebenen beispielsweise zwischen Industrieclustern, Unternehmen oder Abteilungen analysiert werden können (vgl. JULKA U. A. 2002, S. 1757).

In einer agentenbasierten Simulation bilden die Agenten die folgenden Netzwerkkomponenten der Supply Chain: Lieferanten, Transportdienstleister, Hersteller, Verteilzentren, Händler und Kunden. Diese werden jeweils durch vorgegebene, individuelle Richtlinien gesteuert, um die Interaktion zwischen den Elementen anzustoßen (vgl. SWAMINATHAN U. A. 1998, S. 609). Verhaltensrichtlinien werden auf strategischer Ebene unter anderem für die Lieferantenauswahl, die Lokation von Standorten und die Produktionsfähigkeiten entwickelt (vgl. FOX U. A. 2000, S. 165).

5.4.3 Modellbildungsprozess

MANUJ U. A. (2009) kommt zu dem Schluss, dass nur wenige veröffentlichte Artikel, welche diskrete Simulation beinhalten, einem fundierten Prozess für die Erstellung des Modells und der Durchführung der Simulation folgen. Die Entwicklung eines Simulationsmodells stellt hohe Anforderungen an die transparente Darstellung der Grundlagen des Modells, um die Nachvollziehbarkeit, Reproduzierbarkeit und Validität sicherzustellen. Analog zu PERSSON U. OLHAGER (2002) und LAW (2009) wurden die folgenden Schritte für die Erstellung und Umsetzung des Simulationsmodells durchgeführt:

1. *Projektplanung*: Vorbereitung des Simulationsprojektes, Ausarbeitung der Meilensteine und Abschätzung des Zeitbedarfs für die einzelnen Arbeitsschritte.

2. Entwicklung des *Konzeptmodells*. Beschreibung des Simulationsmodells auf aggregierter, abstrakter Ebene. Das Ziel ist es, das System und die Werte für Parameter grob zu beschreiben.

3. *Validierung des Konzeptmodells*: Validierung und gegebenenfalls Korrektur des Modells unter Anwendung unterschiedlicher Validierungsmethoden (siehe unten).

4. *Modellierung*: Umsetzung des Konzeptmodells in einem Computerprogramm. Dies kann entweder direkt in einer Programmiersprache oder in einer Simulationssoftware erfolgen.

5. *Verifikation*: Überprüfung des Modells und Vergleich der Ergebnisse mit denjenigen, welche auf Basis des Konzeptmodells erwartet worden wären.

6. *Validierung*: Vergleich der Ergebnisse des Modells mit denjenigen des abzubildenden Systems.

7. *Sensitivitätsanalyse*: Überprüfung der Auswirkungen von Parameteränderungen auf die Ergebnisse des Modells.

8. *Design der Experimente*: Festlegung von Konfigurationen und weitere Simulationsparameter, wie beispielsweise die Laufzeit oder die Zahl der Simulationsdurchläufe.

9. *Simulationsdurchführung und Analyse*: Identifizierung sinnvoller Experimente, Durchführung und Analyse der Ergebnisse.

10. *Handlungsempfehlungen*: Auf Basis der analysierten Ergebnisse werden Schlussfolgerungen gezogen und Handlungsempfehlungen formuliert.

In dem Prozess spiegeln sich die hohen Anforderungen an die Validität des Modells wider. Die *Verifikation und Validierung* des Modells stellen einen essenziellen Schritt im Modellbildungsprozess dar. Diese Methoden zielen darauf ab, auftretende Fehler in der Modellierung zu reduzieren beziehungsweise eliminieren (vgl. KERSTEN U. A. 2011b, S. 273). Methoden zur Validierung und Verifikation werden zunächst für das Konzeptmodell und im Anschluss daran auch für das finale Modell durchgeführt. Die Verifikation des Modells bezieht sich dabei auf die Sicherstellung der internen Validität des Modells. Die Modellverifikation zielt darauf ab, dass die Transformation des Modells korrekt erfolgt. Ziel ist es somit, sicherzustellen, dass keine Umsetzungs- und Programmierfehler im Modell enthalten sind. Hierunter fällt im Modellbildungsprozess der Übergang zwischen der Modellidee und dem Konzeptmodell sowie später der Umsetzung in der Simulationssoftware (vgl. BALCI 1994, S. 123). Die Validierung der Modelle soll die externe Validität des Modells gewährleisten. Sie bezieht sich dabei auf die Sicherstellung, dass das richtige Modell für die gegebene Fragestellung entwickelt wird. Ziel muss hier demnach ein direkter oder indirekter Abgleich des Modells mit dem abzubildenden System sein. Der Erfolg dieses Schrittes bestimmt, inwiefern die Ergebnisse der Simulation auch auf eine reale Supply Chain übertragen werden können.

BALCI (1994, S. 131 ff.) nennt informelle, statische und dynamische Techniken für die Verifikation und Validierung eines Simulationsmodells. Zu den informellen Ansätzen zählen beispielsweise Audits, Sichtprüfungen und Reviews. Unter den statischen Techniken versteht man Konsistenzchecks sowie graphenbasierte oder strukturelle Analysen. Die dynamischen Techniken beinhalten aus der Softwareentwicklung bekannte Methoden wie zum Beispiel Debugging, die direkte Beobachtung der Codeausführung und Softwaretests.

5.4.4 Auswahl der Simulationssoftware

Das abstrakte, agentenbasierte Modell wird mit Hilfe eines Computerprogramms modelliert, hierzu stehen unterschiedliche Möglichkeiten zur Verfügung (vgl. JAIN 2008, S. 1873 ff.).

Zwei Extrempunkte können unterschieden werden: Einen davon stellt die Umsetzung des Modells in einer autarken Programmiersprache (wie beispielsweise Java, C++ oder ähnliche) dar. Dies bedeutet, dass alle Elemente des Simulationsprogramms eigenständig entwickelt werden müssen. Damit einher geht ein hoher Grad an Flexibilität, Anpassungen sind ohne Probleme in jedem beliebigen Umfang möglich. Dies bringt jedoch auch einen größeren Entwicklungsaufwand mit sich und stellt höhere Anforderungen an die Fähigkeiten der Entwickler.

Das andere Extrem wird durch die Übernahme eines vorentwickelten Simulationsmodells repräsentiert. Hier können lediglich einzelne Parameter gesetzt werden und ausschließlich vollständige Module des Simulationsprogramms beziehungsweise -modells ausgetauscht werden.

Zwischen diesen Extrempunkten existiert ein Kontinuum an Simulationsprogrammen, welche unterschiedliche Anpassungsgrade des Simulationsmodells erlauben beziehungsweise erforderlich machen. Die Extreme geben jedoch Hinweise darauf, welche Kriterien für die Auswahl der Simulationssoftware heranzuziehen sind.

Hierbei stehen zunächst die Anforderungen an das Simulationsmodell selbst im Vordergrund: Welche konkreten Modelleigenschaften müssen umgesetzt werden? Inwiefern sind Änderungen an dem Modell notwendig, das heißt wie flexibel ist die Modellierung? Zudem stellen die verfügbaren Ressourcen, insbesondere die Fähigkeiten und Kenntnisse des Entwicklungsteams und der verfügbare Zeitrahmen, einen begrenzenden Faktor dar.

Auf Basis der oben genannten Zielvorgaben wurde für diese Arbeit ein Ansatz gewählt, welcher zwischen den beiden Extrempunkten liegt. Ziel war es daher eine Simulationssoftware auszuwählen, welche für die agentenbasierte Simulation bereits alle grundlegenden Elemente des Simulationsumfelds integriert hat, es gleichzeitig jedoch ermöglicht extensive Anpassungen an den Elementen der Simulation, also den Agenten, ihrem Verhalten, der Konfiguration der Supply Chain sowie der Ergebnisausgabe vorzunehmen.

Tabelle 5.3 stellt eine Übersicht der analysierten Simulationsprogramme dar, die Erfüllung der jeweiligen Kriterien wird dabei mittels der Kreise dargestellt (voller Kreis $\widehat{=}$ voll erfüllt). Die Einschätzungen basieren auf der Evaluation des Autors. Es zeigt sich, dass *Anylogic* gemeinsam mit *Simio* die dominante Alternative für das gegebene Simulationsprojekt darstellt. Beide Produkte weisen eine hohe Unterstützung für agentenbasierte Simulationsansätze auf, besitzen eine umfangreiche Bibliothek an Modulen für die Simulation und sind gleichzeitig leicht konfigurier- und erweiterbar. Aufgrund der Präferenzen der Entwicklergruppe wurde Anylogic final als Simulationsprogramm selektiert.

Einige Softwareprodukte zur Unterstützung der diskreten Simulation wie eM-Plant (beispielsweise bei VAN DER ZEE U. VAN DER VORST 2005) oder ARENA (vgl. PERSSON U. ARALDI 2009) wurden ebenfalls analysiert, jedoch stellen

Tabelle 5.3: Vergleich geeigneter Programme für die computergestützte Supply-Chain-Simulation[a]

	Softwareprodukt (alphabetisch)						
Eigenschaft	Anylogic	ARENA	eM-Plant	MASS	NetLogo	SeSAm	Simio
Unterstützung für agentenbasierte Simulation	●	◑	○	●	●	●	●
Konfigurierbarkeit	●	●	●	◑	◑	◑	●
Komplexität der Modellentwicklung	◑	●	●	◑	◑	◑	◑
Bibliothek mit Bausteinen nutzbar	●	●	●	◑	●	◑	●

●: voll erfüllt; ◑: teilweise erfüllt; ○: nicht erfüllt

[a] Die Simulationsprogramme werden von den folgenden Institutionen vertrieben (Reihenfolge entsprechend der Tabelle): XJ Technologies; Rockwell Automation; Siemens Industry Software; AITIA International Inc.; Northwestern University, Chicago; Lehrstuhl für Künstliche Intelligenz und Angewandte Informatik (Universität Würzburg); Simio LLC.

diese keine ausreichende Unterstützung für agentenbasierte Simulation zur Verfügung.

6

Simulation und Auswertung der Ergebnisse

Auf Basis eines Simulationsmodells dient die quantitative Analyse der Forschungsfragen dazu, die Einflussfaktoren für die Wahl robuster Strategien aufzudecken und daraus Handlungsempfehlungen abzuleiten.

Basierend auf den Erläuterungen zur Simulationsmethode im vorhergehenden Kapitel, erfolgt in den ersten beiden Abschnitten dieses Kapitels zunächst die Präsentation des agentenbasierten Simulationsmodells. Die Modellentwicklung selbst erfolgt in Form eines hoch-konfigurier- und -anpassbaren Plattformmodels. Abschnitte drei und vier stellen die gewählten Simulationsexperimente vor und beschreiben den Ablauf der Simulationsdurchführung. In den letzten beiden Abschnitten erfolgt die Darstellung und Diskussion der daraus gewonnenen Erkenntnisse.

Es kann gezeigt werden, dass die Haupteinflussfaktoren in den gewählten Strategien selbst, den zugrundeliegenden Risiken und insbesondere dem Supply-Chain-Netzwerkdesign zu suchen sind. Besonders vorteilhaft erweisen sich Strategien, *welche auf eine Flexibilisierung oder redundante Auslegung von Kapazitäten ausgerichtet sind. In Bezug auf die* Unterbrechungsrisiken *zeigt sich, dass, noch mehr als das Risikoausmaß, die Risikoquelle Einfluss auf die Wahl der besten Strategie hat. Die zugrundeliegende* Supply-Chain-Struktur *trägt maßgeblich zu der Verwundbarkeit der Supply Chain bei. Der entwickelte Ansatz des Unterbrechungsbedingten Kritischen Pfades ermöglicht die Analyse der kritischen Supply-Chain-Elemente und somit eine zielgerichtete Reduktion von Unterbrechungsrisiken.*

6.1 Beschreibung des Simulationsmodells

6.1.1 Umsetzung des Modellierungsprozesses

Der Entwicklungsprozess zum Aufbau des agentenbasierten Modells beruht auf den Vorgaben in Kapitel 5.4.3 (S. 147 f.). Eine Zusammenfassung der Schritte der Modellplanung und -umsetzung für das Grundmodell findet sich in KERSTEN U. A. (2011b). Im Folgenden wird auf Details und Erweiterungen eingegangen. Zu den Erweiterungen zählen insbesondere die umfassende Implementierung von Risiken in Form von Unterbrechungen (Kapitel 6.1.2.6, S. 166 ff.), die Ergebnisaggregation und deren Auswertung (Kapitel 6.1.5, S. 171 f.).

Der Beschreibung des Modells kommt auch bei Simulationsmodellen eine zentrale Rolle zu. Ergebnisse dieser Modelle sind in der Regel stark von ihren Eigenschaften und dem Detaillierungsgrad abhängig, daher ist eine ausführliche Beschreibung des Modells notwendig, um eine Reproduzierbarkeit der Ergebnisse gewährleisten zu können (vgl. AXELROD 2003, S. 10).

Ausgangspunkt für den Modellierungsprozess stellt ein verbalisiertes Modell dar (vgl. BALCI 1994, S. 128). Hierfür wurden zunächst die gemeinsamen Anforderung des Entwicklerteams an das Modell definiert. Diese ergeben sich wiederum aus den individuellen Forschungszielen. Die folgenden Punkte werden festgehalten (vgl. KERSTEN U. A. 2011b, S. 268):

- Ausrichtung auf die strategische Entscheidungsebene
- Einzelne Unternehmen stellen die Modellierungseinheiten dar
- Anlehnung der Supply-Chain-Prozesse an ein etabliertes Referenzprozessmodell (SCOR)
- Modulare Gestaltung des Modells
- Hohe Konfigurierbarkeit der Supply-Chain-Elemente und -Verknüpfungen (beispielsweise Standorte, Kapazitäten und Richtlinien)

Im Konzeptmodell sind die oben genannten Anforderungen weiter ausgeführt. Das Ziel ist die Schaffung eines Modells, welches die Abbildung strategischer Entscheidungen zulässt und deren Auswirkungen darstellen kann.

Aufbauend auf Kapitel 5.3, S. 140 ff. werden im Folgenden die Elemente des Simulationsmodells spezifiziert, um so die oben genannten, verbalen Anforderungen in ein formuliertes Modell umzusetzen.

6.1.2 Modellstruktur

6.1.2.1 Elemente

Basierend auf dem Konzeptmodell werden fünf generische Rollen innerhalb der Supply Chain als Grundlage für die Simulation vorgegeben: Lieferant, Hersteller, Groß-/Einzelhandel, Endkunde, Transportdienstleister. Diese Rollen bilden die Basis für die Entwicklung der Supply-Chain-Agenten, welche die kleinste eigenständige Modellierungseinheit darstellen. Im Ergebnis lassen sich drei Agententypen differenzieren: Basisagent, Transportagent und Nachfrageagent. Tabelle 6.1 gibt einen Überblick über die Elemente und ihre Schnittstellen.

Tabelle 6.1: Übersicht: Supply-Chain-Agenten

Rolle	Agent	Eingangsdaten	Ausgangsdaten	Operationelle Entscheidungen
Lieferant	Basisagent	Zahlung, Bestellung	Waren	Produktion, Lagerhaltung, Ordererfüllung
Hersteller	Basisagent	Zahlung, Bestellung, Waren	Waren, Bestellung, Zahlung	Bestellung, Produktion, Lagerhaltung, Ordererfüllung
Groß-/Einzelhandel	Basisagent	Zahlung, Bestellung, Waren	Waren, Bestellung, Zahlung	Bestellung, Lagerhaltung, Ordererfüllung
Endkunden	Nachfrageagent	Waren	Zahlung, Bestellung	Bestellung
Transport	Transportagent	Waren	Waren	Lagerung und Versand der Waren

Der Basisagent beinhaltet Funktionen für den Einkauf, die Produktion, die Lagerhaltung und die Ordererfüllung. In seiner Rolle als *Lieferant* steht er am Anfang der Lieferkette und erfüllt die Bestellungen der nachgelagerten Stufen. Es stehen hierzu ausreichend Rohmaterialien zur Verfügung, welche in Endprodukte umgewandelt werden können. Neben den Entscheidungen bezüglich der Produktion müssen sie auch die Lagerhaltung koordinieren. Zusätzlich hierzu müssen *Hersteller* ihre Rohmaterialien bestellen.

Distributionszentren nutzen alle Funktionen des Basisagenten. Im Produktionsschritt erfolgt jedoch keine Umwandlung der Produkte. Die Prozesse innerhalb der Agenten sind nach dem Supply-Chain-Operations-Reference-Modell aufgebaut.

Der *Transportagent* übernimmt Warenlieferungen von einem Lieferanten, verzögert diese um einen definierten Faktor. Im Anschluss werden die Waren unverändert weitergegeben. Zuletzt steht der Endkunde/*Nachfrageagent*, welcher mit einer definierten Nachfrage Produkte anfordert und diese verbraucht.

Aus diesen Elementen können die Supply Chains zusammengestellt werden. Die Konfiguration, welche zur Differenzierung der Agenten in die jeweilige Rolle führt, wird durch die Festlegung unterschiedlicher Parameter und Verhaltensrichtlinien vorgenommen. Die Positionierung der Agenten innerhalb der Supply-Chain-Flüsse erfolgt durch Konfiguration der individuellen Stückliste (BOM) und Festlegung der Supply-Chain-Struktur. Die Agenten verhalten sich dabei autonom und bestellen selbstständig die benötigten Rohmaterialien entsprechend ihrer Lagerhaltungsrichtlinien. Diese werden dann in Abhängigkeit der Produktionsplanung zur Produktion herangezogen und in Endprodukte umgewandelt. Die hierzu notwendigen Messwerte werden vom Agenten selbstständig erhoben und daraufhin die jeweiligen Aufgaben angestoßen.

Für jeden Basisagent wird eine Stückliste definiert. Dieser beinhaltet auch das verfügbare Produktportfolio und die dazu notwendige Anzahl an Rohmaterialien. Ein Agent kann beliebig viele Produkte produzieren.

Im Simulationsmodell besteht ein kontinuierlicher Informationsfluss. Innerhalb der Agenten erfolgt dies durch den Austausch von Objekten und Parametern mit Hilfe von Funktionen. Zwischen den Agenten wird der Informations- und Warenaustausch emuliert und dieser wird durch den Austausch von Nachrichten nachgebildet. Die Steuerung der Reaktion auf eingehende Nachrichten und deren Versand erfolgt durch individuelle Entscheidungsregeln und strategische Vorgaben und stellt damit in ihrer Gesamtheit die unternehmensinternen Abläufe nach.

6.1.2.2 Verknüpfungen

Im Rahmen des autonomen Planungsverhaltens der Agenten werden automatisch temporäre Verknüpfungen mit anderen Agenten gebildet, wenn diese einen Produktaustausch ermöglichen könnten. Es werden keine Verbindungen mit Agenten etabliert, welche keine der notwendigen Produkte zur Verfügung stellen können. Hierzu wird zu Beginn einer Simulationszeiteinheit ein Rundruf gestartet, um festzustellen, welche Agenten im Moment die notwendigen Produkte liefern können. Die Agenten bilden sich so ihren eigenen Markt durch Analyse von Angebot und Nachfrage. Bestellungen und Waren werden über die so generierten Verknüpfungen ausgetauscht. Sowohl Bestellungen als auch Waren werden durch Nachrichten repräsentiert.

6.1.2.3 Prozesse

Basisagent

Die Prozesse innerhalb des Basisagenten decken die grundlegenden Funktionen eines Unternehmens aus Sicht der Supply Chain ab (vgl. LAMBERT U. A. 1998, S. 10). Die Prozesse wurden entsprechend des Supply-Chain-Operations-Reference-Prozessmodells (Version 9.0; vgl. SUPPLY CHAIN COUNCIL 2010; Abbildung 6.1) modelliert. Demnach beinhaltet jeder Basisagent die Prozesse *Plan, Source, Make, Deliver.* Innerhalb dieser Kategorien können mehrere Subprozesse

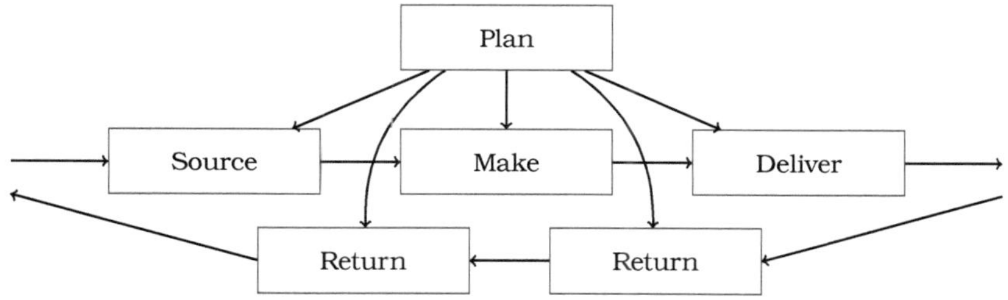

Abbildung 6.1: SCOR-Prozessdarstellung (Level I)

unterschieden werden. Diese werden in Übereinstimmung mit der Nomenklatur der Simulationssoftware als Objektklassen bezeichnet. Sie stellen die eigentliche Geschäftsfunktionen zur Verfügung. Die Supply-Chain-Operations-Reference-Prozesse dienen zur Kapselung der Aktivitäten und müssen von den generischen Prozessbeschreibungen und Objektklassen abgegrenzt werden. Tabelle 6.2 zeigt den Zusammenhang zwischen den Klassen und den Supply-Chain-Operations-Reference-Prozessen auf. Der Supply-Chain-Operations-Reference-Prozess des Produktrücklaufs (*Return*) wurde aufgrund des Anforderungsprofils im weiteren Verlauf der Arbeit nicht weiter betrachtet. Im Folgenden werden die Details der genannten Prozesse näher erläutert und ihre Basiskonfiguration dargestellt.

Die Elemente des *Source*-Prozesses werden regelmäßig zum Anfang jeder Planungsperiode sowie ereignisgesteuert nach Wareneingang ausgelöst. Ziel des Beschaffungsprozesses ist die Bestellung und Bereitstellung von Rohmaterial, um die interne Nachfrage des Produktionsprozesses decken zu können. In der Modellumsetzung erfolgt die Umsetzung in zwei konfigurierbaren Objektklassen (*Einkauf* und *Lagerhaltung*), welche einerseits die notwendigen Planungsschrit-

Tabelle 6.2: Übersicht: Objektklassen des Modells und SCOR

	SCOR-Kernprozess			
Objektklasse	Plan	Source	Make	Deliver
Bestellungseingang				●
Wareneingang		●		
Lagerhaltung		●		
Produktion	●		●	
Einkauf	●	●		
Verkauf	●			●
Vertrieb				●
Auftragsbearbeitung	●			
Buchhaltung		●	●	●
Ordermanagement Einkauf		●		
Ordermanagement Verkauf				●

●: Objektklasse ist Bestandteil des SCOR-Prozesses.

te, andererseits auch die operative Ausführung der Bestellung beinhalten. Die Objektklasse *Einkauf* übernimmt die Planung und den Aufbau des Einkaufsnetzwerks. Innerhalb der *Lagerhaltung* wird ermittelt wie hoch der benötigte Rohmaterialbedarf ist und daraufhin die Bestellungen über das Netzwerk versandt. Zu diesem Zweck wird die sS-Lagerhaltungsrichtlinie implementiert. Diese sieht vor, dass eine neue Order ausgelöst wird, sobald der Lagerbestand unter das Niveau s fällt. Die Zahl der georderten Produkte entspricht dabei der Differenz zwischen S und dem aktuellen Lagerbestand. Der *Wareneingang* nimmt die gesendeten Produkte entgegen und stößt die korrekte Einbuchung an. Des Weiteren existiert jeweils eine Objektklasse, welche Buch über die ausgehenden Bestellungen führt. Die so generierten Informationen können verwendet werden, um das Agentenverhalten an negative Erfahrungen anzupassen.

Abbildung 6.2 zeigt das Prozessschema. Die gepunktete Linie definiert die Grenzen des Prozesses. Die relevanten dazugehörigen Objektklassen sind innerhalb dieses Prozesses aufgeführt.

Im Rahmen des *Make*-Prozesses (Abbildung 6.3) werden die Rohmaterialien in Endprodukte umgewandelt. Die in der Stückliste festgelegten Produktionsfähigkeiten dienen dabei als Grundlage. Die Produktionsgeschwindigkeit wird in Stück pro Zeiteinheit definiert. Der Anstoß zur Produktion wird durch die Lagerhaltung gegeben und ausgelöst, sobald Grenzwerte bezüglich des Endpro-

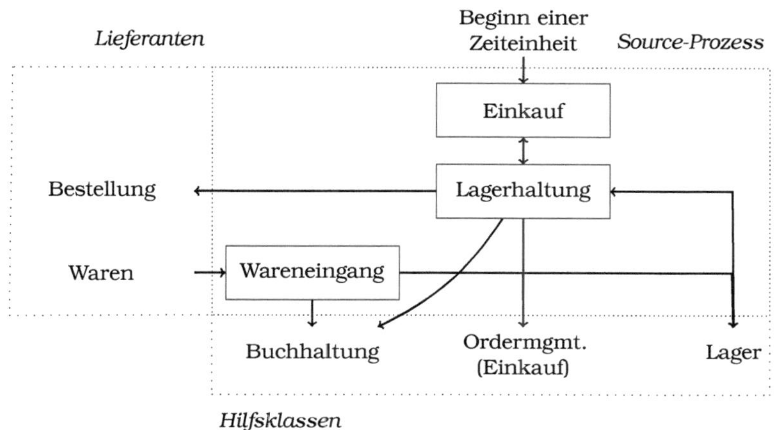

Abbildung 6.2: Basisagent: Umsetzung des SCOR-Beschaffungsprozesses

duktlagers unterschritten werden. Es stehen zwei unterschiedliche Produktionsschemata zur Verfügung: Make-to-stock (MTS) und Make-to-order (MTO).

MTS ist definiert durch eine schubweise Produktion. Innerhalb eines Jahres kann jeweils nur während einer bestimmten Zeit produziert werden. Die Produktionsrate ist dementsprechend hoch. Die Überschussproduktion muss nach der Herstellung gelagert werden, um die Jahresnachfrage decken zu können.

Im MTO-Produktionsschema wird kontinuierlich produziert, sofern Order vorhanden sind. Die Produktionsrate ist daher eher gering, es kann jedoch zu jedem Zeitpunkt produziert werden. Das Endproduktlager wird sehr gering gehalten, um Kosten zu sparen und kurzfristig auf Nachfrageschwankungen reagieren zu können.

Die Produktionsgeschwindigkeit (v) in Prozent der Maximialgeschwindigkeit entwickelt sich entsprechend der Funktion 6.1 und nähert sich in Abhängigkeit der Produktionszeit asymptotisch der maximalen Produktionsgeschwindigkeit an. Zu Beginn der Simulation und bei einer Unterbrechung wird $t = 0$ gesetzt.

$$v_i[\%] = 1 - \frac{9}{t + 10} \quad \forall \quad i = Agent_1, ..., Agent_N \tag{6.1}$$

Zuletzt besteht die Aufgabe des *Deliver*-Prozesses darin, eingehende Bestellungen zu bearbeiten (Abbildung 6.4). Dieser Prozess setzt sich aus den Objektklassen des *Bestellungseingangs*, des *Vertriebs* und des *Verkaufs* zusammen.

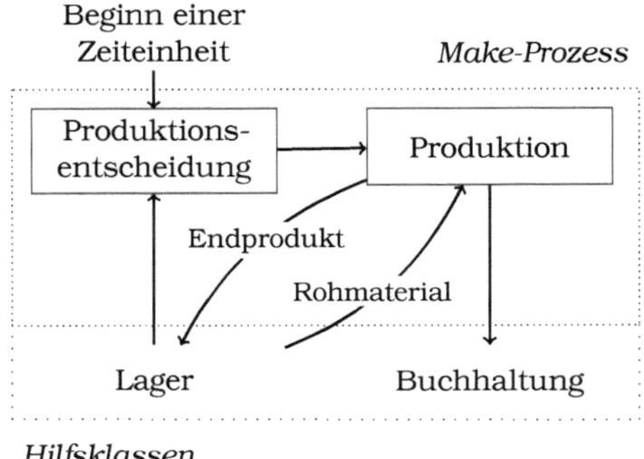

Abbildung 6.3: Basisagent: Umsetzung des SCOR-Herstellungsprozesses

Für eingehende Bestellungen wird überprüft, ob das angefragte Produkt grundsätzlich produziert wird. Eingehende Order, welche diese Bedingung erfüllen, werden innerhalb einer Zeiteinheit gesammelt und dann am Anfang der nächsten Periode gemeinsam versandt. Ist die Summe der georderten Mengen kleiner als der Lagerbestand, werden alle Order voll erfüllt. Für den Fall, dass nicht genug Produkte auf Lager sind wird der Restbestand nach Anteilen entsprechend der Ordermenge an die Kunden versandt. Die *Buchführung* dokumentiert, inwiefern eingehende Bestellungen voll erfüllt, teilweise erfüllt oder nicht erfüllt werden konnten. Für den Fall, dass eine Bestellung nicht voll erfüllt werden konnte wird diese Ordermenge als verloren angesehen. Der Orderüberhang (*Backlog*) wird von dem Agenten somit ignoriert. Für die Nachfrage mit langfristigem Zeithorizont erscheint es als eine sinnvolle Annahme, dass nicht erfüllte Nachfragen durch Substitutprodukte gedeckt werden. Im Anschluss daran wird die Lieferung an den Zielagenten beziehungsweise den zugeordneten Transportdienstleister weitergegeben.

Der *Plan*-Prozess (Abbildung 6.5) koordiniert die Aufgaben in den Teilprozessen und ermöglicht das pseudoautonome Verhalten der Agenten. Hierzu werden in diesem Prozess alle Schnittstellen mit der Außenwelt verbunden, um so ein modulares Design der Simulationsplattform zu erreichen. Nach außen zeigt der Agent somit immer dieselben Schnittstellen, intern kann die Konfiguration jedoch erheblich abweichen und modular gestaltet werden. Richtlinien zur Lagerhaltung, Produktion und der Lieferantenauswahl können von Agent zu Agent entweder unterschiedlich konfiguriert werden oder sogar durch ver-

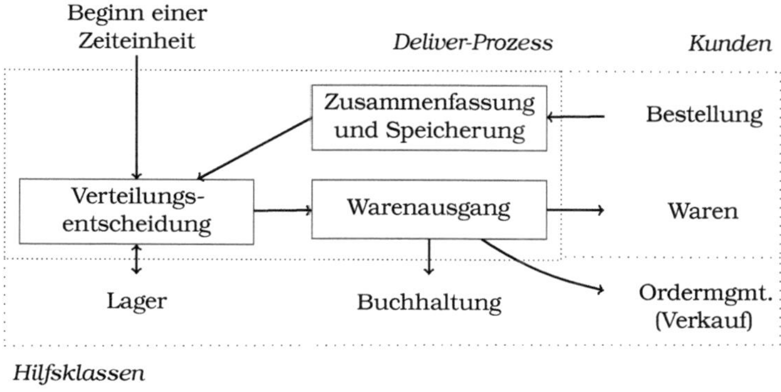

Abbildung 6.4: Basisagent: Umsetzung des SCOR-Versandprozesses

schiedene Objektklassen repräsentiert werden. Im Zuge des verkaufsbezogenen Planungsprozesses erfolgt die Preissetzung. Hierbei wird grundsätzlich mit einem konfigurierbaren, festen, prozentualen Preisaufschlag auf die Rohmaterialkosten gerechnet. Für den Fall, dass über einen längeren Zeitraum, aufgrund eines zu hohen Preispunktes, keine Bestellungen mehr eingehen, wird die geforderte Marge schrittweise abgesenkt, um so über einen Preiswettbewerb wieder Umsätze zu generieren.

Des Weiteren wird im Planungsprozess der Aufbau des Netzwerks angestoßen. Hierfür wird zu Beginn jeder Zeiteinheit anhand der vorgegebenen Kriterien eine Auswahl passender Lieferanten vorgenommen. In der Basiskonfiguration wird hierzu zunächst eine Auflistung derjenigen Agenten durchgeführt, welche für ein bestimmtes Endprodukt ein oder mehrere Rohmaterialien liefern können und mindestens eine Einheit davon verfügbar haben. Im nächsten Schritt werden hiervon die preiswertesten Anbieter herausgefiltert und zuletzt davon derjenige Anbieter selektiert, welcher dem fokalen Agenten am nächsten ist. Der Standort der Agenten wird dabei durch die Endnummer hinter dem Namen markiert. Diese referenziert unterschiedliche Lokationszonen. Der Agent $Retailer_1$ befindet sich somit in Zone 1. Ein Kunde mit der selben Zonenzuordnung würde demnach bei identischem Preis zuerst dort eine Bestellung aufgeben.

Nachfrageagent

Der Nachfrageagent bildet das Ende der Supply Chain und simuliert die Endkundennachfrage. Im Sinne der Modularität finden im Nachfrageagent dieselben

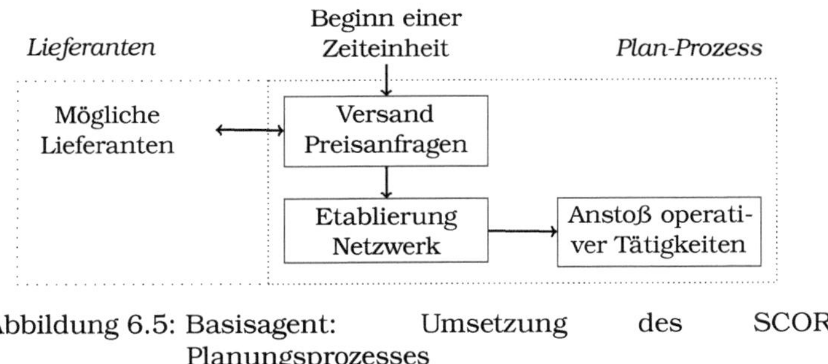

Abbildung 6.5: Basisagent: Umsetzung des SCOR-Planungsprozesses

Objektklassen Anwendung, wie auch im Basisagenten (Abbildung 6.6). Jedoch werden nicht alle Klassen benötigt: es findet keine Produktion und keine Auslieferung weiterer Produkte statt. Einsatz finden demnach diejenigen Klassen, welche die *Planung*, das *Ordermanagement* und den *Wareneingang* betreffen. Somit erfolgt auch der Aufbau des Versorgungsnetzwerks entsprechend des oben beschriebenen Prozesses. Für die Generierung der Nachfragefunktion wurde eine separate Objektklasse erstellt. Der Nachfrageagent ist im Rahmen der Simulation als Aggregat mehrerer Einzelnachfrager zu sehen. Die Nachfrage nach einem Produkt wird durch zwei Parameter gesteuert: zum einen hat jeder Nachfrageagent eine individuelle, konstante Nachfrage, gemessen in Stück pro Zeiteinheit. Zum anderen wird die Gesamtnachfrage eines Simulationslaufes eines jeden Agenten durch ein vorgegebenes Gesamtbudget limitiert. Die Gesamtnachfrage nach einem bestimmten Endprodukt ist damit deterministisch und zeitlich konstant. Sofern Order nicht sofort erfüllt werden können, kann das zur Verfügung stehende Nachfragevolumen zu einem späteren Zeitpunkt abgeschöpft werden.

Für den Fall, dass mehrere Agenten das gleiche Produkt anbieten (Konkurrenzsituation) ist die Nachfrage für jeden der Anbieteragenten auch vom Preis abhängig. Eine mehrfache Replikation des Nachfrageagenten kann dann sinnvoll sein, wenn mehrere unterschiedliche Nachfragemärkte mit unterschiedlichen Eigenschaften simuliert werden sollen. Der Nachfrageagent führt Buch sowohl über die ausgehenden Bestellungen und den Ordererfüllungsgrad als auch die finanziellen Ausgaben.

Transportagent

Der Transportagent dient als Dienstleister innerhalb der Supply Chain und verbindet mindestens zwei Nicht-Transport-Agenten in einer 1:N-Verknüpfung.

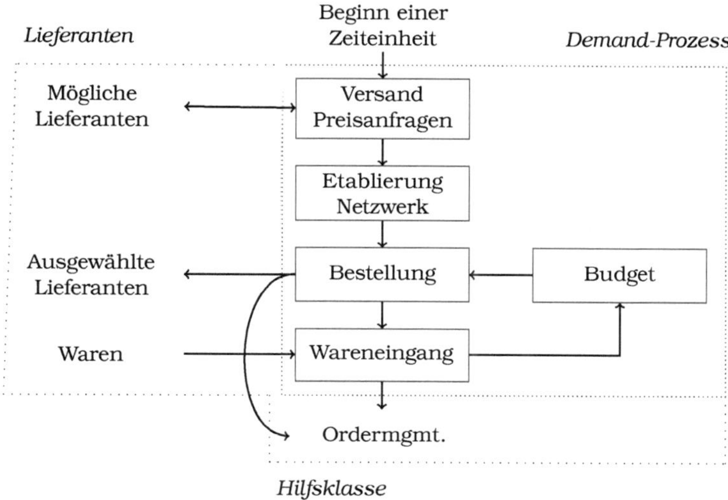

Abbildung 6.6: Nachfrageagent: Gesamtprozess

Der Agent nutzt, bis auf die Objektklassen für das *Ordermanagement*, keine gemeinsamen Klassen mit den anderen Agenten. In der Konfiguration wird jeder Transportagent einem spezifischen Lieferanten zugeordnet. Er ist dann für alle Zieladressen, ausgehend von diesem Lieferanten, zuständig. Sobald dieser Agent eine Lieferung an einen beliebigen anderen Agenten versenden möchte, wird diese automatisch an den Transportdienstleister geleitet. Die einzige Aufgabe des Transportagenten besteht daher darin, die Lieferung um einen definierten Zeitraum zu verzögern und diese im Anschluss daran dem originären Adressaten der Lieferung zuzustellen (Abbildung 6.7). Verzögerungen sind immer ganzzahlige Vielfache der minimalen Zeiteinheit. Der Einsatz eines solchen Agenten erfolgt nur dann, wenn die gewünschte Transportverzögerung größer als eine Basiszeiteinheit ist. Bestellungen werden nicht durch den Transportagenten geleitet und daher nicht verzögert. Der Transporter kann jedwede Verzögerung im Güterfluss zwischen Agenten repräsentieren. Denkbar wären hierbei auch nicht rein transportbedingte Verzögerungen beispielsweise durch Zollverarbeitung von Waren bei internationalem Handel.

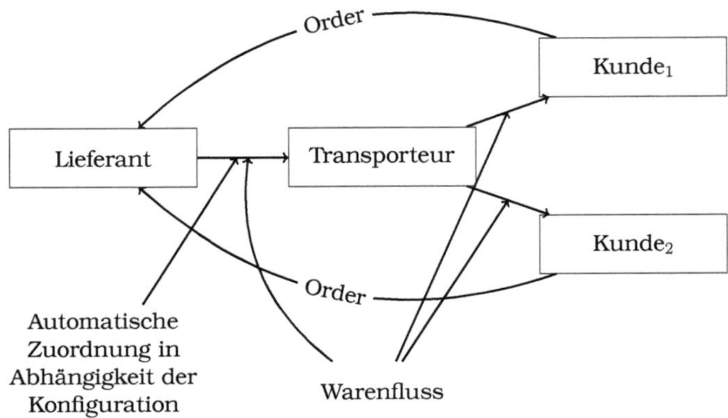

Abbildung 6.7: Transportagent: Gesamtprozess im Supply-Chain-Kontext

6.1.2.4 Entscheidungsvariablen

Mittels einer Änderung des Programmcodes des Simulationsmodells können, im Rahmen der Möglichkeiten von Anylogic, alle oben beschriebenen Eigenschaften angepasst werden. Jedoch ist eine solche tiefgreifende Änderung des Simulationsmodells nicht Ziel der Simulations*plattform*. Eine große Anzahl an Parametern kann daher in Form geänderter Konfigurationsparameter an das Modell übergeben werden. Somit kann bereits eine Vielzahl alternativer Supply-Chain-Konfigurationen abgebildet werden, von welchen in dieser Arbeit nur ein Bruchteil genutzt werden kann.

Für die Konfiguration wiederum stehen zwei unterschiedliche Möglichkeiten zur Verfügung: Die Mehrzahl der Modifikationen lassen sich in einer Konfigurationstabelle (Microsoft Excel) vornehmen. Weitere Parameteranpassungen sind möglich, indem Variablen innerhalb des Modells geändert werden. Tabelle 6.3 fasst die verfügbaren Entscheidungsvariablen zusammen. Weitere Variablen, wie beispielsweise die konkrete Höhe der bestellten oder versendeten Produktmengen werden endogen durch die hinterlegten Entscheidungsregeln im Modell festgelegt.

6.1.2.5 Implementierung des Simulationsmodells

Anylogic basiert auf Java, einer Universalprogrammiersprache. Es handelt sich hierbei um eine objektorientierte Programmiersprache. Alle Teile des Simulati-

Tabelle 6.3: Übersicht: Entscheidungsvariablen

Element	Prozess	Parameter	Ort
Basisagent	Plan	Preissetzung als Aufschlag (Marge) auf die Rohmaterialkosten	Excel
	Source	Lagerhaltungsrichtlinie (sS, rQ)	Anylogic
	Source	Parameter Lager (sS)	Excel
	Source	Lagerhaltungskosten [% vom Warenwert]	Anylogic
	Make	Produktionsschema (MTS, MTO)	Excel
	Make	Produktionsinterval (MTS)	Excel
	Make	Produktionsgeschwindigkeit [Stück/Zeiteinheit]	Excel
	Make	Stückliste	Excel
	Make	Produktionskosten [€/Zeiteinheit]	Anylogic
	Deliver	Anfangspreis pro Produkt	Excel
	Deliver	Lieferantenauswahlverfahren (Zufall, Preis, Nähe)	Anylogic
Nachfrageagent	–	Nachfrage [Stück/Zeiteinheit]	Excel
	–	Budget für den Planungshorizont [€]	Excel
Transportagent	–	Transportverzögerung [Zeiteinheiten]	Excel
	–	Zuordnung Lieferant	Excel
	–	Transportkosten	Anylogic
Supply Chain	–	Produkte	Excel
	–	Supply-Chain-Netzwerkdesign/Struktur (Zahl der Elemente, Standorte)	Excel

onsprogramms werden in Form von Objekten innerhalb von Anylogic abgebildet. Kernelement ist hierbei das so genannte Simulations-*Environment*. In diesem werden die entwickelten Agenten hinzugefügt, parametrisiert und simuliert. Die verfügbaren Klassen werden in drei Kategorien unterteilt: Agenten, Objektklassen und Hilfsklassen. Innerhalb der Programmierung sind diese zwar annähernd identisch, sie unterscheiden sich jedoch leicht in den programmatischen Eigenschaften und stark in ihrer logischen Bedeutung. Jeder *Agent* der Simulation ist selbst eine Java-Klasse und beinhaltet *Objektklassen*, welche die Anweisungen enthalten, um die Geschäftsprozesse und Funktionen zu simulieren. Diese Objektklassen wiederum enthalten *Hilfsklassen* als Unterklassen. Durch ihre Interaktion innerhalb des Agenten und mit dessen Umwelt werden die Geschäftsprozesse nachgebildet.

Jede Klasse besteht aus Funktionen, Parametern und Variablen. Unterschiedliches Verhalten des Agenten wird durch die Aktivierung unterschiedlicher Objektklassen und deren Konfiguration erreicht.

Initialer Auslöser jeder Aktion der Agenten sind *Ereignisse*. Diese werden entweder durch eingehende Nachrichten oder zu Beginn einer jeden Zeiteinheit ausgelöst. Mit diesen Ereignissen wiederum werden Klassen und Funktionen verknüpft, sodass die oben erläuterten Prozesse durchlaufen werden können. Zeitgesteuert werden zu Beginn jeder Periode grundlegende Funktionen des Agenten ausgeführt und nacheinander aufgerufen. Die Reihenfolge der Tätigkeiten wird wie folgt fixiert: Orderauslieferung der Bestellungen der Vorperiode, Produktionsdurchlauf, Lagerhaltungsmanagement. Tabelle 6.4 gibt eine Auflistung einer Auswahl der Klassen und ihrer Zuordnung zu den jeweiligen Oberklassen. Die vollständige Auflistung findet sich im Anhang (Tabelle 4, S. 242).

Ereignisse, welche zum selben Zeitpunkt stattfinden werden durch Anylogic serialisiert und in zufälliger Reihenfolge ausgeführt. Für den Erfolg jedes einzelnen Agenten, aber auch der gesamten Supply Chain zeigt sich, dass die Ausführungsreihenfolge der Ereignisse von großer Bedeutung ist. Alternativ wäre auch eine deterministische Reihenfolge möglich. Diese immer gleiche Ausführungsreihenfolge führt jedoch zu einer Verzerrung der Ergebnisse, indem einzelne Agenten kontinuierlich bevorzugt würden. Dementsprechend wäre dieses Vorgehen nicht zielführend und die zufällige Reihenfolge ist zu wählen. Dies führt jedoch dazu, dass zwischen Simulationsläufen mit identischen Szenarien (ceteris paribus) Variationen aller Messgrößen zu beobachten sind und so die Schlussfolgerungen abweichen könnten. Dieses Zufallselement findet in der Simulationsdurchführung und der Auswertung Berücksichtigung. Um einen Vergleich möglich zu machen, erweist sich daher eine stochastische Analyse der Größen als notwendig. In Kapitel 6.3.2, S. 183 erfolgt eine Zusammenschau der notwendigen Simulationsläufe.

Für die Simulation in Anylogic müssen zunächst die notwendigen Konfigurationsdateien erzeugt werden. Hierzu wird ausgehend von einer Basiskonfiguration, mittels eines Hilfsprogramms (`expand_szenarios.py`), für jedes zu simulierende Szenario eine separate Konfigurationsdatei erstellt. Die resultierenden Szenariodateien wiederum werden Anylogic zugeführt und dort automatisch nacheinander simuliert. Vor dem Start der Simulation wird hierfür die ausgewählte Konfigurationsdatei eingelesen. In einem ersten Schritt werden die gewünschten Agenten erzeugt und in der Simulationsumgebung platziert. Im zweiten Schritt werden die Agenten automatisch auf Basis der Vorgaben konfiguriert. Im Anschluss daran erfolgt selbstständig der Anstoß der Simulation.

Tabelle 6.4: Übersicht: Objektklassen des Simulationsmodells

Objektklasse	Klasse	Aufgabe	Zugeordnete Klassen
GenericAgent	Agent	Basisagent der Supply Chain, Konfiguration für einen Lieferanten, Hersteller, Distributor oder Einzelhändler möglich.	Receive, PriceList, IncOrdList, ProductionManagement, ExcelInterface, Risk, ListOfBOM, OutOrdList, BalanceSheet, Purchasing, InventoryManagement, ReceiveShipment, Stock, Delivery, Sales
DemandAgent	Agent	Instanzen repräsentieren die Endkunden der Supply Chain.	DemandRisk, BalanceSheet, InventoryManagementDemand, Stock, DemandQuotes, ExcelInterface, OutOrdList
TransportAgent	Agent	Transportverzögerung aller Waren von zugeordneten Lieferanten.	Stock, Risk, BalanceSheet, ExcelInterface
ExcelInterface	Objektklasse	Abruf von Konfigurationen und Speicherung der Orderlisten und Finanzdaten.	–
Inventory-Management	Objektklasse (Kernprozess)	Lagerhaltungsmanagement entsprechend der sS-Richtlinie.	–
ListOfBOM	Objektklasse	Speicherung der Stückliste für die Produktion aller Endprodukte des Agenten.	–
Production-Management	Objektklasse (Kernprozess)	Steuerung der Produktion aller Endprodukte in der Stückliste.	–
Purchasing	Objektklasse (Kernprozess)	Versand von Angebotsaufforderungen und Speicherung der eingehenden Angebote. Funktionen für die Lieferantenauswahl.	–
Risk	Objektklasse	Ausführung geplanter Unterbrechungen innerhalb der Agenten.	–

6.1.2.6 Risiken

Zentraler Bestandteil der Forschungsfragen ist die Analyse der Auswirkung von Risiken auf die Supply Chain. Die Abbildung von Risiken im Modell erfolgt durch Unterbrechungen, welche auf die Agenten wirken. Jede Unterbrechung betrifft genau einen Agenten. Von der Modellierung der Wahrscheinlichkeiten wird abgesehen. Entsprechend der Forschungsfragen werden Unterbrechungen *deterministisch* zu einem bestimmten Zeitpunkt angestoßen, um deren *Auswirkungen* auf die Supply Chain zu analysieren. Die Wahl des Zeitpunktes der Unterbrechung hat Einfluss auf die Ergebnisse der Simulation. Es ist ein Zeitpunkt zu wählen, welcher zum einen weit genug nach dem Beginn der Simulation liegt, um eine Beeinflussung durch die Startbedingungen zu verhindern. Hierzu muss sich die Simulation in einem Gleichgewichtszustand befinden (Kapitel 6.1.3, S. 168). Zum anderen darf die Unterbrechung auch nicht zu nah zum Ende des Simulationslaufs stattfinden, da sonst möglicherweise nicht mehr alle Auswirkungen der Unterbrechung aufgezeichnet werden können. Zuletzt muss auch die Vergleichbarkeit der Ergebnisse unterschiedlicher Supply-Chain-Konfigurationen gewährleistet sein. Dies ist jedoch nur der Fall, wenn die Unterbrechungen zu vergleichbaren Zeitpunkten auftreten.

Aufgrund dieser Überlegungen wird der Zeitpunkt mittels eines Unterbrechungstriggers festgelegt. Die Auslösung ist konfigurierbar und erfolgt nachdem der Lagerbestand eines spezifizierten Produktes bei einem Triggeragenten, welcher nicht gleich demjenigen Agenten sein muss, bei welchem die Unterbrechung auftritt, einen bestimmten Wert unterschritten hat. Zusätzlich wird eine Wartezeit nach diesem Ereignis definiert. Durch unterschiedliche Festlegung dieser Parameter kann der Startzeitpunkt individuell fixiert werden.

In der vorliegenden Simulation werden die Parameter so festgelegt, dass die Unterbrechung dann eintritt, nachdem mindestens ein Rohmateriallieferant, welcher am Anfang der Supply Chain steht, eine Bestellung erhalten und mit der Produktion begonnen hat. Es ist dann davon auszugehen, dass die übrigen Agenten ebenfalls bereits alle Geschäftsaktivitäten durchgeführt haben. Zusätzlich wird noch eine Wartezeit von zwei Zeiteinheiten hinzugefügt.

Unterbrechungen werden ebenfalls als Java-Objekt (Hilfsklasse) modelliert. Die Auswirkungen der Unterbrechungen werden mit den folgenden Parametern vollständig beschrieben.

- *Risikoquelle:* Zunächst muss das Ziel der Unterbrechung angegeben werden. Der Einfluss einer Unterbrechung beschränkt sich stets auf genau einen Agenten. Unterbrechungen, welche gleichzeitig oder zeitlich versetzt mehrere Agenten betreffen sollen, können ebenfalls modelliert werden. Hierzu werden pro Unterbrechungsziel jeweils separate Unterbrechungsobjekte angelegt.

- *Ausmaß/Einfluss auf Produktionsgeschwindigkeit:* Die Auswirkungen der Unterbrechung werden in Form einer gesunkenen Produktionsgeschwindigkeit modelliert. Hauptresultat der Unterbrechung ist die Verlangsamung des Produktionsprozesses. Unabhängig von den Ursachen der Unterbrechung und der direkten Auswirkungen, stellt die Unterbrechung oder Verlangsamung der Produktion und damit einhergehend auch der Auslieferung an den Kunden die betriebswirtschaftlich relevante Konsequenz dar. Die Stärke der Unterbrechung wird in Prozent der ursprünglichen Produktionsgeschwindigkeit angegeben: 0 % stellt demnach den kompletten Stillstand der Produktion und damit die größtmögliche Unterbrechungsstärke dar.
- *Unterbrechungsdauer:* Weiterhin ist die Dauer der Unterbrechung konfigurierbar. Entsprechend der Ursache und den Vorbereitungen auf die Unterbrechung können hier unterschiedliche Werte angenommen werden.
- *Lager Rohmaterial/Endprodukte:* Zuletzt können die Auswirkungen der Unterbrechung zu einer Reduktion von Lagerbeständen führen. Diese werden ebenfalls in Prozent des ursprünglichen Lagers angegeben. Hierfür können wiederum getrennte Unterbrechungsziele angegeben werden.

Durch passende Parametrisierung der Unterbrechungen können die Wirkungen einer Vielzahl von Risiken simuliert werden. Durch eine Änderung des Unterbrechungsziels können sowohl Unterbrechungen der Versorgung als auch der Nachfrage dargestellt werden, aber auch die Auswirkungen einer internen Unterbrechung können erzeugt werden. Die Analyse, ob eine Unterbrechung beginnt wird innerhalb jedes Agenten in der *Risk*-Klasse durchgeführt. Hierbei werden zu Beginn jeder Zeiteinheit die vorhandenen Unterbrechungen durchgegangen und die Startbedingungen überprüft. Nach dem Ende des Unterbrechungszeitraums werden Anlaufeffekte mit einbezogen und die Produktionsgeschwindigkeit langsam auf das ursprüngliche Niveau angehoben.

Es können nur Risiken simuliert werden, welche innerhalb der Agenten Auswirkungen zeigen. Umfeldrisiken nach Christopher u. Peck (2004) müssen daher in Form ihrer Auswirkungen auf die Supply-Chain-Elemente beschrieben werden. Risiken, welche die Verknüpfungen zwischen den Agenten betreffen, werden in den vorhergehenden Agenten integriert.

6.1.3 Simulationszeitraum

Um die Vergleichbarkeit der Wirksamkeit der gewählten Strategien zur Risikoreduktion in den unterschiedlichen Szenarien beurteilen zu können, erfolgt die Simulation über einen konstanten Zeitraum.

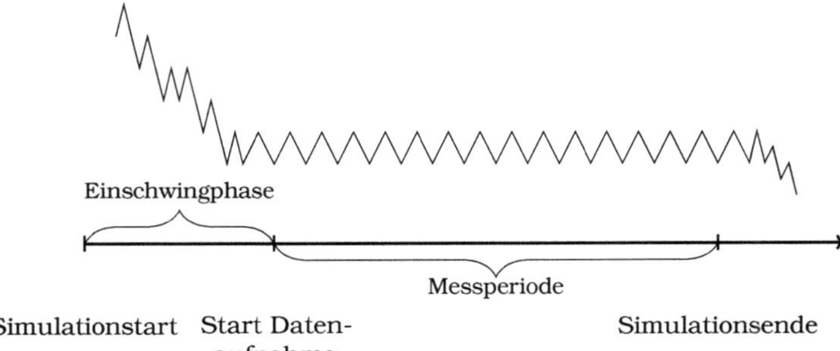

Abbildung 6.8: Beispiel (Simulationsergebnisse): Lagerbestand eines Agenten

In einer Simulation kann zunächst eine Einschwingphase beobachtet werden. In dieser passen sich die Ausprägungen der endogenen Variablen denen der anderen Elemente des Systems an. Abbildung 6.8 zeigt sinnbildlich die Entwicklung des Lagerbestandes eines Lieferanten. Zu Beginn der Simulation sind die nachfolgenden Stufen noch nicht mit Waren saturiert, daher ist ein starker Abfall zu beobachten. Danach stabilisieren sich jedoch Nachfrage und Angebot und die Supply Chain gelangt in einen Gleichgewichtszustand (vgl. TUNCEL u. ALPAN 2010, S. 257). Ziel ist es eine Messperiode zu erhalten, welche unabhängig von den Ausgangswerten der endogenen Variablen ist und so eine Analyse der zu Grunde liegenden exogenen, strukturellen Parameter zulässt, um so systembezogene Rückschlüsse ziehen zu können. Die Messung der Parameter findet demnach erst in der stabilen Phase statt. Eine Stabilisierung wird dann anerkannt, sobald mindestens einer der Rohmateriallieferanten einen Produktionslauf begonnen hat.

Entsprechend der Literaturanalyse und den Aussagen aus den Experteninterviews, liegt der Planungshorizont strategischer Entscheidungen zwar zwischen drei und zehn Jahren. Für die Analyse der Güte strategischer Ansätze zur Verminderung von Risiken ist jedoch insbesondere die Dauer bis zur Wiedererholung nach einer Unterbrechung von Bedeutung. Vorab durchgeführte Simulationsläufe zeigen, dass die Supply Chain bei den überprüften Unterbrechungen nach etwa zwei bis drei Jahren nach Beginn der Unterbrechung wieder in einen stabilen Normalbetrieb übergeht. Daher wird der Simulationszeitraum auf etwa drei Jahre festgelegt. Die kleinste Zeiteinheit in der Simulation wird nach umfangreichen Tests auf eine Woche fixiert. Dies stellt somit die minimale operative Tätigkeitseinheit und gleichzeitig die minimale Reaktionszeit auf eine Unterbrechung dar. Insgesamt werden demnach 150 Zeiteinheiten in der Messperiode simuliert.

6.1.4 Dokumentation der Modellergebnisse

Das Simulationsmodell beinhaltet zwei Möglichkeiten der Datenausgabe. Zunächst können während der Durchführung der Simulationsläufe Echtzeitdaten beobachtet werden. In der Hauptanzeige gehören hierzu Angaben über die aktuelle Produktionsauslastung der Elemente in Form eines Ampelschemas. Die Veränderungen der Netzwerkstruktur können direkt beobachtet werden, da bei Änderungen visuelle Anpassungen der Verbindungen zwischen den Agenten vorgenommen werden. Weiterhin können in einer Detailansicht für jeden einzelnen Agenten weitere Informationen abgerufen werden. Hierzu gehören Echtzeitdiagramme mit Zahlen zu kumulierten und durchschnittlichen, finanziellen Kenngrößen. Abbildung 6.9 zeigt links die Gesamtansicht und auf der rechten Seite eine agentenbezogenen Ansicht.

Nach dem Simulationslauf werden alle Daten in Microsoft Excel abgespeichert. Hierzu werden pro Agent zwei Tabellenblätter erzeugt. Eines dient als Ablageort aller ein- und ausgehenden Bestellungen, das andere beinhaltet die finanziellen Auswirkungen aller Transaktionen. Diese Messergebnisse dienen als Grundlage für die weitere Auswertung.

Im Rahmen der Ordererfassung werden die folgenden Daten für jede Bestellung gespeichert:

- *Typ:* Art der Order (eingehend oder ausgehend)
- *ID:* Eindeutige Identifikationsnummer der Order
- *Produkt:* Eindeutiger Name des Produktes, welches geordert wurde
- *Menge:* Bestellmenge
- *Empfänger:* Adressat der Bestellung oder Lieferung bei aus- beziehungsweise eingehenden Bestellungen
- *Status:* Erfüllungsstatus der Bestellung (voll, teilweise oder nicht erfüllt)

- *Zeitindex:* Zeiteinpunkt ab Beginn der Simulation zu welchem die Bestellung einging beziehungsweise gesendet wurde

Finanztransaktionen werden in mit den folgenden Daten gespeichert:

- *Kategorie:* Art der Erträge oder Kosten (Lagerhaltungskosten für Rohmaterialien, Zwischen- oder Endprodukte, Produktionskosten, Umsätze etc.)
- *Produkt:* Produktname, bei Kosten oder Erträgen mit Produktbezug
- *Zeitindex:* Zeitpunkt des Anfalls der Kosten oder Erlöse
- *Menge:* Produktmenge
- *Wert:* Höhe der Kosten oder Erlöse in Geldeinheiten

Zusätzlich zu diesen im Simulationslauf anfallenden Daten, wird am Ende der Simulation der Restwert der Wertschöpfung des jeweiligen Agenten bewertet. Ebenso wie die Lageranfangsbestände müssen die Lagerendbestände in die Bewertung Einzug halten. Ein Ansatz mit Null würde dabei geschaffene Werte vernachlässigen und damit den Agenten potenziell unterbewerten. Im Gegensatz dazu würde bei einer Bewertung zum Verkaufskurs davon ausgegangen werden, dass ein vollständiger Verkauf noch möglich wäre; dies würde jedoch zu einer Überbewertung von Strategien führen, welche auf eine möglichst hohe Lagerhaltung abzielen. Daher werden Lageranfangs- und -endbestände zu den

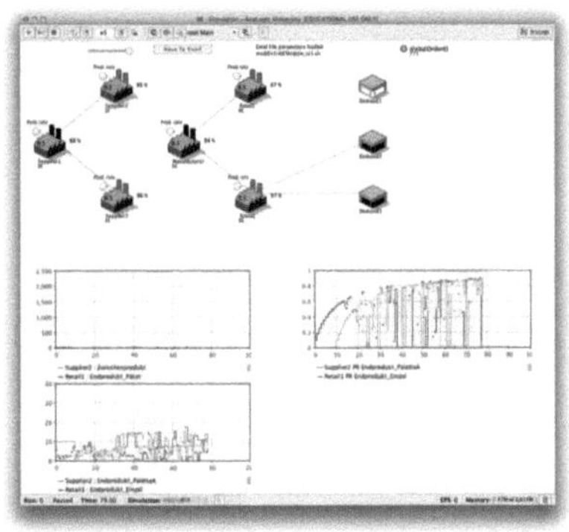

(a) Supply-Chain-Übersicht

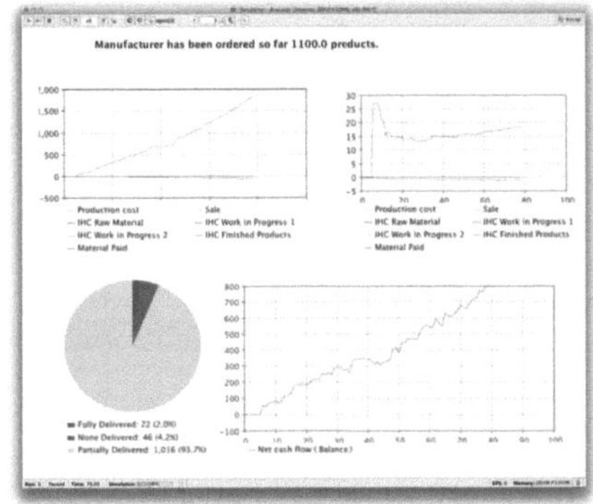

(b) Agentenspezifische Daten (Hersteller)

Abbildung 6.9: Beispiel (Simulationsergebnisse): Präsentation Echtzeitdaten in Anylogic

Einkaufspreisen zuzüglich der eigenen Produktionskosten bewertet und am Ende des Simulationslaufs in der Gewinnermittlung berücksichtigt.

6.1.5 Datensammlung und -aggregation

Die finanzbezogenen Daten aus der Ergebnistabelle begründen die weitere Datenanalyse. Hierzu werden die Daten in mehreren Schritten zusammengefasst. Die Maßnahmen werden in Abbildung 6.10 dargestellt.

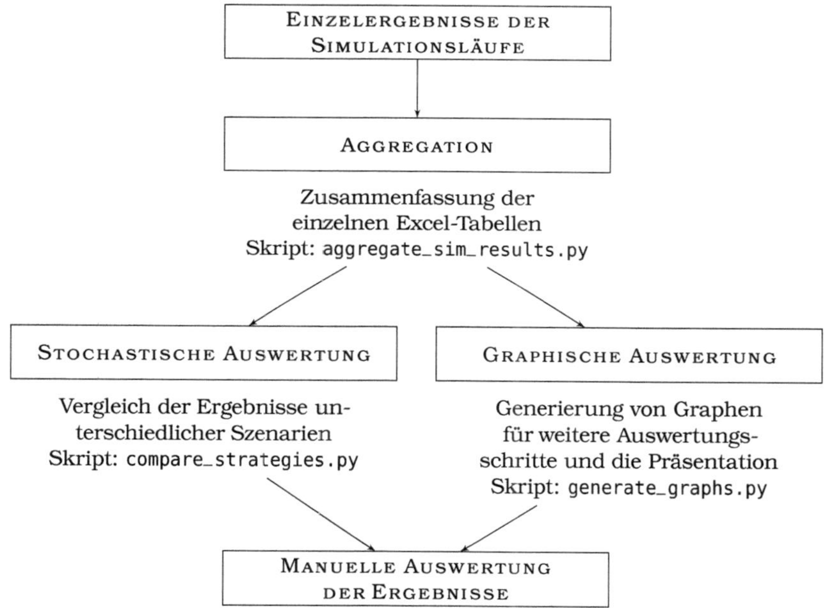

Abbildung 6.10: Prozess der Aggregation Simulationsrohdaten

- *Aggregation Simulationslauf:* Der Ausgangspunkt hierfür ist der ermittelte Gewinn (innerhalb der Messperiode angefallene Erlöse minus Kosten), welcher sich aus den Einzeltransaktionen eines Simulationslaufs eines Agenten zusammensetzt. Dieser wird bereits automatisch durch Anylogic berechnet und in der Excel-Tabelle gemeinsam mit den Rohdaten abgelegt. Diese Ziffer stellt den jeweiligen szenarioabhängigen Gewinn eines Agenten dar.

- *Aggregation mehrerer Simulationsläufe des selben Szenarios:* Jedes Szenario wird mehrfach simuliert. Für jeden Simulationslauf erzeugt das

Simulationsmodell eine Excel-Tabelle. Die Gewinne aus den einzelnen Tabellen werden für die weitere Verarbeitung pro Agent in einem Mittelwert, Varianzschätzer und der Anzahl der Durchläufe zusammengefasst. Die so gewonnenen Daten aller Szenarien werden dann in einer neuen, gemeinsamen Tabelle abgelegt.

- *Strategievergleich:* Zuletzt erfolgt mittels eines *Student-t-Tests* (siehe Kapitel 6.4.2) ein stochastischer Vergleich derjenigen Strategien, welche sich auf dasselbe Supply-Chain-Szenario beziehen. Hieraus ergibt sich eine Strategiehierarchie. Diese stellt dann die Grundlage der weiteren Auswertung dar.

Im Anschluss daran erfolgt die weitere Auswertung manuell.

6.2 Modellverifikation und -validierung

Zur Sicherstellung korrekter Ergebnisse ist die Durchführung von Verifikations- und Validierungsschritten notwendig. Diese Aufgaben werden im Rahmen mit der Modellentwicklung berücksichtigt. Zunächst erfolgt eine Validierung des Konzeptmodells. Diese wird mittels zweier Methoden zur Sicherstellung der internen und externen Validität durchgeführt. Für die externe Validierung wurden im Anschluss an die Experteninterviews ausgewählte Experten (A, B, C, F, H; vergleiche Tabelle 4.1, S. 113) mit umfangreichen Modellierungskenntnissen zu ihrer Einschätzung des Konzeptmodell befragt und Modell-Reviews durchgeführt. Hierzu wurden im Gespräch gemeinsam die folgenden Indikatoren überprüft (vgl. BALCI 1994, S. 133 f.[1]):

- Abgleich der Definitionen des Systems mit den Anforderungen der Studie
- Durchsprache der zugrundeliegenden Anforderungen
- Einhaltung von Standards
- Modellstruktur
- Vollständigkeit des Modells
- Dokumentation des Modells

[1] Eigene Übersetzung.

Auf Basis dieser Gespräche wurde Änderungsbedarf in der Umsetzung der Simulation erkannt und in das Konzeptmodell eingearbeitet. Neben kleineren Anpassungen wurde insbesondere die Einbeziehung von Risiken angepasst: Um die Analyse von Risikoreduktionsstrategien weiter in den Vordergrund zu rücken, werden im überarbeiteten Konzeptmodell Risiken direkter analysiert. Hierzu erfolgt eine Abtrennung der Eintrittswahrscheinlichkeiten der Risiken. Für die Simulation werden ausschließlich bereits eingetretene Risiken analysiert. So ist eine unmittelbare Analyse der *Auswirkungen* eines Risikos möglich. Gleichzeitig ist auch die Leistungsfähigkeit der gewählten Strategie im Nichtrisikofall direkt analysierbar. Zusätzlich kann so die Zahl der notwendigen Simulationsdurchläufe im Idealfall auf zwei reduziert werden (ein Durchlauf mit Risiko und einer ohne). Davon unbenommen können weiterhin die Ergebnisse mit der Eintrittswahrscheinlichkeit gewichtet und somit ein Erwartungswert einer Strategie errechnet werden.

In einem zweiten Validierungsschritt wurde das Modell innerhalb der Entwicklergruppe intensiv diskutiert und vervollständigt. Auf dieser Basis erfolgte die gemeinsame Umsetzung des Konzeptmodells in Anylogic.

Zur Sicherstellung der Qualität wurde anschließend das vollständige Modell verifiziert. Hierzu wurden unterschiedliche Methoden angewandt (BALCI 1994, S. 131 ff.). Auftretende Fehler im Rahmen von *Testläufen* wurden direkt analysiert und behoben. Weiterhin wurden Methoden aus der Softwareentwicklung wie beispielsweise *Execution Monitoring* und *Semantische Analysen* angewandt.

Zudem wurde eine *Bottom-Up-Analyse* durchgeführt. Hierzu wurden auf Funktionsebene Testfälle und ein erwartetes Verhalten definiert. Diese Tests wurden durchgeführt und gegebenenfalls notwendige Anpassungen umgesetzt.

Weiterhin wurden die Ergebnisse von Testläufen detailliert analysiert und die Daten auf Plausibilität hin überprüft. Die Nutzung der Supply-Chain-Operations-Reference-Prozesse unterstützt diese Herangehensweise. Durch die Einbindung dieses Standards können im Vorfeld bereits eine Vielzahl möglicher Fehlerquellen ausgeschlossen werden. In der Modellentwicklung wurde hierzu zunächst das Supply-Chain-Operations-Reference-Modell analysiert und mögliche Ansätze für die Umsetzung anhand von mehreren Beispielen aus der Literatur überprüft (vgl. BOLSTORFF U. A. 2007; JAIN U. LEONG 2005; LOCKAMY U. MCCORMACK 2004; PERSSON U. ARALDI 2009; RABELO U. A. 2007).

Weiterhin wurden umfangreiche Sensitivitätsanalysen durchgeführt, um sicherzustellen, dass die Modellergebnisse auch für kleine Veränderungen konsistent bleiben. Im Zuge dessen wurden *Stresstests* absolviert, indem Extremwerte für

Parameter gesetzt wurden. Somit konnten weitere Unstimmigkeiten erkannt und behoben werden.

Zuletzt wurde das Supply-Chain-Verhalten analysiert und die *Existenz gewünschter Systemeigenschaften* nachvollzogen. Insbesondere wurde überprüft, inwiefern ein Bullwhip-Effekt beobachtet werden kann.

6.3 Design der Simulationsexperimente

Im Folgenden wird die Zusammensetzung der Simulationsexperimente auf Basis der oben erläuterten Elemente des Simulationsmodells präsentiert. Das Experimentdesign orientiert sich an den Forschungsfragen und zielt damit insbesondere darauf ab, herauszufinden, wie Supply-Chain- und Risikofaktoren die Wahl der optimalen Strategie beeinflussen. Diese Rahmenbedingungen werden als Teil der Szenarien in die Modellierung eingebracht. Die Auswertung erfolgt mit Hilfe stochastischer Untersuchung und Sensitivitätsanalysen. Dabei soll auch festgestellt werden, inwiefern die Modellierung Einfluss auf die Ergebnisse der Arbeit hat (Modellrisiko).

6.3.1 Szenarien

Drei Einflussfaktoren auf die Leistungsfähigkeit einer Supply Chain werden für die Experimente zu Grunde gelegt: Supply-Chain-Konfiguration, Supply-Chain-Strategie und Supply-Chain-Unterbrechungen. Aus den unterschiedlichen Teilszenarien dieser Faktoren ergibt sich ein Gesamtszenario, welches dann in einem Simulationsexperiment näher untersucht werden kann.

1. Die *Supply-Chain-Konfiguration* beinhaltet alle Eigenschaften und Parameter, welche die simulierte Supply Chain beschreiben. Hierzu zählen unter anderem die Länge oder die Art der Supply Chain (serielle oder parallele Teile), aber auch Kostenfaktoren und die Konkurrenzsituation.

2. Unterschiedliche *Supply-Chain-Unterbrechungen* wirken auf die Supply Chain. Hierunter fallen beispielsweise verschiedene Risiken in Nachfrage, Produktion oder Versorgung. Des Weiteren können hier jedoch auch die Dauer und das Ausmaß des Risikos als wichtige Parameter variiert werden.

3. Die *Supply-Chain-Strategie* bildet einen weiteren Teilaspekt der Experimente ab. Hierunter fallen die ausgewählten Strategien, welche dazu geeignet sind, die Auswirkungen von Unterbrechungsrisiken in der Supply Chain zu reduzieren.

Aus den dargestellten Teilszenarien lassen sich die grundlegenden Szenarien für die Simulationsexperimente ableiten. Abbildung 6.11 stellt das Konzept grafisch dar. Ein mögliches Szenario, welches einer Simulation zugeführt werden könnte, wird mittels der gestrichelten Verbindungslinien hervorgehoben.

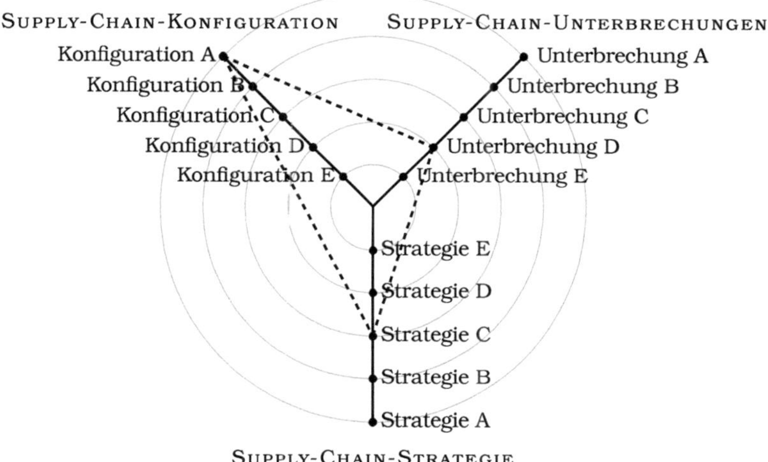

Abbildung 6.11: Design der Simulationsexperimente auf Basis von drei Teilszenarien

6.3.1.1 Konfiguration

MEYR U. STADTLER (2008) unterscheiden strukturelle und funktionale Merkmale von Supply-Chain-Typen. Die Funktions- und Strukturparameter sind im linken Teil der Tabelle 6.5 dargestellt. Der rechte Teil dient als Überleitung zu den Entscheidungsvariablen des Simulationsmodells. Auf Basis dieser Entscheidungsvariablen können dann die unterschiedlichen Teilszenarien der Supply-Chain-Konfiguration bestimmt werden.

In der Simulation werden die Supply-Chain-Konfigurationseigenschaften in den folgenden Parametern festgehalten:

- *Netzwerkstruktur:* Hierunter fällt die Anordnung der Elemente aus Sicht des fokalen Unternehmens. In Richtung der Lieferanten sowie Kunden kann es sich hierbei um eine serielle, konvergente oder divergente Struktur handeln. Zusätzlich wird hiermit festgelegt, wie die Art der Versorgung (Einzel- oder

Tabelle 6.5: Überleitung der Supply-Chain-Typisierung

Supply-Chain-Typisierung			
	Kategorie	Merkmal	Abbildung in der Simulation
Struktur	Topographie	Netzwerkstruktur	Netzwerkstruktur (seriell, divergent, konvergent)
		Grad der Globalisierung	–
		Lokation von Entkopplungspunkten	Netzwerkstruktur, Agenteneigenschaften (MTS, MTO)
		Hauptnebenbedingungen	Stückliste
	Integration und Koordination	Rechtliche Stellung	– (alle getrennt)
		Machtbalance	Nachfrage
		Koordinationsrichtung	–
		Art der ausgetauschten Informationen	Orderanfragen, Preise
Funktion	Art der Beschaffung	Zahl und Art der eingekauften Produkte	Stückliste
		Art der Versorgung	Netzwerkstruktur
		Flexibilität der Lieferanten	Agenteneigenschaften (Kapazitäten)
		Durchlaufzeiten und Zuverlässigkeit der Lieferanten	Agenteneigenschaften
		Materiallebenszyklus	während des Planungshorizonts
	Art der Produktion	Organisation des Produktionsprozesses	Agenteneigenschaften (Produktionsgeschwindigkeit)
		Wiederholung der Abläufe	–
		Umrüsteigenschaften	–
		Produktionsengpässe	–
		Flexibilität der Arbeitszeit	–
	Art der Distribution	Distributionssstruktur	Netzwerkstruktur
		Distributionsmuster	dynamisch
		Einsatz von Transportmitteln	Agenteneigenschaften (Transportwartezeiten)
		Transportnebenbedingungen	–
	Art des Absatzes	Beziehung zu den Kunden	Markt oder dedizierte Verbindung
		Verfügbarkeit Nachfrageprognosen	–
		Nachfragekurve	–
		Produktlebenszyklus	–
		Anzahl der Produktarten	Stückliste
		Grad der individuellen Anpassung	Stückliste
		Stückliste	Stückliste
		Dienstleistungsanteile	–

Doppelquellenbeschaffung) durchgeführt wird. Zuletzt werden auch die Standorte von eventuell vorhandenen Entkopplungspunkten festgelegt.

- *Agenteneigenschaften:* Weitere Eigenschaften werden direkt für die einzelnen Agenten festgelegt. Hierzu gehört die Festlegung des Produktionstyps (MTO oder MTS), der Kapazitäten und insbesondere der Produktions- beziehungsweise Transportgeschwindigkeit.

- *Stückliste (BOM):* Für die Supply Chain spielt die Stückliste eine zentrale Rolle, darin werden Produktionsbeschränkungen, die Zahl und Zusammensetzung der möglichen Produkte sowie eventuell vorhandene Anpassungsmöglichkeiten an den Produkten festgelegt.

- *Nachfrage:* Zusätzlich ist es möglich die Endkundennachfrage nach den Produkten, in Form unterschiedlicher Preistoleranzen und Mengenanforderungen der Kunden, zu konfigurieren.

Für die Simulationsexperimente muss eine Auswahl von Teilszenarien für die Supply-Chain-Konfiguration bestimmt werden. Ein mögliches Beispiel findet sich in Tabelle 6.6. Entsprechend dieses Schemas werden die einzelnen Supply-

Tabelle 6.6: Beispiel: Teilszenario Supply-Chain-Konfiguration

Entscheidungsvariable	Beispiel Konfiguration
Fokales Unternehmen	Hersteller
Netzwerkstruktur	Serielle Supply Chain mit je zwei Lieferanten-/ Kunden-Stufen
Produktionsschema der Agenten	MTO
Stückliste (BOM)	Ein Produkt mit jeweils einem Endprodukt

Chain-Konfigurationen festgelegt und die in Tabelle 6.7 dargestellten Szenarien werden betrachtet.

Tabelle 6.7: Übersicht: Teilszenarien Supply-Chain-Konfiguration

	Teilszenario Konfiguration				
Entscheidungsvariable	1(a-c)	2	3	4	5
Praktisches Beispiel	Theoretische Basis-Supply-Chain	–	Konsumgüterinsdustrie		Medizinbedarf
Fokales Unternehmen	Hersteller	Hersteller	Hersteller	Groß- und Einzelhändler	Hersteller
Netzwerkstruktur	a) seriell, b) konvergent, c) divergent	seriell	konvergent/divergent		divergent/ konvergent
Agenteneigenschaften	MTO	MTO	MTS	MTS	MTO
Stückliste (BOM)	1:1	1:1	2:4	4:4	1:1

Das Modell sieht vor, dass die Supply-Chain-Teilnehmer bereits mit einem anfänglichen Lagerbestand der jeweiligen Rohmaterialien und Endprodukten ausgestattet sind. Es wurden hierfür drei mögliche Bewertungsalternativen evaluiert: Bewertung zu Null, zu Durchschnittseinkaufspreisen und zu Durchschnittsverkaufspreisen. Eine Bewertung zu Null würde dazu führen, dass der anfängliche Bestand im Zuge der Verkaufstätigkeiten der Agenten als positiver Beitrag voll in die Gewinn- und Verlustrechnung Einzug halten würde und damit den Gewinn nach oben verschieben würde. Ein Vergleich von Strategien, welche unterschiedliche Anfangsbestände aufweisen würden wäre demnach nicht mehr möglich. Eine Bewertung zu Verkaufspreisen führte dazu, dass ein Nicht-Verkauf der Anfangsbestände zu einem zusätzlichen, überhöhten Verlust führen würde. Daher werden die Anfangsbestände an Rohmaterialien zu den durchschnittlichen Einkaufspreisen während der Simulation bewertet, die Anfangsausstattung an Endprodukten wird mit den durchschnittlichen Einkaufspreisen zuzüglich der durchschnittlichen Produktionskosten angesetzt.

In diesem Abschnitt werden die Startbedingungen für die Simulation präsentiert und begründet. Die Klassen des Simulationsmodells werden zu Beginn eines jeden Simulationslaufs initialisiert, um die gewünschte Supply-Chain-Struktur zu erreichen. Hierbei können die Attribute für die Konfiguration der übergreifenden Supply-Chain-Struktur und der Elemente sowie der Agenten und ihrer Bestandteile unterschieden werden. Um die Konfiguration zu vereinfachen, können die meisten Einstellungen in einer Excel-Tabelle vorgenommen werden. Die folgenden Annahmen für die Konfigurationen werden grundsätzlich getroffen:

- Über alle folgenden Supply-Chain-Konfigurationen hinweg werden Supply Chains mit fünf Stufen betrachtet (außer Basis-Supply-Chain).

- Die Rohmateriallieferanten besitzen ausreichende Rohstoffe, um die Supply Chain über den Zeithorizont hinweg mit ihren Produkten zu versorgen.

- Die Endkunden weisen, ohne Betrachtung von Unterbrechung, eine konstante Nachfrage auf. Budgetbeschränkungen werden so gesetzt, dass in einem Simulationslauf ohne Unterbrechung keine Mindernachfrage zu verzeichnen ist.

- Die Standorte und Eigenschaften der Agenten werden durch das Szenario bestimmt. Dieses wiederum orientiert sich an branchenspezifische Eigenschaften.

- Außer anders angegeben werden in den Konfigurationen keine Transportagenten verwendet. Bestellte Produkte werden direkt und umgehend zugestellt. Dies impliziert, dass Güter innerhalb einer Woche transportiert werden können.

Die übrigen Parametersetzungen werden im Rahmen der jeweiligen Szenarien erläutert. Nach der Initialisierung des Modells läuft die Simulation als geschlossenes System und es findet kein weiterer Austausch mit der Umwelt statt.

6.3.1.2 Unterbrechung

Tabelle 6.8 beschreibt beispielhaft ein Unterbrechungsrisiko. Dieses betrifft, ausgehend von einem zentral gelegenen Hersteller, einen Lieferanten der zweiten Ebene. Es handelt sich um einen umfänglichen Ausfall der Produktionskapazitäten, welche jedoch nur eine Zeiteinheit anhält.

Tabelle 6.8: Beispiel: Teilszenario für Unterbrechungsrisiken

Merkmal	Beispiel Konfiguration
Risikoquelle	Lieferant auf Stufe -2
Ausmaß [%]	0
Unterbrechungsdauer [W.]	5

Alle Elemente der Supply Chain können von Unterbrechungen betroffen sein. Diese wirken sich ausschließlich auf die Produktionsgeschwindigkeit aus und senken diese auf 0, 10 oder 20 % der ursprünglichen Geschwindigkeit. Die Dauer der Unterbrechung liegt bei 5, 15 oder 25 Wochen. Die Messperiode startet nach einer Einschwingphase von 25 Wochen. Die Unterbrechung beginnt kurz darauf in der 32. Periode.

6.3.1.3 Strategie

Supply-Chain-Strategien beziehen sich ebenfalls auf einzelne Supply-Chain-Elemente und können dort auf unterschiedliche Arten die Widerstandsfähigkeit erhöhen. Aus dem Modell bieten sich die folgenden Entscheidungsvariablen zur Anpassung an:

- Orderfrequenz (Vergrößerung/-kleinerung *sS*-Orderintervall),
- Durchschnittliche Lagerhaltung (Verschiebung *sS*-Orderintervall Intervall),
- Produktionslaufzeit (MTS-Produktion),

- Produktionsgeschwindigkeit (Steigerung oder Senkung der Flexibilität),
- Supply-Chain-Elemente (Ergänzung oder Reduktion der Anzahl).

Robuste Supply-Chain-Strategien beinhalten entweder die Erhöhung der Flexibilität oder der Redundanz der Komponenten der Supply Chain. Die Experteninterviews haben zur weiteren Unterteilung der Strategien beigetragen: Als Kernstrategien stehen Strategien zur Schaffung neuer Kapazitäten, in Form von Flexibilitätspotentialen in Prozessen und Anlagen innerhalb der gesamten Supply Chain sowie in der Lagerhaltung im Vordergrund. Die Matrix in Tabelle 6.9 zeigt die damit möglichen Strategiekombinationen (1-4). Die zur Verfügung stehenden Entscheidungsvariablen lassen sich dazu wie folgt zuordnen:

Tabelle 6.9: Kategorisierung der ausgewählten Strategien

	Kapazität	Lagerhaltung
Flexibilität	1	2
Redundanz	3	4

1. *Flexibilität der Kapazität:* Diese Strategie bezieht sich insbesondere auf die Kapazitäten der Produktionsprozesse und Transportwege, welche durch Erhöhung der Flexibilität kurzfristig anpassbar sind.
   Entscheidungsvariable: Produktionslaufzeit und Produktionsgeschwindigkeit

2. *Flexibilität der Lagerhaltung:* Erhöhung der Anpassbarkeit von Lagern, hierdurch kann in Zeiten geringer/hoher Nachfrageschwankungen die Lagerhaltung herunter-/heraufgefahren werden.
   Entscheidungsvariable: Orderfrequenz

3. *Redundanz der Kapazität:* Redundante Kapazitäten, beispielsweise in Form von zusätzlichen Lieferanten, führen zu einer Erhöhung der Ausfallsicherheit in den Prozessen der Supply Chain.
   Entscheidungsvariable: (zusätzliche) Supply-Chain-Elemente

4. *Redundanz der Lagerhaltung:* Erhöhung der Lagerhaltung kann auch größere Nachfrageschwankungen ausgleichen, führt jedoch gleichzeitig zu höheren Kosten und geringerer Flexibilität gegenüber Nachfrageänderungen.
   Entscheidungsvariable: Durchschnittliche Lagerhaltung

Jede der Strategien kann auf unterschiedliche Wirkungsorte innerhalb der Supply Chain abzielen. Eine Verbesserung der Flexibilität der Kapazitäten kann beispielsweise die eigenen Produktionsprozesse betreffen oder alternativ auf den Aufbau flexibler Lieferkapazitäten bei den Lieferanten gerichtet sein. Daher wird für jede Strategie im Rahmen der Simulation der jeweilige Wirkungsort zusätzlich festgelegt. Insgesamt stehen bei einer Supply Chain mit fünf Stufen 17 Strategien zur Risikoreduktion zur Auswahl.

Weiterhin können diese Strategien kombiniert werden. In den Simulationsexperimenten werden auch Kombinationsstrategien untersucht, welche aus einer Zusammenstellung von zwei unterschiedlichen Strategien bestehen. Dies entspricht der gleichzeitigen Implementierung mehrerer strategischer Ansätze zur Risikoreduktion und wird in den Abschnitten 6.5.4, 6.5.5 und 6.5.6 behandelt.

Die Bewertung der Strategien in den Simulationsexperimenten erfolgt auf Basis des errechneten Gewinns.

Da Eintrittswahrscheinlichkeiten in die Evaluation keinen Eingang finden, werden auch keine Strategien mit einbezogen, welche auf die Reduktion von Eintrittswahrscheinlichkeiten eingehen.

Die aus Literatur und Interviews gewonnen Strategiekategorien finden in der Simulation Anwendung. *Eine Flexibilisierung der Kapazitäten* kann bei allen Teilnehmern durchgeführt werden. Für den Nachfrageagenten bedeutet diese Strategie eine Ausweitung der Nachfrage. Konkret wird die Kapazitätsflexibilisierung durch Lockerung (Erhöhung) der Produktionsgeschwindigkeitslimitierung um etwa 100 %, beispielsweise von 1,1 auf 2,2 $[\frac{Stück}{Zeiteinheit}]$, modelliert. Die Nachfrage wird im selben Maß erhöht. Insgesamt steht somit je Stufe eine Strategie in dieser Gruppe zur Verfügung.

Die *flexible Lagerhaltung* wird durch eine Verringerung des sS-Orderintervalls erreicht. Hierdurch wird, bei gleichbleibendem durchschnittlichen Lager, die Orderfrequenz erhöht. Die Anpassung erfolgt ausgehend von der bisherigen Richtlinie und setzt das untere/obere Orderlimit herauf/herab (um etwa 30 % des unteren Limits). Diese Strategie wird für alle Elemente, abgesehen von den Randelementen, implementiert.

Redundante Kapazität wird durch die Hinzufügung weiterer Elemente in die Supply Chain erreicht. So wird die Supply Chain jeweils um ein Element erweitert. Die Konfiguration des zusätzlichen Agenten entspricht dabei der des bereits Existierenden. Eine Strategie, welche einen zusätzlichen Nachfrageagenten impliziert kann als Nutzung eines neuen (unabhängigen) Marktes interpretiert werden.

Zuletzt werden die *redundanten Lager* durch Verschiebung des sS-Orderintervalls erreicht. Die Höhe der Verschiebung liegt bei etwa 100 %.

6.3.2 Simulationskombinationen

Abbildung 6.12 fasst die notwendigen Simulationsläufe für das Beispiel der seriellen Supply Chain mit fünf Stufen (Abschnitt 6.5.7) zusammen. Von oben ausgehend lässt sich anhand der Darstellung die Zahl der notwendigen Simulationsläufe ablesen. Auf der obersten Ebene stehen die Supply-Chain-Konfigurationen. Für jede Konfiguration werden Unterbrechungen ausgewählt und implementiert. Jede Unterbrechung kann mit Hilfe verschiedener Strategien mitigiert werden. Die Konfiguration der seriellen Supply Chain besteht somit aus 782 $(17 \cdot 46)$ Szenarien mit unterschiedlichen Unterbrechungs- und Strategieeigenschaften. Für jedes Szenario werden mehrere Simulationsdurchläufe (6) durchgeführt, um einen durchschnittlichen Ergebniswert errechnen zu können. Insgesamt ergibt sich ein Simulationsbedarf von 4692 Durchläufen. Für die übrigen neun Supply-Chain-Konfigurationen errechnen sich unterschiedliche Werte.

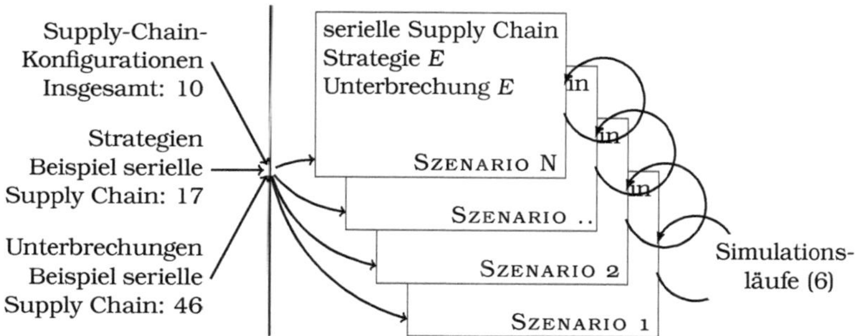

Abbildung 6.12: Überblick über die Gesamtzahl der Simulationsläufe

6.3.3 Simulationsablauf

Aus den möglichen Szenarien werden im nächsten Schritt die zu simulierenden Szenarien selektiert. Für diese werden jeweils die unten beschriebenen Simulationsschritte durchgeführt. Die darin enthaltenen, einzelnen Simulationsläufe folgen dann dem Muster 3a) bis 3e). Abbildung 6.13 verdeutlicht dieses Vorgehen.

1. Konfiguration der Simulationsumgebung, um die Supply-Chain- und Risikoeigenschaften zu reflektieren
2. Einbettung der Strategie in das Simulationsmodell
3. Durchführung eines Simulationslaufs
    a) Start der Simulation
    b) Abwarten der Stabilisierung der Supply-Chain-Simulation (Messperiode)
    c) Initiierung der im Szenario bestimmten Unterbrechung
    d) Abwarten der erneuten Stabilisierung des Systems
    e) Beendigung der Simulation
4. Zusammenfassung und Analyse der Simulationsergebnisse

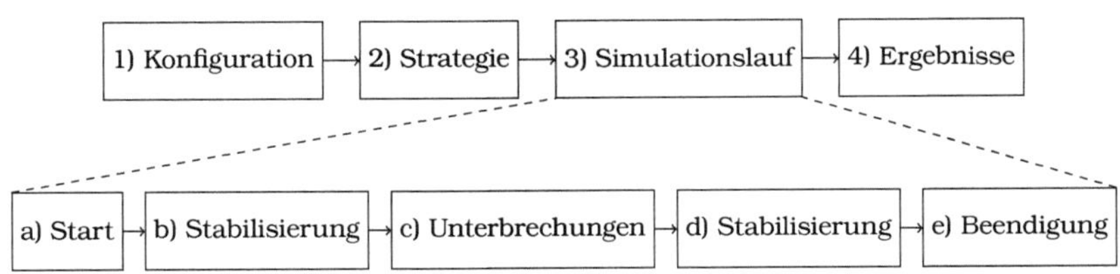

Abbildung 6.13: Vorgehensmodell für die Simulation

6.4 Durchführung und Auswertung der Simulation

Nach der Konfiguration der Simulationsexperimente werden diese direkt in Anylogic eingelesen und simuliert. Jeder einzelne Simulationslauf benötigt in Abhängigkeit der Komplexität des Experiments zwischen 0,5 und 3 Sekunden. Die Gesamtdauer der Simulationsdurchführung ist in Abschnitt 6.5 jeweils zu Beginn der Unterkapitel angegeben.[2] Die Aggregation der Resultate aus den einzelnen Ergebnisdateien benötigt in Abhängigkeit der Anzahl der Durchläufe zwischen 15 und 30 Minuten.

[2]Für die Simulation wurde Anylogic in der Version 6.7.0 auf einem Apple MacBook Air (Intel Core i5 Prozessor; 1,7 GHz; 4 GB RAM) verwendet.

6.4.1 Auswertung

Als Leistungsmaß findet der Unternehmensgewinn Anwendung (Kapitel 2.3.2). Grundlage der Berechnung ist ein fokales Unternehmen, welches sich aus einem oder mehreren Elementen der Supply Chain zusammensetzt. Das dazugehörige Maß ergibt sich demnach als kumulierter Gewinn der dazugehörigen Elemente. Das fokale Unternehmen ist stets in der Mitte der Supply Chain lokalisiert, um sowohl Aspekte der Versorgungs- als auch der Distributionskette analysieren zu können. Der Entscheider basiert seine Entscheidungen allein auf dem Gewinn des fokalen Unternehmens, der Gewinn der übrigen Supply-Chain-Teilnehmer wird nicht weiter betrachtet.

Der direkte Alternativenvergleich stellt die Basis der Auswertung der Simulationsergebnisse dar. Für den Paarvergleich werden je Risikoszenario die Ergebnisse aller Strategien untereinander verglichen. Auf dieser Basis können sodann Handlungsempfehlungen unter der gegebenen Risikokonfiguration gegeben werden. Zudem kann über mehrere Konfigurations- und Risikoszenarien hinweg ein Vergleich erfolgen, inwiefern Strategien ihre Dominanz halten können. Die Analyse des Einflusses geänderter Parameter und Supply-Chain-Struktureigenschaften auf die dominante Strategie erfolgt durch die Aufdeckung von Trends.

6.4.2 Statistische Grundlagen der Ergebnisanalyse

Die stochastische Natur der einzelnen Simulationsläufe (Kapitel 6.1.2.5) macht es unmöglich einen direkten Vergleich zwischen einzelnen Gewinnen durchzuführen. Eine adäquate Vergleichsmethode ist daher erforderlich. Tabelle 6.10 zeigt beispielhaft die Ergebnisse von zehn Simulationsläufen eines Szenarios und macht damit die zu erwartende Schwankungsbreite deutlich. Spalte drei enthält den kumulierten Mittelwert aller Gewinnwerte bis zu dieser Zeile und in der vierten Spalte ist die dazugehörige Standardabweichung vermerkt. Die Tabelle zeigt, dass nach etwa fünf Durchläufen eine Stabilisierung der Mittelwerte erfolgt. Dies ist insbesondere an der sinkende Standardabweichung abzulesen. Aus diesem Grund wird jedes der folgenden Szenarien mit sechs Simulationsdurchläufen simuliert.

Analog zu Goldsman u. Nance (2009) und Conway (1963) wird der stochastische Vergleich als Methode zur Bewertung und Hierarchisierung der Strategien verwendet. Die statistische Signifikanz stellt ein notwendiges, jedoch kein hinreichendes Kriterium für die Relevanz der Resultate dar. Für die Beurteilung der Differenz ist ebenso die absolute Effektstärke von essentieller Bedeutung.

Tabelle 6.10: Ergebnisvariationen der Simulationsläufe

Durchlauf	Gewinn	Mittelwert	Standardabweichung
1	141,19	-	-
2	153,55	147,37	8,74
3	150,05	148,26	6,37
4	147,28	148,02	5,22
5	140,03	146,42	5,76
6	143,28	145,90	5,31
7	155,11	147,21	5,97
8	144,52	146,88	5,61
9	144,97	146,66	5,29
10	137,52	145,75	5,76

Konkret erfolgt der Paarvergleich mittels des Zweistichproben-Student-t-Tests. Die einzelnen Elemente werden im Folgenden dargestellt. Das Ergebnis einer Vielzahl von Simulationsläufen wird durch die Bildung eines Mittelwertes ($\overline{x}$) zusammengefasst, zudem werden die Abweichungen der Einzelergebnisse von diesem Mittelwert im Schätzer für die Varianz (s^2) aggregiert.

$$\overline{x} = \frac{1}{n} \sum_{i=1}^{n} X_i \tag{6.2}$$

$$s^2 = \frac{1}{n-1} \sum_{i=1}^{n} (X_i - \overline{x})^2 \tag{6.3}$$

Ziel ist es, die Mittelwerte zweier Stichproben (Simulationssequenzen) miteinander zu vergleichen, um eine Aussage treffen zu können, inwiefern diejenigen Sequenzen mit einer Strategie A zu einem anderen Ergebnis führen als diejenigen mit Strategie B.

Für zwei unabhängige Stichproben (Simulationssequenz $X : X_1, ..., X_n$ und $Y : Y_1, ..., Y_m$) wird der Zweistichproben-t-Test zum Vergleich der Stichprobenmittelwerte verwendet. In der Nullhypothese wird dabei davon ausgegangen, dass die tatsächlichen Mittelwerte der Verteilungen identisch sind. Für die Alternativhypothese gilt dementsprechend, dass sich die beiden Mittelwerte unterscheiden.

$$H_0 : \mu_X = \mu_Y \tag{6.4}$$

$$H_1 : \mu_X \neq \mu_Y \tag{6.5}$$

Die Prüfgröße des t-Tests berechnet sich wie folgt:

$$t = \sqrt{\frac{nm}{n+m}} \cdot \frac{\overline{x} - \overline{y}}{s} \tag{6.6}$$

$$\text{mit } s = \sqrt{\frac{(n-1)s_x^2 + (m-1)s_y^2}{n+m-2}} \tag{6.7}$$

Anhand der t-Verteilung kann der Ablehungsbereich für H_0 bestimmt werden. Für das Signifikanzniveau α und $n + m - 2$ Freiheitsgrade wird H_0 abgelehnt, sofern eine der folgenden Ungleichungen erfüllt ist.

$$t < -t_{1-\alpha/2;n+m-2} \tag{6.8}$$

oder

$$t > t_{1-\alpha/2;n+m-2} \tag{6.9}$$

Für den Fall, dass die Nullhypothese verworfen werden kann, ist mit einer Konfidenz in Höhe von $1 - \alpha$ davon auszugehen, dass ein Unterschied zwischen den Mittelwerten besteht. Aus dem Verhältnis von $\overline{x}$ zu $\overline{y}$ ergibt sich damit entweder

$$\mu_X > \mu_Y \tag{6.10}$$

oder

$$\mu_X < \mu_Y. \tag{6.11}$$

Der t-Test setzt des Weiteren voraus, dass die Standardabweichungen der zu vergleichenden Mittelwerte identisch sind ($\sigma_X = \sigma_Y$). Hiervon kann jedoch bei dem Vergleich der Mittelwerte der Simulationssequenzen nicht ausgegangen werden, da diese auf unterschiedlichen Modellkonfigurationen (Strategien) basieren und es hierdurch zu einer unterschiedlichen Streuung der Stichprobenwerte um die Mittelwerte kommen kann. Anhand eines Beispiels wurde ein F-Test zum Vergleich von Standardabweichungen durchgeführt. Dieser bestätigt die potentielle Abweichung.

Aus diesem Grund muss für diesen Vergleich der *Welch-Test* herangezogen werden. Dieser baut auf dem Student-t-Test auf. Die Berechnung der Prüfgröße erfolgt auf Basis der folgenden Gleichungen.

$$t = \frac{\overline{x} - \overline{y}}{s} \tag{6.12}$$

$$\text{mit } s = \sqrt{\frac{s_x^2}{n} + \frac{s_y^2}{m}} \tag{6.13}$$

$$\text{Freiheitsgrade } \nu = \frac{\left(\frac{s_x^2}{n} + \frac{s_y^2}{m}\right)^2}{\frac{\left(\frac{s_x^2}{n}\right)^2}{n-1} + \frac{\left(\frac{s_y^2}{m}\right)^2}{m-1}} \tag{6.14}$$

Die Nullhypothese kann abgelehnt werden, wenn:

$$t < -t_{1-\alpha/2;\nu} \tag{6.15}$$

oder

$$t > t_{1-\alpha/2;\nu} \tag{6.16}$$

Für die identischen Supply-Chain- und Risikokonfigurationen werden die Erwartungswerte und Standardabweichungen berechnet und im Anschluss daran paarweise miteinander verglichen. Wird die Nullhypothese der Gleichheit der Simulationssequenzmittelwerte verworfen, kann mit einer Konfidenz von 99 % ($\alpha = 1\,\%$) angenommen werden, dass die Werte ungleich sind. Damit ist der Erwartungswert derjenigen Strategie mit dem höheren Mittelwert größer als der Erwartungswert der Strategie mit dem geringeren Mittelwert.

Die Ergebnisse des paarweisen Vergleiches können in einer Matrixdarstellung verdeutlicht werden (beispielhaft in Tabelle 6.11). Im Beispiel erweist sich Strategie A als dominant. Für die übrigen Strategien kann der Erwartungswert jedoch nicht immer mit hinreichender Sicherheit unterschieden werden. Im Paarvergleich zwischen B, C und D ergibt sich ein gemischtes Bild, da keine dominante Relation auszumachen ist. In den folgenden Auswertungen werden dominante

Tabelle 6.11: Beispielhafter Strategievergleich

Strategie	A ($\overline{x} = 10$)	B ($\overline{x} = 3$)	C ($\overline{x} = 2$)	D ($\overline{x} = 4$)
A		>	>	>
B	<		=	=
C	<	=		<
D	<	=	>	

Strategien analysiert, welche mit einer sehr geringen Irrtumswahrscheinlichkeit versehen sind.[3] Zugleich gibt es Strategien, bei welchen im Zuge der Paarvergleiche nicht immer eine statistisch signifikante Abweichung zwischen den Strategien festgestellt werden kann.

Beispiel. *Für den Vergleich der Strategien* B *und* C *aus Tabelle 6.11 kann die Nullhypothese nicht verworfen werden. Es kann daher nicht angenommen werden, dass eine der Strategien besser wäre. Jedoch zeigt sich Strategie* A *besser als die*

[3] Jeder Vergleich zwischen zwei Strategiealternativen birgt das Risiko eines α-Fehlers (Fehler 1. Art). Dieser kommt für jeden einzelnen Vergleich mit der Wahrscheinlichkeit α (hier immer 1 %) vor. Die Gesamtwahrscheinlichkeit einer Fehlentscheidung hängt daher von der Gesamtzahl der verglichenen Kombinationen ab.

Strategien B, C und D. In diesem Fall, wird Strategie A daher mit der Punktzahl +3, -0 bewertet, da sie drei Strategien dominiert und von keiner Strategie selbst dominiert wird. Strategie D dagegen wird mit +1, -1 bewertet, da sie von Strategie A dominiert wird, Strategie C jedoch selbst dominiert.

Die Darstellung der Ergebnisse erfolgt zum einen in Form einer Bestenliste für die gegebenen Szenarien auf Basis einer schwachen oder starken Dominanz. Zum anderen kann auch dargestellt werden für welche Szenarien oder Szenariokombinationen eine gegebene Strategie A besser ist als eine Strategie B. Hierfür gelten im Rahmen dieser Arbeit die folgenden Definitionen:

Definition 6.1. *Eine Strategie A dominiert dann eine Strategie B streng, für den Fall, dass ein statistischer Vergleich der Ergebnisse der Strategien stets zu einem besseren Ergebnis für Strategie A führt.*

Definition 6.2. *Eine Strategie A dominiert eine Strategie B schwach, für den Fall, dass ein statistischer Vergleich der Ergebnisse beider Strategien entweder zu einem besseren Ergebnis für Strategie A führt oder die Null-Hypothesen $A = B$ sowie $A > B$ nicht verworfen werden können.*

Im Gesamtvergleich wird eine Strategie in dieser Arbeit dann als *dominante Strategie / stark dominierend* bezeichnet, sofern sie sich im Vergleich mit mindestens $^2/_3$ der übrigen Strategien als dominant erweist.

6.5 Simulationsszenarien und -ergebnisse

In diesem Abschnitt werden die Simulationsszenarien vorgestellt, die Details der Simulation skizziert und die Ergebnisse der Simulationsläufe präsentiert. Der Aufbau der Unterkapitel entspricht nachfolgendem Muster:

1. Zunächst werden die Szenariospezifika erörtert, welche abweichende Parametrisierungen zu der oben genannten Standardkonfiguration darstellen. Weiterhin wird auf die angewandten Strategien eingegangen.

2. Im Anschluss daran werden Anpassungen an der Ausgestaltung der Simulationsläufe (Anzahl der Wiederholungen etc.) dargestellt.

3. Im letzten Schritt werden die Ergebnisse in Form von Tabellen und Diagrammen präsentiert und verbal erläutert und diskutiert.

Zunächst werden als Grundlage die Ergebnisse der Simulation von drei generischen Supply Chains mit jeweils nur drei Stufen diskutiert. Diese stellen prototypische Konfigurationen von Teilabschnitten einer Supply Chain dar: seriell, konvergent und divergent. Im Anschluss daran wird ab dem Kapitel 6.5.7 eine Analyse komplexerer Supply Chains vorgenommen. Sofern eine Stufe aus mehr als einem Element besteht, werden die Risikoreduktionsstrategien stets für dasjenige Element umgesetzt, welches nicht von der Unterbrechung betroffen ist.

Abbildung 6.14 zeigt zunächst einen Überblick über vier Basisszenarien. Hierfür wurden die serielle, konvergente und divergente, dreistufige Supply Chain sowie eine serielle, fünfstufige Supply Chain entwickelt, modelliert und parametrisiert. Diese Lieferketten wurden ausgewählt, um die grundsätzlichen, risikobezogenen Eigenschaften des Modells in typischen Konstellationen zu analysieren.

Im Anschluss an die Erforschung der Basisszenarien wurden Erkenntnisse aus den Experteninterviews herangezogen, um komplexere Supply Chains zu modellieren und zu parametrisieren. Abbildung 6.15(a) zeigt eine Konsumgüter-Supply-Chain mit Fokus auf den Hersteller. Auch in Abbildung 6.15(b) ist eine Konsumgüter-Supply-Chain dargestellt. In diesem Fall ist jedoch der Händler, bestehend aus Distributionszentren und Retailern, im Fokus der Untersuchungen. Zuletzt wird in Abbildung 6.15(c) eine Supply Chain für Medizingüter dargestellt.

Die Erkenntnisse der unterschiedlichen Szenarien bauen aufeinander auf. Ziel ist es, stets neue Erkenntnisse aus den zusätzlichen Szenarien ziehen zu können. Die Auswahl der Parameter erfolgte für die Basisszenarien aufgrund eigener Annahmen und Werten aus der Literatur. Im Fall der Simulationsszenarien in Abbildung 6.15 wurden die Parameter, soweit möglich den Expertengesprächen entnommen; offene Werte wurden der Literatur entnommen oder geschätzt. Alle weiteren Details finden sich in Kapitel 6.3 und ein Überblick über weitere Parameter in Tabelle 6.7.

6.5.1 Basis-Supply-Chain (seriell)

Die erste Fallstudie bezieht sich auf eine serielle Supply-Chain-Konfiguration (Abbildung 6.16). Insgesamt wurden 1512 Durchläufe in 19 Minuten ausgeführt. In dieser Ausrichtung sind drei Elemente vorgegeben, welche hintereinander miteinander verbunden sind. Zur Vereinfachung wird angenommen, dass in jedem Agenten jeweils ein Produkt in ein anderes umgewandelt wird. Der Lieferant verarbeitet das Rohmaterial in ein Zwischenprodukt, welches dann an

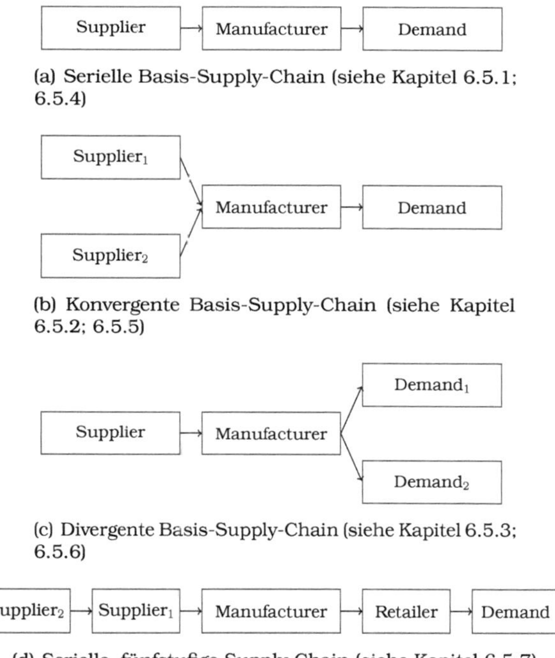

(a) Serielle Basis-Supply-Chain (siehe Kapitel 6.5.1; 6.5.4)

(b) Konvergente Basis-Supply-Chain (siehe Kapitel 6.5.2; 6.5.5)

(c) Divergente Basis-Supply-Chain (siehe Kapitel 6.5.3; 6.5.6)

(d) Serielle, fünfstufige Supply Chain (siehe Kapitel 6.5.7)

Abbildung 6.14: Übersicht: Basissimulationsszenarien

den Hersteller weitergegeben wird. Dieser wandelt es in ein Endprodukt um und kann dieses dann an den nachfrageerzeugenden Kunden verkaufen. Details zur jeweiligen Rohmateriallagerhaltung und den Produktionsparametern finden sich unter der Strukturabbildung. Die Nachfrage des Endkunden beträgt 10 $[\frac{Stück}{Woche}]$; es steht ein maximales Budget für den Simulationszeitraum von 1800 Einheiten zur Verfügung. Die eingehenden Order werden durch den Hersteller aus dem Lager (sS-Richtlinie) und der MTS-Produktion (11 $[\frac{Stück}{Woche}]$) gedeckt. Der Preis des Endproduktes errechnet sich direkt als Aufschlag (Marge) auf die Materialkosten. Diese beträgt in diesem Fall 60 %. Der Lieferant kann auf einen Rohmaterialbestand von 1800 Einheiten zurückgreifen und kann in der Produktion ebenfalls 11 $[\frac{Stück}{Woche}]$ produzieren. Als Unterbrechungsdauern werden 5, 15 und 25 Wochen in den Szenarien verwendet. Das Ausmaß der Unterbrechung liegt zwischen 0 und 20 %. Zusätzlich zu den Auswirkungen auf die Produktionsgeschwindigkeit wird zu Beginn der Unterbrechung das Endproduktlager des betroffenen Unternehmens um 50 % reduziert. Im Gegen-

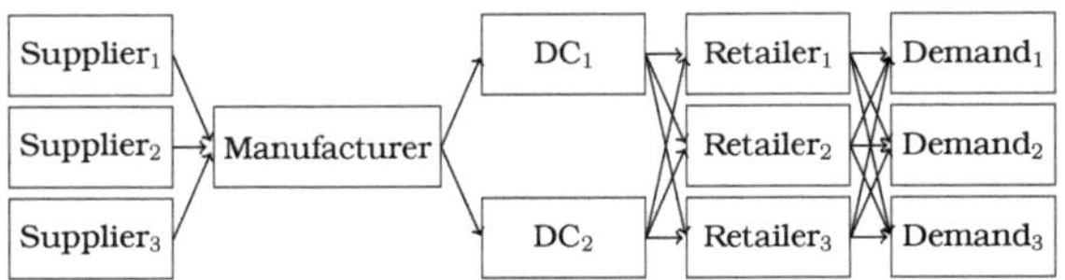

(a) Konsumgüter-Supply-Chain (Fokus: Hersteller; siehe Kapitel 6.5.8)

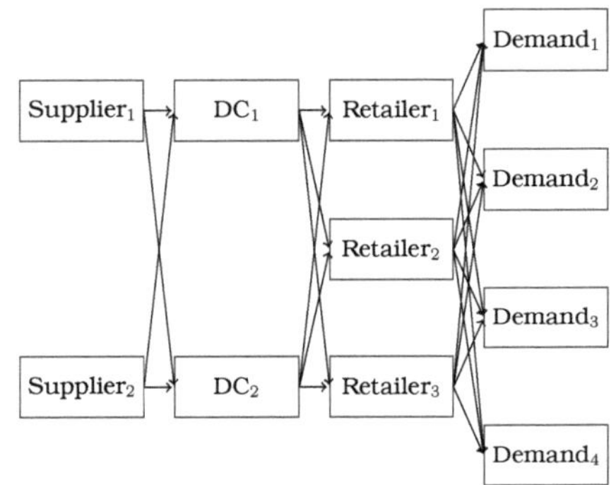

(b) Konsumgüter-Supply-Chain (Fokus: Händler; siehe Kapitel 6.5.9

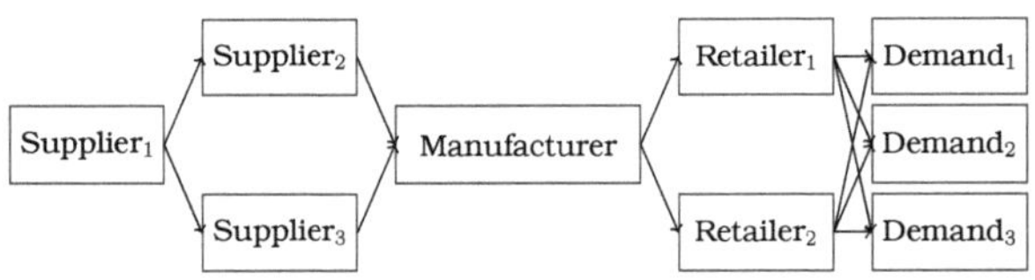

(c) Medizingüter-Supply-Chain (siehe Kapitel 6.5.10)

Abbildung 6.15: Übersicht: erweiterte Simulationsszenarien

satz zur Standardvorgabe erhöht die Strategie der flexiblen Kapazitäten in allen Simulationsläufen der Basis-Supply-Chain die Kapazitätslimitierung um 50 % (statt 100 %).

Zunächst soll nun eine risikobezogene Analyse durchgeführt werden, hierzu werden die Tabellen zunächst aus Sicht der einzelnen Spalten/Risiken betrachtet. Für die serielle Supply-Chain-Konfiguration fassen die Tabellen 20 bis 24 die Ergebnisse zusammen. Jede Tabelle bezieht sich auf genau ein Unterbrechungsziel (Supplier, Manufacturer und Demand) und jede Spalte steht für ein bestimmtes Risiko. In der letzten Spalte wird jeweils der Fall ohne Risiken dagegen gestellt. In den Zeilen sind die möglichen Strategien aufgelistet. Die Benennung setzt

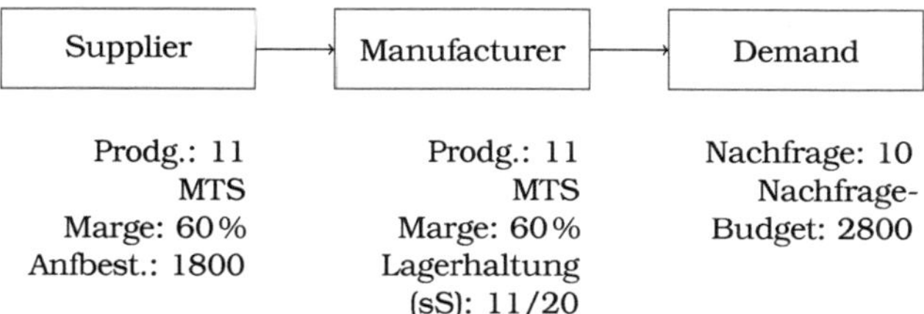

Abbildung 6.16: Konfiguration und Parameter: serielle Supply Chain (drei Stufen)

sich aus den in Kapitel (6.3.1.3) genannten Strategiekombinationen zusammen (Abbildung 6.17).

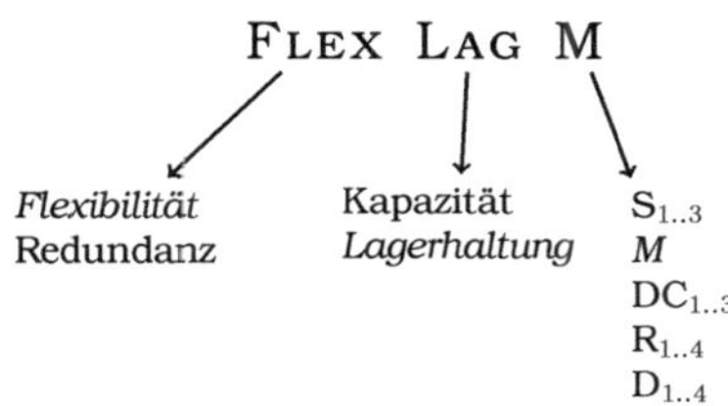

Abbildung 6.17: Erläuterung des Namensschemas für Risikoreduktionsstrategien

In den Datenzellen der Tabelle ist zunächst der durchschnittliche Gewinn angegeben. Darunter ist das Ergebnis der statistischen Vergleiche mit den anderen Strategien notiert. Diejenige Zahl, welche mit einem Plus markiert ist, gibt an, wie oft diese Strategie andere Strategien streng dominiert. Die Angabe hinter dem Minus bezieht sich darauf wie oft diese Strategie dominiert wird. Für die Verbesserung des Überblicks ist der Gewinn von denjenigen Strategien, welche nicht dominiert werden (*-0*), kursiv markiert. Der Gewinn der Strategien, welche eine starke Dominanz aufweisen (besser als 2/3 aller Strategien) ist fett hervorgehoben (Abbildung 6.18).

Die Ergebnisse zeigen, dass die Strategiewahl hauptsächlich durch das Unterbrechungsziel beeinflusst wird. Unterbrechungen, welche den Lieferanten betreffen (Tabelle 6.12) werden am Besten durch redundante Kapazitäten des Lieferanten mitigiert. Eine Flexibilisierung der Kapazitäten zeigt keine positive Wirkung, da bei einer umfassenden Unterbrechung auch flexible Kapazitätsbegrenzungen

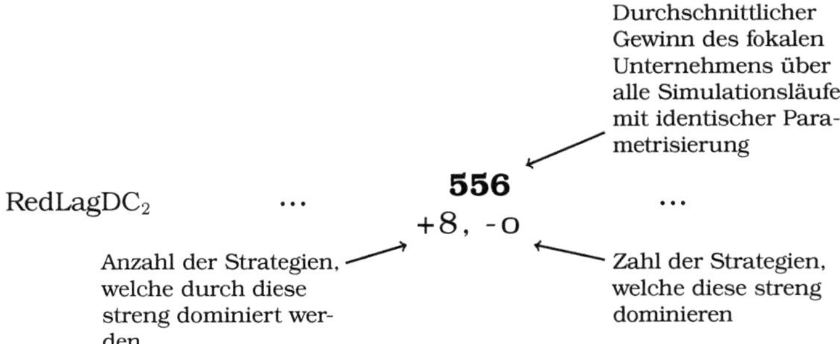

Abbildung 6.18: Erläuterung der Annotation zu den Werten der Ergebnistabellen

nicht zum Einsatz kommen können. Jedoch haben auch andere Strategien leicht positive Effekte auf die Ergebnisse des Herstellers, insbesondere diejenigen, welche eine Flexibilisierung der Kapazitäten erfordern.

Die besten Strategien für die Reduktion von Risiken beim Lieferanten sind diejenigen, welche direkt beim Lieferanten Verbesserungen vornehmen (*RedKapS* und *FlexKapS*; Tabelle 6.12). Besonders schlecht schneidet die Strategie der redundanten Kapazität direkt beim Hersteller ab; hier wirken sich sinkende Preise durch die Überkapazitäten negativ auf den Gewinn des Herstellers aus: Im Verlauf der Simulation müssen, durch das zeitweise Überangebot, in unregelmäßigen Abständen die Preise gesenkt werden. Auch wenn in diesem Simulationsmodell die Preissenkung durch einen kompetitiven Ansatz hervorgerufen wird, welche in der Praxis bei einer unternehmensinternen Kapazitätserweiterung nicht vorhanden wäre, so wären doch in einem solchen Fall ebensolche Überkapazitäten zu verzeichnen und Preissenkungen erfolgten dann nicht aufgrund des Wettbewerbsdrucks, sondern aufgrund anderer Maßnahmen (wie beispielsweise Promotionen), um die Kapazität auszulasten.

Für Risiken, welche beim Hersteller auftreten, zeigen sich insbesondere die Strategien der redundanten und flexiblen Kapazität beim Hersteller als optimal (Tabelle 6.13). Die übrigen Strategien führen zu vergleichbaren Ergebnissen. Die Strategie redundanter Kapazitäten beim Hersteller erweist sich insbesondere dann als erfolgreich, wenn das Ausmaß sehr hoch ist beziehungsweise die Dauer sehr lang. Für kurze, kleine Risiken erweist sich diese Strategie aufgrund der zu erwartenden Überkapazität als unzureichend. Weitere Experimente haben gezeigt, dass insbesondere bei geringerem Endproduktlager eine Flexibilisierung

Tabelle 6.12: Strategie-Risiko-Matrix: Basis-Supply-Chain (seriell; Unterbrechungsziel: Supplier)

	Disruptionsdauer [Wochen]									
	25			15			5			
	Ausmaß [%]									Kein
Strategie	0	10	20	0	10	20	0	10	20	Risiko
Nullstrategie	422	448	455	463	480	494	495	505	517	*556*
	+1, -2	+1, -2	+1, -3	+1, -2	+1, -2	+1, -2	+1, -2	+1, -3	+1, -2	+1, -0
FlexKapS	**469**	**493**	**510**	495	**509**	**529**	**536**	**549**	**556**	*565*
	+7, -1	+7, -1	+7, -1	+4, -1	+7, -1	+7, -1	+7, -0	+7, -0	+7, -0	+1, -0
RedKapS	**555**	**558**	**558**	**562**	**551**	**559**	**560**	**560**	**552**	*567*
	+8, -0	+8, -0	+8, -0	+8, -0	+8, -0	+8, -0	+7, -0	+7, -0	+7, -0	+2, -0
FlexKapM	426	448	469	466	479	496	498	520	524	*561*
	+2, -2	+1, -2	+1, -2	+1, -1	+1, -2	+1, -2	+1, -2	+2, -2	+1, -2	+1, -0
RedKapM	346	371	382	368	381	400	403	412	411	425
	+0, -8	+0, -8	+0, -8	+0, -8	+0, -8	+0, -8	+0, -8	+0, -8	+0, -8	+0, -8
FlexLagM	418	444	458	461	471	481	494	505	508	549
	+1, -2	+1, -2	+1, -2	+1, -2	+1, -2	+1, -2	+1, -2	+1, -2	+1, -3	+1, -1
RedLagM	424	448	466	468	479	500	500	510	524	*556*
	+2, -2	+1, -2	+1, -2	+1, -1	+1, -2	+1, -2	+1, -2	+1, -2	+1, -2	+1, -0
FlexKapD	412	449	478	463	480	501	502	517	523	*571*
	+1, -5	+1, -2	+2, -2	+1, -2	+1, -2	+1, -2	+1, -2	+1, -2	+1, -2	+1, -0
RedKapD	435	446	468	467	481	502	500	515	526	*563*
	+2, -2	+1, -2	+1, -2	+1, -1	+1, -2	+1, -2	+1, -2	+1, -2	+2, -2	+1, -0

der Produktionskapazitäten zu einer Verbesserung der Gewinne führen kann. Lager kann folglich in Grenzen durch zusätzliche Produktionsflexibilität ersetzt werden.

Zuletzt werden Unterbrechungen des Nachfrageagenten betrachtet (Tabelle 6.14). Auch hier zeigt sich eine Favorisierung von Strategien, welche direkt am Unterbrechungsort ansetzen. Auffällig ist hierbei, dass redundante Kapazitäten in der Nachfrage, aufgrund der sonstigen Kapazitätsbeschränkungen in der Supply Chain, nur für Unterbrechungen sinnvoll sind, welche mindestens 15 Wochen andauern. Flexible Kapazitäten der Nachfrage scheinen insbesondere für Risiken mit geringerem Ausmaß Wirkung zu zeigen. In den übrigen Fällen ist keine positive Wirkung erkennbar.

Tabelle 6.13: Strategie-Risiko-Matrix: Basis-Supply-Chain (seriell; Unterbrechungsziel: Manufacturer)

	Disruptionsdauer [Wochen]									
	25			15			5			
	Ausmaß [%]									Kein
Strategie	0	10	20	0	10	20	0	10	20	Risiko
Nullstrategie	409	434	452	450	460	479	487	501	505	*556*
	+0, -2	+0, -1	+1, -1	+1, -1	+1, -1	+1, -1	+1, -2	+1, -1	+1, -3	+1, -0
FlexKapS	415	440	451	452	457	481	484	502	516	*565*
	+0, -1	+0, -1	+1, -1	+1, -1	+1, -1	+1, -1	+1, -1	+2, -1	+1, -1	+1, -0
RedKapS	413	430	450	448	467	480	487	499	511	*567*
	+0, -1	+0, -1	+1, -1	+1, -1	+1, -1	+1, -1	+1, -2	+1, -1	+1, -1	+2, -0
FlexKapM	**455**	**475**	**492**	**486**	**510**	**526**	**532**	**544**	**554**	*561*
	+7, -0	+8, -0	+8, -0	+8, -0	+8, -0	+8, -0	+8, -0	+8, -0	+8, -0	+1, -0
RedKapM	*437*	414	413	420	416	416	419	414	411	425
	+3, -0	+0, -3	+0, -8	+0, -8	+0, -8	+0, -8	+0, -8	+0, -8	+0, -8	+0, -8
FlexLagM	402	428	439	444	453	468	478	480	503	549
	+0, -3	+0, -1	+1, -2	+1, -1	+1, -2	+1, -4	+1, -3	+1, -4	+1, -1	+1, -1
RedLagM	417	442	466	459	474	489	502	508	519	*556*
	+2, -1	+1, -1	+2, -1	+1, -1	+2, -1	+2, -1	+4, -1	+2, -1	+2, -1	+1, -0
FlexKapD	407	433	451	452	468	491	499	505	514	*571*
	+0, -2	+0, -1	+1, -1	+1, -1	+1, -1	+2, -1	+2, -1	+1, -1	+1, -1	+1, -0
RedKapD	408	438	457	448	466	493	493	515	520	*563*
	+0, -2	+1, -1	+1, -1	+1, -1	+1, -1	+2, -1	+1, -1	+2, -1	+2, -1	+1, -0

6.5.2 Basis-Supply-Chain (konvergent)

Im nächsten Schritt wird die Supply-Chain-Konfiguration dahingehend erweitert, dass ein zusätzlicher Lieferant zur Verfügung steht. In Anylogic wurden wiederum 252 Szenarien in 1512 Einzelläufen simuliert; die Simulationszeit lag bei 21 Minuten. Beide Lieferanten stellen ein identisches Zwischenprodukt zur Verfügung, sodass sie alternativ verwendet werden können. Im Vergleich zur bisherigen Konfiguration sind die Kapazitäten der Lieferanten halbiert. Die übrigen Parameter bleiben unverändert, sodass ein Vergleich mit dem oben erläuterten Szenario möglich ist. Wenn mehrere Agenten in einer Stufe existieren, beziehen sich die beschreibenden Angaben in der Abbildung auf beide Agenten einzeln.

Für den Fall einer Unterbrechung bei einem der Lieferanten erweisen sich wiederum die Strategien, welche den jeweils anderen Lieferanten direkt mit einbeziehen als vorteilhaft (Tabelle 5). Da jedoch im Allgemeinen nicht vorhersehbar

Tabelle 6.14: Strategie-Risiko-Matrix: Basis-Supply-Chain (seriell; Unterbrechungsziel: Demand)

	Disruptionsdauer [Wochen]									
	25			15			5			
	Ausmaß [%]									Kein
Strategie	0	10	20	0	10	20	0	10	20	Risiko
Nullstrategie	467	490	495	512	526	530	*545*	*552*	*552*	*556*
	+1, -1	+1, -1	+1, -1	+1, -1	+2, -1	+2, -1	+1, -0	+1, -0	+1, -0	+1, -0
FlexKapS	475	493	505	504	528	527	*555*	*543*	*547*	*565*
	+2, -1	+2, -1	+1, -1	+1, -1	+2, -1	+2, -1	+1, -0	+1, -0	+1, -0	+1, -0
RedKapS	472	483	494	512	515	524	*547*	*547*	*560*	*567*
	+1, -1	+1, -1	+1, -2	+1, -1	+1, -1	+1, -1	+1, -0	+1, -0	+1, -0	+2, -0
FlexKapM	479	484	496	518	524	528	*554*	*568*	*562*	*561*
	+2, -1	+1, -1	+1, -2	+1, -1	+1, -1	+2, -1	+2, -0	+2, -0	+2, -0	+1, -0
RedKapM	349	362	367	377	381	392	405	411	420	425
	+0, -8	+0, -8	+0, -8	+0, -8	+0, -8	+0, -8	+0, -8	+0, -8	+0, -8	+0, -8
FlexLagM	452	471	482	502	508	503	536	531	536	549
	+1, -5	+1, -4	+1, -2	+1, -1	+1, -3	+1, -6	+1, -4	+1, -4	+1, -3	+1, -1
RedLagM	483	492	493	517	527	534	*558*	*559*	*568*	*556*
	+2, -1	+2, -1	+1, -2	+1, -1	+1, -1	+2, -1	+2, -0	+2, -0	+2, -0	+1, -0
FlexKapD	478	499	511	516	526	537	*555*	*557*	*561*	*571*
	+2, -1	+2, -1	+5, -1	+1, -1	+1, -1	+2, -1	+2, -0	+2, -0	+1, -0	+1, -0
RedKapD	**567**	**554**	**564**	**562**	**566**	**565**	*566*	*561*	*570*	*563*
	+8, -0	+8, -0	+8, -0	+8, -0	+8, -0	+8, -0	+2, -0	+2, -0	+2, -0	+1, -0

ist, welcher Lieferant von einer Unterbrechung betroffen ist, setzt dies jedoch prinzipiell voraus, dass diese Strategie für alle Lieferanten angewandt wird und sich somit die Kosten der Strategieimplementierung potentiell vervielfachen. Sowohl eine Flexibilisierung der Kapazitäten als auch ein zusätzlicher, dritter Lieferant (redundante Kapazität) führen zu Ergebnissen, welche deutlich über der Nullstrategie stehen. Die Strategie redundanter Kapazitäten beim Hersteller sticht durch die schlechte Leistung hervor. Auch hier liegt die Ursache in der damit entstehenden Überkapazität.

In einem Szenario, bei welchem der Hersteller direkt von der Unterbrechung betroffen ist (Tabelle 6) zeigt sich, dass eine Flexibilisierung der Kapazitäten beim Hersteller insbesondere dann empfehlenswert ist, wenn das Ausmaß eher gering und die Unterbrechungsdauer kurz ist. Besonders schwere Risiken werden im besten Fall durch redundante Kapazitäten beim Hersteller mitigiert. Dies ist auf die Überkapazität zurückzuführen, deren negative Effekte erst durch die Existenz signifikanter Risiken aufgefangen werden können. Weitere Experi-

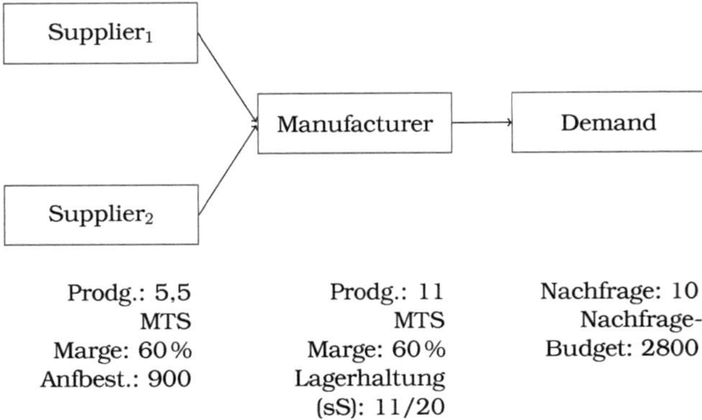

Abbildung 6.19: Konfiguration und Parameter: konvergente Supply Chain

mente zeigen, dass eine Aufteilung der existierenden Kapazitäten statt einer Verdopplung zu deutlich dominanten Ergebnissen führen, welche auch Vorteile gegenüber *FlexKapM* zeigen. Mit der flexiblen Kapazität ist der Hersteller in der Lage die größere Reaktionsfreudigkeit eines Zweilieferantensystems auszunutzen und im Endeffekt eine größere Menge an den Endkunden zu verkaufen. Nur für den Fall, dass die Unterbrechung zu lange andauert beziehungsweise zu stark ausfällt, kann diese Strategie keine optimalen Ergebnisse mehr liefern, da die flexiblen Kapazitäten des Herstellers für zu lange Zeit ausfallen.

Für den Fall einer Unterbrechung im Bereich der Nachfrage erweist sich allein eine Strategie mit mehreren (redundanten) Märkten als vorteilhaft (Tabelle 7). Diese Strategie bringt jedoch im Fall ohne und für kleine Risiken keine Vorteile, da die Kapazitäten der übrigen Supply-Chain-Elemente nicht ausreichen, um die volle Nachfrage zu befriedigen.

6.5.3 Basis-Supply-Chain (divergent)

Im nächsten Szenario wird eine divergente Supply-Chain-Struktur analysiert (1512 Einzeldurchläufe, simuliert innerhalb von 21 Minuten). Die Risiken werden wiederum in Abhängigkeit ihrer Quelle nacheinander studiert. Für Risiken, welche beim Lieferanten auftreten, ist wiederum die Hinzufügung eines weiteren Lieferanten und die Flexibilisierung der Produktionskapazitäten vorteilhaft (Tabelle 8). Durch Anwendung dieser Strategien können erhebliche Potenziale gehoben werden und mittels der *RedKapS*-Strategie die Leistung der Supply

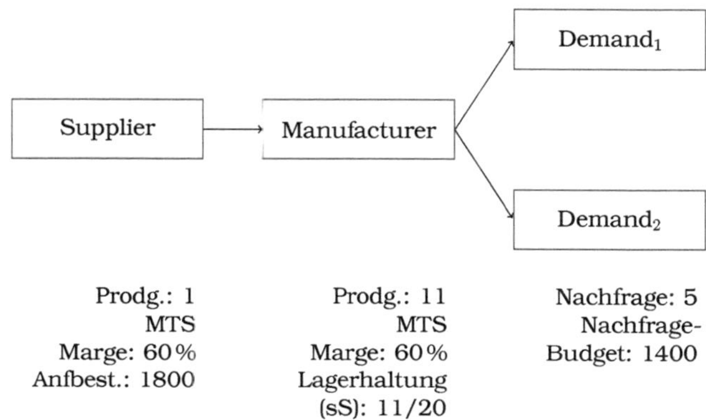

Abbildung 6.20: Konfiguration und Parameter: divergente Supply Chain

Chain durchgehend auf das Gewinnniveau ohne Risiko gesetzt werden. Die anderen Strategien, welche redundante Kapazitäten erzeugen, erweisen sich als inadäquat. Ein zusätzlicher Hersteller würde durch die erhöhte Kapazität die Durchschnittspreise senken. Die Einführung einer zusätzlichen Nachfragesenke wiederum würde die unterbrechungsbedingten Kapazitätsbeschränkungen nicht verringern und führt daher zu keiner Verbesserung im Fall einer Unterbrechung.

In dieser Konstellation werden Risiken beim Hersteller wiederum im besten Fall durch flexible Kapazitäten abgefangen (Tabelle 9). Redundante Kapazitäten haben jedoch auch Vorteile für den Fall, dass die Unterbrechung sehr lange (25 Wochen) und sehr intensiv (Ausmaß: 0 %) ausfällt. Die übrigen Strategien, bis auf redundante Kapazitäten in der Nachfrage, führen alle zu sehr ähnlichen Ergebnissen und sind nicht von der Nullstrategie unterscheidbar. Für Risiken im Bereich des Lieferanten und der Nachfrage existieren Strategien, um das Unterbrechungsrisiko effektiv zu mitigieren. Mit der jeweils besten Strategie ist es möglich den Gewinn trotz Unterbrechung auf das Niveau ohne Risiko zu heben. Herstellerrisiken haben einen zu direkten Einfluss auf den Gewinn, sodass eine vollständige Elimination mit keiner der Strategien möglich ist.

Zuletzt wird im Falle einer Unterbrechung der Nachfrage deutlich, dass auch Strategien, welche nicht direkt am Wirkungsort der Unterbrechung ansetzen, zu einer Verbesserung der Leistungsfähigkeit der Supply Chain führen können (Tabelle 10). In diesem Fall stechen die Strategien der Redundanz in der Lagerhaltung beim Hersteller und der flexiblen Kapazität beim Hersteller besonders hervor. Insbesondere für mittlere und kurze Risiken scheinen diese gegenüber anderen Strategien im Vorteil zu sein. Trotz alledem bleibt auch hier eine Flexibilisierung der Kapazität in der Nachfrage die Strategie der Wahl, da sie insbesondere für lange anhaltende Risiken zu einer Verbesserung des Gewinns des Herstellers führen kann. Redundante Kapazität bei der Nachfrage kann wiederum die eigentlich vorhandenen Engpässe bei Lieferant und Hersteller nicht beheben und führt daher nur im Fall einer sehr starken Unterbrechung zu einer Verbesserung der Gewinne.

6.5.4 Serielle Basis-Supply-Chain (Kombinationsstrategien)

Die oben betrachteten singulären Strategien stellen die Grundlage für die folgende, tiefergehende Analyse dar. In vielen Fällen wird eine Strategie in der Praxis aus einer Vielzahl unterschiedlicher Ansätze zur Risikoreduktion zusammengesetzt. In der Modellierung und Simulation werden diese komplexen Strategien durch die Kombination einzelner Reduktionsansätze erreicht. Aus den bisher neun Strategien (inklusive Nullstrategie) ergeben sich somit 37 Strategiekombinationen[4]. Zusammengesetzte Strategien ermöglichen es dem Entscheider gleichzeitig an mehreren Stellen positiv auf Engpässe, welche während der Unterbrechung auftreten, einzuwirken. Insgesamt ergeben sich 1036 Szenarien, welche in jeweils sechs Durchläufen simuliert wurden (insgesamt 79 Minuten).

Aufgrund der Vielzahl der möglichen kombinierten Strategien beinhaltet die folgende Tabelle nur Ausschnitte der vollständigen Datengrundlage. Die vollständige Auflistung der Ergebnisse für alle Supply-Chain-Elemente findet sich im Anhang (Tabellen 11 bis 13).

Die Supply-Chain-Konfiguration wird nicht verändert und entspricht Abbildung 6.16 (S. 193). Es werden alle möglichen Zweierkombinationen der Strategien überprüft.

Teil der optimalen Risikominderung einer Unterbrechung im Bereich des Lieferanten ist wiederum eine direkte Reduktion bei diesem, insbesondere durch flexiblere und redundante Kapazitäten (Tabelle 6.15). Die optimale Strategiewahl fällt jedoch stets auf eine kombinierte Strategie und verbindet die genannten Ansätze mit einer Erhöhung der Flexibilität oder des Lagers beim Hersteller. Auch Kombinationen mit einer flexiblen Kapazität bei der Nachfrage sind möglich. Sehr schlechte Ergebnisse liefern Strategiekombinationen, welche auf redundante Kapazität beim Hersteller setzen.

[4]Dies ergibt sich aus der Berechnung der möglichen Zweierkombinationen ($\binom{2}{8} = 28$) zuzüglich der Anzahl der singulären Strategien (8) und der Nullstrategie.

Tabelle 6.15: Strategie-Risiko-Matrix: Basis-Supply-Chain (seriell; Kombinationsstrategien; Unterbrechungsziel: Supplier)[a]

	Disruptionsdauer [Wochen]									
	25			15			5			
	Ausmaß [%]									Kein
Strategie	0	10	20	0	10	20	0	10	20	Risiko
Nullstrategie	422 +6, -14	448 +7, -13	466 +7, -13	457 +6, -15	480 +7, -13	490 +7, -14	495 +7, -13	518 +7, -12	521 +7, -12	556 +7, -3
FlexKapS	467 +24, -7	481 +24, -7	499 +24, -10	501 +24, -7	517 +24, -7	526 +17, -6	532 +22, -6	549 +24, -1	546 +13, -3	*560* +7, -0
FlexKapS-RedKapS	**559** +30, -1	**558** +30, -0	**573** +32, -0	**563** +31, -1	**568** +30, -1	**565** +29, -1	**569** +28, -0	**563** +25, -1	**565** +25, -0	*575* +12, -0
FlexKapS-RedKapM	365 +0, -32	383 +2, -32	393 +1, -32	387 +0, -32	411 +1, -31	409 +0, -31	418 +0, -31	419 +0, -31	433 +0, -31	423 +0, -31
FlexKapS-FlexLagM	450 +22, -11	476 +20, -7	489 +18, -11	486 +15, -8	496 +12, -11	517 +17, -9	522 +16, -9	530 +7, -5	538 +10, -9	550 +7, -12
FlexKapS-RedLagM	**473** +25, -7	493 +24, -7	**516** +26, -7	510 +24, -6	**526** +25, -6	536 +24, -5	540 +18, -2	558 +24, -1	**562** +25, -1	*564* +7, -0
FlexKapS-RedKapD	**466** +25, -7	497 +24, -7	**521** +26, -7	500 +17, -6	**528** +25, -6	**541** +25, -4	**549** +25, -3	550 +24, -1	**563** +26, -1	564 +7, -4
RedKapS	**564** +30, -1	**562** +31, -0	**553** +30, -2	**565** +31, -1	**560** +30, -1	**559** +26, -1	**553** +26, -2	561 +24, -1	**564** +25, -1	*570* +12, -0
RedKapS-RedLagM	**563** +30, -1	**575** +31, -0	**568** +30, -0	**570** +31, -0	**569** +30, -1	**571** +30, -1	**577** +33, -0	**568** +25, -0	**571** +27, -0	*569* +9, -0
FlexKapM	416 +5, -15	452 +7, -13	468 +7, -13	469 +8, -11	481 +7, -12	498 +7, -10	496 +7, -14	510 +7, -13	523 +8, -11	560 +7, -5
FlexKapM-FlexKapS	**473** +25, -7	502 +24, -7	**527** +27, -7	**506** +25, -7	**545** +25, -1	**550** +25, -1	**550** +25, -2	**563** +25, -1	**573** +27, -0	*583* +21, -0
FlexKapM-RedKapS	**585** +34, -0	**581** +31, -0	**582** +32, -0	**591** +34, -0	**594** +36, -0	**596** +36, -0	**583** +33, -0	**590** +35, -0	**589** +31, -0	*592* +22, -0
FlexKapM-RedKapM	343 +0, -32	365 +0, -33	363 +0, -33	376 +0, -32	400 +0, -31	399 +0, -31	405 +0, -31	403 +0, -32	411 +0, -31	423 +0, -31
RedKapM	343 +0, -32	364 +0, -32	374 +0, -32	379 +0, -32	390 +0, -32	394 +0, -31	404 +0, -31	412 +0, -31	413 +0, -32	425 +0, -31
RedKapM-RedLagM	347 +0, -32	362 +0, -33	377 +0, -32	373 +0, -32	391 +0, -32	395 +0, -31	411 +0, -31	400 +0, -32	424 +0, -31	425 +0, -31
FlexLagM	412 +5, -18	440 +6, -13	462 +7, -14	458 +7, -15	476 +7, -13	483 +7, -16	496 +7, -12	503 +7, -14	510 +7, -18	545 +7, -11
FlexLagM-RedKapS	**550** +30, -1	**546** +30, -4	**548** +30, -2	**533** +28, -6	**539** +26, -6	**550** +25, -2	**540** +25, -5	545 +20, -1	543 +15, -6	546 +7, -13
FlexLagM-RedKapM	341 +0, -32	363 +0, -32	371 +0, -32	369 +0, -32	385 +0, -33	397 +0, -31	424 +0, -31	414 +0, -31	422 +0, -31	426 +0, -31
RedLagM	434 +8, -13	445 +6, -13	464 +7, -14	464 +7, -13	485 +7, -12	498 +7, -11	503 +7, -11	508 +7, -13	526 +9, -9	562 +7, -4
FlexKapD	427 +7, -13	444 +6, -13	467 +7, -12	465 +7, -12	484 +7, -12	500 +7, -10	493 +7, -14	514 +7, -12	521 +7, -12	561 +7, -4
FlexKapD-FlexKapS	463 +23, -7	493 +24, -7	**505** +25, -8	507 +24, -7	**522** +25, -6	529 +17, -5	526 +8, -4	554 +24, -1	551 +11, -1	*573* +12, -0
FlexKapD-RedKapS	**561** +30, -0	**562** +30, -0	**565** +30, -0	**566** +31, -1	**560** +30, -1	**566** +28, -1	**556** +27, -2	**564** +25, -1	**571** +26, -0	*575* +13, -0
FlexKapD-RedKapM	395 +5, -27	413 +5, -30	430 +5, -30	442 +5, -26	444 +5, -29	453 +5, -30	463 +6, -29	475 +6, -30	473 +6, -30	513 +6, -30
RedKapD	424 +6, -13	448 +7, -13	462 +7, -13	467 +7, -11	483 +7, -12	496 +7, -12	502 +7, -11	513 +7, -13	525 +8, -9	565 +10, -4
RedKapD-RedKapS	**568** +30, -0	**571** +31, -0	**562** +30, -0	**575** +31, -0	**566** +30, -1	**567** +29, -1	**571** +29, -0	559 +24, -1	**568** +26, -0	*571* +12, -0

[a] Die vollständige Tabelle findet sich im Appendix (11, S. 256)

Tabelle 12 stellt diejenigen Strategien vor, welche geeignet sind die Auswirkungen von Unterbrechungen des Herstellers zu vermindern. Auch hier zeigen sich insbesondere flexible Kapazitäten beim Hersteller in Kombination mit unterschiedlichen Strategien auf der Nachfrageseite oder der Lieferantenseite als optimal.

Nachfrageunterbrechungen lassen sich auf Basis der Ergebnisse der Simulationsläufe am Besten durch eine Flexibilisierung und Erweiterung der Nachfrage ausgleichen (Tabelle 13). Die Unterschiede zwischen den Strategien scheinen jedoch nicht so ausgeprägt zu sein wie in den anderen Fällen. Auch Strategiekombinationen, welche beim Hersteller und dem Lieferanten ansetzen können dazu führen, dass das gesamte Nachfragebudget aufgebraucht wird und somit ein höherer Gewinn für den Hersteller erreicht werden kann.

6.5.5 Konvergente Basis-Supply-Chain (Kombinationsstrategien)

Im nächsten Schritt werden Kombinationsstrategien für den Fall einer konvergenten Supply Chain untersucht (1036 Szenarien; 91 Minuten). Es zeigt sich, dass kombinierte Risikoreduktionsstrategien im Allgemeinen zu einem besseren Ergebnis führen als die oben besprochenen, singulären Strategien.

Für den Fall einer Unterbrechung bei einem der Lieferanten stechen die Kombinationen redundante Kapazität auf der Ebene der Lieferanten sowie redundante Lagerhaltung oder flexible Kapazität beim Hersteller hervor (Tabelle 14). Übereinstimmend beinhalten jedoch die dominanten Strategien stets auch eine Komponente, welche die Kapazität der Lieferanten durch erhöhte Flexibilität oder Redundanz beeinflusst. Des Weiteren zeigt sich, dass die Auswahl einer passenden Strategiekombination auch zu einer deutlichen Erhöhung des Gewinns in dem Fall ohne Risiko führen kann (*FlexKapM-FlexKapS2*), sofern, wie in diesem Szenario, ungenutzte Umsatzpotenziale existieren. Dieser Umstand verdeutlicht auch die enge Verzahnung zwischen der Unternehmens- und Supply-Chain-Strategie: Ohne das Wissen über Konkurrenzsituation, Umsatzerwartungen und die Umsetzbarkeit und Kosten unterschiedlicher Strategiekombinationen ist eine finale Entscheidung über die passende Supply-Chain-Strategie nicht möglich.

Im Fall einer Unterbrechung beim Hersteller erweisen sich nur zwei Kombinationsstrategien als stark dominant (Tabelle 15). Diese beinhalten stets eine redundante Kapazitätsauslegung beim Hersteller selbst sowie im ersten Fall eine flexible Kapazität der Nachfrage und im zweiten Fall eine zusätzliche (redundante) Nachfragequelle. Die Strategie der redundanten Kapazität beim Hersteller selbst wirkt nur für Risiken mit großem Ausmaß und insbesondere langer Unterbrechungsdauer (Tabelle 14). Durch die Kombination mit einer weiteren Strategie kann die Wirkungsbreite erweitert werden, so dass die Kombination mit redundanter Kapazität in der Nachfrage nur für kurze Unterbrechungen mit kleinem Ausmaß keine Wirkung mehr zeigt. Eine Kombination mit flexibler Kapazität der Nachfrage kann selbst dort noch signifikante Verbesserungen gegenüber den anderen Strategien erreichen.

Zuletzt wird eine Unterbrechung der Nachfrage simuliert und analysiert (Tabelle 16). Auch hier zeigen sich die Kombinationsstrategien den einfachen Strategien überlegen. Allerdings wird auch eine stärkere Differenzierung der Ergebnisse bezüglich der Einflussfaktoren Unterbrechungsdauer und Ausmaß deutlich. Einige Kombinationsstrategien, welche auf einer Minderung des Risikos durch redundante Kapazität in der Nachfrage aufbauen, erweisen sich insbesondere dann als überlegen, wenn die Unterbrechungsdauer mindestens 15 Wochen beträgt. Für kürzere Unterbrechungen zeigen diese Strategien keine Dominanz mehr. Auffällig ist, dass in diesem Szenario auch zwei Kombinationsstrategien, welche nicht direkt auf die Nachfrage wirken, einen durchgehend positiven Effekt auf den Gewinn des Herstellers aufweisen: Eine Kombination flexibler Kapazität beim Hersteller und bei einem der Lieferanten führt zu deutlich dominanten Ergebnissen, insbesondere für mittlere und kurze Unterbrechungsdauern. Auch eine Kombination der flexiblen Kapazität beim Hersteller und eine flexiblere Lagerhaltung kann sich als vorteilhaft erweisen. Diese beiden Strategien bauen darauf auf die Lieferfähigkeit des Herstellers so zu verbessern, dass er nach der Unterbrechung der Nachfrage umgehend in der Lage ist die volle nachgefragte Menge zu liefern und so das vorhandene Nachfragebudget/-potential abzuschöpfen.

6.5.6 Divergente Basis-Supply-Chain (Kombinationsstrategien)

In diesem Abschnitt werden die Ergebnisse der Analyse von Kombinationsstrategien für den oben erläuterten Fall einer konvergenten Supply Chain dargestellt (1036 Szenarien; Simulationsdauer: 90 Minuten). Die Supply-Chain-Struktur bleibt weiterhin unverändert im Vergleich zum oben erläuterten Äquivalent. Die Zahl der getesteten Kombinationsstrategien liegt, wie oben, bei 37, die Zahl der singulären Strategien bei acht.

Tabelle 17 geht auf den Fall der Unterbrechung bei dem Lieferanten ein. Strategien, welche auf eine Flexibilisierung der Kapazitäten des Lieferanten oder die Etablierung eines Backuplieferanten abzielen, erweisen sich als dominant. Kombinationen mit diesen singulären Strategien erweisen sich sowohl gemeinsam mit nachfrageorientierten als auch mit herstellerorientierten Strategien vorteilhaft.

Für Unterbrechungen des Herstellers kann wiederum eine Fallunterscheidung durchgeführt werden (Tabelle 18). Strategien, welche auf flexible Kapazität beim Hersteller sowie flexible Kapazität beim Lieferanten setzen, zeigen sich für alle Risikoausmaße und Unterbrechungsdauern als dominant. Andere Strategien zeigen sich primär dann überlegen, wenn Ausmaß und Unterbrechung hoch sind: Flexible und redundante Kapazität in der Nachfrage und Redundanzen beim Hersteller scheinen insbesondere für lange Unterbrechungen sehr gute Ergebnisse vorweisen zu können.

Für Unterbrechungen der Nachfrage existieren mehrere stark dominante Strategien (*FlexKapD-RedLagM*, *FlexKapD-FlexKapM*; Tabelle 19). Weiterhin existieren ebenso Strategien, welche mehr als 50 % der übrigen Strategien dominieren. Hier scheinen auch Strategien erfolgsversprechend, die nicht direkt an der Nachfrage ansetzen.

6.5.7 Serielle Supply Chain

Im Anschluss an diese ausführliche Analyse der Vor- und Nachteile unterschiedlicher Risikoreduktionsstrategien, sollen im weiteren Verlauf komplexere Supply Chains simuliert und untersucht werden. Im ersten Schritt ist das Untersuchungsobjekt eine verlängerte (fünfstufige), serielle Supply Chain.

6.5.7.1 Szenariospezifika

Abbildung 6.21 zeigt den Aufbau der seriellen Supply Chain und die Schlüsseleigenschaften der Elemente. Die fünf Agenten werden dafür unter Einsatz der Stücklisten (BOM) hintereinander geschaltet, sodass jedes Element auf die Endprodukte des Vorgängers für die eigene Produktion angewiesen ist. Die Stückliste konfiguriert die Supply Chain so, dass jeweils ein Endprodukt aus einem Eingangsprodukt erstellt werden kann. Die Nachfrage liegt bei einer Einheit pro Periode, alle Produktionsgeschwindigkeiten (generell Make-to-order (MTO)) werden in der Ausgangskonfiguration auf 1,1 $[\frac{Stück}{Zeiteinheit}]$ festgelegt. In der Standardlagerhaltungspolitik (sS) entspricht das untere Orderniveau 3 und das obere 8 Einheiten.

Insgesamt ergeben sich 782 Szenarien, diese werden in jeweils sechs Durchläufen simuliert (Dauer: 117 Minuten).

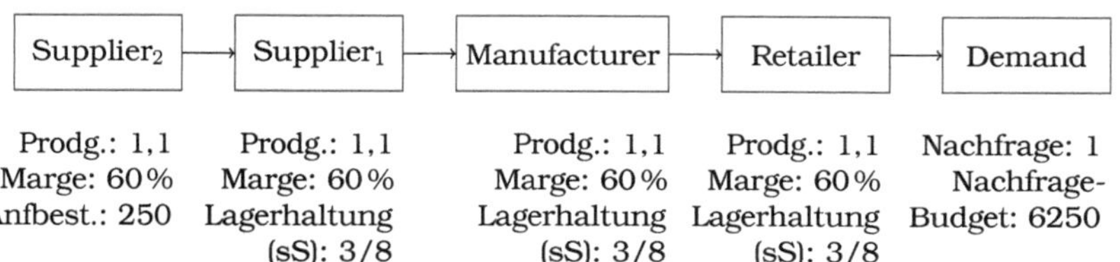

Abbildung 6.21: Konfiguration und Parameter: serielle Supply Chain (fünf Stufen)

Eine strategiebezogene, zeilenweise Betrachtung der Tabellen kann darüber Aufschluss geben, inwiefern eine selektierte Strategie zu robusten Ergebnissen innerhalb der betrachteten Szenarien führen kann. Hier zeigt sich, dass keine Strategie existiert, welche in allen Szenarien überlegene Ergebnisse liefert. Für den *Lieferanten der zweiten Ebene* beispielsweise existiert keine Strategien, welche unter allen Bedingungen nicht dominiert wird. Für den *direkten Lieferanten* ergeben sich drei Strategien, welche zumindest nicht dominiert werden, jedoch auch nicht immer die besten Ergebnisse liefern. Hierzu gehört insbesondere die Flexibilisierung und redundante Auslegung der Kapazität des direkten Lieferanten, sowie eine redundante Auslegung der Kapazität des Herstellers. Für Risiken, welche beim *Hersteller* selbst auftreten existiert ebenfalls nur eine Strategie (*FlexKapM*), welche durchgehend nicht dominierte Ergebnisse vorweisen kann.

Für Risiken, welche beim *Einzelhändler* auftreten erweisen sich zwei Strategien als sehr robust: *FlexKapR* und *RedKapR*. Beide beziehen sich direkt auf den Einzelhändler. Zuletzt zeigt sich, dass Nachfragerisiken ebenfalls am besten durch nachfragebezogene Strategien (*RedKapD*) mitigiert werden.

6.5.7.2 Graphische Trendanalyse

Die oben erläuterten Ergebnisse werden im Folgenden in Form einer graphischen Trendanalyse weiter erläutert. Hierzu werden die gewonnenen Daten in Diagrammen aufbereitet und interpretiert. Abbildungen 6.22 zeigt den Zusammenhang zwischen Gewinn und Unterbrechungsdauer für unterschiedliche Risikoquellen auf. Das Unterbrechungsausmaß wird auf 0 % festgelegt. Die zweite Graphik (6.23) zeigt den Gewinn in Relation zum Ausmaß mit einer fixen Unterbrechungsdauer von 25 Wochen. Zunächst kann festgehalten werden, dass die erwarteten Relationen angetroffen werden können. Für steigende Unterbrechungsdauer und steigendes Ausmaß können jeweils sinkende Gewinne verzeichnet werden. Weiterhin wird deutlich, dass Unterbrechungen, welche die äußeren Stufen betreffen, generell zu höheren Gewinnen führen. Dagegen ist zwischen Risiken, die den Hersteller und die direkten Nachbarelemente betreffen, kein Unterschied in der Wirkung festzustellen.

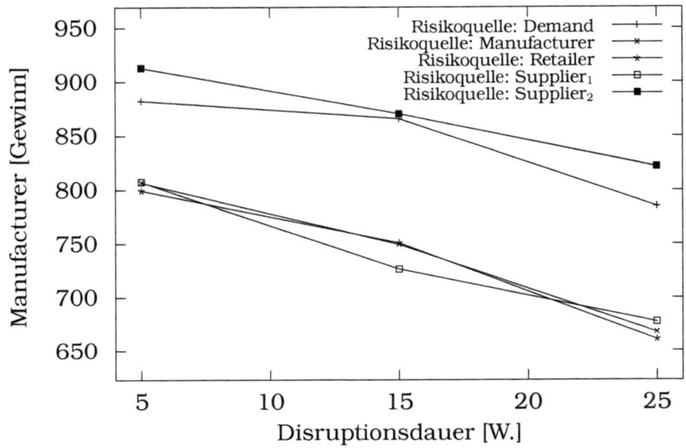

Abbildung 6.22: Unternehmensgewinn in Abhängigkeit der Unterbrechungsdauer (fixiert: Ausmaß 0 %)

6.5.8 Konsumgüter-Supply-Chain (Fokales Unternehmen: Hersteller)

Im nächsten Schritt soll die Komplexität der Supply Chain weiter erhöht werden. Hierzu soll die Lieferkette eines Konsumgüterherstellers simuliert werden. In Abbildung 6.24 wird die Struktur der Supply Chain vorgestellt. Insgesamt wird nur ein Produkt betrachtet, welches aus jeweils einem Rohstoff hergestellt werden kann. Diese Supply Chain besteht wiederum aus fünf Stufen. Zunächst existieren drei Lieferanten, welche identische Rohmaterialien an einen Hersteller liefern können. Der Hersteller selbst steht im Fokus der Analyse. Die Warenströme konvertieren von links und divergieren in die Distributionskanäle in Richtung des Kunden. Die Distribution erfolgt zweistufig. Zunächst existieren zwei Verteilerzentren, diese wiederum liefern an drei Einzelhändler. Am Ende der Supply Chain stehen drei Kunden, welche die Nachfrage generieren. Die Komplexität im Vergleich zum vorherigen Szenario steigt dabei deutlich an, da sowohl die Zahl der Elemente als auch die Zahl der Verknüpfungen deutlich höher liegt. Ein struktureller Engpass ist bei dem Hersteller zu sehen, da alle

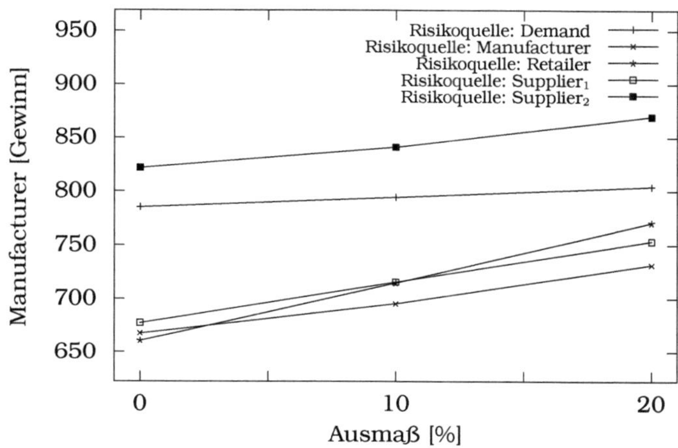

Abbildung 6.23: Unternehmensgewinn in Abhängigkeit des Ausmaßes (fixiert: Unterbrechungsdauer 25 Wochen)

Rohmaterialien durch ihn verarbeitet werden müssen, um zum Endkunden weitergeleitet werden zu können. Sowohl die Lieferanten als auch der Hersteller produzieren in einem MTS-Produktionsschema. Hierbei können nur innerhalb eines Zeitraums von zehn respektive 15 Wochen des Jahres die relevanten Produkte produziert werden.

Eine Unterbrechung kann für alle Elemente stattfinden. Die Unterbrechungsdauer wird dabei im Vergleich zum vorherigen Szenario auf die Werte 5, 20 und 35 Wochen festgesetzt. Zusätzlich zu den Auswirkungen auf die Produktionsfähigkeit des betroffenen Elementes beinhaltet die Unterbrechung in diesem Fall auch eine Reduktion der Lagerbestände der Endprodukte um jeweils 50 %. Somit wird hier eine Unterbrechung simuliert, welche auch zu einem unmittelbaren Vermögensschaden führt.

In diesem Szenario soll insbesondere auch die Wirksamkeit von Lagerhaltungsstrategien überprüft werden. Im Gegensatz zu den übrigen Szenarien erhöht die Strategie der redundanten Läger daher für die Distributionszentren und Einzelhändler jeweils um 400 %.

Es werden 782 Szenarien mit je sechs Durchläufen simuliert, insgesamt also 4692 Simulationsläufe. Die Simulation nahm etwa vier Stunden in Anspruch.

Insgesamt erweist sich dieses Supply-Chain-Netzwerkdesign als sehr robust gegenüber den hier überprüften singulären Unterbrechungen, insbesondere dann, wenn sie nur kurz oder mittellang andauern. Als dominant für den Hersteller

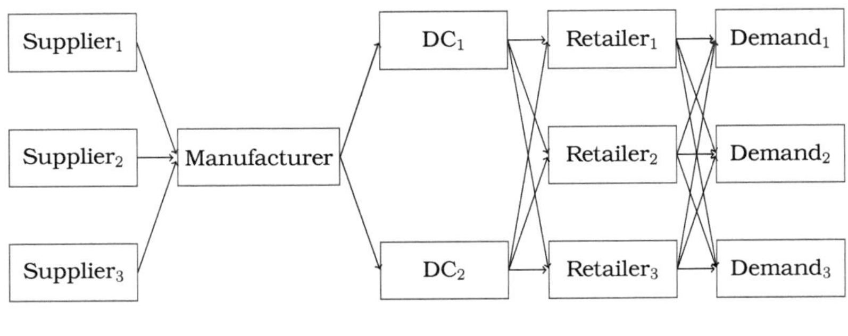

Prodg.: 10	Prodg.: 21	Prodg.: 2,8	Prodg.: 1,8	Nachfrage: 2
MTS-Intervall: 10 W.en p. a.	MTS-Intervall: 15	MTO	MTO	Nachfragebudget: 600
Marge: 20 %	Marge: 100 %	Marge: 50 %	Marge: 20 %	
Anfbest.: 120	Lagerhaltung (sS): 20/30	Lagerhaltung (sS): 5/10	Lagerhaltung (sS): 3/5	

Abbildung 6.24: Konfiguration und Parameter: Konsumgüter-Supply-Chain (Fokales Unternehmen: Hersteller)

erweisen sich insbesondere Strategien, welche eine Flexibilisierung und Vergrößerung der Lagerhaltung in den Verteilerzentren unterstützen (*FlexLagDC2*, *RedLagDC2*). Übergreifend zeigen sich jedoch vor allem Strategien als erfolgreich, welche Kapazitäten und Lager des Herstellers verbessern.

Speziell für kurze Risiken ergeben sich nur sehr geringe Unterschiede zwischen den einzelnen Strategien. Ursache hierfür ist die, durch die redundante Auslegung der Elemente entstehende, Widerstandsfähigkeit der Supply Chain gegenüber singulären Ausfällen.

Für den Fall, dass die Unterbrechung direkt beim Hersteller auftritt, zeigt sich die MTS-Produktion als stabilisierendes Element. Bedingt durch die hohen durchschnittlichen Lagerbestände und die hohe Produktionsrate, können die Auswirkungen im Falle einer Unterbrechung sehr gut auch ohne redundante Auslegung der Elemente mitigiert werden.

Einzig die Strategie *RedKapM* weicht generell von diesem Muster ab und birgt auch für den Fall kurzer Unterbrechungen und ohne Risiken Vorteile. Dies deutet auf einen generellen Engpass im Güterfluss bei dem Hersteller hin.

Für Unterbrechungen, welche mittellang andauern, zeigen sich einige Strategien deutlich dominant, mit abnehmendem Ausmaß nimmt diese Dominanz jedoch stark ab. Übergreifend für alle Risikoquellen erweisen sich die Strategien der flexiblen Lagerhaltung und Kapazität im Bereich der Verteilerzentren als überlegen.

In Abhängigkeit des Risikos ergeben sich weitere Unterschiede zwischen den Strategien. Für Risiken beim Lieferanten finden keine lieferantenbezogene Strategien Anwendung, stattdessen werden diese besser durch die Einführung redundanter Kapazitäten und Läger beim Hersteller und in der Distribution überbrückt.

Die Analyse der Ergebnisse bestätigt außerdem, dass Unterbrechungen, welche den strukturellen Engpass (Hersteller) betreffen, die größten, negativen Auswirkungen auf den Gewinn des Herstellers haben. Der durchschnittliche Gewinn im Falle einer solchen Unterbrechung liegt nur noch bei etwa 3/4 des übrigen Durchschnitts (Tabelle 26). Erfolgreiche Risikoreduktion beim Hersteller mittels der Strategien *RedKapM* kann insbesondere zu einer Verbesserung des Gesamtergebnisses des Herstellers führen, da der Hersteller so in der Lage ist zusätzliche Nachfrage zu befriedigen. Weiterhin weist der zusätzliche Lieferant als Backuplieferant eine um 20 % erhöhte Marge auf. Die Bereitstellung eines weiteren Produktionsstandortes kann sich daher im Fall von Übernachfragen und Unterbrechungen als sinnvoll erweisen.

Für den Fall, dass die Unterbrechung die Distribution oder den Einzelhandel betrifft, zeigen sich kaum Unterschiede bei der Ergebnissen der verschiedenen Strategien. Auch die Nullstrategie liefert vergleichbare Ergebnisse. Lediglich für kurze Risiken kann durch eine Nachfrageerhöhung die Leistungsfähigkeit der Supply Chain gesteigert werden. Dies ist auch ein Beispiel für die stark gegensätzlich Widerstandsfähigkeit innerhalb dieser Beispiel-Supply-Chain, da der Hersteller auch einen strukturellen Engpass im Falle einer Unterbrechung in der Verteilkette darstellt, zielen die erfolgreichen Strategien auch in diesem Fall darauf ab diesen zu beseitigen.

Allgemein zeigt sich für komplexere Supply Chains, dass Strategien, welche nur ein Element mit einbeziehen ungenügend sind, um die Auswirkungen von Unterbrechungen signifikant zu reduzieren. Bereits vorhandene, strukturelle Engpässe werden durch Unterbrechungen noch weiter verstärkt.

Für Risiken, welche beim Lieferanten auftreten, wirken die Strategien zur Flexibilisierung der Lagerhaltung im Distributionszentrum und beim Einzelhändler (Tabelle 25). Weiterhin zeigt sich, dass die MTS-Produktion bei Lieferant und Hersteller beruhigend auf die Risikoneigung der Supply Chain wirkt, da im Allgemeinen ein hohes durchschnittliches Lagerhaltungsniveau existiert. Unabhängig von der Strategie gewährleisten die existierende Supply-Chain-Strukturen bereits einen großen Grad an Absicherung: die Gewinne mit Risiko liegen im Allgemeinen nur leicht unterhalb der Gewinne ohne Risiko.

Bei herstellerbezogenen Risiken können die Strategien zur Flexibilisierung und redundanten Auslegung der Kapazität beim Hersteller helfen die Auswirkungen der Unterbrechung zu minimieren (Tabelle 26). Weiterhin zeigen auch Strategien, welche das Distributionszentrum mit einbeziehen Wirkung. Auch hier hat das MTS-Produktionsschema einen positiven Einfluss auf die Widerstandsfähigkeit der Supply Chain. Insgesamt gibt es jedoch nur sehr wenige Strategien, welche für eine effektive Risikoreduktion genutzt werden können.

Für Risiken, welche im Distributionszentrum auftreten, zeigt sich keine Strategie als durchgehend dominant (Tabelle 27). Existierende Überkapazitäten auf dieser Stufe führen dazu, dass redundante Kapazität und andere Strategien keine positiven Auswirkungen haben. Eine Erhöhung der Nachfrage dagegen kann, so lange die Unterbrechung nicht zu groß ausfällt, zu einer signifikanten Verbesserung des Ergebnisses führen.

Auch die Strategien zur Reduktion von Unterbrechungen des Einzelhändlers haben kaum Auswirkungen auf die Ergebnisse des Herstellers (Tabelle 28). Die existierende Supply Chain ist für diese Unterbrechungen bereits gut etabliert und unterbrechungsbezogene Strategien zeigen keine Verbesserungen. Allein die Flexibilisierung und redundante Auslegung der Nachfrage kann den Gewinn noch weiter erhöhen.

Um die Reduktion von nachfragebezogenen Risiken zu forcieren, bieten sich insbesondere diejenigen Strategien an, welche direkt an der Nachfrage ansetzen (Tabelle 29). Zusätzlich scheint die flexible Lagerhaltung beim Lieferanten, Hersteller und Retailer Vorteile mit sich zu bringen.

6.5.9 Konsumgüter-Supply-Chain (Fokales Unternehmen: Händler)

Die in Abbildung 6.25 dargestellte Konfiguration untersucht die Supply Chain aus Sicht eines Groß- und Einzelhändlers. Zu diesem Händler gehören die Elemente DC_1, DC_2, $Retailer_1$, $Retailer_2$ und $Retailer_3$. Somit wird auch als Leistungsmaß der Gewinn all dieser Elemente addiert, um die Wirksamkeit der Strategien bewerten zu können. Für die Supply-Chain-Struktur wird davon ausgegangen, dass der Händler die Endprodukte direkt von externen Lieferanten erhält. Die Produkte werden dann von den Distributionszentren aus an das Einzelhändlernetz verteilt und können dort von den Kunden gekauft werden. Zur Reduktion der Komplexität wird nur die Nachfrage nach einem Produkt simuliert.

Für die Simulation ergeben sich 690 Szenarien, 4140 Simulationsdurchläufe und knapp drei Simulationstunden.

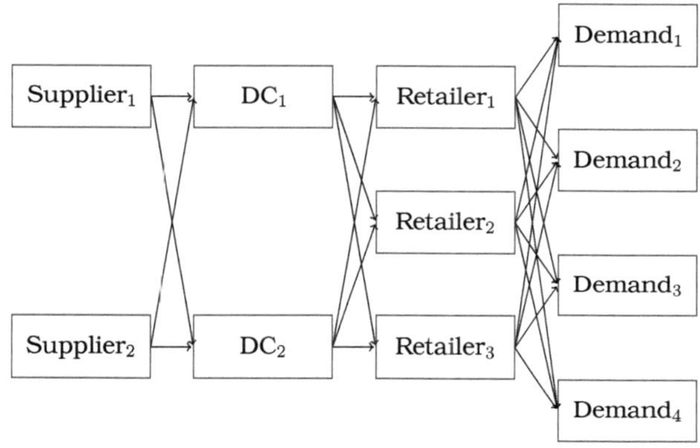

Prodg.: 2	Prodg.: 2.1	Prodg.: 1,5	Nachfrage: 1
MTO	MTO	MTO	Nachfrage-budget: 430
Marge: 20 %	Marge: 100 %	Marge: 60 %	
Anfbest.: 350	Lagerhaltung (sS): 6/15	Lagerhaltung (sS): 5/10	

Abbildung 6.25: Konfiguration und Parameter: Konsumgüter-Supply-Chain (Fokales Unternehmen: Händler)

Auch diese Supply-Chain-Struktur zeigt sich bei den gewählten Parametern als sehr robust (Tabelle 30). Beide Lieferanten stellen exklusiv unterschiedliche Produkte her. Eine Reduktion des Unterbrechungsrisikos von Supplier$_1$ ist daher nur durch direkten Ersatz der Kapazität dieses Lieferanten möglich.

Eine Reduktion der distributionsbasierten Risiken ist aufgrund der redundanten Ausgestaltung des Netzwerks kaum notwendig beziehungsweise möglich (Tabelle 31). Lediglich die Erhöhung der Endkundennachfrage nach Produkt *A* (*FlexKapD2A*) sowie nach beiden Produkten (*RedKapD1*) kann eine leichte Verbesserung des Ergebnisses verursachen.

Dies gilt ebenso für eine Unterbrechung des Einzelhändlers, hier erzeugt die Erhöhung der Nachfrage die besten Ergebnisse (Tabelle 32).

Tabelle 33 zeigt, dass eine Unterbrechung der Nachfrage im besten Fall durch redundante beziehungsweise flexible Kapazitäten der Nachfragesenken mitigiert werden kann.

6.5.10 Medizingüter-Supply-Chain

Zuletzt soll in dieser Reihe eine weitere Komplikation in Form einer kombiniert-konvergenten/divergenten Supply Chain betrachtet werden. Am Beispiel der Supply Chain eines Herstellers für medizinischen Bedarf (Unternehmen *F* aus der Befragung in Kapitel 4) wird die im Folgenden beschriebene Supply Chain entwickelt. Abbildung 6.26 zeigt die gewählte Struktur. Kern der Analyse ist wiederum der Hersteller. Dieser bezieht zwei unterschiedliche Ausgangsprodukte (A und B) von seinen Lieferanten ($Supplier_2$ und $Supplier_3$). Diese wiederum beziehen ihr einziges Rohmaterial aus derselben Quelle ($Supplier_1$). Der Hersteller verarbeitet seine Eingangsprodukte und stellt ein einzelnes Ausgangsprodukt zur Verfügung. Dieses wird über zwei Groß-/Einzelhändler ($Retail_1$ und $Retail_2$) an die Endkunden abgegeben. Die Strategie flexibler Kapazitäten erhöht die Kapazitätsbegrenzung um 60 %. Insgesamt ergeben sich 990 Szenarien, welche jeweils sechs mal simuliert werden. Der vollständige Durchlauf benötigte etwa 300 Minuten.

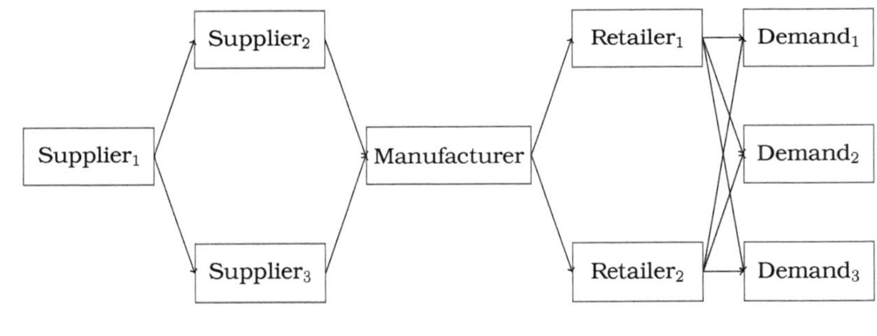

Prodg.: 17	Prodg.: 9	Prodg.: 9	Prodg.: 4,5	Nachfrage: 3
MTO	MTO	MTO	MTO	Nachfrage-budget: 1400
Marge: 50 %	Marge: 50 %	Marge: 80 %	Marge: 50 %	
Anfbest.: 2500	Lagerhaltung (sS): 6/14	Lagerhaltung (sS): 13/22	Lagerhaltung (sS): 6/10	

Abbildung 6.26: Konfiguration und Parameter: konvergente/divergente Supply Chain

Unterbrechungen des Rohmateriallieferanten werden im besten Fall wiederum direkt vor Ort reduziert (Tabelle 34). Redundante sowie flexible Kapazitäten führen zu Gewinnen, welche annähernd dem ohne Risiko entsprechen. Flexible Kapazitäten wirken verständlicherweise nur dann, wenn die Unterbrechung nicht vollständig ist (für Unterbrechungsdauern von 15 und 25 Wochen). Red-

undante Kapazitäten beim Rohmateriallieferanten führen stets zu höheren Gewinnen für den Hersteller, insbesondere auch bedingt durch die leicht reduzierte Produktionsgeschwindigkeit des ersten Lieferanten (17 statt 18 $[\frac{Stück}{Woche}]$).
Bedingt durch die Einzigartigkeit und Notwendigkeit der von den Lieferanten 2 und 3 hergestellten Produkten für den Produktionsprozess des Herstellers, ist erneut die direkte Reduktion die einzig wirksame Strategie (Tabellen 35 und 36). Redundante Lagerhaltung bei nur einem der Lieferanten führt nur für den Fall sehr großer Unterbrechungsausmaße zu signifikanten Verbesserungen des Gewinns des Herstellers.

Die Flexibilisierung der Kapazitäten sowie die lagerhaltungsbezogenen Strategien beim Hersteller führen zu keiner Verbesserung des Gewinns (Tabelle 37). Allein die redundante Auslegung dieses Engpasses kann zu einer Reduktion des Risikos führen.

Zuletzt existieren keine Strategien, welche signifikante Verbesserungen für Risiken des Distributionsnetzwerks (Tabellen 38 und 39) zur Verfügung stellen. Es existieren keine signifikanten Unterschiede zwischen den Gewinnen in Szenarien ohne Risiko und unterschiedlichen Risikoszenarien.

6.6 Diskussion der Ergebnisse

Die Simulationsstudien beleuchten übergreifend Unterbrechungsrisiken, welche zu einem temporären, partiellen oder vollständigen Ausfall der Produktionsfähigkeiten einzelner Supply-Chain-Teilnehmer führen. Diesen Ausfällen werden unterschiedliche Strategien zur Risikoreduktion gegenüberstellt. Ziel ist es damit die bestimmenden Einflussfaktoren für die Selektion der optimalen Strategie zu identifizieren und zu bewerten. Zusammenfassend werden nun zunächst die bestimmenden Faktoren in Form der Risikotypen und des Supply-Chain-Netzwerkdesigns betrachtet sowie vorab die Wirkungen der gewählten Strategien.

6.6.1 Strategien

Übergreifend kann konstatiert werden, dass korrekt gewählte Strategien zu einer Verringerung der Risiken führen können. Die Entscheidungsproblematik wird jedoch evident, da sich weiterhin ebenso keine Strategien zeigen, welche übergreifend ausschließlich positiv oder negativ wirken.

Redundante Lagerhaltungsstrategien basieren darauf, den durchschnittlichen Lagerstand der Eingangsprodukte zu erhöhen. Hierzu werden sowohl unteres als auch oberes Lagerhaltungsniveau (sS) nach oben verschoben. Die Erhöhung des Lagers erfolgte in den Experimenten jeweils um 50 bis 100 % des ursprünglichen Lagerbestandes. In keinem der Fälle zeigten sich durch die Erhöhung ein signifikanter positiver Effekt auf die Gewinne des Unternehmens. Dies ist auf zwei Ursachen zurückzuführen: Zunächst ist die absolute Lagererhöhung, trotz hohem relativen Effekt, nur gering und erhöht den Lagerbestand nur um den Vorrat, der notwendig ist, um ein bis drei Wochen zu überbrücken. Weiterhin liegt die Unterbrechungsdauer bereits in der geringsten Ausprägung bei fünf Wochen und das zusätzliche Lager kann nur eingeschränkt zu einer Reduktion des Risikos beitragen.

Flexible Lagerhaltung zielt darauf ab, das Orderintervall zu reduzieren und somit durch kürzere Reaktionszeiten schneller auf Unterbrechungen reagieren zu können. Für diesen Zweck wird der Abstand zwischen den Orderlimiten (sS) reduziert. Der durchschnittliche Lagerbestand bleibt so konstant während die Orderfrequenz ansteigt. Auch diese Strategie zeigt sich in keinem der überprüften Fälle als dominant. Diese Beobachtung kann zum Teil damit erklärt werden, dass wiederum für die gewählten geringen Lagerhaltungsniveaus und Unterbrechungsart die Effekte zu gering sind, um signifikante Änderungen hervorzurufen. Des Weiteren liegen die Lagerbestände am Ende der Unterbrechung zumeist auf sehr geringem Niveau, sodass eine flexiblere Orderpolitik ohne Effekt bleibt.

Redundante Kapazitäten beschreibt die Hinzufügung eines weiteren Supply-Chain-Elements, welches nicht den selben Ausfallrisiken wie das originäre Element unterworfen ist. Sie zeigen in Abhängigkeit der Einflussfaktoren sowohl positive als auch negative Auswirkungen auf den Gewinn des fokalen Unternehmens. In Abhängigkeit des Wirkungsortes der Strategie, relativ zum fokalen Unternehmen, haben insbesondere redundanzbedingte Überkapazitäten negative Auswirkungen auf den Gewinn des Herstellers und können auf die Preisgestaltung zurückgeführt werden. Nur in dem Fall, wenn Strategiewirkungsort und Risikoquelle identisch sind, kann diese Strategie die volle positive Wirkung entfalten.

Strategien für *flexible Kapazitäten* zielen darauf ab, die Produktionsfähigkeiten des Unternehmens so anzupassen, dass bisher vorhandene Kapazitätsbeschränkungen – mindestens zeitweise – außer Kraft gesetzt werden können und Nachfrage so bei Bedarf schneller befriedigt werden kann. Diese Strategie zeigt keine negativen Effekte. Positive Auswirkungen können neben der Strategiewirkungsort-Risikoquellen-Identität jedoch nur dann erzielt werden, wenn die Unterbrechung nicht vollständig ist (0 %) und somit das zusätzliche Kapazitätspotential zumindest teilweise noch genutzt werden kann. Eine Unterbrechung von 0 % führt zu einem vollständigen Stillstand der Produktion, sodass auch die Flexibilisierung keine positiven Effekte zeigen kann. Eine Flexibilisierung der Kapazitäten im Nachfrageagenten zeigt wenige Vorteile. Dies ist darauf zurückzuführen, dass innerhalb der Supply Chain eine Vielzahl von Engpässen existieren. Diese verhindern, dass eine höhere Nachfrage zu einer Steigerung des Gewinns beitragen könnte.

Auch für den Fall, dass *kein Risiko* eintritt, führen die gewählten Strategien zu einer Veränderung des Gewinns. Hier zeigt sich, dass eine Flexibilisierung der Kapazität beim Hersteller den höchsten Gewinn erwirtschaften kann. Die Unterschiede zu den anderen Strategien sind jedoch relativ gering, so dass keine der Strategien alle anderen Strategien dominiert.

Die intrinsische Robustheit der Supply Chain lässt sich an den Ergebnissen der *Nullstrategie* erkennen. Im Vergleich der Ergebnisse der unterschiedlichen Risikoquellen ergibt sich das Basisbild der Engstellen innerhalb der Supply Chain.

Strategiekombinationen aus einzelnen Teilstrategien erweisen sich den singulären Strategien im Allgemeinen überlegen. Eine konzentrierte Anwendung der kombinierten Strategien bei einem Teilnehmer bringt jedoch in der Regel keine weiteren Vorteile. Erst die Nutzung von Netzwerkeffekten ermöglicht die Abschöpfung der Potentiale der Supply Chain. Diese werden im Abschnitt 6.6.3 weiter betrachtet. Optimale kombinierte Strategien setzen sich stets zusammen aus einer Strategie, welche am Ort der Risikoquelle ansetzt und einer Weiteren, welche entweder auf Lieferanten-, Nachfrageseite oder beim Hersteller selbst ansetzt. In Kombination können sich auch Lagerhaltungsstrategien als optimal erweisen, welche normalerweise keine Anwendung finden würden (beispielsweise *RedKapS2-RedLagM* in Tabelle 14).

6.6.2 Risiken

Diese Arbeit betrachtet eingeschränkt Risiken, mit einem hohen Schadensausmaß, gemessen an den direkten Effekten und ihrer Dauer. Aufgrund dieser großen Auswirkungen wird die Annahme getroffen, dass es in der Betrachtungsperiode nur maximal ein Auftreten eines solchen Risikos zu verzeichnen ist.

Die Simulationsergebnisse zeigen, dass die *Lokation der Risikoquelle* die größten Auswirkungen auf die Wahl der optimalen Strategie aufweist. Dominante Strategien setzen direkt an der Risikoquelle an. Eine Minderung von Unterbrechungsrisiken mit anderen Strategien kann nur in Ausnahmefällen zu einer Verbesserung der Supply-Chain-Leistung führen.

Die Strategiewahl wird zudem durch die *Unterbrechungsintensität* beeinflusst. Hohe Unterbrechungsausmaße verhindern die Nutzung von Flexibilitätspotentialen der Produktionskapazitäten. Für geringe Ausmaße zeigen Flexibilisierungen der Produktionskapazitäten das Potential, deutliche Verbesserungen der Risikosituation zu erreichen. Dies reicht bis hin zu einer, über die Situation ohne Risiko hinausgehenden, Angleichung der Gewinne. Lagerhaltungsstrategien können nur bei entsprechender Dimensionierung und für kurze Unterbrechungen zu Meliorationen führen. Aufgrund der Kostenimplikationen, welche in der Simulation wie bei allen Strategien nicht vollständig abgebildet sind, müssen größere Erhöhungen jedoch als unrealistisch verworfen werden. Auch die in den Experimenten simulierten Erhöhungen der Eingangsmaterialläger in Höhe von 30 bis 50 % stellen bereits sehr extreme Strategien dar.

Die *Unterbrechungsdauer* zeigt Einfluss auf die zu wählende Strategie. Kurze Unterbrechungszeiträume begünstigen Strategien, welche Lagerhaltung mit einbeziehen. Kapazitätsbezogene Strategien zeigen nur geringe Veränderungen bei Änderung der Unterbrechungsdauer. Insgesamt kann konstatiert werden, dass die betrachteten Strategien entweder nach einer nur kurzen Unterbrechungsdauer bereits keine Wirkung mehr zeigen oder aber durchgehend positiv wirken.

Ein Vergleich zwischen den Gewinnen im Szenario *ohne Risiko* mit denjenigen unter Risikoeinfluss weist darauf hin, dass die Effektivität der Supply Chain intrinsisch durch ihr Design und deren spezifischen Engpässen unter dem Einfluss von Risiko beschränkt wird. Durch Kapazitätsflexibilisierung an der Risikoquelle können unterbrechungsbedingte Engpässe behoben werden. In Abhängigkeit der übrigen Supply-Chain-Konfiguration können so die Gewinne sogar über den Szenarien ohne Risiko liegen.

6.6.3 Supply-Chain-Netzwerkdesign

Zuletzt erweist sich die Supply-Chain-Struktur als treibender Faktor für die Ausgestaltung der Supply-Chain-Risikoreduktionsstrategien. Bedingt durch das vorgegebene Supply-Chain-Netzwerkdesign und der gewählten Risikoreduktionsstrategie, ergeben sich unterschiedliche Anfälligkeitsprofile des Netzwerks. Struktureller Haupteinflussfaktor ist dabei die zur Verfügung stehende Durchflusskapazität innerhalb einer jeden Stufe (beispielsweise 6.5.8). Die kumulierte Lagerhaltung über mehrere Unternehmen hinweg kann jedoch auch eine Rolle spielen, eine alleinige Manipulation des Lagers eines Supply-Chain-Elementes reicht dagegen nicht aus, um eine Verbesserung des Supply-Chain-Netzwerkdesigns zu erreichen. Strategien können immer dann ihre volle Wirkung entfalten, wenn ein genereller oder unterbrechungsinduzierter Engpass verringert werden kann. Singuläre Strategien versagen insbesondere dann, trotz der Behebung eines Engpasses, wenn die Struktur der Supply Chain konsekutive Engstellen beinhaltet, von welchen die selektierte Strategie nur einen Teil behebt. Netzwerkeffekte können somit zu einer Verbesserung der Widerstandsfähigkeit beitragen, jedoch auch eine einfache Risikoreduktion verhindern.

Für eine vollständige Analyse des Netzwerks ist es weiterhin notwendig, die Supply-Chain-Struktur sowohl im Fall ohne Risiken als auch im Fall einer Unterbrechung zu betrachten. Hierzu ist eine Untersuchung analog der Analyse des *kritischen Pfades* (beispielsweise NAHMIAS 2005, S. 485 ff.) notwendig. Dieser *Unterbrechungsbedingte Kritische Pfad* kann für jedes Risiko unterschiedliche Elemente der Supply Chain betreffen (Abbildung 6.27). Der kritische Pfad enthält dabei alle Elemente und Verknüpfungen, welche eine Verringerung des Gewinns verursachen. In Abbildung 6.27(a) ist der kritische Pfad mittels gestrichelter Verbindungslinien hervorgehoben. Eine Unterbrechung des ersten Verteilzentrums (DC_1) bewirkt eine Verschiebung des kritischen Pfades hin zu diesem Element, jedoch bleiben in diesem Beispiel die vor- und nachgelagerten Elemente des Pfades identisch und deuten demnach auf systematische Engstellen hin. Hieraus können Empfehlungen für eine Supply-Chain-übergreifende Strategie abgeleitet werden.

Eine Supply-Chain-Analyse basierend auf dem kritischen Pfad beinhaltet daher stets eine Aufdeckung der relevanten unterbrechungsbedingten Engpässe. Diese Engpässe, ausgehend von den Rohmateriallieferanten bis hin zum Endkunden, können dann bewertet und Strategien für deren Reduktion entwickelt werden. Die Experimente in den Kapiteln 6.5.8 und 6.5.9 zeigen, dass die Festlegung des fokalen Unternehmens für die Bestimmung des kritischen Pfades eine nur untergeordnete Rolle spielt, jedoch die Strategieauswahl beeinflussen kann, sofern die Kosten und Erträge der Strategien nicht unter allen Supply-Chain-Teilnehmern aufgeteilt werden.

Eine übergreifende Analyse der unterschiedlichen getesteten Supply-Chain-Beispiele zeigt, dass eine individuelle Analyse der Schwachstellen einer Supply Chain unumgänglich ist, um eine fundierte Aussage zu den Auswirkungen unterschiedlicher Strategien treffen zu können. In denjenigen Fällen, wo Supply-Chain-Strukturen bereits Redundanzen beinhalten, kann es dennoch sinnvoll sein, weiter in die redundanten Stufen zu investieren, um eine noch bessere

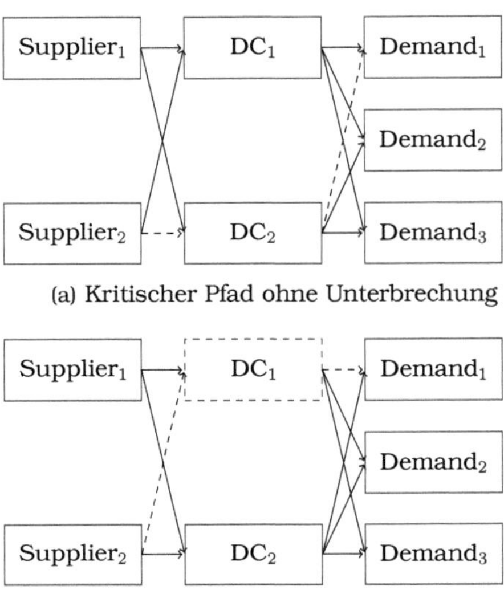

(a) Kritischer Pfad ohne Unterbrechung

(b) Kritischer Pfad mit Unterbrechung (DC_1)

Abbildung 6.27: Konzept des Unterbrechungsbedingten Kritischen Pfades

Robustheit zu erreichen. Die Schwachstellen der Supply Chain werden häufig erst unter dem Einfluss einer Unterbrechung offenkundig und müssen unter diesen Voraussetzungen analysiert werden, um die Netzwerkeffekte zu erkennen.

Die ersten drei Supply-Chain-Konfigurationen (seriell, konvergent, divergent mit jeweils drei Stufen) weisen bereits auf die Vorteile einer redundanten Auslegung der Supply Chain hin. Der Einfluss der Supply-Chain-Struktur auf die Strategiewahl ist in diesem Fall jedoch nur sehr subtil vorhanden. Im Fall einer divergenten Supply Chain zeigt ausnahmsweise die Strategie der flexiblen Nachfrage Wirkung, sofern die Unterbrechung auch diesen Bereich betrifft, da in diesem Fall eine redundante Senke vorhanden ist, welche die notwendige, erhöhte Nachfrage produzieren kann. Im Fall der Konsumgüter-Supply-Chain mit Fokus auf den Hersteller zeigt sich dieser Effekt sehr deutlich, da das Distributionsnetzwerk mehrfach redundant ausgelegt ist und in diesem Bereich keine Engpässe entstehen. Strategien beziehen sich daher entweder auf die Erhöhung der Endkundennachfrage, um den Gesamtumsatz und damit den Gewinn zu erhöhen oder auf die von Engpässen bedrohten Bereiche des Lieferantennetzwerks.

7

Gestaltungsempfehlungen

Die Ergebnisse der Analysen dieser Arbeit werden nun zusammengeführt und in Form von Empfehlungen für die Ausgestaltung von Strategien zur Reduktion von Unterbrechungsrisiken dargestellt.

Der erste Abschnitt aggregiert die Erkenntnisse aus der Systematischen Literaturanalyse, den Experteninterviews und der Simulation im Hinblick auf die Forschungsfragen *und beantwortet diese.*

Im zweiten Abschnitt wird ein methodenübergreifendes Fazit *präsentiert und die praktischen Implikationen für das Management von Supply Chains zusammengefasst. Hierunter fällt die Fokussierung auf den Unterbrechungsbedingten Kritischen Pfad und Erläuterungen zur Anwendung der Simulationsergebnisse in der Praxis.*

Zuletzt werden die Limitationen *der vorliegenden Arbeit diskutiert und die* Implikationen für die weitere Forschung *beleuchtet. Hierbei stehen offene Aspekte auf Basis dieser Forschungsergebnisse im Vordergrund.*

7.1 Zusammenfassung und Ausblick

Diese Arbeit basiert auf einer methodischen Triangulation. Als Kernmethoden finden eine Systematische Literaturanalyse, Experteninterviews und eine Simulationsstudie Anwendung. Die Literaturanalyse stellt zunächst den Stand der Forschung dar und deckt vorhandene Lücken auf. Die systematische Vorgehensweise ermöglicht dabei eine höchstmögliche Objektivität in der Durchführung.

Die Experteninterviews dienen daraufhin der Aufdeckung von Praxislücken über die bereits in der Literatur existierenden Beispiele hinaus.

Auf Basis der Lücken der Forschung und den Anforderungen der Praxis wurde im Anschluss daran ein Simulationsmodell entwickelt. Dieses dient im Verlauf der Arbeit dazu, offene Fragen bezüglich der Eignung unterschiedlicher Strategien zur Reduktion von Unterbrechungen aufzudecken.

7.1.1 Robuste Strategien des Supply-Chain-Netzwerkdesigns

> **Forschungsfrage 1:** Welche robusten Supply-Chain-Netzwerkdesignstrategien zur Risikoreduktion finden in Literatur und Praxis Anwendung?

Im Rahmen der Literaturanalyse und der Experteninterviews wurden Strategien erarbeitet, welche der Verminderung von Unterbrechungsrisiken dienen können. Aus der Literatur ergeben sich eine Vielzahl solcher Strategien. Das Konzept der robusten Strategien sticht dabei besonders hervor. Gemeinsames Ziel von robusten Strategien ist es, die Widerstandsfähigkeit zu verbessern, ohne negative Effekte auf die Gewinne auszuüben. In der Literatur lassen sich Strategien zwei distinkten Strategietypen zuordnen und für die Minimierung von Unterbrechungsrisiken anwenden: *Redundante Strategien* zielen darauf ab, vorhandene Elemente, Prozesse oder Eigenschaften mehrfach zu etablieren, um eine Resistenz gegen einzelne Ausfälle zu erreichen. *Flexible Strategien* hingegen dienen dazu, die Reaktionsfähigkeiten zu erhöhen und durch kurzfristig mögliche Anpassungen auf Schwankungen der Nachfrage reagieren zu können.

Die Experteninterviews fördern sieben verwendete Reduktionsansätze (*Prozess, Lokation, Information, Lagerhaltung, Leistungsfähigkeit, Backup, Akzeptanz*) zu Tage. Aus den sieben Ansätzen ergeben sich zwei Strategietypen, welche entweder auf Kapazitätsveränderungen oder auf eine Anpassung der Lagerhaltungsstrategien abzielen. Diese Sichtweise orientiert sich an den, in der Umsetzung notwendigen, Entscheidungsvariablen.

In der Simulationsstudie werden die Konzepte aus Literatur und Praxis kombiniert und in den vier Strategien *flexible Lagerhaltung* und *flexible Kapazität* sowie *redundante Lagerhaltung* und *redundante Kapazität* zusammengefasst.

7.1.2 Strategiebestimmende Einflussfaktoren

> **Forschungsfrage 2:**
>
> a Welche Umwelt-, Supply-Chain-, Unternehmens- und Risikofaktoren beeinflussen die Wahl robuster Strategien?

Tabelle 7.1: Bedeutung der Haupteinflussfaktoren für die Strategiewahl als Ergebnis der verwendeten Methoden

	Quelle		
Einflussfaktor	Literatur	Experteninterviews	Simulation
Kosten	●	●	–
Risikoaversion/Aktivitätsgrad	●	●	–
Eintrittswahrscheinlichkeit	●	◑	–
Unterbrechungsausmaß	●	○	●
Unterbrechungsdauer	●	○	●
Risikoquelle (Lokation)	◑	◑	●
Unterbrechungsbedingte Engpässe	–	◑	●

●: bestätigter Einfluss; ◑: geringer Einfluss; ○: kein Einfluss; –: nicht getestet

b Welchen Einfluss haben diese Faktoren auf die Wahl der robusten Strategie?

c Welche Fallunterscheidungen ergeben sich für die Wahl der robusten Strategie?

Tabelle 7.1 zeigt die aufgedeckten Haupteinflussfaktoren auf die Wahl der optimalen Risikoreduktionsstrategie. Eine Auslassung symbolisiert diejenigen Zusammenhänge, welche nicht getestet worden sind. Ein leerer Kreis steht für diejenigen Einflussfaktoren, für welche kein signifikanter Einfluss feststellbar ist. Die Literaturanalyse zeigt, dass die Einflussfaktoren, welche die Strategiewahl beeinflussen, nicht vollständig erforscht sind. Außerdem ist die quantitative Auswertung der Zusammenhänge nur für wenige der genannten Einflussfaktoren durchgeführt. Als typische Faktoren werden die *Unterbrechungsintensität* und *Eintrittswahrscheinlichkeit* genannt.

In den Experteninterviews werden ähnliche Faktoren genannt. Die Risikoeigenschaften (Eintrittswahrscheinlichkeit, Unterbrechungsausmaß und -dauer) spielen für die Strategieentwicklung jedoch eine nur untergeordnete Rolle. Als Grund hierfür werden die großen *Ungewissheiten* genannt, welche mit der vollständigen Identifikation und umfassenden und korrekten Bewertung der Risiken einhergehen (*Modellrisiko*). Weiterhin wies die Auswertung der Interviews auch darauf hin, dass die *Risikoquelle* eine bedeutendere Rolle spielen könnte.

Zuletzt werden auf Basis der Simulationsstudie die folgenden Haupteinflussfaktoren ausgemacht: Hinsichlich des Risikos trägt die *Risikoquelle* den größten Anteil zur Wahl der optimalen Strategie bei. Das Supply-Chain-Netzwerkdesign stellt außerdem einen essentiellen Einflussfaktor dar. Eine Netzwerksicht zeigt, dass für die Festlegung der Strategien insbesondere auch diejenigen *Engstellen* betrachtet werden müssen, welche erst im Falle einer Unterbrechung entstehen. Diese unterbrechungsbedingten Engpässe in Form eines kritischen Pfades bestimmen maßgeblich den optimalen Wirkungsort einer Strategie.

7.1.3 Handlungsempfehlungen

> **Forschungsfrage 3:** Welche allgemeinen Handlungsanleitungen können für die Anwendung robuster Strategien gegeben werden?

Aus der Literatur ergeben sich konkrete Handlungsempfehlungen für eine Vielzahl von Szenarien. Zumeist fehlt jedoch eine qualitative Bewertung der Strategiealternativen und es findet nur ein Vergleich einzelner Strategien, ohne eine umfassende Analyse, statt. Weiterhin wird auch der Einfluss komplexer Supply-Chain-Strukturen vernachlässigt.

Aus den deskriptiven Ergebnissen der Experteninterviews lassen sich nur schwer normative Handlungsempfehlungen ableiten. Manche der beschriebenen Phänomene, wie beispielsweise die starke Fokussierung auf die Lieferantenseite, sowohl im Rahmen der Risikobewertung wie auch der Risikoreduktion, scheinen aus theoretischer Sicht kaum eine allgemeingültige Handlungsanweisung darzustellen. Jedoch können auch Empfehlungen, welche bereits in der Literatur Erwähnung finden, in den Experteninterviews wiederentdeckt werden. Auch hier werden beispielsweise für *stetige Risiken vermehrt Lagerhaltungsstrategien* eingesetzt, wohingegen Unterbrechungen häufiger durch Kapazitäts- und Flexibilitätsstrategien verringert werden. In der Praxis stehen Beurteilungsschwierigkeiten, welche der vollständigen Bewertung von Risiken im Wege stehen, im Vordergrund und hemmen die umfassende Bearbeitung der Risiken. Aus diesem Grund deuten die Ansätze in der Praxis auf eine *generell robustere Auslegung des Supply-Chain-Netzwerkdesigns* hin, um so auch mögliche Schwächen in der Analyse ausgleichen zu können.

Zuletzt zeigt sich in der Simulationsstudie, dass das vorgegebene Supply-Chain-Netzwerkdesign sowie einige Risikoeigenschaften den größten Einfluss auf die Auswahl der Strategien aufweisen. Eine einfache Handlungsempfehlung in Form einer Wenn-Dann-Konstruktion erscheint jedoch nur für sehr spezifische Anwendungsfälle möglich.

Es ist festzuhalten, dass Kostenaspekte der Strategien keine Berücksichtigung finden. Der Fokus liegt allein auf den Wirkmechanismen der individuellen Strategien. Somit können die Ergebnisse auch nicht direkt als Entscheidungsvorlage herangezogen werden.

Die Analyse der Ergebnisse zeigt, dass weniger die Wirksamkeit selektierter Strategien an sich in Frage gestellt werden muss, sondern insbesondere der *passende Einsatzort und die Ausgestaltung in Abhängigkeit des Risikos und struktureller Supply-Chain-Faktoren (Engpässe)*. Generell kann konstatiert werden, dass der eigentliche Supply-Chain-Typ (seriell, konvergent, divergent) nur einen vergleichsweise geringen Einfluss hat. Im Gegensatz dazu bilden jedoch die *Netzwerkeffekte*, welche durch die Engpässe innerhalb des Netzwerks in Form eines kritischen Pfades bestimmt werden, den Haupteinflussfaktor für die Wahl der optimalen Strategie. Das primäre Ziel muss daher immer darin bestehen, Strategien zu finden, welche bestmöglich auf prä-existierende und unterbrechungsbedingte Engpässe wirken können. Engstellen können über die gesamte Länge der Supply Chain auftreten. Somit werden Strategien erforderlich, welche an vielen unterschiedlichen Lokationen im gesamten Netzwerk wirken können. Der Ort der Risikoquelle (Element innerhalb der Supply Chain) ist hierfür ein ebenso wichtiges Kriterium wie die Durchlaufkapazität der einzelnen Supply-Chain-Stufen, um den Einsatz unterschiedlicher Strategien daraufhin abzustimmen.

Unter den gegebenen Strategien erweisen sich stets diejenigen als effektiv, welche *direkt an der Risikoquelle* ansetzen. Eine Minderung von unternehmensexternen Risiken ist folglich nur schwerlich durch intern gerichtete Strategien möglich.

Übergreifend über alle Teile der Simulationsstudie zeigt sich insbesondere die geringe Wirksamkeit von Lagerhaltungsstrategien. Selbst eine unrealistisch hohe Erweiterung des Lagers führt in der Regel nur für vergleichsweise kurze Unterbrechungen zu einer Verbesserung. Die *Etablierung redundanter Kapazitäten* (beispielsweise mittels Backuplieferanten) ist häufig die einzig wirksame Strategie. Hierbei müssen jedoch die Kostenimplikationen beachtet werden. Eine *Flexibilisierung von Kapazitäten* wird häufig in Literatur und Praxis als Strategie genannt und zeigt sich auch in den Simulationen als sehr wirksam, sofern nicht ein kompletter Ausfall der Kapazitäten zu verzeichnen ist.

Die *Ergebnisse erweisen sich als robust über ein breites Wertespektrum* der Unterbrechungsdauer und des Risikoausmaßes. Erst für Unterbrechungen, welche nur kurz (hier fünf Wochen) oder darunter andauern, werden alternative Strategien relevant.

Tabelle 7.2 fasst die Ergebnisse der Simulationsstudie kompakt zusammen.

Tabelle 7.2: Kernergebnisse der Simulationsstudie

Kategorie	Ergebnis
Supply-Chain-Netzwerkdesign	Risikoquelle ist Haupteinflussfaktor für die Strategiewahl
	Unterbrechungsbedingter Kritischer Pfad bestimmt die optimale Strategie
Risikoreduktion	Effektive Strategien setzen an der Risikoquelle an
	Lagerhaltungsstrategien nur bei Unterbrechungsdauern von wenigen Wochen sinnvoll
	Flexibilität kann zu Risikoreduktionen führen, sofern die Unterbrechung nicht umfassend ist
	Redundante Kapazitäten zeigen die höchste Effektivität bezüglich der Risikoreduktion
	Zusammengesetzte Strategien sind effektiver, sofern sie am kritischen Pfad orientiert sind

7.2 Fazit

Die vorliegende Arbeit hat Implikationen für die Handhabung von Supply-Chain-Risiken in der Praxis. Zunächst zeigen die *Experteninterviews* einen starken Fokus auf die Lieferantenseite sowohl für Risikoidentifikation, Bewertung und der Auswahl von Risikoreduktionsstrategien. In der Literaturrecherche konnten außer Kostenerwägungen, welche insbesondere als Auswirkung einer hohen Supply-Chain-Komplexität gesehen werden können, keine theoretischen Begründungen für dieses Verhalten gefunden werden. Umgekehrt deuten die Erkenntnisse aus Literatur und der hier vorliegenden Simulationsstudie eher darauf hin, dass eine starke Ausweitung des Horizontes für Supply-Chain-Analyse und -Strategie notwendig wäre. Auch Distributionsaspekte müssen stärker mit in die Anstrengungen zur Risikoreduktion einbezogen werden. Somit stoßen die Risikoreduktionsanstrengungen hier an die allgemeinen Grenzen des Supply-Chain-Denkens in der Praxis: Unternehmen, welche bereits bei anderen strategischen Initiativen keine Supply-Chain-Ausrichtung aufweisen, zeigen auch keine weitergehenden Anstrengungen in den, für das Supply-Chain-Risikomanagement notwendigen, Prozessschritten der Supply-Chain-übergreifenden Risikoidentifikation, -analyse, -bewertung, -steuerung und -kontrolle.

Übergreifend lässt sich konkludieren, dass insbesondere die Supply-Chain-Aspekte im Unternehmen häufig nur nachrangig betrachtet und das Risikomanagement häufig einen starken Fokus auf interne Risiken aufweist. Eine übergreifende, gemeinsame Gestaltung des Supply-Chain-Netzwerkdesigns zum Zwecke der Risikooptimierung erfolgt nur vereinzelt.

Auf der anderen Seite setzen sich einige Unternehmen stärker mit Supply-Chain-Risiken und deren Reduktion auseinander. Diese implementieren hierfür Prozesse, welche dazu dienen, die Komplexität der Risikoidentifikation und Bewertung zu reduzieren. Dies erfolgt durch die Fokussierung auf besonders anfällige Produkte und Prozessschritte. Um des Weiteren mögliche negative Wirkungen bei der Risikoabschätzung auf den Erfolg der Risikoreduktionsstrategien zu verhindern, werden Netzwerke und Strategien so gestaltet, dass eine Widerstandsfähigkeit gegenüber einer Vielzahl unterschiedlicher Risiken gleichzeitig erreicht wird.

Die *Simulationsstudie* zeigt zunächst, dass agentenbasierte Simulation als Methode dazu geeignet ist auch komplexe Lieferketten abzubilden und bei allgemeinen Fragestellungen schnell und zielgerichtet Antworten liefern zu können.

Die Ergebnisse der Simulationsläufe zeigen, dass eine intensive Auseinandersetzung mit der Netzwerkstruktur notwendig ist, um passende Risikoreduktionsstrategien auswählen zu können. Diese Untersuchung beinhaltet dabei die Suche nach dem kritischen Pfad. Dieser ist für jedes Szenario mit unterschiedlicher Risikokonfiguration neu zu entwickeln. Auf dieser Basis können diejenigen Elemente ausgewählt und zielgerichtet verstärkt werden, welche in den wahrscheinlichsten Szenarien als limitierender Faktor auftreten.

Die Simulationsergebnisse zeigen weiterhin, dass eine Risikoreduktion innerhalb der Supply Chain stets auch unternehmensübergreifende Aktivitäten notwendig macht, um eine effektive Risikoreduktion zu erreichen. Risiken, welche außerhalb des eigenen Unternehmens liegen, können kaum durch unternehmensinterne Strategien reduziert werden.

Auch eine direkte Integration der Simulationsergebnisse in die praktische Gestaltung der Supply Chain ist denkbar. Für die Umsetzung im Unternehmenskontext könnte der im Folgenden skizzierte *Entscheidungsprozess* herangezogen werden. Dieser bezieht die Unterbrechungswahrscheinlichkeiten in die Analyse ein und generiert damit unternehmensindividuelle Ergebnisse. Unter der Annahme, dass eines der Simulationsszenarien die unternehmerische Realität hinreichend abzubilden vermag, können die Werte aus den Ergebnistabellen (Anhang 5–39) wie folgt herangezogen werden:

1. Die Ergebniswerte der Nullstrategie in der ersten Tabellenzeile indizieren die Verwundbarkeit der Supply Chain. In Kombination mit der Wahrscheinlichkeit einer Unterbrechung, welche in einem separaten Prozess errechnet

werden muss, lässt sich so der Erwartungswert der passiven Handlungsalternative berechnen:[1]

$$EW_{Nullstrategie} = \sum_{i}^{Risikoquelle} \sum_{j}^{Ausmaß} \sum_{k}^{Dauer} [p_{Nullstrategie,i,j,k} \cdot \pi_{Nullstrategie,i,j,k} + (1 - p_{Nullstrategie,i,j,k}) \cdot \overline{\pi_{Nullstrategie}}] \quad (7.1)$$

2. Analog zum ersten Schritt kann die Formel für jede Strategie a verallgemeinert und der erwartete Gewinn berechnet werden. Hierzu sind zusätzlich die zu erwartenden diskontierten Strategieimplementierungskosten (c_a einmalig und laufend) anzusetzen. Durch diese Einbeziehung wird eine Unterscheidung der Strategieeffizienz möglich, welche nicht Bestanteil der Analyse in dieser Arbeit ist.

$$EW_{Strategie_a} = \sum_{i}^{Risikoquelle} \sum_{j}^{Ausmaß} \sum_{k}^{Dauer} [p_{a,i,j,k} * \pi_{a,i,j,k} + (1 - p_{a,i,j,k}) * \overline{\pi_a}] - c_a \quad (7.2)$$

3. Zuletzt kann durch Vergleich der Ergebnisse aus Schritt eins und zwei eine Hierarchie der Strategien erstellt werden, um so eine individuelle Strategiepriorisierung zu erreichen.

Weiterhin sind auch andere Entscheidungsprozesse in Abhängigkeit der Ziele des Entscheiders denkbar. Insbesondere, wenn eine möglichst umfassende Risikoreduktion notwendig erscheint. Als Beispiele hierfür könnten Supply Chains im militärischen Bereich oder die Grundnahrungsmittel betreffend genannt werden. Weiterhin zeigt sich in den Experteninterviews, dass insbesondere diejenigen Unternehmen, welche eine hohe Produktmarge aufweisen, größere Anstrengungen und Aufwände zur Risikoreduktion unternehmen. Ursache könnte sein, dass hier ein möglicher Umsatzverlust gravierender zu bewerten ist und so einer Risikoreduktion höheres Gewicht einzuräumen ist.

[1] Deklaration der Variablen:

EW_a	Erwartungswert der Strategie a
i	Index für die ausgewählte Risikoquelle
j	Index für die ausgewähltes Risikoausmaß
k	Index für die ausgewählte Unterbrechungsdauer
$p_{a,i,j,k}$	Bedingte Wahrscheinlichkeit einer Unterbrechung mit Risikoquelle i, Ausmaß j und Unterbrechungsdauer k unter Anwendung der Strategie a
π_a, i, j, k	Gewinn (Tabellenwert) bei einer Unterbrechung mit Risikoquelle i, Ausmaß j und Unterbrechungsdauer k unter Anwendung der Strategie a
$\overline{\pi_a}$	Gewinn bei Nutzung von Strategie a, für den Fall ohne Unterbrechungseintritt
c_a	Diskontierte einmalige und laufende Kosten der Strategieimplementierung

7.3 Limitationen und Implikationen für die Forschung

Die getroffenen Aussagen müssen im Lichte der verwendeten Methoden betrachtet werden. Die *Systematische Literaturanalyse* wurde als Methode gewählt, um einen Überblick über die aktuelle Forschung zu erhalten. Im Gegensatz zu anderen Analysemethoden werden hierbei stärkere Anforderungen an die Art und den Umfang der Dokumentation gestellt. Diese sollen dazu dienen, die Qualität der Ergebnisse zu verbessern. Dennoch kann nicht vollständig ausgeschlossen werden, dass einzelne Quellen nicht in die Analyse einbezogen worden sind und somit deren Schlussfolgerungen in den Ergebnissen fehlen.

Die qualitativen *Experteninterviews* dienen als Grundlage für die Simulation. Ziel ist es daher nicht eine repräsentative Stichprobe zu generieren. Dies spiegelt sich auch in der Tatsache wider, dass fast ausschließlich Unternehmen aus dem produzierenden Gewerbe in die Befragung mit einbezogen worden sind. Die Ergebnisse sind unter diesen Bedingungen zu verstehen. Die Auswertung der theoriegenerierenden Interviews sind weiterhin von der konkreten Interpretation des Forschers abhängig. Um diesen subjektiven Einfluss so gering wie möglich zu halten und einen höheren Grad an Objektivität zu erreichen, wurden die Ergebnisse der Befragungen mit den jeweils nachfolgenden Interviewpartnern besprochen.

Das *Simulationsmodell* wurde mit Hilfe einer Reihe von Maßnahmen zur Verifikation und Validierung überprüft, um Fehler in der Logik und der Programmierung auszuschließen. Um die Reproduzierbarkeit der Ergebnisse zu gewährleisten, wurden alle relevanten Parameter in der Ergebnisbeschreibung mit angegeben.

Für die weitere Forschung ergeben sich unterschiedliche Implikationen. Zunächst könnte eine Ausweitung der Befragungen in Form einer größeren Teilnehmerzahl zu einer besseren Fundierung der Ergebnisse im Sinne der Grounded-Theory-Methode führen. Weiterhin wäre eine Umsetzung in Form einer repräsentativen Befragung möglich und könnte damit die entwickelten, theoretischen Konstrukte empirisch bestätigen oder widerlegen.

Die Validität des Simulationsmodells könnte weiter gesteigert werden, indem beispielsweise eine Validierung anhand realer Unternehmens-/Supply-Chain-Daten durchgeführt werden würde. Die Simulationsläufe selbst könnten in mehrere Richtungen erweitert werden und damit die bestehenden Erkenntnisse vertiefen: Zunächst könnten komplexere Strategien getestet werden, welche aus drei oder mehr Einzelstrategien zusammengesetzt werden. Weiterhin könnten auch Strategien getestet werden, welche einen grundlegend anderen Prozessaufbau innerhalb der Supply Chain vorsehen. Als Beispiel hierfür könnte das *Postponement* genannt werden.

Aufbauend auf den Ergebnissen der Simulationsstudie, wäre es möglich, das Konzept des Unterbrechungsbedingten Kritischen Pfades in Form eines elementbasierten Indices umzusetzen, welcher Anhaltspunkte für die bestmögliche Lokation zur Strategieimplementierung gibt. Dieser Index könnte gegebenenfalls auch die Kosten der Strategieimplementierung mit einbeziehen.

Insbesondere bei der Simulation einer Vielzahl unterschiedlicher Szenarioeigenschaften (Supply-Chain-Konfiguration, -Risiko, -Strategie) kann die Gesamtdauer der Simulationsläufe sehr stark ansteigen. Ein weiteres Forschungsfeld wäre daher die weitere Beschleunigung der Abläufe innerhalb des Simulationsmodells, um Modelle mit einer größeren Agentenzahl sinnvoll simulieren zu können.

Die Ergebnisse der Simulation basieren auf den quantitativen Grundlagen des Modells; eine ultimative Validierung könnte daher durch Abgleich der Simulationsergebnisse anhand praxisorientierter Fallstudien durchgeführt werden.

Appendices

Interviewleitfaden

Motivation

This inquiry is part of a PhD thesis on "Strategic Network Design under Uncertainty". The objective is to analyze how risk management is incorporated within the supply chain planning processes. You have been selected as a participant based on your individual knowledge on supply chain network design and your organization's position within the supply chain structure.

Questionnaire

Please plan about 60 to 90 minutes for this inquiry. About 60% of the time is set aside for questions 1 to 4 and 40% for question 5. This inquiry is conducted as a focussed, semi-structured interview. The questions below will be used as a guide.

Company Context and Role of the Respondent

- Please describe the major business model of your organization.
- Please describe your role within the organization.

Supply chain of the organization

Definition: A supply chain consists of all parties involved, directly or indirectly, in fulfilling a customer request. The supply chain not only includes the manufacturer and suppliers, but also transporters, warehouses, retailers, and customers themselves. Within each organization, such as a manufacturer, the supply chain includes all functions involved in receiving and filling a customer request. These functions include, but are not limited to, new product development, marketing, operations, distribution, finance, and customer service. (Chopra and Meindl, 2004)

- Are there multiple supply chains within your organization for different requirements (eg. different products, customer needs etc.)?
- Please describe the current structure of the organization's (major) supply chain. You can start with the elements and connections.
- What are additional properties of the supply chain (eg. geographic distribution, products, relations to customers and suppliers, planning and control of the supply chain)?

Strategic Network Design

Definition: A supply chain design problem comprises the decisions regarding the number and location of production facilities, the amount of capacity at each facility, the assignment of each market region to one or more locations, and supplier selection for sub-assemblies, components and materials. (Chopra and Meindl, 2004)

- How is the strategic network design embedded in your organization and the supply chain management processes?
- How do different parameters (like product type) affect the supply chain network?
- What are the triggers to induce changes to the elements of the supply chain (eg. own locations, suppliers, significant changes to contracts, ...)?
- Please describe the process of strategic network design.

Risks in supply chain network design

Definition: Supply chain risk management is the part of supply chain management, that comprises all strategies, measures, knowledge, institutions, and processes as well as technologies, which are suitable on a technical, personal or organizational level to reduce risk within a supply chain. (Kersten et al., 2006)

- What risk categories are distinguished (eg. internal/external, continuous/disruptions)?
- Which risks are included during the strategic network design process?
- In which process steps are those risks considered?
- How does the inclusion of risks influence the decision making process?

Walkthrough supply chain model

In the appendix you will find information on the concept model as a foundation for this research. For this question the interviewer will walk you through this model and your task will be to point out systematic errors. Using this method it is possible for you to match your internal supply chain models for strategic decisions with the ones suggested by research without compromising confidentiality. The quality of the model should be assessed based on the following criteria:

- appropriateness of the definition of system and study objectives
- adequacy of all underlying assumptions
- adherence to standards
- modeling methodology used
- model representation quality
- model structuredness
- model consistency
- model completeness
- documentation

Contact

This survey is lead by Daniel Dumke.

Daniel Dumke
Research Student
Tel: +49 170 20 33 531
Email: Daniel.Dumke@scrmblog.com
http://scrmblog.com

TUHH
Technische Universität Hamburg-Harburg

Institute of Business Logistics and General Management
http://www.logu.tu-harburg.de/en
Hamburg University of Technology

Konzeptmodell

This concept model describes the foundation of the model used during the project on “Supply Chain Network Design under Uncertainty”. It is based on an agent-based modeling approach.

Supply chain structure

The base model consists of three echelons. Each input and output is outfitted with an inventory to store outgoing / incoming products. The generic elements of the supply chain (supplier, producer, customer, transportation and inventory) are modeled as agents (individual computer programs that exhibit their own behavior).

Figure 1: Generic supply chain

Supply chain elements

The above mentioned, generic elements are used to model the supply chain; table 1 shows them and their respective in- and output relations. The processing steps within the elements can be described by the following parameters:

1. Process speed
2. Cost/profit of process

Table 1: Definition of supply chain elements

Element	Input	Output	Operational decisions
Supplier	Payment, Order	Goods, Forecasts	Production, Inventory, Fulfillment
Factory/DC	Payment, Order, Goods	Goods, Forecasts, Order, Payment	Order, Production, Inventory, Fulfillment
Customer	Goods	Payment, Order	Buying decision
Link (eg. transportation)	Goods, Money, Information	Goods, Money, Information	None
Inventory	Goods	Goods	None

3. Change of product state (eg. changed location after transportation process or changed properties after production)

The properties of the elements are displayed in Table 2.

Table 2: Properties of the model's processing steps within the elements

Element	Process Speed	Capacity Constraints	Financial KPIs
Supplier	Stochastic processing speed	Expected processing speed	Prices are determined by a demand function by the supplier
Factory/""DC	Stochastic processing speed	Expected processing speed	Deterministic fixed cost, stochastic variable cost
Customer	Stochastic demand	None	Prices are selected by the factory using the expected demand function
Link (eg. transportation)	Stochastic transportation speed	Expected transportation speed	Deterministic fixed cost for establishing a link, stochastic variable cost
Inventory	None	Deterministic capacity constraints	fixed and variable inventory cost

Supply chain configuration and steering

Within the planning processes strategical and tactical decisions are taken into consideration. In a first step all strategic decisions are fixed based on the supply chain strategy. Product, informational and financial flows are modeled as the links between the supply chain elements. During the execution of the simulation further strategic parameters are determined and executed. Following this step further tactical and operational parameters of the agents are repeatedly analyzed and if necessary determined anew (eg. new order due to declining inventory level).

Uncertainty

Uncertainty can be categorized as follows according to Christopher and Peck (2004).

Table 3: Different categories of supply chain risks

Inside Company		Inside Supply Chain		Outside Supply Chain
Control	Process	Supply	Demand	Environment

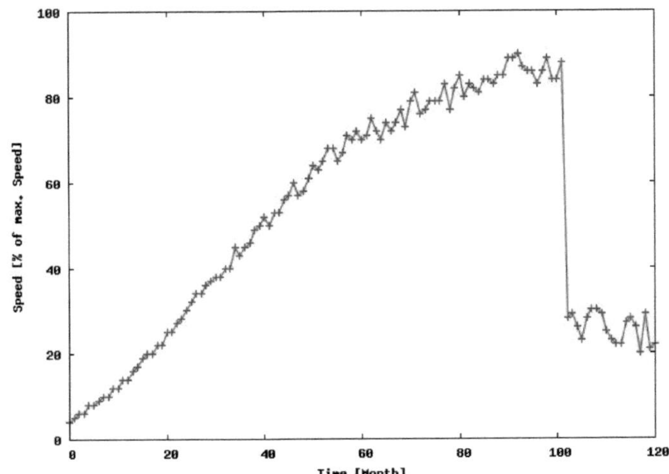

Figure 2: Example production speed during one simulation run

The elements are modeled at a high aggregation level. Each element and link therefore consists of an stochastic process speed to represent the uncertainties which have an effect on this process step. The process speeds are modeled using stochastic processes. Two major risk types are included: continuous and disruption risk. Examples are provided in Figures 2 and 3.

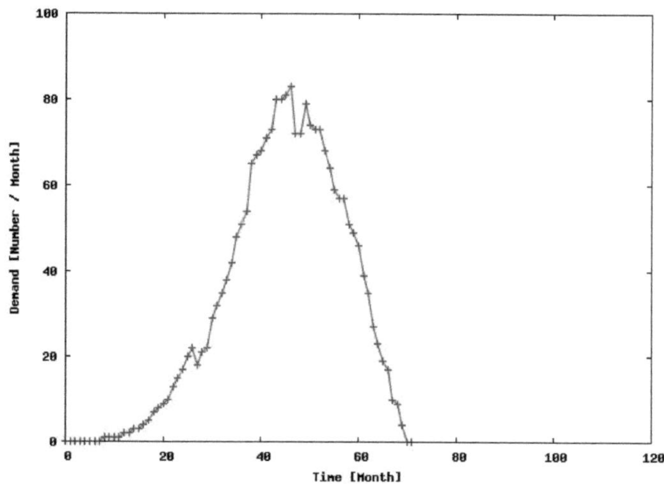

Figure 3: Example demand distribution during one simulation run

Experiments

The experiments are designed for different product and supply chain types. The objective is to reveal different effects of risk which are founded in the supply chain structure. Furthermore conclusions about the best supply chain design measures for risk reduction should be found. Based on the parameters the simulation is executed and the key performance indicators are calculated. Evaluation is going to be conducted using Pareto Analysis (see Figure 4).

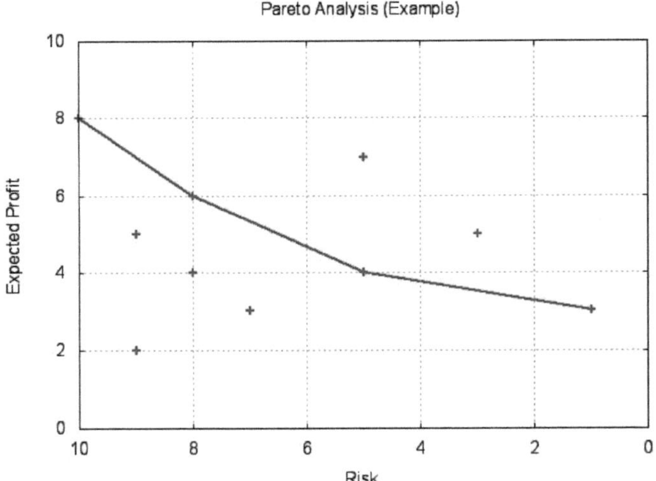

Figure 4: Analysis of results with multiple objectives using Pareto Analysis (here: risk and profit)

Klassenmodell Anylogic

Tabelle 4: Übersicht: Objektklassen Anylogic (vollständig)

Objektklasse	Einordnung	Aufgabe	Zugeordnete Klassen
BalanceSheet	Objektklasse	Verwaltung und Speicherung der monetären Abbildung aller Transaktionen.	–
Delivery	Objektklasse	Auslieferung der Waren an den Transporteur oder Kunden.	–
DemandRisk	Objektklasse	Ausführung geplanter Unterbrechungen innerhalb des Nachfrageagenten	–
DemandAgent	Agent	Instanzen repräsentieren die Endkunden der Supply Chain.	DemandRisk, BalanceSheet, InventoryManagementDemand, Stock, DemandQuotes, ExcelInterface, OutOrdList
DemandQuotes	Objektklasse	Anforderungen von Preisen und Auswahl des primären Lieferanten.	–
ExcelInterface	Objektklasse	Abruf von Konfigurationen und Speicherung der Orderlisten und Finanzdaten.	–
GenericAgent	Agent	Basisagent der Supply Chain, Konfiguration für einen Lieferanten, Hersteller, Distributor oder Einzelhändler möglich.	Receive, PriceList, IncOrdList, ProductionManagement, ExcelInterface, Risk, ListOfBOM, OutOrdList, BalanceSheet, Purchasing, InventoryManagement, ReceiveShipment, Stock, Delivery, Sales

Fortsetzung

Objektklasse	Einordnung	Aufgabe	Zugeordnete Klassen
IncOrdList	Objektklasse	Speicherung und Auswertung von eingehenden Bestellungen.	–
InventoryManagement Demand	Objektklasse	Steuerung der Nachfrage.	–
InventoryManagement	Objektklasse	Lagerhaltungsmanagement entsprechend der sS-Richtlinie.	–
ListOfBOM	Objektklasse	Speicherung der Stückliste für die Produktion aller Endprodukte des Agenten.	–
Main	Objektklasse	Bereitstellung der Simulationsumgebung und globaler parameters	GenericAgent, DemandAgent, TransportAgent
OutOrdList	Objektklasse	Speicherung und Auswertung von ausgehenden Order.	–
PriceList	Objektklasse	Generierung und Speicherung der aktuellen Endproduktpreise.	–
ProductionManagement	Objektklasse	Steuerung der Produktion aller Endprodukte in der Stückliste.	–
Purchasing	Objektklasse	Versand von Angebotsaufforderungen und Speicherung der eingehenden Angebote.	–
Receive	Objektklasse	Koordination der Aufgaben nach Eingang einer Bestellung.	–

Fortsetzung

Objektklasse	Einordnung	Aufgabe	Zugeordnete Klassen
ReceiveShipment	Objektklasse	Koordination der Aufgaben nach Eingang einer Ware.	–
Risk	Objektklasse	Ausführung geplanter Unterbrechungen innerhalb des Basisagenten.	–
Sales	Objektklasse	Versendung von Endproduktpreisen an anfragende Agenten.	–
Stock	Objektklasse	Abbildung des physischen Lagers des Agenten mit Funktionen zur Verwaltung.	–
TransportAgent	Agent	Transportverzögerung aller Waren von zugeordneten Lieferanten.	Stock, Risk, BalanceSheet, ExcelInterface
BOM	Hilfsklasse	Element eines BOM, quantifizierte Zuordnung eines Rohmaterials zum Endprodukt.	–
Unterbrechung	Hilfsklasse	Speicherung der Details zu einer Unterbrechung (Startzeitpunkt, Intensität etc.).	–
Money	Hilfsklasse	Speichereinheit für die monetäre Abbildung der Transaktionen (Kategorisierung, Wert, Zeitpunkt etc.).	–

Fortsetzung

Objektklasse	Einordnung	Aufgabe	Zugeordnete Klassen
Order	Hilfsklasse	Enthält alle notwendigen Daten für eine Bestellung (Produkt, Anzahl, Absender etc.)	–
PriceL	Hilfsklasse	Speichereinheit, um den Preis eines Produktes zu speichern.	–
ProductionRate	Hilfsklasse	Speichereinheit, zur Speicherung der Produktionsgeschwindigkeit eines Produkts.	–
Quote	Hilfsklasse	Nachricht, welche die Daten für eine Angebotsaufforderung und die dazugehörige Antwort speichert.	–
Shipment	Hilfsklasse	Sendung eines Produkts (Produktname, Anzahl, Preis, Zielagent etc.).	–
sSPolicy	Hilfsklasse	Speichereinheit, um die Daten einer sS-Richtlinie für ein Produkt zu speichern.	–
Status	Hilfsklasse	Datensatz, der den aktuellen Status einer Bestellung (ein- oder ausgehend) widerspiegelt.	–
StockItem	Hilfsklasse	Speicherung eines einzelnen gelagerten Produkts (Produktname, Zeit etc.).	–

Simulationsergebnisse

Konvergente Supply Chain (drei Stufen)

Tabelle 5: Strategie-Risiko-Matrix: Basis-Supply-Chain (konvergent; Unterbrechungsziel: $Supplier_1$)

	Disruptionsdauer [Wochen]									
	25			15			5			
	Ausmaß [%]									Kein
Strategie	0	10	20	0	10	20	0	10	20	Risiko
Nullstrategie	458	474	481	477	495	492	504	*506*	502	*513*
	+1, -2	+1, -2	+1, -1	+1, -2	+1, -1	+1, -2	+1, -2	+1, -0	+1, -1	+1, -0
FlexKapS2	**517**	**528**	*524*	**519**	*518*	*526*	*530*	*524*	*530*	*529*
	+7, -0	+7, -0	+5, -0	+6, -0	+1, -0	+4, -0	+4, -0	+2, -0	+1, -0	+1, -0
RedKapS2	**514**	**526**	*521*	**531**	*520*	*527*	*534*	*530*	*534*	*535*
	+7, -0	+7, -0	+1, -0	+7, -0	+5, -0	+4, -0	+5, -0	+2, -0	+4, -0	+1, -0
FlexKapM	477	478	*501*	499	*511*	*515*	*500*	*503*	*516*	*525*
	+1, -2	+1, -2	+1, -0	+1, -1	+1, -0	+2, -0	+1, -0	+1, -0	+1, -0	+1, -0
RedKapM	407	408	403	406	418	418	427	417	417	424
	+0, -8	+0, -8	+0, -8	+0, -8	+0, -8	+0, -8	+0, -8	+0, -8	+0, -8	+0, -7
FlexLagM	464	479	490	487	492	486	498	*510*	513	*529*
	+1, -2	+1, -2	+1, -1	+1, -2	+1, -1	+1, -5	+1, -2	+1, -0	+1, -1	+1, -0
RedLagM	468	485	*492*	480	491	*485*	491	*516*	*505*	*490*
	+1, -2	+1, -2	+1, -0	+1, -2	+1, -1	+1, -0	+1, -2	+1, -0	+1, -0	+0, -0
FlexKapD	468	486	480	490	*499*	505	*508*	495	*505*	*522*
	+1, -2	+1, -2	+1, -1	+1, -2	+1, -0	+2, -2	+1, -0	+1, -2	+1, -0	+1, -0
RedKapD	469	486	481	486	493	*509*	508	*510*	511	*529*
	+1, -2	+1, -2	+1, -1	+1, -2	+1, -1	+2, -0	+1, -1	+1, -0	+1, -1	+1, -0

Tabelle 6: Strategie-Risiko-Matrix: Basis-Supply-Chain (konvergent; Unterbrechungsziel: Manufacturer)

	Disruptionsdauer [Wochen]									
	25			15			5			
	Ausmaß [%]									Kein
Strategie	0	10	20	0	10	20	0	10	20	Risiko
Nullstrategie	381	*409*	*423*	421	442	446	449	476	*482*	*513*
	+0, -1	+0, -0	+0, -0	+0, -1	+1, -2	+0, -2	+1, -1	+1, -2	+1, -0	+1, -0
FlexKapS2	398	*406*	*428*	427	437	*460*	*467*	475	*479*	*529*
	+0, -1	+0, -0	+0, -0	+0, -1	+1, -2	+1, -0	+1, -0	+1, -1	+1, -0	+1, -0
RedKapS2	390	*413*	*425*	422	447	*440*	*470*	478	*489*	*535*
	+0, -1	+0, -0	+0, -0	+0, -1	+1, -2	+0, -0	+1, -0	+1, -1	+1, -0	+1, -0
FlexKapM	*412*	*435*	*448*	**463**	**477**	*469*	*493*	**515**	*512*	*525*
	+0, -0	+0, -0	+1, -0	+8, -0	+7, -0	+3, -0	+4, -0	+8, -0	+1, -0	+1, -0
RedKapM	**428**	*415*	*422*	406	408	421	413	421	407	424
	+7, -0	+0, -0	+0, -0	+0, -1	+0, -8	+0, -4	+0, -8	+0, -8	+0, -8	+0, -7
FlexLagM	391	*416*	*426*	420	438	*447*	462	472	*475*	*529*
	+0, -1	+0, -0	+0, -0	+0, -1	+1, -2	+0, -0	+1, -1	+1, -2	+1, -0	+1, -0
RedLagM	371	*420*	*422*	422	**463**	*453*	*462*	489	*491*	*490*
	+0, -1	+0, -0	+0, -0	+0, -1	+7, -0	+1, -0	+1, -0	+3, -1	+1, -0	+0, -0
FlexKapD	386	*418*	*427*	425	434	*470*	461	482	*486*	*522*
	+0, -1	+0, -0	+0, -0	+0, -1	+1, -2	+3, -0	+1, -1	+1, -1	+1, -0	+1, -0
RedKapD	384	*406*	418	422	432	448	*462*	480	*482*	*529*
	+0, -1	+0, -0	+0, -1	+0, -1	+1, -2	+0, -2	+1, -0	+1, -1	+1, -0	+1, -0

Tabelle 7: Strategie-Risiko-Matrix: Basis-Supply-Chain (konvergent; Unterbrechungsziel: Demand)

	Disruptionsdauer [Wochen]									
	25			15			5			
	Ausmaß [%]									Kein
Strategie	0	10	20	0	10	20	0	10	20	Risiko
Nullstrategie	424	454	457	475	484	482	502	*516*	*514*	*513*
	+1, -5	+1, -1	+1, -1	+1, -1	+1, -1	+1, -2	+1, -1	+1, -0	+1, -0	+1, -0
FlexKapS2	456	456	462	484	482	496	*514*	*516*	*521*	*529*
	+3, -1	+1, -1	+1, -1	+1, -1	+1, -1	+1, -1	+1, -0	+1, -0	+1, -0	+1, -0
RedKapS2	440	469	456	486	487	494	*509*	*512*	*525*	*535*
	+1, -1	+1, -1	+1, -1	+1, -1	+1, -1	+1, -1	+1, -0	+1, -0	+1, -0	+1, -0
FlexKapM	449	455	450	486	*482*	*506*	*529*	*524*	*541*	*525*
	+3, -1	+1, -1	+1, -1	+1, -1	+1, -0	+2, -0	+3, -0	+1, -0	+1, -0	+1, -0
RedKapM	364	354	364	382	384	386	406	404	415	424
	+0, -8	+0, -8	+0, -8	+0, -8	+0, -8	+0, -8	+0, -8	+0, -8	+0, -8	+0, -7
FlexLagM	438	449	456	467	477	479	503	*509*	*504*	*529*
	+1, -1	+1, -1	+1, -1	+1, -1	+1, -1	+1, -1	+1, -1	+1, -0	+1, -0	+1, -0
RedLagM	443	444	456	483	*491*	482	*510*	*517*	*509*	*490*
	+2, -1	+1, -1	+1, -1	+1, -1	+1, -0	+1, -1	+1, -0	+1, -0	+1, -0	+0, -0
FlexKapD	436	462	463	485	491	499	*513*	*511*	*517*	*522*
	+2, -3	+1, -1	+1, -1	+1, -1	+1, -1	+1, -1	+1, -0	+1, -0	+1, -0	+1, -0
RedKapD	**526**	**516**	**535**	**529**	**518**	**523**	*518*	*518*	*518*	*529*
	+8, -0	+8, -0	+8, -0	+8, -0	+6, -0	+7, -0	+1, -0	+1, -0	+1, -0	+1, -0

Divergente Supply Chain (drei Stufen)

Tabelle 8: Strategie-Risiko-Matrix: Basis-Supply-Chain (divergent; Unterbrechungsziel: Supplier)

	Disruptionsdauer [Wochen]									
	25			15			5			
	Ausmaß [%]									Kein
Strategie	0	10	20	0	10	20	0	10	20	Risiko
Nullstrategie	426	446	468	464	479	489	492	511	525	549
	+1, -2	+1, -2	+1, -2	+1, -2	+1, -2	+1, -2	+1, -2	+1, -2	+1, -2	+1, -2
FlexKapS	**465**	**487**	**501**	**500**	**524**	518	**537**	**549**	**559**	*561*
	+7, -1	+7, -1	+7, -1	+7, -1	+7, -1	+2, -1	+7, -0	+7, -0	+7, -0	+1, -0
RedKapS	**559**	**557**	**552**	**552**	**567**	**562**	**565**	**561**	**558**	*564*
	+8, -0	+8, -0	+8, -0	+8, -0	+8, -0	+8, -0	+7, -0	+7, -0	+7, -0	+1, -0
FlexKapM	424	451	467	455	480	493	498	510	522	*557*
	+1, -2	+1, -2	+1, -2	+1, -2	+1, -2	+1, -1	+1, -2	+1, -2	+1, -2	+1, -0
RedKapM	355	367	379	390	397	395	409	419	426	438
	+0, -8	+0, -8	+0, -8	+0, -8	+0, -8	+0, -8	+0, -8	+0, -8	+0, -8	+0, -8
FlexLagM	420	440	464	456	480	493	493	507	511	*553*
	+1, -2	+1, -2	+1, -2	+1, -2	+1, -2	+1, -1	+1, -2	+1, -2	+1, -3	+1, -0
RedLagM	428	442	467	460	474	500	505	516	519	*566*
	+1, -2	+1, -2	+1, -2	+1, -2	+1, -2	+1, -1	+1, -2	+1, -2	+1, -3	+2, -0
FlexKapD	426	448	470	464	481	498	504	518	529	*564*
	+1, -2	+1, -2	+1, -2	+1, -2	+1, -2	+1, -1	+1, -2	+1, -2	+3, -2	+2, -0
RedKapD	430	451	468	464	486	502	502	515	526	*563*
	+1, -2	+1, -2	+1, -2	+1, -2	+1, -2	+1, -1	+1, -2	+1, -2	+1, -2	+1, -0

Tabelle 9: Strategie-Risiko-Matrix: Basis-Supply-Chain (divergent; Unterbrechungsziel: Manufacturer)

	Disruptionsdauer [Wochen]									
	25			15			5			
	Ausmaß [%]									Kein
Strategie	0	10	20	0	10	20	0	10	20	Risiko
Nullstrategie	402	438	452	453	464	483	486	496	506	549
	+0, -2	+0, -1	+0, -1	+0, -1	+1, -1	+1, -1	+1, -1	+1, -1	+1, -1	+1, -2
FlexKapS	415	442	459	445	464	490	490	506	506	*561*
	+0, -2	+0, -1	+1, -1	+0, -1	+1, -2	+1, -1	+1, -1	+2, -1	+1, -1	+1, -0
RedKapS	415	442	446	449	470	480	495	493	514	*564*
	+0, -2	+0, -1	+0, -1	+0, -1	+1, -1	+1, -1	+1, -1	+1, -1	+1, -1	+1, -0
FlexKapM	**450**	**485**	**496**	**491**	**514**	**523**	**531**	**535**	**545**	*557*
	+7, -0	+8, -0	+8, -0	+8, -0	+8, -0	+8, -0	+8, -0	+8, -0	+8, -0	+1, -0
RedKapM	**445**	435	432	428	433	428	433	428	431	438
	+7, -0	+0, -1	+0, -5	+0, -3	+0, -8	+0, -8	+0, -8	+0, -8	+0, -8	+0, -8
FlexLagM	398	432	445	444	461	472	485	484	503	*553*
	+0, -2	+0, -1	+0, -1	+0, -2	+1, -2	+1, -2	+1, -1	+1, -3	+1, -1	+1, -0
RedLagM	416	438	463	459	478	495	498	506	522	*566*
	+0, -2	+0, -1	+1, -1	+2, -1	+3, -1	+2, -1	+1, -1	+2, -1	+1, -1	+2, -0
FlexKapD	410	436	456	446	471	483	495	500	517	*564*
	+0, -2	+0, -1	+1, -1	+0, -1	+1, -1	+1, -1	+1, -1	+1, -1	+1, -1	+2, -0
RedKapD	405	437	456	456	467	486	488	498	516	*563*
	+0, -2	+0, -1	+1, -1	+1, -1	+1, -1	+1, -1	+1, -1	+1, -1	+1, -1	+1, -0

Tabelle 10: Strategie-Risiko-Matrix: Basis-Supply-Chain (divergent; Unterbrechungsziel: $Demand_1$)

	Disruptionsdauer [Wochen]									
	25			15			5			
	Ausmaß [%]									Kein
Strategie	0	10	20	0	10	20	0	10	20	Risiko
Nullstrategie	524	521	541	*542*	*543*	545	*555*	*558*	*558*	549
	+1, -2	+1, -3	+2, -1	+1, -0	+1, -0	+1, -2	+1, -0	+1, -0	+1, -0	+1, -2
FlexKapS	526	527	529	*546*	*552*	*558*	*564*	*564*	*566*	*561*
	+1, -2	+1, -2	+1, -2	+1, -0	+2, -0	+3, -0	+2, -0	+2, -0	+1, -0	+1, -0
RedKapS	519	534	534	*549*	*545*	*552*	*556*	553	*555*	*564*
	+1, -2	+1, -2	+1, -2	+2, -0	+1, -0	+1, -0	+1, -0	+1, -1	+1, -0	+1, -0
FlexKapM	526	526	536	*548*	550	*558*	*566*	*558*	*563*	*557*
	+1, -2	+1, -2	+2, -2	+2, -0	+2, -1	+2, -0	+2, -0	+1, -0	+1, -0	+1, -0
RedKapM	416	401	409	408	406	416	422	437	414	438
	+0, -8	+0, -8	+0, -8	+0, -8	+0, -8	+0, -8	+0, -8	+0, -8	+0, -8	+0, -8
FlexLagM	511	523	520	527	527	534	544	545	*546*	*553*
	+1, -2	+1, -3	+1, -5	+1, -5	+1, -5	+1, -4	+1, -3	+1, -2	+1, -0	+1, -0
RedLagM	530	540	539	*548*	548	*553*	*557*	*559*	*563*	*566*
	+1, -2	+3, -2	+2, -2	+2, -0	+2, -1	+1, -0	+1, -0	+1, -0	+1, -0	+2, -0
FlexKapD	**561**	**559**	**569**	*556*	*561*	*563*	*562*	*561*	*560*	*564*
	+7, -0	+7, -0	+7, -0	+2, -0	+2, -0	+3, -0	+2, -0	+1, -0	+1, -0	+2, -0
RedKapD	**560**	**567**	**562**	*554*	*564*	*566*	*560*	*567*	*554*	*563*
	+7, -0	+7, -0	+6, -0	+2, -0	+4, -0	+2, -0	+1, -0	+3, -0	+1, -0	+1, -0

Kombinationsstrategien

Serielle Supply Chain (Strategiekombinationen)

Tabelle 11: Strategie-Risiko-Matrix: Basis-Supply-Chain (ungekürzt; seriell; Kombinationsstrategien; Unterbrechungsziel: Supplier)

	Disruptionsdauer [Wochen]									
	25			15			5			
	Ausmaß [%]									Kein
Strategie	0	10	20	0	10	20	0	10	20	Risiko
Nullstrategie	422 +6, -14	448 +7, -13	466 +7, -13	457 +6, -15	480 +7, -13	490 +7, -14	495 +7, -13	518 +7, -12	521 +7, -12	556 +7, -3
FlexKapS	467 +24, -7	481 +24, -7	499 +24, -10	501 +24, -7	517 +24, -7	526 +17, -6	532 +22, -6	549 +24, -1	546 +13, -3	*560* +7, -0
FlexKapS-RedKapS	**559** +30, -1	**558** +30, -0	**573** +32, -0	**563** +31, -1	**568** +30, -1	**565** +29, -1	**569** +28, -0	**563** +25, -1	**565** +25, -0	*575* +12, -0
FlexKapS-RedKapM	365 +0, -32	383 +2, -32	393 +1, -32	387 +0, -32	411 +1, -31	409 +0, -31	418 +0, -31	419 +0, -31	433 +0, -31	423 +0, -31
FlexKapS-FlexLagM	450 +22, -11	476 +20, -7	489 +18, -11	486 +15, -8	496 +12, -11	517 +17, -9	522 +16, -9	530 +7, -5	538 +10, -9	550 +7, -12
FlexKapS-RedLagM	**473** +25, -7	493 +24, -7	**516** +26, -7	510 +24, -6	**526** -25, -6	536 +24, -5	540 +18, -2	558 +24, -1	**562** +25, -1	*564* +7, -0
FlexKapS-RedKapD	**466** +25, -7	497 +24, -7	**521** +26, -7	500 +17, -6	**528** -25, -6	**541** +25, -4	**549** +25, -3	550 +24, -1	**563** +26, -1	564 +7, -4
RedKapS	**564** +30, -1	**562** +31, -0	**553** +30, -2	**565** +31, -1	**560** +30, -1	**559** +26, -1	**553** +26, -2	561 +24, -1	**564** +25, -1	*570* +12, -0
RedKapS-RedLagM	**563** +30, -1	**575** +31, -0	**568** +30, -0	**570** +31, -0	**569** +30, -1	**571** +30, -1	**577** +33, -0	**568** +25, -0	**571** +27, -0	*569* +9, -0
FlexKapM	416 +5, -15	452 +7, -13	468 +7, -13	469 +8, -11	481 +7, -12	498 +7, -10	496 +7, -14	510 +7, -13	523 +8, -11	560 +7, -5
FlexKapM-FlexKapS	**473** +25, -7	502 +24, -7	**527** +27, -7	**506** +25, -7	**545** +25, -1	**550** +25, -1	**550** +25, -2	**563** +25, -1	**573** +27, -0	*583* +21, -0
FlexKapM-RedKapS	**585** +34, -0	**581** +31, -0	**582** +32, -0	**591** +34, -0	**594** +36, -0	**596** +36, -0	**583** +33, -0	**590** +35, -0	**589** +31, -0	*592* +22, -0
FlexKapM-RedKapM	343 +0, -32	365 +0, -33	363 +0, -33	376 +0, -32	400 +0, -31	399 +0, -31	405 +0, -31	403 +0, -32	411 +0, -31	423 +0, -31
FlexKapM-FlexLagM	423 +6, -13	447 +6, -13	471 +8, -13	456 +6, -15	484 +7, -12	494 +7, -14	496 +7, -14	512 +7, -13	523 +7, -10	566 +8, -1
FlexKapM-RedLagM	425 +6, -13	449 +7, -13	467 +7, -12	467 +7, -12	483 +7, -12	493 +7, -13	500 +7, -12	518 +7, -12	524 +7, -9	*566* +7, -0
FlexKapM-RedKapD	430 +6, -12	453 +8, -12	474 +9, -12	472 +11, -11	491 +7, -12	507 +11, -10	509 +7, -10	523 +9, -11	531 +10, -9	*584* +21, -0
RedKapM	343 +0, -32	364 +0, -32	374 +0, -32	379 +0, -32	390 +0, -32	394 +0, -31	404 +0, -31	412 +0, -31	413 +0, -32	425 +0, -31
RedKapM-RedKapS	429 +5, -10	424 +5, -24	425 +5, -30	428 +5, -30	430 +5, -30	422 +0, -30	418 +0, -31	422 +2, -31	434 +1, -31	418 +0, -31
RedKapM-RedLagM	347 +0, -32	362 +0, -33	377 +0, -32	373 +0, -32	391 +0, -32	395 +0, -31	411 +0, -31	400 +0, -32	424 +0, -31	425 +0, -31
FlexLagM	412 +5, -18	440 +6, -13	462 +7, -14	458 +7, -15	476 +7, -13	483 +7, -16	496 +7, -12	503 +7, -14	510 +7, -18	545 +7, -11
FlexLagM-RedKapS	**550** +30, -1	**546** +30, -4	**548** +30, -2	**533** +28, -6	**539** +26, -6	**550** +25, -2	**540** +25, -5	545 +20, -1	543 +15, -6	546 +7, -13
FlexLagM-RedKapM	341 +0, -32	363 +0, -32	371 +0, -32	369 +0, -32	385 +0, -33	397 +0, -31	424 +0, -31	414 +0, -31	422 +0, -31	426 +0, -31
FlexLagM-RedLagM	425 +7, -13	448 +7, -13	455 +7, -17	453 +6, -16	478 +7 -13	490 +7, -13	493 +7, -15	511 +7, -13	514 +7, -17	549 +7, -11
FlexLagM-RedKapD	423 +6, -13	451 +7, -12	463 +7, -14	466 +7, -12	472 +7, -15	489 +7, -16	501 +7, -11	504 +7, -16	517 +7, -14	554 +7, -6
RedLagM	434 +8, -13	445 +6, -13	464 +7, -14	464 +7, -13	485 +7, -12	498 +7, -11	503 +7, -11	508 +7, -13	526 +9, -9	562 +7, -4
FlexKapD	427 +7, -13	444 +6, -13	467 +7, -12	465 +7, -12	484 +7, -12	500 +7, -10	493 +7, -14	514 +7, -12	521 +7, -12	561 +7, -4
FlexKapD-FlexKapS	463 +23, -7	493 +24, -7	**505** +25, -8	507 +24, -7	**522** +25, -6	529 +17, -5	526 +8, -4	554 +24, -1	551 +11, -1	*573* +12, -0
FlexKapD-RedKapS	**561** +30, -0	**562** +30, -0	**565** +30, -0	**566** +31, -1	**560** +30, -1	**566** +28, -1	**556** +27, -2	**564** +25, -1	**571** +26, -0	*575* +13, -0
FlexKapD-FlexKapM	429 +7, -13	444 +6, -15	477 +9, -12	471 +7, -11	490 +8, -12	506 +9, -10	514 +11, -9	525 +8, -11	537 +10, -9	*578* +16, -0
FlexKapD-RedKapM	395 +5, -27	413 +5, -30	430 +5, -30	442 +5, -26	444 +5, -29	453 +5, -30	463 +6, -29	475 +6, -30	473 +6, -30	513 +6, -30
FlexKapD-FlexLagM	422 +6, -13	450 +7, -13	460 +7, -14	461 +7, -14	473 +7, -13	493 +7, -13	502 +7, -11	513 +7, -12	518 +7, -9	543 +7, -14
FlexKapD-RedLagM	428 +6, -13	456 +7, -12	479 +13, -12	470 +7, -11	488 +8, -12	499 +7, -10	506 +7, -10	528 +15, -11	536 +11, -9	*573* +12, -0
FlexKapD-RedKapD	422 +6, -13	451 +7, -13	466 +7, -13	465 +7, -12	482 +7, -12	495 +7, -13	501 +7, -11	520 +9, -12	527 +8, -9	561 +7, -5
RedKapD	424 +6, -13	448 +7, -13	462 +7, -13	467 +7, -11	483 +7, -12	496 +7, -12	502 +7, -11	513 +7, -13	525 +8, -9	565 +10, -4
RedKapD-RedKapS	**568** +30, -0	**571** +31, -0	**562** +30, -0	**575** +31, -0	**566** +30, -1	**567** +29, -1	**571** +29, -0	559 +24, -1	**568** +26, -0	*571* +12, -0
RedKapD-RedKapM	415 +5, -13	440 +6, -13	454 +7, -16	460 +6, -13	467 +6, -12	491 +7, -13	494 +6, -11	503 +7, -17	505 +7, -21	553 +7, -5
RedKapD-RedLagM	434 +9, -13	453 +8, -12	471 +7, -12	475 +12, -11	487 +7, -12	507 +9, -10	513 +12, -9	525 +10, -11	538 +14, -9	*583* +20, -0

Tabelle 12: Strategie-Risiko-Matrix: Basis-Supply-Chain (seriell; Kombinationsstrategien; Unterbrechungsziel: Manufacturer)

	Disruptionsdauer [Wochen]									
	25			15			5			
	Ausmaß [%]									Kein
Strategie	0	10	20	0	10	20	0	10	20	Risiko
Nullstrategie	406 +0, -11	439 +2, -10	458 +8, -9	444 +5, -11	462 +6, -10	479 +5, -10	484 +5, -8	500 +6, -10	512 +6, -9	556 +7, -3
FlexKapS	411 +0, -12	436 +0, -9	451 +4, -10	448 +6, -9	475 +6, -8	493 +11, -7	497 +9, -8	505 +6, -6	524 +12, -7	*560* +7, -0
FlexKapS-RedKapS	407 +0, -13	436 +0, -9	453 +3, -9	449 +6, -9	468 +6, -9	480 +5, -9	493 +7, -8	506 +7, -11	509 +6, -7	*575* +12, -0
FlexKapS-RedKapM	429 +2, -4	428 +0, -14	432 +0, -19	422 +0, -26	422 +0, -31	432 +0, -15	435 +0, -8	412 +0, -31	412 +0, -31	423 +0, -31
FlexKapS-FlexLagM	395 +0, -18	433 +0, -10	445 +4, -15	434 +0, -9	457 +6, -10	471 +5, -12	480 +5, -11	487 +6, -13	508 +6, -11	550 +7, -12
FlexKapS-RedLagM	427 +10, -8	450 +6, -9	463 +9, -9	462 +10, -9	470 +6, -8	487 +5, -8	489 +5, -8	520 +16, -6	516 +7, -9	*564* +7, -0
FlexKapS-RedKapD	414 +1, -12	441 +0, -9	463 +7, -9	456 +7, -9	480 +11, -8	487 +6, -8	495 +7, -8	501 +6, -8	521 +10, -9	564 +7, -4
RedKapS	406 +0, -11	427 +0, -14	451 +3, -9	454 +6, -9	463 +6, -10	484 +5, -8	479 +5, -10	500 +6, -11	510 +6, -9	*570* +12, -0
RedKapS-RedLagM	419 +0, -8	439 +0, -9	459 +6, -9	451 +6, -9	474 +6, -8	487 +5, -9	493 +6, -8	515 +7, -5	519 +8, -9	*569* +9, -0
FlexKapM	448 +23, -3	**473** +28, -3	**498** +28, -2	**488** +28, -4	**511** +28, -2	517 +23, -2	**529** +27, -1	**538** +25, -2	**545** +28, -2	560 +7, -5
FlexKapM-FlexKapS	452 +24, -3	**484** +28, -1	**496** +26, -1	**494** +28, -2	**510** +28, -1	**534** +29, -0	**541** +28, -0	**546** +26, -0	**560** +29, -0	*583* +21, -0
FlexKapM-RedKapS	**455** +25, -3	**482** +28, -2	**490** +26, -3	**493** +28, -2	**520** +28, -0	**527** +28, -0	**526** +26, -1	**551** +28, -0	**559** +28, -0	*592* +22, -0
FlexKapM-RedKapM	424 +0, -4	417 +0, -20	420 +0, -30	412 +0, -29	414 +0, -31	418 +0, -31	414 +0, -31	415 +0, -31	424 +0, -31	423 +0, -31
FlexKapM-FlexLagM	**455** +25, -3	**476** +27, -2	**494** +27, -3	**488** +28, -3	**507** +28, -3	513 +24, -3	**535** +29, -0	**542** +28, -2	**543** +25, -2	566 +8, -1
FlexKapM-RedLagM	445 +17, -3	**479** +28, -2	**490** +26, -2	**490** +28, -2	**518** +28, -2	**530** +28, -0	**529** +27, -1	*541* +23, -0	**552** +28, -0	*566* +7, -0
FlexKapM-RedKapD	**481** +33, -1	**506** +30, -0	**510** +30, -1	**517** +33, -0	**533** +31, -0	**547** +31, -0	**553** +32, -0	**559** +31, -0	**567** +32, -0	*584* +21, -0
RedKapM	429 +7, -7	418 +0, -17	418 +0, -29	419 +0, -29	417 +0, -31	413 +0, -31	412 +0, -31	404 +0, -31	414 +0, -31	425 +0, -31
RedKapM-RedKapS	437 +17, -4	426 +0, -10	427 +0, -21	419 +0, -23	428 +0, -31	410 +0, -31	426 +1, -31	411 +0, -31	417 +0, -31	418 +0, -31
RedKapM-RedLagM	421 +2, -8	429 +0, -14	422 +0, -30	414 +0, -29	419 +0, -31	417 +0, -31	413 +0, -32	416 +0, -31	415 +0, -31	425 +0, -31
FlexLagM	398 +0, -19	430 +1, -13	444 +3, -15	442 +4, -13	453 +6, -15	471 +5, -11	471 +5, -20	498 +6, -12	502 +6, -13	545 +7, -11
FlexLagM-RedKapS	401 +0, -15	430 +0, -10	439 +0, -15	435 +0, -12	460 +6, -11	475 +5, -12	480 +5, -13	489 +6, -16	498 +6, -18	546 +7, -13
FlexLagM-RedKapM	434 +16, -6	429 +1, -14	427 +0, -28	422 +0, -28	417 +0, -31	427 +0, -31	417 +0, -31	415 +0, -31	419 +0, -31	426 +0, -31
FlexLagM-RedLagM	405 +0, -15	429 +0, -10	447 +4, -12	441 +5, -15	458 +6, -11	480 +5, -10	473 +5, -17	494 +6, -11	496 +6, -14	549 +7, -11
FlexLagM-RedKapD	412 +0, -11	437 +2, -10	445 +4, -12	446 +5, -12	461 +6, -11	477 +5, -11	482 +6, -13	494 +6, -13	512 +7, -11	554 +7, -6
RedLagM	410 +0, -13	448 +7, -9	464 +9, -9	460 +11, -9	476 +7, -8	488 +7, -9	501 +10, -8	513 +10, -7	519 +7, -8	562 +7, -4
FlexKapD	413 +0, -12	440 +0, -9	453 +4, -10	452 +6, -9	466 +6, -11	478 +5, -11	497 +9, -8	507 +7, -8	511 +6, -9	561 +7, -4
FlexKapD-FlexKapS	423 +2, -8	446 +2, -9	470 -12, -9	448 +6, -9	473 +6, -8	493 +6, -6	492 +7, -8	506 +6, -8	517 +7, -9	*573* +12, -0
FlexKapD-RedKapS	412 +0, -11	437 +1, -10	457 +5, -9	454 +7, -9	481 +7, -8	482 +5, -10	493 +5, -8	502 +6, -8	522 +10, -8	*575* +13, -0
FlexKapD-FlexKapM	**481** +33, -1	**496** +31, -1	**516** +32, -1	**507** +29, -1	**526** +29, -0	**537** +28, -0	**545** +29, -0	**558** +31, -0	**574** +32, -0	*578* +16, -0
FlexKapD-RedKapM	**492** +28, -0	**498** +28, -1	**504** +27, -1	**517** +30, -0	*501* +7, -0	507 +8, -2	485 +5, -7	*513* +6, -0	512 +6, -9	513 +6, -30
FlexKapD-FlexLagM	408 +0, -13	429 +0, -10	449 +4, -12	440 +3, -13	468 +6, -9	474 +5, -12	485 +5, -8	496 +6, -11	498 +6, -13	543 +7, -14
FlexKapD-RedLagM	424 +4, -8	456 +16, -8	475 +14, -4	465 +13, -9	484 +16, -8	501 +15, -6	508 +11, -3	513 +9, -8	537 +22, -3	*573* +12, -0
FlexKapD-RedKapD	414 +0, -11	437 +0, -9	458 +5, -9	454 +6, -9	470 +6, -8	486 +5, -9	491 +6, -8	506 +6, -8	511 +6, -10	561 +7, -5
RedKapD	412 +0, -10	448 +7, -9	459 +6, -9	455 +6, -9	475 +6, -8	487 +6, -8	490 +5, -8	519 +14, -7	512 +6, -9	565 +10, -4
RedKapD-RedKapS	413 +0, -11	429 +0, -11	461 +6, -9	442 +4, -12	473 +7, -8	484 +5, -6	494 +7, -8	505 +6, -10	513 +6, -8	*571* +12, -0
RedKapD-RedKapM	**540** +35, -0	**532** +35, -0	**540** +36, -0	**538** +34, -0	**541** +32, -0	**542** +31, -0	**541** +28, -0	**538** +25, -2	**550** +28, -2	553 +7, -5
RedKapD-RedLagM	426 +4, -8	450 +8, -9	474 +12, -6	463 +13, -9	482 +14, -8	503 +19, -6	507 +11, -5	523 +16, -4	527 +13, -7	*583* +20, -0

Tabelle 13: Strategie-Risiko-Matrix: Basis-Supply-Chain (seriell; Kombinationsstrategien; Unterbrechungsziel: Demand)

	Disruptionsdauer [Wochen]									
	25			15			5			
	Ausmaß [%]									Kein
Strategie	0	10	20	0	10	20	0	10	20	Risiko
Nullstrategie	471 +7, -9	479 +7, -11	498 +7, -12	511 +7, -9	514 +6, -10	522 +9, -10	548 +8, -6	552 +7, -5	557 +10, -3	556 +7, -3
FlexKapS	476 +7, -9	486 +7, -10	490 +7, -12	514 +8, -9	517 +6, -11	529 +10, -10	546 +7, -2	548 +7, -9	553 +9, -3	*560* +7, -0
FlexKapS-RedKapS	473 +7, -9	490 +9, -10	495 +7, -10	512 +7, -9	514 +6, -9	530 +7, -4	557 +10, -1	558 +7, -1	*556* +9, -0	*575* +12, -0
FlexKapS-RedKapM	365 +0, -31	364 +0, -31	387 +0, -30	384 +0, -31	383 +0, -31	385 +0, -31	414 +0, -31	411 +0, -31	409 +0, -31	423 +0, -31
FlexKapS-FlexLagM	464 +7, -14	467 +7, -11	482 +6, -17	497 +6, -19	497 +6, -14	515 +7, -12	533 +7, -17	540 +7, -14	530 +6, -22	550 +7, -12
FlexKapS-RedLagM	479 +7, -8	490 +8, -9	500 +7, -9	522 +9, -8	519 +7, -9	525 +7, -10	556 +9, -1	553 +7, -2	*568* +13, -0	*564* +7, -0
FlexKapS-RedKapD	**567** +29, -0	**568** +29, -0	**568** +29, -0	**562** +28, -1	*559* +23, -0	**575** +28, -0	*571* +15, -0	*577* +16, -0	*573* +12, -0	564 +7, -4
RedKapS	478 +7, -9	485 +8, -11	492 +7, -12	515 +10, -10	514 +6, -13	531 +10, -7	539 +7, -12	554 +7, -2	558 +10, -3	*570* +12, -0
RedKapS-RedLagM	480 +8, -9	490 +9, -10	502 +8, -10	509 +6, -9	532 +14, -7	530 +10, -10	555 +11, -2	558 +10, -4	*566* +10, -0	*569* +9, -0
FlexKapM	478 +7, -9	489 +9, -10	499 +8, -12	510 +8, -10	521 +8, -10	532 +10, -8	555 +10, -2	562 +13, -1	560 +10, -3	560 +7, -5
FlexKapM-FlexKapS	491 +12, -8	493 +10, -10	505 +12, -12	531 +15, -7	534 +13, -4	538 +11, -5	*559* +8, -0	566 +14, -1	*572* +14, -0	*583* +21, -0
FlexKapM-RedKapS	489 +10, -8	491 +9, -10	502 +7, -10	528 +10, -5	518 +6, -9	537 +7, -4	*565* +12, -0	*566* +12, -0	*564* +10, -0	*592* +22, -0
FlexKapM-RedKapM	356 +0, -31	365 +0, -31	361 +0, -31	380 +0, -31	382 +0, -31	387 +0, -31	406 +0, -31	421 +0, -31	417 +0, -31	423 +0, -31
FlexKapM-FlexLagM	470 +7, -10	492 +9, -9	498 +7, -12	524 +12, -8	525 +7, -9	536 +11, -6	*565* +13, -0	559 +9, -1	562 +10, -3	566 +8, -1
FlexKapM-RedLagM	475 +7, -9	490 +8, -10	503 +12, -12	520 +11, -9	525 +9, -10	532 +10, -10	554 +10, -2	*573* +17, -0	*562* +10, -0	*566* +7, -0
FlexKapM-RedKapD	**578** +31, -0	**579** +31, -0	**586** +32, -0	**588** +33, -0	**576** +31, -0	**583** +34, -0	*579* +24, -0	**584** +27, -0	*578* +23, -0	*584* +21, -0
RedKapM	357 +0, -31	362 +0, -31	368 +0, -31	382 +0, -31	388 +0, -31	394 +0, -31	403 +0, -31	416 +0, -31	421 +0, -31	425 +0, -31
RedKapM-RedKapS	344 +0, -31	356 +0, -31	385 +0, -30	375 +0, -31	386 +0, -31	388 +0, -31	402 +0, -31	415 +0, -31	413 +0, -31	418 +0, -31
RedKapM-RedLagM	349 +0, -31	348 +0, -31	364 +0, -31	375 +0, -31	381 +0, -31	385 +0, -31	420 +0, -31	410 +0, -31	424 +0, -31	425 +0, -31
FlexLagM	465 +7, -13	477 +7, -13	482 +6, -15	501 +6, -16	506 +6, -17	508 +7, -20	539 +7, -10	542 +7, -11	536 +6, -9	545 +7, -11
FlexLagM-RedKapS	460 +7, -15	469 +7, -22	486 +7, -15	495 +6, -21	508 +6, -14	507 +7, -23	531 +7, -18	536 +7, -16	524 +6, -25	546 +7, -13
FlexLagM-RedKapM	346 +0, -31	378 +0, -30	364 +0, -31	384 +0, -31	382 +0, -31	385 +0, -31	415 +0, -31	437 +0, -31	420 +0, -31	426 +0, -31
FlexLagM-RedLagM	462 +7, -14	473 +7, -19	488 +7, -15	499 +6, -12	501 +6, -15	509 +7, -22	526 +6, -22	537 +7, -15	529 +6, -25	549 +7, -11
FlexLagM-RedKapD	**552** +29, -1	**544** +29, -4	**548** +27, -2	**554** +27, -2	**550** +25, -4	550 +20, -3	550 +8, -5	552 +7, -7	555 +10, -6	554 +7, -6
RedLagM	482 +12, -9	487 +9, -10	498 +7, -12	517 +10, -9	519 +6, -10	526 +8, -10	553 +11, -3	565 +13, -1	563 +10, -3	562 +7, -4
FlexKapD	477 +7, -9	493 +10, -9	510 +12, -10	517 +10, -9	524 +8, -9	539 +10, -4	556 +13, -2	551 +7, -5	556 +10, -3	561 +7, -4
FlexKapD-FlexKapS	487 +11, -8	508 +22, -8	518 +20, -8	520 +9, -9	535 +13, -4	538 +10, -4	*560* +10, -0	*561* +7, -0	555 +10, -3	*573* +12, -0
FlexKapD-RedKapS	478 +7, -9	493 +7, -9	519 +20, -8	507 +6, -10	530 +12, -8	534 +10, -6	*555* +7, -0	557 +8, -2	*569* +13, -0	*575* +13, -0
FlexKapD-FlexKapM	507 +23, -8	**520** +26, -8	**534** +25, -6	547 +23, -2	**555** +25, -1	**562** +26, -2	*571* +15, -0	*581* +21, -0	*579* +23, -0	*578* +16, -0
FlexKapD-RedKapM	430 +6, -30	427 +5, -30	461 +4, -28	474 +6, -23	473 +6, -19	480 +6, -30	496 +6, -29	505 +6, -30	515 +6, -25	513 +6, -30
FlexKapD-FlexLagM	468 +7, -12	487 +7, -10	492 +7, -15	497 +6, -14	510 +6, -14	522 +9, -10	542 +7, -9	545 +7, -11	542 +6, -6	543 +7, -14
FlexKapD-RedLagM	492 +13, -8	508 +13, -8	530 +24, -7	528 +12, -7	540 +18, -4	547 +18, -5	*563* +13, -0	*565* +10, -0	*567* +11, -0	*573* +12, -0
FlexKapD-RedKapD	**564** +29, -0	**564** +31, -0	**560** +29, -2	**560** +28, -2	**568** +29, -0	551 +19, -4	*568* +16, -0	*573* +17, -0	*565* +10, -0	561 +7, -5
RedKapD	**562** +29, -0	**565** +31, -0	**566** +29, -0	**569** +29, -0	*554* +24, -0	**568** +31, -1	*570* +14, -0	564 +12, -1	560 +10, -3	565 +10, -4
RedKapD-RedKapS	**561** +29, -0	**563** +30, -0	**560** +29, -0	**562** +25, -0	**574** +30, -0	559 +22, -1	*562* +10, -0	*566* +10, -0	*576* +23, -0	*571* +12, -0
RedKapD-RedKapM	**538** +29, -2	**540** +29, -5	**551** +28, -2	**551** +27, -3	**553** +25, -2	548 +18, -4	551 +8, -2	546 +7, -2	552 +9, -6	553 +7, -5
RedKapD-RedLagM	**574** +30, -0	**572** +31, -0	**576** +32, -0	**578** +32, -0	**571** +29, -0	**577** +32, -0	*574* +22, -0	*570* +14, -0	*572* +12, -0	*583* +20, -0

Konvergente Supply Chain (Strategiekombinationen)

Tabelle 14: Strategie-Risiko-Matrix: Basis-Supply-Chain (konvergent; Kombinationsstrategien; Unterbrechungsziel: $Supplier_1$)

	Disruptionsdauer [Wochen]									
	25			15			5			
	Ausmaß [%]									Kein
Strategie	0	10	20	0	10	20	0	10	20	Risiko
Nullstrategie	466 +6, -17	475 +6, -13	485 +6, -13	491 +6, -12	483 +6, -14	500 +6, -11	497 +7, -15	497 +6, -5	506 +6, -7	512 +6, -3
FlexKapS2	511 +22, -4	518 +17, -2	536 +23, -1	517 +18, -5	524 +16, -3	529 +17, -2	523 +14, -4	535 +15, -3	524 +7, -3	522 +6, -2
FlexKapS2- RedKapS2	**538** +25, -0	*536* +23, -0	526 +18, -3	**540** +26, -1	**544** +26, -1	532 +21, -2	530 +15, -2	533 +15, -3	539 +16, -2	*540* +7, -0
FlexKapS2- RedKapM	416 +1, -30	425 +1, -29	421 +0, -31	420 +0, -31	436 +0, -29	422 +0, -31	425 +0, -30	424 +0, -31	423 +0, -31	429 +0, -31
FlexKapS2- FlexLagM	504 +20, -7	520 +20, -3	524 +18, -3	523 +20, -4	516 +14, -5	512 +6, -5	519 +11, -4	524 +9, -3	509 +7, -9	521 +6, -2
FlexKapS2- RedLagM	**545** +26, -0	**553** +29, -0	**556** +30, -0	**560** +33, -0	**560** +32, -0	**559** +33, -0	**557** +32, -1	**567** +33, -0	**558** +25, -0	*542* +8, -0
FlexKapS2- RedKapD	524 +24, -2	529 +22, -1	530 +20, -3	519 +18, -4	532 +19, -3	535 +22, -2	532 +19, -2	528 +10, -2	541 +16, -2	532 +7, -1
RedKapS2	526 +24, -2	525 +23, -2	520 +17, -3	531 +24, -2	530 +19, -3	531 +17, -2	512 +7, -4	522 +8, -3	523 +7, -3	522 +6, -2
RedKapS2- RedLagM	**557** +30, -0	**555** +25, -0	*546* +21, -0	**557** +29, -0	*545* +22, -0	**552** +27, -0	**559** +29, -0	**559** +31, -0	*543* +10, -0	*555* +7, -0
FlexKapM	473 +6, -13	489 +7, -12	490 +6, -12	502 +7, -7	507 +7, -5	494 +6, -10	520 +11, -4	522 +10, -3	526 +7, -3	529 +7, -2
FlexKapM- FlexKapS2	**553** +30, -0	**564** +31, -0	**565** +33, -0	**549** +30, -0	**565** +33, -0	**575** +33, -0	**573** +34, -0	**567** +33, -0	**577** +33, -0	**564** +25, -0
FlexKapM- RedKapS2	**554** +26, -0	*547* +24, -0	**560** +30, -0	**570** +32, -0	**570** +32, -0	**565** +26, -0	**570** +28, -0	*558* +16, -0	**570** +33, -0	*562* +7, -0
FlexKapM- RedKapM	397 +0, -32	405 +0, -32	411 +0, -31	412 +0, -31	413 +0, -31	407 +0, -31	428 +0, -30	430 +0, -31	430 +0, -31	426 +0, -31
FlexKapM- FlexLagM	487 +10, -11	497 +8, -10	507 +9, -5	508 +16, -7	509 +8, -6	516 +6, -4	513 +11, -6	528 +12, -3	534 +11, -2	*556* +23, -0
FlexKapM- RedLagM	449 +4, -15	458 +4, -15	485 +6, -8	466 +6, -16	484 +4, -3	508 +6, -4	477 +0, -4	485 +6, -16	503 +6, -11	*510* +6, -0
FlexKapM- RedKapD	484 +7, -11	502 +13, -8	505 +6, -3	500 +7, -8	500 +6, -9	505 +6, -4	507 +7, -4	522 +9, -3	507 +7, -10	*544* +7, -0
RedKapM	391 +0, -32	400 +0, -33	409 +0, -31	412 +0, -31	419 +0, -31	412 +0, -31	419 +0, -30	425 +0, -31	420 +0, -31	434 +0, -31
RedKapM- RedKapS2	426 +4, -29	426 +2, -29	429 +1, -31	432 +0, -31	420 +0, -30	425 +0, -31	425 +0, -30	424 +0, -31	423 +0, -31	432 +0, -31
RedKapM- RedLagM	405 +0, -32	413 +0, -31	410 +0, -32	416 +0, -31	421 +0, -31	427 +0, -31	418 +0, -30	434 +0, -31	419 +0, -31	429 +0, -31
FlexLagM	468 +6, -15	483 +7, -13	484 +6, -14	483 +6, -14	484 +6, -13	501 +6, -10	502 +7, -13	495 +6, -16	509 +6, -3	524 +6, -2
FlexLagM- RedKapS2	524 +24, -2	522 +20, -2	525 +18, -3	513 +15, -5	521 +17, -5	516 +10, -6	517 +10, -4	514 +6, -3	536 +16, -2	518 +6, -2
FlexLagM- RedKapM	391 +0, -33	408 +0, -31	411 +0, -31	416 +0, -31	411 +0, -31	416 +0, -31	422 +0, -30	413 +0, -31	422 +0, -31	418 +0, -31
FlexLagM- RedLagM	468 +6, -13	484 +7, -13	481 +6, -14	481 +6, -14	490 +6, -12	498 +6, -11	493 +7, -15	510 +6, -4	503 +6, -11	518 +6, -2
FlexLagM- RedKapD	478 +8, -13	487 +7, -12	481 +6, -13	486 +6, -14	493 +6, -13	498 +6, -11	497 +7, -15	512 +6, -6	508 +7, -10	521 +6, -2
RedLagM	468 +6, -12	478 +6, -14	487 +6, -13	481 +6, -14	497 +7, -12	503 +6, -6	505 +7, -6	496 +6, -5	518 +7, -3	*535* +6, -0
FlexKapD	473 +6, -13	480 +6, -13	485 +6, -13	490 +6, -13	497 +7, -12	504 +6, -8	494 +6, -10	514 +8, -6	511 +7, -9	521 +6, -2
FlexKapD- FlexKapS2	**529** +25, -2	527 +23, -2	533 +20, -1	521 +19, -4	537 +23, -3	537 +24, -2	526 +15, -3	532 +13, -3	531 +15, -3	521 +6, -2
FlexKapD- RedKapS2	*524* +24, -0	*537* +23, -0	519 +15, -3	530 +24, -3	525 +14, -3	515 +7, -7	528 +19, -2	525 +10, -3	539 +16, -2	528 +7, -2
FlexKapD- FlexKapM	484 +10, -12	495 +7, -4	493 +6, -6	499 +6, -9	509 +7, -4	512 +6, -7	517 +7, -4	508 +6, -5	528 +7, -2	*541* +6, -0
FlexKapD- RedKapM	447 +5, -19	451 +4, -21	471 +6, -16	471 +6, -14	470 +6, -20	486 +6, -10	472 +6, -27	484 +6, -17	481 +6, -23	496 +6, -13
FlexKapD- FlexLagM	465 +6, -13	482 +6, -14	487 +6, -13	483 +6, -14	493 +6, -13	498 +6, -10	506 +7, -6	506 +6, -10	508 +7, -10	522 +6, -2
FlexKapD- RedLagM	480 +7, -13	482 +6, -12	492 +6, -8	487 +6, -8	500 +6, -6	495 +6, -10	505 +7, -6	488 +6, -11	518 +6, -2	*527* +6, -0
FlexKapD- RedKapD	474 +6, -13	480 +6, -14	488 +6, -13	489 +6, -14	498 +7, -9	503 +6, -10	503 +7, -9	506 +6, -9	509 +7, -9	530 +7, -1
RedKapD	472 +6, -13	479 +6, -14	495 +7, -12	490 +6, -14	493 +6, -12	497 +6, -12	502 +7, -9	502 +6, -8	512 +6, -3	516 +6, -2
RedKapD- RedKapS2	**540** +25, -0	532 +22, -1	537 +23, -1	531 +22, -2	527 +19, -4	531 +18, -2	531 +11, -1	538 +19, -2	532 +15, -3	530 +7, -2
RedKapD- RedKapM	480 +8, -13	492 +7, -10	496 +7, -11	497 +6, -12	498 +7, -10	496 +6, -10	520 +11, -4	522 +9, -3	531 +7, -2	*537* +7, -0
RedKapD- RedLagM	468 +6, -13	466 +6, -14	499 +6, -5	492 +6, -10	473 +5, -13	508 +6, -5	497 +6, -8	513 +6, -3	502 +6, -3	510 +6, -2

Tabelle 15: Strategie-Risiko-Matrix: Basis-Supply-Chain (konvergent; Kombinationsstrategien; Unterbrechungsziel: Manufacturer)

	Disruptionsdauer [Wochen] 25			15			5			
	Ausmaß [%]									
Strategie	0	10	20	0	10	20	0	10	20	Kein Risiko
Nullstrategie	380 +0, -14	405 +0, -7	419 +0, -12	398 +0, -3	430 +0, -12	455 +5, -7	449 +5, -7	457 +6, -9	481 +6, -8	512 +6, -3
FlexKapS2	383 +0, -13	408 +0, -7	440 +5, -4	431 +0, -7	443 +0, -6	460 +7, -5	470 +6, -4	472 +6, -9	480 +6, -6	522 +6, -2
FlexKapS2-RedKapS2	397 +0, -8	421 +0, -5	435 +2, -6	434 +5, -7	446 +7, -9	464 +10, -4	470 +7, -6	474 +6, -6	482 +6, -4	*540* +7, -0
FlexKapS2-RedKapM	425 +13, -2	426 +0, -5	426 +0, -10	422 +0, -7	429 +2, -14	420 +0, -29	418 +1, -30	406 +0, -31	409 +0, -32	429 +0, -31
FlexKapS2-FlexLagM	393 +0, -12	418 +0, -6	436 +3, -5	426 +0, -9	451 +8, -7	455 +5, -7	459 +6, -7	471 +6, -10	479 +6, -7	521 +6, -2
FlexKapS2-RedLagM	415 +9, -6	441 +15, -3	459 +19, -2	446 +14, -4	476 +17, -1	482 +21, -2	**495** +25, -2	501 +22, -2	*511* +17, -0	*542* +8, -0
FlexKapS2-RedKapD	402 +3, -8	431 +8, -5	445 +7, -4	440 +6, -6	459 +12, -5	468 +11, -4	471 +7, -6	474 +6, -9	485 +6, -7	532 +7, -1
RedKapS2	380 +0, -16	411 +0, -7	423 +0, -10	421 +0, -8	440 +4, -9	452 +4, -7	448 +6, -7	472 +6, -9	490 +6, -4	522 +6, -2
RedKapS2-RedLagM	403 +0, -6	422 +0, -4	451 +13, -3	442 +0, -2	457 +0, -1	465 +6, -2	473 +6, -3	483 +6, -1	510 +20, -1	*555* +7, -0
FlexKapM	414 +4, -3	438 +0, -3	457 +13, -2	462 +22, -2	470 +19, -3	**494** +25, -1	472 +6, -1	502 +21, -1	*508* +11, -0	529 +7, -2
FlexKapM-FlexKapS2	**454** +30, -2	**484** +31, -1	**488** +29, -1	**491** +31, -1	**500** +28, -1	**517** +30, -0	**516** +29, -0	**524** +29, -0	**536** +27, -0	**564** +25, -0
FlexKapM-RedKapS2	435 +23, -3	453 +9, -2	473 +24, -1	454 +1, -1	**498** +28, -1	**496** +25, -1	**510** +28, -1	**534** +31, -0	*523* +23, -0	*562* +7, -0
FlexKapM-RedKapM	425 +17, -3	420 +0, -5	419 +0, -10	413 +0, -14	414 +0, -25	415 +0, -21	417 +0, -31	416 +0, -31	438 +1, -30	426 +0, -31
FlexKapM-FlexLagM	431 +22, -3	**465** +27, -1	**475** +25, -1	**470** +25, -1	488 +24, -1	489 +19, -1	**506** +27, -1	*512* +24, -0	**534** +27, -0	*556* +23, -0
FlexKapM-RedLagM	397 +0, -6	415 +0, -4	437 +0, -1	435 +0, -2	434 +0, -4	441 +0, -4	464 +6, -6	474 +6, -5	493 +6, -2	*510* +6, -0
FlexKapM-RedKapD	423 +13, -3	450 +24, -3	469 +18, -1	465 +21, -1	474 +10, -1	*482* +2, -0	499 +21, -1	**516** +27, -0	**523** +25, -0	*544* +7, -0
RedKapM	430 +19, -3	414 +0, -6	414 +0, -14	423 +0, -9	411 +0, -18	417 +0, -29	412 +0, -31	414 +0, -31	424 +0, -30	434 +0, -31
RedKapM-RedKapS2	438 +23, -2	431 +0, -3	421 +0, -13	420 +0, -7	417 +0, -20	421 +0, -28	411 +0, -31	406 +0, -31	412 +0, -31	432 +0, -31
RedKapM-RedLagM	419 +12, -3	422 +0, -5	418 +0, -18	408 +0, -14	410 +0, -26	422 +0, -15	415 +1, -31	416 +0, -31	419 +0, -30	429 +0, -31
FlexLagM	380 +0, -16	408 +0, -8	421 +0, -14	419 +0, -10	446 +3, -6	445 +3, -11	452 +6, -8	462 +6, -10	474 +6, -8	524 +6, -2
FlexLagM-RedKapS2	387 +0, -12	404 +0, -8	426 +0, -10	422 +0, -9	442 +5, -9	454 +5, -7	465 +6, -7	466 +6, -10	486 +6, -6	518 +6, -2
FlexLagM-RedKapM	436 +12, -2	409 +0, -7	412 +0, -18	414 +0, -12	413 +0, -24	410 +0, -27	400 +0, -33	408 +0, -31	416 +0, -31	418 +0, -31
FlexLagM-RedLagM	376 +0, -16	400 +0, -8	431 -1, -8	419 +0, -11	430 +2, -14	449 +4, -10	458 +6, -7	461 +6, -10	484 +6, -7	518 +6, -2
FlexLagM-RedKapD	390 +0, -11	410 +0, -6	425 +0, -10	416 +0, -9	443 +0, -6	453 +4, -9	461 +6, -7	462 +6, -10	478 +6, -8	521 +6, -2
RedLagM	394 +0, -7	423 +0, -5	418 +0, -7	440 +3, -4	446 +3, -6	466 +6, -2	472 +6, -5	474 +6, -9	489 +6, -3	*535* +6, -0
FlexKapD	382 +0, -12	413 +0, -7	427 +0, -6	413 +0, -8	437 +4, -11	449 +4, -7	463 +6, -7	464 +6, -8	484 +6, -7	521 +6, -2
FlexKapD-FlexKapS2	395 +0, -5	426 +0, -5	441 +2, -4	431 +0, -7	452 +8, -7	460 +6, -5	473 +7, -5	479 +6, -7	484 +6, -7	521 +6, -2
FlexKapD-RedKapS2	397 +0, -8	411 +0, -6	433 +0, -7	420 +0, -9	433 +0, -11	448 +3, -10	470 +6, -5	469 +6, -9	488 +6, -6	528 +7, -2
FlexKapD-FlexKapM	408 +0, -2	429 +0, -1	458 +13, -1	460 +22, -2	488 +23, -1	484 +19, -2	496 +17, -1	**521** +27, -0	*512* +21, -0	*541* +6, -0
FlexKapD-RedKapM	**485** +35, -1	**507** +32, -0	481 +19, -1	**476** +26, -1	**496** +25, -0	483 +6, -1	*495* +6, -0	485 +6, -4	*499* +6, -0	496 +6, -13
FlexKapD-FlexLagM	384 +0, -13	403 +0, -8	423 +0, -9	429 +1, -8	438 +4, -11	451 +4, -10	457 +6, -7	467 +6, -10	485 +6, -7	522 +6, -2
FlexKapD-RedLagM	399 +3, -8	419 +0, -5	453 +6, -2	427 +0, -2	456 +4, -3	469 +11, -4	466 +6, -4	490 +12, -4	492 +6, -3	*527* +6, -0
FlexKapD-RedKapD	384 +0, -13	411 +0, -7	417 +0, -12	432 +2, -7	442 +5, -10	454 +5, -7	453 +6, -11	474 +6, -9	477 +6, -8	530 +7, -1
RedKapD	388 +0, -12	399 +0, -7	429 +0, -7	420 +0, -11	441 +5, -9	455 +5, -7	464 +6, -7	467 +6, -9	473 +6, -8	516 +6, -2
RedKapD-RedKapS2	385 +0, -13	409 +0, -7	440 +4, -4	423 +0, -7	438 +2, -9	448 +3, -7	475 +8, -5	475 +6, -6	479 +6, -5	530 +7, -2
RedKapD-RedKapM	**534** +36, -0	**525** +35, -0	**536** +36, -0	**531** +36, -0	**527** +35, -0	**540** +34, -0	**531** +34, -0	**521** +25, -0	*519* +6, -0	*537* +7, -0
RedKapD-RedLagM	391 +0, -7	415 +0, -4	445 +1, -2	445 +11, -4	468 +17, -3	458 +3, -2	468 +6, -6	498 +20, -2	476 +3, -1	510 +6, -2

Tabelle 16: Strategie-Risiko-Matrix: Basis-Supply-Chain (konvergent; Kombinationsstrategien; Unterbrechungsziel: Demand)

	Disruptionsdauer [Wochen]									
	25			15			5			
	Ausmaß [%]									Kein
Strategie	0	10	20	0	10	20	0	10	20	Risiko
Nullstrategie	453 +8, -10	452 +6, -12	461 +6, -10	466 +6, -16	480 +6, -11	493 +6, -9	509 +6, -8	504 +6, -5	511 +6, -4	512 +6, -3
FlexKapS2	457 +7, -8	463 +6, -9	474 +11, -7	477 +6, -12	492 +8, -7	487 +6, -11	513 +6, -8	511 +6, -2	524 +7, -1	522 +6, -2
FlexKapS2- RedKapS2	446 +6, -10	463 +6, -9	474 +11, -7	491 +9, -8	503 +13, -5	497 +7, -10	*527* +8, -0	534 +14, -1	526 +7, -1	*540* +7, -0
FlexKapS2- RedKapM	349 +0, -31	351 +0, -30	363 +0, -30	372 +0, -30	380 +0, -31	389 +0, -31	404 +0, -31	411 +0, -31	421 +0, -31	429 +0, -31
FlexKapS2- FlexLagM	441 +6, -11	453 +6, -10	467 +7, -8	475 +6, -12	486 +8, -10	492 +6, -11	501 +6, -11	505 +6, -7	506 +6, -7	521 +6, -2
FlexKapS2- RedLagM	476 +20, -8	487 +17, -7	483 +13, -7	*515* +18, -0	506 +8, -1	*517* +15, -0	*539* +18, -0	**557** +27, -0	*545* +14, -0	*542* +8, -0
FlexKapS2- RedKapD	**532** +29, -0	**523** +28, -0	**524** +29, -0	*519* +19, -0	*528* +24, -0	*524* +19, -0	530 +9, -0	*531* +6, -0	528 +7, -1	532 +7, -1
RedKapS2	436 +6, -11	455 +6, -10	468 +8, -8	476 +6, -11	490 +8, -9	498 +6, -8	514 +6, -6	524 +8, -3	516 +6, -1	522 +6, -2
RedKapS2- RedLagM	449 +6, -8	452 +6, -8	482 +9, -7	497 +6, -2	507 +12, -3	*516* +6, -0	*524* +6, -0	*531* +6, -0	*537* +6, -0	*555* +7, -0
FlexKapM	457 +8, -8	458 +6, -9	469 +6, -7	486 +6, -4	486 +7, -10	*488* +6, -0	519 +6, -1	524 +6, -1	*542* +14, -0	529 +7, -2
FlexKapM- FlexKapS2	471 +16, -8	497 +23, -6	491 +15, -7	*524* +22, -0	*520* +20, -0	*533* +21, -0	*554* +23, -0	*537* +6, -0	**560** +26, -0	**564** +25, -0
FlexKapM- RedKapS2	474 +18, -8	469 +6, -7	480 +8, -5	503 +10, -2	*518* +15, -0	*519* +13, -0	*538* +8, -0	*550* +22, -0	*550* +10, -0	*562* +7, -0
FlexKapM- RedKapM	352 +0, -31	360 +0, -30	369 +0, -30	381 +0, -30	384 +0, -31	388 +0, -31	403 +0, -31	416 +0, -31	405 +0, -31	426 +0, -31
FlexKapM- FlexLagM	460 +9, -8	469 +12, -9	475 +8, -7	500 +14, -5	504 +13, -4	*524* +19, -0	*532* +13, -0	*539* +17, -0	*540* +13, -0	*556* +23, -0
FlexKapM- RedLagM	422 +6, -10	440 +6, -11	419 +1, -18	442 +0, -6	460 +6, -19	477 +6, -14	507 +6, -2	517 +6, -1	501 +6, -7	*510* +6, -0
FlexKapM- RedKapD	**543** +29, -0	**541** +28, -0	**552** +30, -0	*535* +20, -0	**547** +27, -0	*542* +23, -0	*537* +17, -0	*525* +6, -0	*515* +6, -0	*544* +7, -0
RedKapM	349 +0, -31	352 +0, -30	367 +0, -30	385 +0, -30	392 +0, -31	382 +0, -31	415 +0, -31	411 +0, -31	414 +0, -31	434 +0, -31
RedKapM- RedKapS2	348 +0, -31	366 +0, -30	368 +0, -30	372 +0, -30	394 +0, -31	389 +0, -31	413 +0, -31	420 +0, -31	410 +0, -31	432 +0, -31
RedKapM- RedLagM	356 +0, -31	360 +0, -30	361 +0, -31	374 +0, -30	388 +0, -31	396 +0, -30	410 +0, -31	416 +0, -31	404 +0, -31	429 +0, -31
FlexLagM	437 +6, -11	443 +6, -12	454 +6, -12	471 +6, -15	471 +6, -14	476 +6, -11	489 +6, -14	509 +6, -5	513 +6, -5	524 +6, -2
FlexLagM- RedKapS2	424 +6, -15	456 +6, -10	458 +6, -12	478 +6, -12	482 +7, -13	483 +6, -15	515 +6, -6	504 +6, -7	510 +6, -5	518 +6, -2
FlexLagM- RedKapM	349 +0, -31	364 +0, -30	368 +0, -30	371 +0, -30	387 +0, -31	389 +0, -31	403 +0, -31	405 +0, -31	417 +0, -31	418 +0, -31
FlexLagM- RedLagM	437 +6, -11	448 +6, -12	459 +6, -12	464 +6, -15	477 +6, -14	484 +6, -11	509 +6, -8	510 +6, -5	497 +6, -17	518 +6, -2
FlexLagM- RedKapD	**522** +29, -0	**526** +28, -0	**522** +28, -0	*524* +22, -0	*525* +23, -0	513 +13, -2	521 +8, -1	521 +7, -4	521 +7, -1	521 +6, -2
RedLagM	449 +6, -10	440 +6, -12	445 +6, -19	473 +6, -12	466 +6, -11	*478* +5, -0	509 +6, -3	504 +6, -2	497 +6, -8	*535* +6, -0
FlexKapD	444 +6, -11	449 +6, -11	473 +9, -7	488 +8, -9	479 +6, -14	499 +7, -8	513 +6, -5	516 +6, -5	523 +7, -1	521 +6, -2
FlexKapD- FlexKapS2	446 +6, -9	463 +6, -9	488 +13, -7	490 +6, -8	480 +6, -10	505 +8, -3	516 +6, -2	519 +6, -3	515 +6, -1	521 +6, -2
FlexKapD- RedKapS2	436 +6, -11	460 +6, -9	473 +8, -7	493 +8, -6	484 +8, -10	498 +6, -8	510 +6, -7	514 +6, -1	538 +14, -1	528 +7, -2
FlexKapD- FlexKapM	458 +8, -8	477 +13, -7	484 +9, -7	*511* +16, -0	516 +20, -2	501 +6, -3	*549* +9, -0	*532* +7, -0	*538* +11, -0	*541* +6, -0
FlexKapD- RedKapM	421 +6, -16	440 +6, -12	432 +6, -23	466 +6, -13	458 +6, -21	476 +6, -10	487 +6, -14	511 +6, -5	502 +6, -8	496 +6, -13
FlexKapD- FlexLagM	438 +6, -12	454 +6, -11	473 +9, -7	478 +6, -11	479 +6, -14	503 +8, -6	511 +6, -6	506 +6, -4	520 +7, -1	522 +6, -2
FlexKapD- RedLagM	451 +6, -8	*455* +0, -0	470 +8, -7	*472* +6, -0	482 +6, -6	*500* +6, -0	511 +6, -6	512 +6, -1	*522* +6, -0	*527* +6, -0
FlexKapD- RedKapD	**527** +29, -0	**529** +28, -0	**527** +29, -0	*520* +20, -0	*526* +19, -0	*523* +19, -0	*532* +15, -0	520 +6, -2	527 +7, -1	530 +7, -1
RedKapD	**527** +29, -0	**523** +28, -0	**522** +28, -1	*530* +23, -0	*523* +21, -0	*527* +18, -0	*528* +9, -0	514 +6, -2	519 +7, -1	516 +6, -2
RedKapD- RedKapS2	**523** +29, -0	**519** +27, -0	**532** +29, -0	**534** +25, -0	**541** +26, -0	*534* +18, -0	*543* +17, -0	519 +6, -2	525 +7, -1	530 +7, -2
RedKapD- RedKapM	**530** +29, -0	**533** +28, -0	**539** +29, -0	**536** +25, -0	**541** +25, -0	*539* +23, -0	*544* +20, -0	*538* +14, -0	*539* +10, -0	*537* +7, -0
RedKapD- RedLagM	**520** +29, -0	*507* +24, -0	*506* +9, -0	*515* +16, -0	*539* +22, -0	509 +7, -2	*550* +18, -0	*526* +6, -0	*522* +6, -0	510 +6, -2

Divergente Supply Chain (Strategiekombinationen)

Tabelle 17: Strategie-Risiko-Matrix: Basis-Supply-Chain (divergent; Kombinationsstrategien; Unterbrechungsziel: Supplier)

	Disruptionsdauer [Wochen] 25			15			5			
	Ausmaß [%]									Kein
Strategie	0	10	20	0	10	20	0	10	20	Risiko
Nullstrategie	420 +5, -13	450 +5, -12	461 +6, -13	462 +6, -12	484 +7, -13	488 +6, -15	503 +6, -13	511 +6, -14	515 +6, -16	559 +9, -8
FlexKapS	463 +23, -7	480 +24, -8	**507** +25, -8	502 +24, -7	520 +24, -7	530 +23, -5	526 +13, -6	551 +22, -1	**559** +25, -1	557 +7, -1
FlexKapS-RedKapS	**563** +30, -0	**569** +30, -0	**561** +30, -1	**564** +30, -0	**561** +30, -0	**568** +31, -0	**563** +26, -1	**561** +25, -1	**562** +25, -1	563 +8, -1
FlexKapS-RedKapM	366 +0, -32	386 +1, -32	399 +0, -32	395 +0, -32	408 +0, -31	420 +3, -31	432 +2, -31	431 +0, -31	436 +0, -31	414 +0, -32
FlexKapS-FlexLagM	452 +22, -10	470 +9, -8	486 +16, -10	481 +9, -10	510 +22, -8	522 +22, -8	522 +19, -10	536 +22, -8	535 +13, -10	543 +7, -18
FlexKapS-RedLagM	**474** +25, -7	489 +24, -7	500 +24, -8	**508** +25, -7	526 +24, -5	536 +24, -5	**546** +25, -2	553 +24, -2	**562** +25, -1	*574* +14, -0
FlexKapS-RedKapD	457 +23, -9	486 +24, -7	**520** +27, -7	**510** +25, -7	518 +24, -7	536 +24, -5	**549** +25, -2	550 +22, -1	**566** +26, -1	*571* +10, -0
RedKapS	**566** +31, -0	**563** +30, -1	**558** +30, -1	**562** +30, -1	**550** +28, -2	**554** +26, -1	**563** +26, -1	**564** +26, -1	**565** +25, -1	558 +7, -4
RedKapS-RedLagM	**574** +32, -0	**573** +31, -0	**567** +30, -0	**569** +31, -1	**570** +30, -0	**567** +30, -0	**567** +28, -0	**571** +27, -1	**570** +25, -0	*569* +12, -0
FlexKapM	419 +5, -13	444 +5, -12	466 +6, -13	462 +6, -12	483 +6, -13	493 +7, -14	498 +6, -14	515 +7, -14	515 +6, -16	565 +12, -3
FlexKapM-FlexKapS	477 +24, -7	**502** +26, -7	**519** +25, -7	**519** +25, -7	523 +24, -7	**545** +26, -3	**552** +25, -1	**565** +26, -1	**569** +26, -1	*586* +24, -0
FlexKapM-RedKapS	**582** +32, -0	**584** +32, -0	**590** +33, -0	**591** +35, -0	**580** +33, -0	**589** +32, -0	**588** +33, -0	**591** +36, -0	**588** +34, -0	*582* +20, -0
FlexKapM-RedKapM	361 +0, -32	358 +0, -33	383 +0, -32	370 +0, -32	398 +0, -32	403 +0, -33	407 +0, -33	408 +0, -31	427 +0, -31	419 +0, -32
FlexKapM-FlexLagM	427 +6, -13	452 +7, -12	469 +7, -12	461 +6, -12	484 +6, -13	498 +8, -13	503 +6, -13	518 +8, -14	524 +7, -12	564 +12, -4
FlexKapM-RedLagM	420 +5, -13	451 +5, -12	472 +8, -12	461 +6, -12	483 +6, -13	493 +6, -13	495 +6, -15	515 +7, -14	517 +6, -15	*567* +10, -0
FlexKapM-RedKapD	431 +7, -13	451 +7, -12	479 +12, -11	471 +8, -12	492 +7, -12	504 +8, -12	513 +10, -10	531 +20, -9	540 +14, -10	*583* +17, -0
RedKapM	348 +0, -32	376 +0, -32	387 +0, -32	374 +0, -32	394 +0, -32	395 +0, -33	412 +0, -31	421 +0, -31	427 +0, -31	435 +0, -32
RedKapM-RedKapS	456 +5, -7	423 +5, -13	431 +5, -30	428 +5, -29	425 +3, -31	422 +3, -31	431 +2, -31	416 +0, -31	431 +0, -31	426 +0, -32
RedKapM-RedLagM	355 +0, -32	379 +0, -32	399 +0, -32	379 +0, -32	401 +0, -31	410 +0, -31	410 +0, -31	427 +0, -31	423 +0, -31	454 +4, -31
FlexLagM	421 +5, -13	441 +5, -13	459 +6, -15	463 +6, -12	477 +6, -13	493 +7, -14	496 +6, -14	512 +6, -14	512 +6, -14	549 +7, -13
FlexLagM-RedKapS	**543** +30, -4	**548** +30, -3	**546** +30, -2	**545** +30, -3	**550** +28, -1	**548** +26, -2	**549** +25, -3	544 +22, -6	549 +22, -5	538 +6, -16
FlexLagM-RedKapM	351 +0, -32	376 +0, -32	395 +0, -32	389 +0, -32	384 +0, -32	395 +0, -33	403 +0, -33	427 +0, -31	430 +0, -31	445 +0, -31
FlexLagM-RedLagM	423 +5, -13	440 +5, -14	462 +6, -13	457 +6, -16	476 +6, -14	495 +6, -13	501 +6, -12	499 +6, -23	508 +6, -20	540 +6, -19
FlexLagM-RedKapD	425 +5, -12	442 +5, -12	467 +6, -12	462 +6, -12	476 +6, -14	488 +6, -15	495 +6, -15	507 +6, -14	521 +6, -13	547 +7, -13
RedLagM	426 +5, -13	450 +6, -12	470 +8, -12	460 +6, -12	486 +7, -13	497 +7, -13	504 +6, -11	508 +6, -13	525 +7, -12	563 +7, -1
FlexKapD	421 +5, -13	448 +5, -12	464 +6, -14	466 +7, -12	479 +6, -13	489 +7, -16	502 +6, -13	516 +8, -14	524 +6, -12	563 +10, -2
FlexKapD-FlexKapS	**473** +25, -7	492 +24, -7	499 +22, -7	503 +24, -7	**534** +25, -5	528 +24, -8	537 +20, -4	**558** +25, -1	554 +21, -1	*565* +7, -0
FlexKapD-RedKapS	**567** +31, -0	**567** +31, -0	**561** +30, -0	**564** +30, -1	**564** +30, -0	**566** +29, -0	**570** +30, -0	**568** +26, -1	**571** +26, -0	*572* +14, -0
FlexKapD-FlexKapM	427 +5, -13	455 +7, -12	471 +8, -12	472 +8, -12	485 +6, -13	504 +8, -12	518 +16, -10	516 +8, -14	532 +9, -10	*583* +21, -0
FlexKapD-RedKapM	413 +5, -15	430 +5, -19	446 +5, -19	442 +5, -20	471 +6, -18	465 +6, -20	475 +6, -15	493 +6, -20	510 +6, -14	527 +6, -26
FlexKapD-FlexLagM	421 +5, -13	450 +7, -12	465 +6, -14	464 +6, -12	472 +6, -13	493 +6, -13	499 +6, -15	508 +6, -14	517 +6, -12	551 +6, -5
FlexKapD-RedLagM	426 +5, -13	455 +9, -12	471 +8, -12	468 +8, -12	489 +9, -13	504 +13, -12	511 +6, -10	517 +8, -13	526 +7, -12	*577* +16, -0
FlexKapD-RedKapD	420 +5, -13	446 +5, -12	464 +6, -14	467 +7, -12	487 +7, -13	501 +8, -13	505 +6, -12	519 +8, -14	525 +7, -12	559 +9, -8
RedKapD	424 +5, -13	446 +5, -12	465 +6, -13	465 +7, -12	480 +6, -13	501 +11, -13	501 +6, -13	512 +7, -14	522 +6, -12	564 +12, -3
RedKapD-RedKapS	**560** +30, -2	**562** +30, -0	**573** +31, -0	**568** +31, -1	**569** +31, -1	**566** +29, -0	**566** +27, -0	**566** +26, -1	**566** +26, -1	*573* +15, -0
RedKapD-RedKapM	413 +5, -14	431 +5, -20	451 +6, -20	450 +5, -13	462 +6, -13	477 +6, -24	487 +6, -13	492 +6, -15	500 +6, -14	543 +6, -5
RedKapD-RedLagM	424 +5, -13	451 +7, -12	476 +9, -11	468 +7, -12	490 +6, -12	501 +9, -13	509 +6, -10	529 +9, -9	533 +10, -11	*575* +12, -0

Tabelle 18: Strategie-Risiko-Matrix: Basis-Supply-Chain (divergent; Kombinationsstrategien; Unterbrechungsziel: Manufacturer)

	Disruptionsdauer [Wochen]									
	25			15			5			
	Ausmaß [%]									Kein
Strategie	0	10	20	0	10	20	0	10	20	Risiko
Nullstrategie	408 +0, -15	433 +0, -10	456 +0, -9	454 +6, -9	473 +10, -9	483 +6, -9	491 +5, -9	507 +6, -9	506 +6, -9	559 +9, -8
FlexKapS	412 +0, -10	437 +0, -9	462 +6, -9	458 +8, -9	468 +6, -9	487 +7, -8	495 +8, -9	500 +6, -9	504 +6, -9	557 +7, -1
FlexKapS-RedKapS	416 +0, -10	447 +2, -9	457 +1, -9	452 +4, -9	470 +6, -9	487 +6, -8	488 +5, -9	503 +6, -9	517 +8, -8	563 +8, -1
FlexKapS-RedKapM	446 +22, -4	423 +0, -10	428 +0, -26	425 +0, -25	425 +0, -30	417 +0, -31	428 +0, -31	421 +0, -31	424 +0, -31	414 +0, -32
FlexKapS-FlexLagM	410 +0, -13	428 +0, -15	445 +0, -13	437 +0, -12	449 +0, -18	476 +6, -11	473 +5, -20	498 +6, -11	509 +6, -9	543 +7, -18
FlexKapS-RedLagM	419 +0, -10	433 +0, -9	466 +8, -9	456 +5, -9	475 +6, -9	486 +6, -8	502 +10, -9	508 +6, -7	512 +6, -7	*574* +14, -0
FlexKapS-RedKapD	410 +0, -12	445 +3, -9	463 +5, -9	458 +8, -9	473 +6, -9	493 +6, -6	499 +10, -9	512 +6, -7	517 +6, -6	*571* +10, -0
RedKapS	410 +0, -10	434 +0, -10	455 +3, -10	445 +0, -9	466 +6, -9	474 +6, -11	495 +7, -9	497 +6, -11	511 +6, -8	558 +7, -4
RedKapS-RedLagM	413 +0, -10	445 +4, -9	458 +3, -9	450 +4, -9	476 +9, -9	485 +6, -8	501 +10, -9	510 +6, -9	522 +9, -6	*569* +12, -0
FlexKapM	450 +24, -4	**481** +28, -3	**495** +28, -3	**501** +29, -1	**512** +28, -2	**526** +28, -1	**532** +28, -2	**538** +27, -1	541 +23, -2	565 +12, -3
FlexKapM-FlexKapS	**458** +26, -3	**475** +28, -3	**495** +28, -3	**482** +28, -5	**508** +28, -3	**535** +29, -0	**538** +28, -0	**543** +28, -0	**554** +28, -0	*586* +24, -0
FlexKapM-RedKapS	452 +22, -3	**482** +28, -1	**500** +28, -3	**486** +28, -4	**505** +28, -3	**530** +28, -1	**535** +28, -1	**549** +29, -0	**549** +28, -0	*582* +20, -0
FlexKapM-RedKapM	434 +11, -5	431 +0, -10	430 +0, -23	429 +0, -23	429 +0, -30	419 +0, -31	423 +0, -31	427 +0, -31	422 +0, -31	419 +0, -32
FlexKapM-FlexLagM	451 +23, -4	**480** +28, -3	**499** +28, -3	**491** +28, -4	**517** +30, -1	**519** +27, -3	**534** +28, -2	**543** +28, -0	**544** +26, -2	564 +12, -4
FlexKapM-RedLagM	452 +24, -4	**473** +28, -4	**495** +28, -3	**497** +28, -1	**511** +28, -0	**530** +28, -1	**526** +28, -2	**548** +29, -0	**555** +28, -0	*567* +10, -0
FlexKapM-RedKapD	**477** +33, -2	**497** +32, -0	**522** +33, -0	**521** +33, -0	**533** +31, -0	**543** +30, -0	**554** +32, -0	**561** +31, -0	**565** +32, -0	*583* +17, -0
RedKapM	432 +10, -7	425 +0, -10	434 +0, -15	421 +0, -25	427 +0, -30	441 +0, -31	421 +0, -31	419 +0, -31	431 +0, -31	435 +0, -32
RedKapM-RedKapS	437 +2, -4	428 +0, -10	432 +0, -13	425 +0, -10	429 +0, -30	427 +0, -31	443 +0, -9	413 +0, -31	414 +0, -31	426 +0, -32
RedKapM-RedLagM	430 +2, -5	428 +0, -9	432 +0, -15	428 +0, -19	428 +0, -30	417 +0, -31	421 +0, -31	424 +0, -31	430 +0, -31	454 +4, -31
FlexLagM	402 +0, -19	428 +0, -10	447 +0, -11	449 +5, -10	456 +6, -19	479 +6, -10	485 +5, -13	496 +6, -11	500 +6, -15	549 +7, -13
FlexLagM-RedKapS	410 +0, -14	428 +0, -16	450 +1, -11	439 +0, -14	456 +6, -13	474 +6, -11	478 +5, -15	496 +6, -11	502 +6, -9	538 +6, -16
FlexLagM-RedKapM	429 +7, -8	439 +0, -9	437 +0, -21	424 +0, -25	423 +0, -30	418 +0, -31	416 +0, -31	428 +0, -31	426 +0, -31	445 +0, -31
FlexLagM-RedLagM	405 +0, -16	424 +0, -16	445 -0, -14	438 +0, -18	456 +6, -19	472 +6, -15	473 +5, -16	494 +6, -11	498 +6, -10	540 +6, -19
FlexLagM-RedKapD	406 +0, -14	432 +0, -10	454 +3, -11	441 +0, -16	459 +6, -16	480 +6, -10	489 +5, -13	498 +6, -11	506 +6, -10	547 +7, -13
RedLagM	417 +1, -10	446 +4, -9	454 +2, -9	451 +4, -9	471 +8, -9	485 +7, -8	491 +6, -9	508 +6, -9	518 +7, -8	563 +7, -1
FlexKapD	414 +0, -11	437 +0, -9	453 +1, -9	448 +3, -9	474 +10, -9	489 +6, -7	485 +5, -10	506 +6, -9	516 +6, -6	563 +10, -2
FlexKapD-FlexKapS	408 +0, -12	442 +0, -9	461 +3, -9	460 +9, -9	479 +7, -9	489 +7, -8	497 +5, -9	499 +6, -9	512 +6, -8	*565* +7, -0
FlexKapD-RedKapS	422 +1, -10	433 +0, -10	456 +3, -10	454 +7, -9	483 +12, -9	486 +6, -8	497 +6, -9	505 +6, -10	511 +6, -8	*572* +14, -0
FlexKapD-FlexKapM	**472** +31, -2	**497** +29, -0	**519** +33, -0	**514** +31, -0	**533** +32, -0	**547** +33, -0	**553** +31, -0	**558** +30, -0	**560** +31, -0	*583* +21, -0
FlexKapD-RedKapM	**537** +35, -0	**527** +33, -0	**529** +28, -0	**523** +31, -0	**519** +28, -0	514 +15, -2	**535** +28, -0	534 +24, -2	526 +6, -1	527 +6, -26
FlexKapD-FlexLagM	408 +0, -14	425 +0, -12	450 +0, -9	443 +0, -11	470 +9, -11	477 +6, -11	489 +5, -9	497 +6, -11	501 +6, -10	551 +6, -5
FlexKapD-RedLagM	425 +6, -10	447 +5, -9	471 +14, -9	463 +11, -9	482 +11, -9	495 +11, -7	496 +8, -9	519 +16, -8	528 +15, -5	*577* +16, -0
FlexKapD-RedKapD	417 +0, -10	430 +0, -14	464 +8, -9	452 +5, -9	473 +6, -9	484 +7, -8	493 +6, -9	497 +6, -9	510 +6, -9	559 +9, -8
RedKapD	409 +0, -12	443 +0, -9	459 +3, -10	454 +7, -9	476 +11, -9	486 +6, -8	492 +6, -9	503 +6, -10	517 +7, -8	564 +12, -3
RedKapD-RedKapS	414 +0, -10	446 +5, -9	459 +2, -9	451 +3, -9	472 +9, -9	480 +6, -10	492 +5, -9	504 +6, -10	515 +7, -8	*573* +15, -0
RedKapD-RedKapM	**544** +35, -0	**519** +32, -0	**526** +33, -0	**531** +31, -0	**523** +28, -0	*520* +14, -0	**531** +28, -0	**533** +25, -4	540 +22, -2	543 +6, -5
RedKapD-RedLagM	419 +2, -10	452 +14, -9	467 +11, -9	463 +11, -9	483 +12, -9	503 +24, -7	505 +11, -9	519 +13, -6	525 +7, -5	*575* +12, -0

Tabelle 19: Strategie-Risiko-Matrix: BasisSupply-Chain (divergent; Kombinationsstrategien; Unterbrechungsziel: $Demand_1$)

	Disruptionsdauer [Wochen]									
	25			15			5			
				Ausmaß [%]						Kein
Strategie	0	10	20	0	10	20	0	10	20	Risiko
Nullstrategie	530 +6, -8	534 +9, -12	537 +6, -11	540 +6, -11	549 +10, -9	549 +8, -7	550 +6, -7	557 +8, -4	560 +11, -4	559 +9, -8
FlexKapS	528 +7, -12	533 +9, -12	540 +10, -11	541 +6, -6	542 +7, -11	553 +8, -3	*564* +7, -0	567 +14, -2	568 +14, -1	557 +7, -1
FlexKapS-RedKapS	530 +9, -12	536 +7, -9	541 +10, -11	535 +6, -10	547 +7, -8	548 +6, -3	567 +13, -2	*560* +6, -0	564 +11, -1	563 +8, -1
FlexKapS-RedKapM	386 +0, -32	390 +0, -32	414 +0, -31	410 +0, -31	398 +0, -31	409 +0, -31	423 +0, -32	426 +0, -31	423 +0, -31	414 +0, -32
FlexKapS-FlexLagM	506 +6, -23	516 +6, -19	521 +6, -19	533 +6, -15	531 +6, -19	530 +6, -19	547 +6, -13	538 +6, -16	541 +6, -18	543 +7, -18
FlexKapS-RedLagM	528 +10, -13	529 +6, -12	531 +6, -12	549 +8, -5	555 +11, -4	547 +6, -7	*565* +8, -0	566 +13, -1	*567* +12, -0	*574* +14, -0
FlexKapS-RedKapD	**570** +25, -0	**571** +27, -1	**573** +26, -0	*572* +24, -0	566 +14, -1	*574* +17, -0	*571* +11, -0	569 +14, -1	*561* +6, -0	*571* +10, -0
RedKapS	527 +7, -12	529 +6, -12	531 +6, -12	537 +6, -6	542 +7, -11	544 +6, -11	557 +8, -6	556 +6, -4	*562* +6, -0	558 +7, -4
RedKapS-RedLagM	522 +6, -13	534 +8, -11	537 +6, -12	553 +8, -5	549 +7, -4	548 +6, -4	*572* +15, -0	557 +8, -4	*570* +12, -0	*569* +12, -0
FlexKapM	527 +9, -13	541 +10, -9	539 +10, -12	550 +9, -7	552 +10, -7	557 +10, -2	565 +12, -2	559 +8, -3	557 +7, -4	565 +12, -3
FlexKapM-FlexKapS	535 +7, -6	554 +18, -5	543 +10, -8	559 +14, -4	*565* +14, -0	*562* +10, -0	*577* +16, -0	*580* +23, -0	*570* +14, -0	*586* +24, -0
FlexKapM-RedKapS	534 +10, -8	545 +10, -5	541 +6, -10	551 +6, -3	552 +10, -5	*564* +10, -0	*569* +13, -0	*572* +8, -0	*582* +19, -0	*582* +20, -0
FlexKapM-RedKapM	400 +1, -31	400 +0, -31	403 +0, -31	410 +0, -31	408 +0, -31	415 +0, -31	432 +0, -32	432 +0, -31	435 +0, -31	419 +0, -32
FlexKapM-FlexLagM	533 +10, -10	533 +8, -12	542 +10, -9	546 +8, -10	552 +10, -8	*561* +9, -0	563 +9, -3	563 +9, -1	564 +12, -2	564 +12, -4
FlexKapM-RedLagM	526 +8, -13	531 +6, -12	533 +6, -12	552 +9, -5	548 +7, -5	564 +13, -1	566 +12, -2	558 +8, -4	565 +12, -1	*567* +10, -0
FlexKapM-RedKapD	**583** +30, -0	**585** +33, -0	**583** +28, -0	**580** +30, -0	**579** +26, -0	*579* +24, -0	*581* +23, -0	*580* +18, -0	*585* +24, -0	*583* +17, -0
RedKapM	402 +0, -31	401 +0, -31	405 +0, -31	417 +0, -31	405 +0, -31	416 +0, -31	436 +0, -31	431 +0, -31	444 +0, -31	435 +0, -32
RedKapM-RedKapS	378 +0, -33	395 +0, -31	399 +0, -31	396 +0, -31	398 +0, -31	415 +0, -31	414 +0, -32	430 +0, -31	424 +0, -31	426 +0, -32
RedKapM-RedLagM	396 +0, -31	393 +0, -31	406 +0, -31	416 +0, -31	415 +0, -31	416 +0, -31	445 +3, -31	429 +0, -31	430 +0, -31	454 +4, -31
FlexLagM	512 +6, -20	517 +6, -18	522 +6, -19	532 +6, -19	533 +6, -19	539 +6, -8	546 +6, -16	537 +6, -21	542 +6, -19	549 +7, -13
FlexLagM-RedKapS	510 +6, -19	519 +6, -16	521 +6, -19	527 +6, -19	524 +6, -25	540 +6, -11	543 +6, -14	543 +6, -15	546 +6, -16	538 +6, -16
FlexLagM-RedKapM	398 +2, -31	406 +1, -31	408 +0, -31	415 +0, -31	417 +0, -31	422 +0, -31	431 +0, -31	438 +0, -31	434 +0, -31	445 +0, -31
FlexLagM-RedLagM	511 +6, -17	526 +6, -12	519 +6, -19	536 +6, -12	531 +6, -19	536 +6, -15	542 +6, -21	537 +6, -20	544 +6, -16	540 +6, -19
FlexLagM-RedKapD	552 +20, -3	536 +7, -9	554 +18, -4	549 +8, -7	551 +10, -8	548 +6, -6	547 +6, -11	545 +6, -14	550 +6, -10	547 +7, -13
RedLagM	531 +10, -12	534 +6, -9	539 +10, -12	552 +13, -6	553 +10, -5	557 +10, -4	562 +9, -3	564 +13, -3	559 +8, -3	563 +7, -1
FlexKapD	550 +19, -3	554 +18, -4	562 +23, -2	561 +16, -4	*567* +15, -0	559 +12, -2	*569* +13, -0	567 +14, -1	*570* +14, -0	563 +10, -2
FlexKapD-FlexKapS	561 +24, -2	563 +22, -1	*565* +19, -0	*562* +11, -0	562 +11, -1	*571* +17, -0	*565* +8, -0	564 +12, -1	*572* +14, -0	*565* +7, -0
FlexKapD-RedKapS	555 +21, -2	558 +17, -1	*565* +24, -0	558 +9, -1	570 +23, -1	565 +16, -1	*570* +14, -0	569 +14, -1	*565* +6, -0	*572* +14, -0
FlexKapD-FlexKapM	**573** +27, -0	**572** +26, -0	**581** +27, -0	**585** +31, -0	**584** +30, -0	**580** +26, -0	*582* +23, -0	**586** +31, -0	*573* +16, -0	*583* +21, -0
FlexKapD-RedKapM	507 +6, -13	505 +6, -20	511 +6, -11	537 +6, -6	526 +6, -13	528 +6, -19	540 +6, -14	538 +6, -15	537 +6, -14	527 +6, -26
FlexKapD-FlexLagM	543 +15, -7	544 +10, -7	546 +10, -6	542 +6, -11	544 +7, -11	544 +6, -9	541 +6, -22	550 +6, -12	550 +6, -10	551 +6, -5
FlexKapD-RedLagM	559 +21, -2	**572** +27, -0	**577** +26, -0	**580** +30, -0	**575** +26, -0	*574* +19, -0	*571* +16, -0	572 +14, -1	*579* +18, -0	*577* +16, -0
FlexKapD-RedKapD	**568** +25, -1	565 +24, -1	563 +22, -1	567 +21, -3	564 +19, -4	*565* +14, -0	563 +8, -2	564 +13, -2	561 +8, -2	559 +9, -8
RedKapD	**567** +25, -1	562 +22, -1	*567* +24, -0	562 +13, -3	567 +19, -1	560 +12, -2	*564* +8, -0	566 +14, -2	559 +6, -2	564 +12, -3
RedKapD-RedKapS	*566* +23, -0	565 +23, -1	**566** +25, -0	553 +13, -6	*569* +19, -0	*563* +8, -0	567 +13, -2	569 +14, -1	*572* +14, -0	*573* +15, -0
RedKapD-RedKapM	526 +6, -11	540 +7, -6	526 +6, -11	539 +6, -4	543 +6, -6	534 +6, -16	546 +6, -4	532 +6, -15	540 +6, -16	543 +6, -5
RedKapD-RedLagM	**583** +32, -0	**575** +27, -0	**573** +25, -0	**575** +27, -0	**575** +26, -0	*576* +21, -0	*577* +17, -0	*581* +20, -0	570 +14, -1	*575* +12, -0

Serielle Supply Chain (fünf Stufen)

Tabelle 20: Strategie-Risiko-Matrix: serielle Supply Chain (Unterbrechungsziel: $Supplier_2$)

	Disruptionsdauer [Wochen]									
	25			15			5			
	Ausmaß [%]									Kein
Strategie	0	10	20	0	10	20	0	10	20	Risiko
Nullstrategie	404	420	431	445	452	447	438	438	447	451
	+0, -6	+0, -1	+1, -3	+1, -1	+1, -1	+1, -4	+1, -7	+1, -10	+1, -2	+1, -2
FlexKapS2	440	453	449	443	457	447	441	453	455	445
	+8, -1	+2, -1	+1, -1	+1, -1	+1, -1	+1, -1	+1, -2	+1, -1	+1, -1	+1, -2
RedKapS2	**456**	453	446	447	441	449	455	462	451	460
	+13, -0	+5, -1	+1, -1	+1, -1	+1, -2	+1, -1	+1, -2	+2, -1	+1, -1	+1, -2
FlexKapS1	420	435	445	457	458	*470*	*483*	*476*	479	**488**
	+0, -3	+1, -2	+1, -1	+1, -1	+1, -1	+1, -0	+9, -0	+4, -0	+5, -1	+14, -0
RedKapS1	**478**	**489**	**486**	**502**	**517**	**496**	**500**	**499**	**511**	**508**
	+15, -0	+16, -0	+16, -0	+16, -0	+16, -0	+14, -0	+15, -0	+14, -0	+16, -0	+15, -0
FlexLagS1	408	429	439	440	451	443	446	462	444	457
	+0, -4	+0, -1	+1, -2	+1, -2	+1, -1	+1, -1	+1, -2	+2, -1	+1, -2	+1, -2
RedLagS1	411	432	442	449	449	453	459	445	462	442
	+0, -5	+0, -1	+1, -1	+1, -1	+1, -1	+1, -1	+1, -1	+1, -1	+1, -1	+1, -2
FlexKapM	419	429	433	451	455	464	467	*476*	475	469
	+0, -2	+0, -1	+1, -5	+1, -1	+1, -1	+1, -1	+2, -1	+4, -0	+1, -1	+1, -1
RedKapM	406	406	396	375	377	375	363	386	365	388
	+0, -4	+0, -4	+0, -16	+0, -16	+0, -16	+0, -16	+0, -16	+0, -16	+0, -16	+0, -16
FlexLagM	419	433	448	455	456	468	468	459	463	462
	+0, -4	+1, -2	+1, -1	+1, -1	+1, -1	+2, -1	+2, -1	+2, -1	+1, -1	+1, -2
RedLagM	437	450	457	462	469	468	459	464	465	463
	+11, -1	+9, -1	+6, -1	+3, -1	+3, -1	+2, -1	+1, -2	+2, -1	+1, -1	+1, -2
FlexKapR	422	427	447	452	461	*471*	468	467	462	465
	+1, -3	+0, -2	+2, -1	+1, -1	+1, -1	+2, -0	+2, -1	+2, -1	+1, -1	+1, -2
RedKapR	416	425	432	436	464	448	446	441	446	462
	+0, -2	+0, -3	+1, -1	+1, -2	+1, -1	+1, -1	+1, -2	+1, -4	+1, -2	+1, -2
FlexLagR	415	417	437	445	457	461	469	467	466	465
	+0, -4	+0, -7	+1, -3	+1, -1	+1, -1	+1, -1	+2, -1	+4, -1	+1, -1	+1, -2
RedLagR	425	435	451	454	461	463	469	461	461	462
	+2, -3	+1, -2	+4, -1	+1, -1	+1, -1	+1, -1	+2, -1	+2, -1	+1, -1	+1, -2
FlexKapD	414	420	444	443	445	458	446	437	444	449
	+0, -4	+0, -3	+2, -2	+1, -1	+1, -2	+1, -1	+1, -2	+1, -4	+1, -2	+1, -2
RedKapD	410	422	436	443	457	462	444	459	466	448
	+0, -4	+0, -3	+1, -1	+1, -1	+1, -1	+1, -1	+1, -2	+1, -1	+1, -1	+1, -2

Tabelle 21: Strategie-Risiko-Matrix: serielle Supply Chain (Unterbrechungsziel: $Supplier_1$)

	Disruptionsdauer [Wochen]									
	25			15			5			
	Ausmaß [%]									Kein
Strategie	0	10	20	0	10	20	0	10	20	Risiko
Nullstrategie	337	371	381	384	387	402	423	409	436	451
	+0, -4	+2, -3	+0, -2	+0, -2	+0, -2	+0, -2	+0, -2	+0, -8	+1, -2	+1, -2
FlexKapS2	336	361	371	380	382	402	414	416	425	445
	+0, -5	+0, -2	+0, -3	+0, -2	+0, -4	+0, -2	+0, -2	+0, -2	+0, -2	+1, -2
RedKapS2	354	347	372	379	399	398	401	417	432	460
	+0, -2	+0, -12	+0, -3	+0, -3	+0, -2	+0, -2	+0, -4	+0, -3	+0, -2	+1, -2
FlexKapS1	**419**	**426**	**442**	**435**	**455**	**460**	**477**	**478**	**474**	**488**
	+15, -1	+15, -1	+15, -1	+15, -1	+15, -1	+15, -1	+15, -0	+15, -0	+15, -0	+14, -0
RedKapS1	**492**	**490**	**484**	**505**	**495**	**496**	**499**	**504**	**483**	**508**
	+16, -0	+16, -0	+16, -0	+16, -0	+16, -0	+16, -0	+15, -0	+15, -0	+15, -0	+15, -0
FlexLagS1	351	369	375	383	392	384	423	418	435	457
	+0, -2	+2, -2	+0, -2	+0, -2	+0, -2	+0, -8	+0, -2	+0, -2	+0, -2	+1, -2
RedLagS1	348	347	378	374	393	400	414	422	424	442
	+0, -2	+0, -12	+0, -2	+0, -2	+0, -2	+0, -2	+0, -2	+0, -2	+0, -2	+1, -2
FlexKapM	367	382	398	389	400	417	432	434	433	469
	+2, -2	+2, -2	+1, -2	+0, -2	+0, -2	+1, -2	+0, -2	+2, -2	+0, -2	+1, -1
RedKapM	350	376	394	377	403	392	423	407	420	388
	+0, -2	+2, -2	+0, -2	+0, -3	+0, -2	+0, -5	+0, -2	+0, -7	+0, -2	+0, -16
FlexLagM	365	380	399	398	410	420	422	433	440	462
	+4, -2	+2, -2	+5, -2	+0, -2	+2, -2	+2, -2	+0, -2	+2, -2	+1, -2	+1, -2
RedLagM	361	383	393	400	411	424	433	430	443	463
	+1, -2	+4, -2	+1, -2	+2, -2	+2, -2	+5, -2	+1, -2	+1, -2	+1, -2	+1, -2
FlexKapR	358	372	396	391	404	415	429	432	436	465
	+1, -2	+2, -2	+2, -2	+0, -2	+0, -2	+2, -2	+1, -2	+2, -2	+1, -2	+1, -2
RedKapR	334	361	371	380	384	401	420	425	416	462
	+0, -9	+0, -2	+0, -3	+0, -2	+0, -4	+0, -2	+0, -2	+0, -2	+0, -8	+1, -2
FlexLagR	355	371	390	389	399	406	422	435	436	465
	+1, -4	+2, -2	+1, -2	+0, -2	+0, -2	+1, -3	+0, -2	+2, -2	+1, -2	+1, -2
RedLagR	368	371	389	390	404	409	426	435	437	462
	+4, -2	+2, -2	+1, -2	+0, -2	+0, -2	+1, -3	+0, -2	+3, -2	+1, -2	+1, -2
FlexKapD	351	358	359	380	387	390	412	422	422	449
	+0, -2	+0, -3	+0, -8	+0, -2	+0, -2	+0, -3	+0, -2	+0, -2	+0, -2	+1, -2
RedKapD	356	373	371	387	389	401	415	425	423	448
	+1, -2	+2, -2	+0, -4	+0, -2	+0, -2	+0, -2	+0, -2	+0, -2	+0, -2	+1, -2

Tabelle 22: Strategie-Risiko-Matrix: serielle Supply Chain (Unterbrechungsziel: Manufacturer)

	Disruptionsdauer [Wochen]									
	25			15			5			
	Ausmaß [%]									Kein
Strategie	0	10	20	0	10	20	0	10	20	Risiko
Nullstrategie	362	365	390	383	400	410	423	433	430	451
	+0, -1	+0, -2	+0, -1	+0, -2	+0, -1	+0, -1	+1, -1	+1, -1	+1, -2	+1, -2
FlexKapS2	349	370	381	380	398	416	425	443	437	445
	+0, -2	+0, -1	+0, -1	+0, -2	+0, -1	+0, -1	+1, -1	+3, -1	+1, -1	+1, -2
RedKapS2	358	372	394	390	404	405	*426*	439	432	460
	+0, -1	+0, -1	+0, -1	+0, -1	+0, -1	+0, -1	+0, -0	+1, -1	+1, -1	+1, -2
FlexKapS1	350	377	386	395	410	410	431	440	*447*	**488**
	+0, -1	+0, -1	+0, -1	+1, -1	+2, -1	+0, -1	+3, -1	+1, -1	+1, -0	+14, -0
RedKapS1	375	*390*	398	*416*	*414*	425	*444*	*453*	*463*	**508**
	+2, -1	+0, -0	+1, -1	+7, -0	+0, -0	+1, -1	+3, -0	+5, -0	+4, -0	+15, -0
FlexLagS1	345	375	394	399	387	418	410	416	438	457
	+0, -6	+0, -1	+1, -1	+2, -1	+0, -9	+0, -1	+0, -8	+1, -7	+1, -1	+1, -2
RedLagS1	355	*380*	391	386	411	425	424	*432*	430	442
	+0, -1	+0, -0	+1, -1	+0, -1	+2, -1	+2, -1	+1, -1	+1, -0	+1, -2	+1, -2
FlexKapM	**423**	*418*	**455**	**446**	**447**	**461**	**463**	**466**	*470*	469
	+15, -0	+11, -0	+16, -0	+15, -0	+12, -0	+16, -0	+13, -0	+14, -0	+7, -0	+1, -1
RedKapM	*393*	*396*	388	367	395	386	385	387	384	388
	+3, -0	+0, -0	+0, -1	+0, -7	+0, -2	+0, -5	+0, -11	+0, -16	+0, -16	+0, -16
FlexLagM	342	364	371	378	386	407	411	425	425	462
	+0, -8	+0, -4	+0, -8	+0, -6	+0, -9	+0, -4	+0, -8	+1, -6	+1, -7	+1, -2
RedLagM	368	366	382	387	411	414	436	431	*448*	463
	+2, -1	+0, -1	+0, -1	+0, -2	+2, -1	+0, -1	+3, -1	+1, -4	+2, -0	+1, -2
FlexKapR	368	*390*	407	402	*420*	430	432	452	*450*	465
	+2, -1	+5, -0	+2, -1	+2, -1	+3, -0	+2, -1	+3, -1	+5, -1	+2, -0	+1, -2
RedKapR	357	359	379	395	399	412	*423*	444	*444*	462
	+0, -1	+0, -3	+0, -2	+0, -1	+0, -1	+0, -1	+0, -0	+2, -1	+2, -0	+1, -2
FlexLagR	364	375	400	404	410	424	435	435	*448*	465
	+1, -1	+2, -2	+1, -1	+2, -1	+2, -1	+1, -1	+3, -1	+1, -1	+2, -0	+1, -2
RedLagR	374	*385*	403	400	*417*	422	436	451	*451*	462
	+3, -1	+3, -0	+1, -1	+2, -1	+2, -0	+1, -1	+3, -1	+5, -1	+2, -0	+1, -2
FlexKapD	361	368	389	390	*413*	412	418	421	*440*	449
	+0, -1	+0, -1	+0, -1	+0, -2	+2, -0	+0, -1	+0, -1	+1, -4	+1, -0	+1, -2
RedKapD	363	361	401	385	407	414	437	443	*445*	448
	+1, -2	+0, -4	+1, -1	+0, -2	+2, -1	+0, -1	+3, -1	+3, -1	+1, -0	+1, -2

Tabelle 23: Strategie-Risiko-Matrix: serielle Supply Chain (Unterbrechungsziel: Retailer)

	Disruptionsdauer [Wochen]									
	25			15			5			
	Ausmaß [%]									Kein
Strategie	0	10	20	0	10	20	0	10	20	Risiko
Nullstrategie	325 +0, -3	351 +1, -2	353 +1, -7	364 +1, -2	375 +1, -2	384 +1, -3	383 +1, -5	392 +1, -4	409 +1, -1	451 +1, -2
FlexKapS2	334 +0, -3	349 +1, -2	370 +1, -2	363 +1, -3	383 +1, -2	377 +1, -4	391 +1, -4	395 +1, -2	408 +1, -1	445 +1, -2
RedKapS2	335 +0, -3	357 +1, -2	367 +1, -2	363 +1, -3	381 +1, -2	384 +1, -4	387 +1, -3	402 +1, -3	401 +1, -4	460 +1, -2
FlexKapS1	335 +0, -3	350 +1, -2	379 +1, -2	370 +1, -3	385 +1, -3	398 +1, -2	409 +2, -2	410 +1, -3	422 +1, -1	**488** +14, -0
RedKapS1	339 +1, -2	357 +1, -2	391 +5, -2	388 +1, -2	407 +3, -2	420 +2, -1	432 +10, -1	434 +3, -1	437 +4, -1	**508** +15, -0
FlexLagS1	330 +0, -2	351 +1, -2	378 +3, -2	366 +1, -3	390 +1, -2	391 +1, -2	397 +1, -3	404 +1, -2	412 +1, -3	457 +1, -2
RedLagS1	338 +0, -3	362 +1, -2	362 +1, -4	365 +1, -3	381 +1, -2	402 +1, -2	382 +1, -4	407 +1, -2	417 +1, -1	442 +1, -2
FlexKapM	335 +0, -2	360 +1, -2	355 +1, -7	365 +1, -2	388 +1, -2	383 +1, -3	388 +1, -5	394 +1, -3	398 +1, -5	469 +1, -1
RedKapM	291 +0, -5	282 +0, -16	292 +0, -16	302 +0, -16	332 +0, -16	317 +0, -16	338 +0, -16	338 +0, -16	343 +0, -16	388 +0, -16
FlexLagM	332 +0, -3	349 +1, -3	357 +1, -6	360 +1, -3	372 +1, -5	386 +1, -4	385 +1, -6	405 +1, -3	418 +1, -1	462 +1, -2
RedLagM	331 +0, -3	361 +1, -2	375 +1, -2	376 +1, -3	375 +1, -5	399 +1, -2	400 +1, -3	414 +1, -2	415 +1, -1	463 +1, -2
FlexKapR	**416** +15, -1	**434** +15, -0	**458** +15, -0	**439** +15, -0	**454** +15, -0	**462** +15, -0	**467** +15, -0	**466** +15, -0	**463** +16, -0	465 +1, -2
RedKapR	**455** +16, -0	**453** +15, -0	**448** +15, -0	**446** +15, -0	**462** +15, -0	**454** +14, -0	**444** +12, -0	**453** +13, -0	438 +4, -1	462 +1, -2
FlexLagR	363 +10, -2	378 +2, -2	399 +5, -2	396 +9, -2	406 +4, -2	417 +7, -2	422 +6, -1	434 +8, -1	433 +3, -1	465 +1, -2
RedLagR	345 +1, -2	366 +1, -2	382 +4, -2	382 +1, -2	401 +3, -2	405 +3, -2	413 +4, -1	417 +1, -3	423 +2, -1	462 +1, -2
FlexKapD	327 +0, -3	352 +1, -2	385 +4, -2	369 +1, -3	385 +1, -2	386 +1, -3	398 +1, -2	391 +1, -4	422 +1, -1	449 +1, -2
RedKapD	321 +0, -3	359 +1, -2	381 +1, -2	364 +1, -2	383 +1, -2	404 +1, -2	389 +1, -3	414 +1, -2	417 +1, -1	448 +1, -2

Tabelle 24: Strategie-Risiko-Matrix: serielle Supply Chain (Unterbrechungsziel: Demand)

	Disruptionsdauer [Wochen]									
	25			15			5			
	Ausmaß [%]									Kein
Strategie	0	10	20	0	10	20	0	10	20	Risiko
Nullstrategie	389	399	408	423	*431*	432	446	459	*458*	451
	+1, -2	+1, -1	+1, -1	+1, -1	+1, -0	+2, -3	+1, -1	+1, -1	+1, -0	+1, -2
FlexKapS2	386	398	418	434	*444*	*444*	433	439	449	445
	+1, -2	+1, -1	+1, -1	+1, -1	+3, -0	+2, -0	+1, -8	+1, -6	+1, -1	+1, -2
RedKapS2	390	386	420	415	419	440	454	457	449	460
	+1, -2	+1, -5	+1, -1	+1, -1	+1, -10	+2, -2	+1, -1	+1, -1	+1, -1	+1, -2
FlexKapS1	402	*427*	425	*446*	*433*	*448*	*475*	*475*	*464*	**488**
	+1, -1	+9, -0	+2, -1	+1, -0	+1, -0	+2, -0	+2, -0	+3, -0	+1, -0	+14, -0
RedKapS1	*435*	*430*	*442*	**472**	*460*	*474*	**494**	**497**	*494*	**508**
	+9, -0	+3, -0	+2, -0	+14, -0	+2, -0	+4, -0	+15, -0	+12, -0	+7, -0	+15, -0
FlexLagS1	396	390	418	*442*	*439*	*444*	444	455	447	457
	+1, -1	+1, -4	+1, -1	+1, -0	+1, -0	+2, -0	+1, -1	+1, -1	+1, -1	+1, -2
RedLagS1	393	394	408	432	*437*	438	458	456	*458*	442
	+1, -2	+1, -4	+1, -4	+1, -1	+2, -0	+2, -2	+1, -1	+1, -1	+1, -0	+1, -2
FlexKapM	376	376	392	411	*423*	412	463	*477*	*467*	469
	+1, -6	+1, -9	+1, -8	+1, -1	+1, -0	+1, -15	+2, -1	+2, -0	+1, -0	+1, -1
RedKapM	313	328	317	336	338	357	370	378	391	388
	+0, -16	+0, -16	+0, -16	+0, -16	+0, -16	+0, -16	+0, -16	+0, -16	+0, -16	+0, -16
FlexLagM	397	395	406	424	429	439	461	462	*460*	462
	+1, -2	+1, -3	+1, -4	+1, -1	+1, -3	+2, -2	+2, -1	+1, -1	+1, -0	+1, -2
RedLagM	383	405	410	434	*436*	436	459	456	*461*	463
	+1, -2	+2, -3	+1, -1	+1, -1	+2, -0	+2, -3	+2, -1	+1, -1	+1, -0	+1, -2
FlexKapR	413	*428*	433	441	*451*	*462*	470	*467*	*466*	465
	+2, -1	+6, -0	+4, -1	+1, -1	+3, -0	+8, -0	+4, -1	+2, -0	+2, -0	+1, -2
RedKapR	408	*429*	*433*	435	*452*	*461*	446	448	443	462
	+2, -1	+10, -0	+2, -0	+1, -1	+2, -0	+8, -0	+1, -2	+1, -1	+1, -1	+1, -2
FlexLagR	409	408	434	433	*438*	434	462	*466*	*461*	465
	+2, -1	+2, -3	+4, -1	+1, -1	+2, -0	+2, -3	+2, -1	+2, -0	+1, -0	+1, -2
RedLagR	408	408	425	437	*444*	*450*	465	464	*461*	462
	+2, -1	+2, -2	+2, -1	+1, -1	+2, -0	+3, -0	+2, -1	+2, -1	+1, -0	+1, -2
FlexKapD	397	402	435	431	*450*	*455*	437	445	441	449
	+1, -2	+2, -4	+4, -1	+1, -1	+3, -0	+2, -0	+1, -2	+1, -2	+1, -2	+1, -2
RedKapD	**447**	**447**	**459**	443	*448*	*451*	449	459	454	448
	+15, -0	+12, -0	+14, -0	+1, -1	+2, -0	+2, -0	+1, -1	+1, -1	+1, -1	+1, -2

Konsumgüter-Supply-Chain (Fokaler Agent: Hersteller)

Tabelle 25: Strategie-Risiko-Matrix: Konsumgüter-Supply-Chain (Fokus: Hersteller; Unterbrechungsziel: $Supplier_1$)

	Disruptionsdauer [Wochen]									
	35			20			5			
	Ausmaß [%]									Kein
Strategie	0	10	20	0	10	20	0	10	20	Risiko
Nullstrategie	412 +2, -2	414 +4, -1	389 +0, -2	*411* +2, -0	410 +2, -1	408 +2, -2	396 +1, -2	401 +2, -2	401 +2, -2	396 +1, -2
FlexKapS3	406 +2, -2	402 +2, -2	403 +1, -2	*406* +2, -0	394 +2, -3	399 +1, -2	405 +1, -2	397 +1, -2	404 +2, -2	399 +2, -2
RedKapS3	403 +2, -2	403 +2, -2	397 +1, -2	403 +2, -1	393 +2, -3	411 +4, -1	397 +1, -2	407 +2, -2	403 +2, -2	393 +2, -2
FlexKapM	373 +0, -11	380 +1, -12	376 +0, -4	372 +0, -11	362 +0, -12	379 +0, -5	380 +0, -2	373 +0, -10	375 +0, -10	374 +0, -10
RedKapM	356 +0, -15	356 +0, -16	364 +0, -12	359 +0, -14	361 +0, -12	354 +0, -15	360 +0, -13	352 +0, -14	353 +0, -15	357 +0, -13
FlexLagM	407 +2, -2	404 +2, -1	398 +1, -2	*405* +2, -0	*409* +2, -0	401 +1, -2	400 +1, -2	404 +2, -2	403 +2, -2	405 +2, -2
RedLagM	398 +1, -2	403 +2, -2	397 +1, -2	392 +1, -2	404 +2, -2	400 +1, -3	397 +1, -2	397 +1, -2	401 +2, -2	402 +2, -2
FlexKapDC2	400 +2, -2	392 +1, -2	403 +1, -2	393 +1, -2	388 +0, -2	396 +1, -2	401 +1, -2	388 +0, -2	398 +1, -2	397 +1, -2
RedKapDC2	398 +1, -2	398 +2, -2	388 +0, -2	397 +2, -2	390 +0, -2	396 +1, -2	393 +1, -2	395 +1, -2	389 +1, -2	393 +2, -2
FlexLagDC2	413 +2, -2	415 +3, -1	*417* +2, -0	*417* +2, -0	*415* +5, -0	396 +1, -2	*401* +0, -0	418 +2, -1	407 +2, -2	409 +2, -2
RedLagDC2	401 +1, -2	388 +1, -6	399 +1, -2	387 +0, -2	398 +0, -1	398 +1, -2	401 +1, -2	393 +1, -2	398 +1, -2	393 +1, -2
FlexKapR3	398 +1, -2	388 +1, -3	400 +1, -2	*402* +1, -0	401 +2, -3	394 +1, -3	*410* +1, -0	404 +2, -2	407 +2, -2	390 +0, -2
RedKapR3	403 +2, -2	403 +2, -2	*411* +2, -0	*407* +2, -0	399 +2, -2	403 +1, -2	407 +1, -2	407 +2, -2	397 +1, -2	399 +0, -1
FlexLagR3	408 +2, -2	408 +3, -1	390 +0, -2	*406* +2, -0	404 +2, -2	396 +1, -2	*395* +0, -0	410 +2, -1	393 +1, -2	400 +2, -2
RedLagR3	406 +2, -2	407 +3, -1	398 +1, -2	402 +2, -1	401 +2, -2	404 +2, -2	403 +1, -2	409 +2, -1	406 +2, -2	402 +2, -2
FlexKapD3	**444** +15, -0	*435* +10, -0	**435** +13, -0	*438* +6, -0	*432* +11, -0	**442** +15, -0	**441** +12, -0	**436** +12, -0	**435** +15, -0	**438** +14, -1
RedKapD3	**461** +15, -0	**449** +15, -0	**442** +13, -0	*434* +8, -0	**443** +13, -0	**439** +14, -0	**437** +12, -0	**443** +15, -0	**446** +15, -0	**465** +16, -0

Tabelle 26: Strategie-Risiko-Matrix: Konsumgüter-Supply-Chain (Fokus: Hersteller; Unterbrechungsziel: Manufacturer)

	Disruptionsdauer [Wochen]									
	35			20			5			
	Ausmaß [%]									Kein
Strategie	0	10	20	0	10	20	0	10	20	Risiko
Nullstrategie	238 +0, -2	258 +0, -2	*279* +0, -0	*304* +1, -0	*309* +2, -0	*317* +1, -0	*325* +1, -0	*313* +1, -0	306 +0, -1	396 +1, -2
FlexKapS3	254 +0, -2	*275* +2, -0	*304* +2, -0	*313* +1, -0	297 +0, -2	*319* +2, -0	*308* +0, -0	*310* +1, -0	309 +1, -1	399 +2, -2
RedKapS3	259 +1, -2	*284* +3, -0	*300* +2, -0	*315* +1, -0	*319* +2, -0	*296* +0, -0	306 +1, -1	*313* +1, -0	304 +1, -1	393 +2, -2
FlexKapM	**304** +15, -0	*303* +6, -0	*300* +2, -0	*297* +1, -0	285 +0, -8	289 +0, -4	294 +0, -1	293 +0, -3	293 +0, -5	374 +0, -10
RedKapM	**292** +15, -0	*277* +1, -0	265 +0, -4	265 +0, -15	283 +0, -8	288 +0, -8	282 +0, -8	280 +0, -10	275 +0, -11	357 +0, -13
FlexLagM	244 +0, -2	251 +0, -4	266 +0, -3	*304* +1, -0	*300* +0, -0	*308* +0, -0	*302* +0, -0	*309* +1, -0	*314* +0, -0	405 +2, -2
RedLagM	235 +0, -3	*256* +0, -0	*294* +1, -0	*307* +1, -0	*300* +0, -0	294 +0, -2	307 +1, -1	299 +0, -2	297 +0, -4	402 +2, -2
FlexKapDC2	256 +0, -2	*282* +0, -0	*280* +0, -0	*308* +1, -0	*317* +2, -0	*311* +1, -0	299 +0, -1	*315* +0, -0	*320* +4, -0	397 +1, -2
RedKapDC2	251 +0, -2	*280* +0, -0	*288* +0, -0	*309* +1, -0	*310* +2, -0	*305* +0, -0	294 +0, -1	293 +0, -2	302 +1, -3	393 +2, -2
FlexLagDC2	241 +0, -2	*279* +1, -0	*285* +0, -0	*311* +0, -0	*314* +0, -0	*328* +3, -0	*333* +7, -0	*305* +0, -0	*329* +2, -0	409 +2, -2
RedLagDC2	242 +0, -2	*279* +0, -0	*292* +0, -0	*308* +1, -0	*304* +0, -0	*311* +1, -0	*324* +1, -0	*313* +1, -0	*320* +4, -0	393 +1, -2
FlexKapR3	251 +0, -2	259 +0, -1	*289* +0, -0	*313* +1, -0	*316* +2, -0	*320* +0, -0	*308* +0, -0	*317* +1, -0	*316* +1, -0	390 +0, -2
RedKapR3	242 +0, -2	264 +0, -1	*283* +0, -0	*306* +1, -0	*313* +2, -0	*314* +1, -0	*305* +0, -0	*318* +2, -0	*317* +1, -0	399 +0, -1
FlexLagR3	244 +0, -2	*272* +1, -0	*292* +0, -0	*320* +1, -0	*324* +3, -0	*311* +0, -0	*321* +1, -0	*305* +0, -0	*318* +3, -0	400 +2, -2
RedLagR3	238 +0, -2	253 +0, -1	*285* +0, -0	*306* +1, -0	*299* +0, -0	*301* +0, -0	313 +1, -1	*320* +4, -0	296 +0, -1	402 +2, -2
FlexKapD3	250 +0, -2	*273* +2, -0	*287* +0, -0	*315* +1, -0	*322* +3, -0	*325* +3, -0	*318* +0, -0	*326* +4, -0	*319* +1, -0	**438** +14, -1
RedKapD3	250 +0, -2	247 +0, -7	*287* +0, -0	*316* +1, -0	*314* +0, -0	*321* +2, -0	*326* +1, -0	*320* +1, -0	*343* +8, -0	**465** +16, -0

Tabelle 27: Strategie-Risiko-Matrix: Konsumgüter-Supply-Chain (Fokus: Hersteller; Unterbrechungsziel: DC_1)

	Disruptionsdauer [Wochen]									
	35			20			5			
	Ausmaß [%]									Kein
Strategie	0	10	20	0	10	20	0	10	20	Risiko
Nullstrategie	*403*	*407*	398	*404*	393	*404*	415	421	419	396
	+1, -0	+2, -0	+2, -3	+2, -0	+1, -5	+1, -0	+2, -2	+3, -2	+4, -1	+1, -2
FlexKapS3	*405*	*406*	404	402	407	*414*	410	415	411	399
	+1, -0	+2, -0	+2, -2	+2, -3	+2, -1	+2, -0	+2, -2	+2, -1	+2, -1	+2, -2
RedKapS3	*404*	*409*	398	404	401	*408*	400	412	405	393
	+1, -0	+2, -0	+1, -2	+2, -1	+1, -1	+1, -0	+1, -2	+2, -2	+2, -2	+2, -2
FlexKapM	382	378	377	374	378	380	379	377	374	374
	+0, -3	+1, -9	+0, -11	+0, -13	+0, -8	+1, -4	+0, -9	+0, -10	+0, -12	+0, -10
RedKapM	355	351	359	357	368	348	362	348	365	357
	+0, -14	+0, -16	+0, -15	+0, -14	+0, -15	+0, -16	+0, -15	+0, -15	+0, -14	+0, -13
FlexLagM	*410*	*393*	400	*416*	404	*412*	400	409	410	405
	+2, -0	+1, -0	+2, -2	+2, -0	+2, -1	+1, -0	+1, -3	+2, -2	+2, -1	+2, -2
RedLagM	*395*	395	395	399	415	*409*	409	401	403	402
	+1, -0	+1, -1	+1, -2	+2, -3	+5, -1	+1, -0	+2, -2	+1, -2	+2, -2	+2, -2
FlexKapDC2	*409*	*410*	410	*408*	413	*409*	398	401	409	397
	+2, -0	+2, -0	+2, -1	+2, -0	+4, -1	+1, -0	+1, -2	+1, -2	+2, -1	+1, -2
RedKapDC2	*399*	*403*	398	399	393	*394*	397	397	393	393
	+1, -0	+1, -0	+2, -3	+2, -4	+1, -4	+1, -0	+1, -2	+1, -4	+1, -3	+2, -2
FlexLagDC2	*410*	*416*	*418*	*425*	*420*	*415*	*423*	423	*417*	409
	+1, -0	+2, -0	+4, -0	+6, -0	+6, -0	+2, -0	+2, -0	+4, -1	+2, -0	+2, -2
RedLagDC2	*401*	*393*	410	*397*	393	*407*	403	402	404	393
	+1, -0	+1, -0	+2, -1	+0, -0	+1, -5	+1, -0	+1, -2	+1, -2	+2, -2	+1, -2
FlexKapR3	*403*	*409*	*405*	392	406	*404*	412	413	412	390
	+1, -0	+2, -0	+2, -0	+1, -3	+2, -1	+1, -0	+2, -2	+2, -2	+2, -1	+0, -2
RedKapR3	*389*	394	*405*	*414*	401	*397*	403	410	411	399
	+0, -0	+1, -1	+1, -0	+3, -0	+1, -1	+1, -0	+1, -2	+2, -3	+2, -1	+0, -1
FlexLagR3	*405*	*408*	*405*	*409*	400	*411*	418	401	396	400
	+1, -0	+2, -0	+1, -0	+2, -0	+1, -2	+1, -0	+3, -2	+1, -2	+1, -3	+2, -2
RedLagR3	*406*	*403*	*416*	*416*	406	*415*	409	411	405	402
	+1, -0	+2, -0	+2, -0	+2, -0	+1, -1	+2, -0	+2, -2	+2, -2	+0, -1	+2, -2
FlexKapD3	*407*	*415*	*434*	*435*	**439**	*446*	**452**	**439**	**444**	**438**
	+1, -0	+1, -0	+8, -0	+7, -0	+14, -0	+2, -0	+14, -0	+13, -0	+13, -0	+14, -1
RedKapD3	*412*	*429*	*430*	*430*	*442*	*434*	**455**	**452**	*462*	**465**
	+2, -0	+4, -0	+10, -0	+6, -0	-5, -0	+1, -0	+14, -0	+15, -0	+8, -0	+16, -0

Tabelle 28: Strategie-Risiko-Matrix: Konsumgüter-Supply-Chain (Fokus: Hersteller; Unterbrechungsziel: $Retail_1$)

	Disruptionsdauer [Wochen]									
	35			20			5			
	Ausmaß [%]									Kein
Strategie	0	10	20	0	10	20	0	10	20	Risiko
Nullstrategie	*398*	406	408	412	403	416	399	407	412	396
	+1, -0	+2, -2	+1, -2	+2, -2	+1, -2	+2, -1	+1, -4	+2, -2	+2, -1	+1, -2
FlexKapS3	*402*	401	401	405	403	409	411	397	417	399
	+1, -0	+1, -2	+1, -2	+2, -2	+2, -2	+2, -2	+1, -2	+2, -4	+2, -1	+2, -2
RedKapS3	*403*	398	408	389	407	399	398	397	398	393
	+1, -0	+2, -2	+1, -2	+1, -2	+2, -2	+0, -2	+1, -3	+1, -2	+1, -2	+2, -2
FlexKapM	375	374	367	373	371	370	379	369	373	374
	+1, -6	+0, -11	+0, -3	+0, -9	+0, -13	+0, -14	+0, -4	+0, -11	+0, -10	+0, -10
RedKapM	342	346	355	346	364	362	350	353	353	357
	+0, -16	+0, -15	+0, -15	+0, -15	+0, -15	+0, -13	+0, -14	+0, -15	+0, -15	+0, -13
FlexLagM	*404*	412	408	397	410	406	416	412	*415*	405
	+2, -0	+1, -1	+1, -2	+1, -2	+2, -2	+2, -2	+4, -2	+2, -1	+2, -0	+2, -2
RedLagM	*402*	397	398	387	390	403	400	391	399	402
	+2, -0	+1, -2	+1, -2	+1, -2	+1, -3	+2, -3	+1, -3	+1, -3	+1, -2	+2, -2
FlexKapDC2	394	409	397	400	401	402	408	401	405	397
	+1, -1	+2, -2	+1, -2	+2, -2	+2, -2	+2, -2	+1, -2	+2, -2	+2, -1	+1, -2
RedKapDC2	389	398	394	402	402	398	392	400	395	393
	+1, -2	+2, -2	+1, -2	+1, -2	+2, -2	+1, -2	+1, -2	+2, -2	+1, -2	+2, -2
FlexLagDC2	*410*	415	421	405	410	422	417	411	410	409
	+3, -0	+2, -2	+2, -1	+2, -2	+2, -2	+2, -1	+6, -2	+3, -1	+2, -1	+2, -2
RedLagDC2	*408*	404	403	403	407	416	390	399	394	393
	+2, -0	+2, -2	+1, -2	+2, -2	+2, -2	+3, -1	+0, -2	+1, -2	+1, -2	+1, -2
FlexKapR3	392	408	397	407	412	407	406	398	398	390
	+1, -1	+1, -1	+1, -2	+2, -2	+2, -2	+2, -2	+1, -2	+1, -2	+1, -2	+0, -2
RedKapR3	*403*	404	402	404	399	418	395	413	405	399
	+1, -0	+2, -2	+1, -1	+1, -2	+2, -2	+2, -1	+1, -4	+2, -1	+2, -1	+0, -1
FlexLagR3	*401*	408	405	402	410	410	398	416	411	400
	+1, -0	+2, -2	+1, -2	+1, -2	+2, -2	+2, -1	+1, -2	+4, -1	+2, -1	+2, -2
RedLagR3	384	399	402	409	417	411	407	405	408	402
	+1, -1	+2, -2	+1, -2	+2, -2	+3, -2	+2, -1	+1, -2	+2, -2	+2, -1	+2, -2
FlexKapD3	*437*	**442**	**442**	**447**	**445**	*441*	**449**	**449**	*436*	**438**
	+6, -0	+13, -0	+13, -0	+15, -0	+15, -0	+9, -0	+15, -0	+15, -0	+7, -0	+14, -1
RedKapD3	*431*	**459**	**450**	**451**	**461**	**458**	**462**	*445*	**453**	**465**
	+2, -0	+15, -0	+15, -0	+15, -0	+15, -0	+15, -0	+15, -0	+11, -0	+14, -0	+16, -0

Tabelle 29: Strategie-Risiko-Matrix: Konsumgüter-Supply-Chain (Fokus: Hersteller; Unterbrechungsziel: $Demand_1$)

	Disruptionsdauer [Wochen]									
	35			20			5			
	Ausmaß [%]									Kein
Strategie	0	10	20	0	10	20	0	10	20	Risiko
Nullstrategie	395 +2, -2	401 +2, -2	400 +2, -2	397 +1, -2	398 +2, -2	401 +1, -2	403 +1, -2	402 +2, -2	399 +2, -2	396 +1, -2
FlexKapS3	394 +2, -2	404 +1, -1	390 +2, -2	396 +1, -2	409 +2, -2	394 +1, -2	404 +1, -1	394 +1, -3	402 +2, -2	399 +2, -2
RedKapS3	399 +2, -2	400 +1, -2	403 +2, -2	406 +2, -2	405 +2, -2	397 +1, -2	386 +0, -2	396 +1, -2	402 +2, -2	393 +2, -2
FlexKapM	359 +0, -15	372 +1, -9	364 +1, -14	369 +0, -5	367 +0, -13	372 +1, -8	370 +0, -8	357 +0, -10	368 +0, -14	374 +0, -10
RedKapM	350 +0, -15	342 +0, -16	339 +0, -16	352 +0, -13	354 +0, -15	345 +0, -16	355 +0, -13	347 +0, -15	348 +0, -15	357 +0, -13
FlexLagM	403 +2, -2	395 +2, -2	398 +2, -2	394 +1, -2	404 +2, -2	400 +1, -2	399 +2, -2	412 +4, -2	395 +2, -2	405 +2, -2
RedLagM	390 +2, -2	395 +2, -2	395 +2, -2	391 +0, -2	403 +2, -2	389 +1, -4	388 +1, -2	403 +2, -2	397 +2, -2	402 +2, -2
FlexKapDC2	395 +2, -2	394 +1, -2	395 +2, -2	395 +1, -2	390 +1, -2	396 +1, -3	399 +2, -2	384 +1, -2	407 +2, -2	397 +1, -2
RedKapDC2	390 +2, -3	384 +1, -4	390 +2, -2	377 +0, -2	395 +2, -2	389 +1, -2	385 +1, -2	403 +2, -2	392 +2, -2	393 +2, -2
FlexLagDC2	408 +2, -2	415 +3, -1	405 +2, -2	413 +2, -2	406 +2, -2	407 +2, -2	403 +2, -2	410 +2, -1	409 +2, -1	409 +2, -2
RedLagDC2	398 +2, -2	405 +2, -1	390 +2, -2	404 +1, -2	397 +2, -2	407 +2, -2	387 +0, -2	396 +1, -2	402 +2, -2	393 +1, -2
FlexKapR3	410 +3, -2	400 +1, -1	405 +2, -2	403 +1, -2	392 +2, -2	410 +3, -2	405 +2, -2	398 +1, -2	411 +2, -1	390 +0, -2
RedKapR3	403 +2, -2	394 +1, -2	401 +2, -2	399 +1, -2	406 +2, -1	412 +4, -2	402 +2, -2	402 +2, -2	403 +2, -2	399 +0, -1
FlexLagR3	402 +2, -2	411 +3, -1	*413* +2, -0	408 +2, -2	405 +2, -2	404 +2, -2	401 +1, -2	402 +2, -3	396 +1, -2	400 +2, -2
RedLagR3	400 +2, -2	402 +2, -2	388 +1, -2	396 +1, -2	403 +1, -1	402 +2, -2	402 +2, -2	400 +2, -2	404 +2, -2	402 +2, -2
FlexKapD3	**437** +15, -0	*438* +10, -0	**446** +14, -0	**449** +15, -0	**439** +13, -0	**445** +15, -0	**445** +14, -0	**439** +14, -0	**444** +13, -0	**438** +14, -1
RedKapD3	**446** +15, -0	**467** +15, -0	**445** +14, -0	**457** +15, -0	**465** +15, -0	**454** +15, -0	**452** +15, -0	**454** +15, -0	**467** +15, -0	**465** +16, -0

Konsumgüter-Supply-Chain (Fokaler Agent: Händler)

Tabelle 30: Strategie-Risiko-Matrix: Konsumgüter-Supply-Chain (Fokus: Händler; Unterbrechungsziel: $Supplier_1$)

	Disruptionsdauer [Wochen]									
	25			15			5			
	Ausmaß [%]									Kein
Strategie	0	10	20	0	10	20	0	10	20	Risiko
Nullstrategie	445 +0, -4	457 +0, -2	472 +1, -2	468 +1, -2	472 +0, -1	478 +0, -4	485 +0, -2	*488* +0, -0	493 +0, -2	513 +1, -1
FlexKapS2	424 +0, -2	439 +0, -6	441 +0, -9	453 +0, -12	454 +0, -4	450 +0, -3	456 +0, -6	467 +0, -1	457 +0, -9	491 +0, -1
FlexKapS1	**500** +12, -0	**507** +12, -0	**509** +12, -0	**510** +12, -0	495 +3, -1	**508** +11, -1	**506** +9, -1	*492* +0, -0	504 +3, -1	482 +0, -11
RedKapS1	**518** +12, -0	**526** +12, -0	**522** +12, -0	**528** +12, -0	**528** +13, -0	517 +4, -1	**530** +13, -0	*506* +0, -0	**534** +13, -0	*524* +0, -0
FlexKapDC2	448 +0, -5	460 +0, -2	470 +1, -2	471 +1, -2	475 +0, -1	482 +0, -2	483 +0, -4	*495* +0, -0	499 +1, -1	516 +1, -1
FlexLagDC2	456 +1, -2	459 +0, -2	465 +0, -3	470 +1, -2	479 +1, -1	478 +0, -3	490 +0, -2	*494* +0, -0	497 +1, -1	519 +1, -1
RedLagDC2	454 +1, -2	462 +1, -2	474 +1, -2	471 +1, -2	480 +1, -1	482 +0, -2	496 +1, -1	*496* +0, -0	498 +1, -1	519 +1, -1
RedKapDC1	462 +3, -2	465 +1, -2	474 +2, -2	484 +2, -2	487 +1, -1	485 +0, -2	495 +1, -1	*494* +0, -0	507 +1, -1	*517* +1, -0
FlexKapR2	453 +0, -2	458 +0, -2	457 +0, -3	466 +1, -3	470 +0, -3	478 +0, -4	483 +0, -2	*494* +0, -0	497 +0, -3	514 +1, -1
FlexLagR2	448 +0, -2	461 +0, -2	465 +0, -3	467 +1, -3	473 +0, -1	482 +0, -2	488 +0, -2	*496* +0, -0	492 +0, -2	514 +1, -1
RedLagR2	442 +0, -7	459 +0, -2	462 +0, -5	462 +0, -4	463 +0, -7	478 +0, -4	482 +0, -2	*486* +0, -0	494 +0, -4	507 +1, -1
RedKapR1	*413* +0, -0	*519* +0, -0	*556* +0, -0	*571* +0, -0	*498* -0, -0	**676** +14, -0	*490* +0, -0	*567* +0, -0	*499* +0, -0	*627* +0, -0
FlexKapD2A	456 +2, -2	462 +0, -2	469 +1, -2	470 +1, -2	477 +1, -1	487 +0, -2	495 +2, -2	*493* +0, -0	502 +1, -1	*518* +1, -0
FlexKapD2B	452 +0, -2	462 +1, -2	473 +2, -2	472 +1, -2	477 +1, -1	486 +0, -2	488 +0, -2	*496* +0, -0	503 +2, -1	*520* +1, -0
RedKapD1	463 +3, -2	469 +1, -2	482 +5, -2	480 +4, -2	482 +3, -1	495 +4, -1	496 +2, -1	*501* +1, -0	508 +5, -1	**529** +9, -0

Tabelle 31: Strategie-Risiko-Matrix: Konsumgüter-Supply-Chain (Fokus: Händler; Unterbrechungsziel: DC_1)

	Disruptionsdauer [Wochen]									
	25			15			5			
	Ausmaß [%]									Kein
Strategie	0	10	20	0	10	20	0	10	20	Risiko
Nullstrategie	502	504	*511*	*513*	509	*511*	*509*	*513*	508	513
	+0, -3	+0, -4	+0, -0	+2, -0	+1, -2	+0, -0	+1, -0	+2, -0	+1, -1	+1, -1
FlexKapS2	*485*	485	490	496	498	469	485	493	482	491
	+0, -0	+0, -6	+0, -1	+0, -4	+0, -7	+0, -5	+1, -4	+0, -8	+0, -7	+0, -1
FlexKapS1	489	492	479	490	496	486	482	487	476	482
	+0, -3	+0, -3	+0, -3	+0, -9	+0, -9	+0, -1	+1, -2	+0, -12	+0, -11	+0, -11
RedKapS1	*509*	*522*	*514*	*512*	**527**	*503*	*524*	*519*	*494*	*524*
	+0, -0	+4, -0	+0, -0	+0, -0	+9, -0	+0, -0	+3, -0	+1, -0	+0, -0	+0, -0
FlexKapDC2	*508*	508	*511*	512	508	*512*	*512*	*509*	506	516
	+0, -0	+0, -1	+0, -0	+1, -1	+0, -2	+0, -0	+1, -0	+2, -0	+1, -1	+1, -1
FlexLagDC2	*509*	511	510	*513*	508	*509*	*516*	*510*	507	519
	+0, -0	+0, -1	+0, -1	+2, -0	+1, -3	+0, -0	+2, -0	+2, -0	+1, -1	+1, -1
RedLagDC2	*510*	512	508	507	512	*512*	*518*	*510*	516	519
	+0, -0	+0, -1	+0, -2	+0, -1	+2, -1	+0, -0	+2, -0	+2, -0	+2, -1	+1, -1
RedKapDC1	*509*	*515*	*521*	*517*	*520*	*517*	*517*	*509*	*516*	*517*
	+0, -0	+1, -0	+4, -0	+1, -0	+2, -0	+3, -0	+1, -0	+1, -0	+2, -0	+1, -0
FlexKapR2	508	509	*506*	509	509	505	*508*	*508*	*511*	514
	+0, -1	+0, -1	+0, -0	+1, -1	+0, -1	+0, -4	+1, -0	+1, -0	+2, -0	+1, -1
FlexLagR2	*509*	513	*512*	510	511	*515*	*513*	*511*	*515*	514
	+0, -0	+2, -1	+0, -0	+1, -1	+2, -1	+1, -0	+1, -0	+2, -0	+2, -0	+1, -1
RedLagR2	506	506	504	506	505	502	504	503	505	507
	+0, -2	+0, -3	+0, -2	+0, -1	+0, -2	+0, -4	+1, -3	+1, -1	+1, -1	+1, -1
RedKapR1	*559*	*640*	*487*	*544*	*558*	*539*	318	*432*	*537*	*627*
	+0, -0	+0, -0	+0, -0	+0, -0	+0, -0	+0, -0	+0, -14	+0, -0	+0, -0	+0, -0
FlexKapD2A	*518*	**524**	*524*	*513*	*516*	*518*	*521*	*515*	512	*518*
	+4, -0	+11, -0	+4, -0	+1, -0	+3, -0	+3, -0	+3, -0	+2, -0	+2, -1	+1, -0
FlexKapD2B	*517*	513	*510*	*515*	*520*	*516*	*515*	*514*	516	*520*
	+2, -0	+1, -1	+0, -0	+2, -0	+6, -0	+3, -0	+1, -0	+2, -0	+2, -1	+1, -0
RedKapD1	*520*	517	*521*	*524*	*519*	*523*	*523*	*521*	**529**	**529**
	+3, -0	+4, -1	+1, -0	+7, -0	+2, -0	+4, -0	+4, -0	+3, -0	+9, -0	+9, -0

Tabelle 32: Strategie-Risiko-Matrix: Konsumgüter-Supply-Chain (Fokus: Händler; Unterbrechungsziel: Retail$_1$)

	Disruptionsdauer [Wochen]									
	25			15			5			
	Ausmaß [%]									Kein
Strategie	0	10	20	0	10	20	0	10	20	Risiko
Nullstrategie	495 +1, -1	490 +0, -3	497 +2, -3	496 +1, -2	493 +1, -3	493 +0, -5	495 +1, -3	492 +0, -4	494 +0, -4	513 +1, -1
FlexKapS2	465 +0, -12	479 +0, -7	462 +0, -7	483 +0, -5	482 +0, -6	473 +0, -6	473 +0, -7	474 +0, -3	477 +0, -7	491 +0, -1
FlexKapS1	470 +0, -7	468 +0, -8	477 +0, -12	468 +0, -7	467 +0, -11	469 +0, -8	465 +0, -11	466 +0, -4	467 +0, -7	482 +0, -11
RedKapS1	*505* +1, -0	*515* +8, -0	**512** +9, -0	*496* +0, -0	*498* +0, -0	*504* +2, -0	*498* +0, -0	492 +0, -1	495 +0, -1	*524* +0, -0
FlexKapDC2	496 +2, -1	494 +1, -2	494 +1, -3	493 +0, -3	497 +2, -3	492 +0, -5	497 +2, -2	492 +0, -4	491 +0, -4	516 +1, -1
FlexLagDC2	492 +1, -3	491 +0, -5	494 +2, -3	499 +3, -1	497 +1, -1	495 +1, -3	495 +1, -2	498 +0, -3	494 +0, -3	519 +1, -1
RedLagDC2	498 +2, -1	498 +2, -1	493 +1, -3	494 +0, -2	494 +1, -3	*505* +7, -0	497 +2, -2	495 +0, -4	502 +3, -2	519 +1, -1
RedKapDC1	505 +5, -1	505 +6, -1	*500* +2, -0	499 +3, -1	503 +2, -1	*508* +6, -0	503 +2, -1	494 +0, -2	506 +3, -2	*517* +1, -0
FlexKapR2	491 +1, -3	491 +0, -5	490 +1, -4	496 +1, -1	490 +1, -3	491 +0, -5	495 +1, -2	495 +0, -4	496 +2, -2	514 +1, -1
FlexLagR2	498 +3, -1	493 +2, -5	494 +1, -3	495 +0, -1	495 +2, -3	497 +1, -1	497 +2, -2	495 +0, -4	492 +0, -4	514 +1, -1
RedLagR2	485 +1, -5	489 +0, -5	488 +1, -4	486 +0, -5	493 +1, -3	490 +0, -5	491 +1, -2	487 +0, -4	485 +0, -6	507 +1, -1
RedKapR1	*675* +0, -0	*539* +0, -0	*539* +0, -0	*556* +0, -0	*530* +0, -0	*538* +0, -0	*507* +0, -0	**701** +12, -0	**744** +14, -0	*627* +0, -0
FlexKapD2A	505 +3, -1	510 +7, -1	**514** +9, -0	507 +6, -1	*512* +8, -0	*510* +6, -0	**514** +9, -0	*511* +8, -0	508 +6, -2	*518* +1, -0
FlexKapD2B	*509* +5, -0	505 +6, -1	*503* +4, -0	506 +4, -1	*510* +8, -0	*509* +7, -0	506 +3, -1	508 +8, -1	511 +7, -1	*520* +1, -0
RedKapD1	**522** +11, -0	**522** +12, -0	**518** +9, -0	**522** +12, -0	**524** +10, -0	*517* +8, -0	**522** +11, -0	**519** +10, -0	**528** +11, -1	**529** +9, -0

Tabelle 33: Strategie-Risiko-Matrix: Konsumgüter-Supply-Chain (Fokus: Händler; Unterbrechungsziel: $Demand_1$)

	Disruptionsdauer [Wochen]									
	25			15			5			
	Ausmaß [%]									Kein
Strategie	0	10	20	0	10	20	0	10	20	Risiko
Nullstrategie	499	510	502	509	511	515	*515*	*510*	512	513
	+0, -3	+0, -1	+0, -1	+3, -1	+1, -1	+1, -2	+1, -0	+0, -0	+1, -1	+1, -1
FlexKapS2	462	482	493	476	473	*486*	490	470	479	491
	+0, -7	+0, -5	+0, -9	+0, -9	+0, -1	+0, -0	+0, -2	+0, -7	+0, -4	+0, -1
FlexKapS1	467	479	*478*	473	494	487	493	478	487	482
	+0, -4	+0, -5	+0, -0	+0, -9	+0, -11	+0, -9	+0, -9	+0, -5	+0, -11	+0, -11
RedKapS1	468	502	*509*	*502*	*500*	*515*	*518*	*527*	*519*	*524*
	+0, -4	+0, -1	+0, -0	+0, -0	+0, -0	+0, -0	+0, -0	+2, -0	+0, -0	+0, -0
FlexKapDC2	505	508	507	508	511	509	*515*	*519*	*515*	516
	+3, -3	+0, -3	+1, -2	+3, -1	+1, -1	+1, -2	+1, -0	+1, -0	+1, -0	+1, -1
FlexLagDC2	501	*516*	509	*513*	*517*	512	512	*515*	*515*	519
	+1, -3	+3, -0	+1, -1	+3, -0	+3, -0	+1, -1	+1, -2	+0, -0	+1, -0	+1, -1
RedLagDC2	489	513	*510*	504	*514*	514	514	*520*	512	519
	+0, -5	+1, -1	+1, -0	+2, -1	+1, -0	+1, -1	+1, -1	+2, -0	+1, -1	+1, -1
RedKapDC1	476	*512*	*515*	*498*	*515*	500	*520*	*519*	*524*	*517*
	+0, -3	+0, -0	+2, -0	+0, -0	+1, -0	+0, -1	+2, -0	+2, -0	+6, -0	+1, -0
FlexKapR2	502	508	*511*	509	508	510	*512*	*514*	511	514
	+1, -2	+0, -3	+1, -0	+3, -1	+1, -2	+1, -2	+0, -0	+0, -0	+1, -1	+1, -1
FlexLagR2	493	516	*518*	*511*	512	509	*515*	*517*	*513*	514
	+0, -2	+3, -1	+3, -0	+3, -0	+1, -1	+1, -2	+1, -0	+1, -0	+1, -0	+1, -1
RedLagR2	487	500	497	495	505	506	506	*510*	508	507
	+0, -5	+0, -6	+0, -5	+0, -8	+1, -3	+0, -1	+0, -3	+0, -0	+1, -1	+1, -1
RedKapR1	**586**	*394*	*609*	*359*	*484*	*620*	*418*	*529*	*608*	*627*
	+14, -0	+0, -0	+0, -0	+0, -0	+0, -0	+0, -0	+0, -0	+0, -0	+0, -0	+0, -0
FlexKapD2A	511	*520*	*521*	*521*	*514*	*526*	*528*	*522*	*519*	*518*
	+5, -1	+5, -0	+2, -0	+3, -0	+1, -0	+6, -0	+4, -0	+2, -0	+2, -0	+1, -0
FlexKapD2B	**516**	*521*	*515*	*515*	*518*	516	*516*	*516*	*518*	*520*
	+9, -2	+5, -0	+2, -0	+3, -0	+2, -0	+1, -2	+1, -0	+0, -0	+2, -0	+1, -0
RedKapD1	**525**	**528**	*531*	*525*	*526*	**532**	*529*	*525*	*523*	**529**
	+12, -1	+9, -0	+5, -0	+7, -0	+7, -0	+10, -0	+5, -0	+2, -0	+2, -0	+9, -0

Medizingüter-Supply-Chain

Tabelle 34: Strategie-Risiko-Matrix: Medizingüter-Supply-Chain (Unterbrechungsziel: $Supplier_1$)

	Disruptionsdauer [Wochen]									
	25			15			5			
	Ausmaß [%]									Kein
Strategie	0	10	20	0	10	20	0	10	20	Risiko
Nullstrategie	623	669	695	670	708	722	739	738	*783*	*795*
	+0, -7	+0, -2	+0, -2	+0, -1	+0, -1	+0, -2	+0, -2	+0, -3	+0, -0	+0, -0
FlexKapS3	639	646	674	691	725	742	751	742	*781*	*804*
	+0, -1	+0, -2	+0, -2	+0, -1	+0, -1	+0, -1	+0, -2	+0, -3	+0, -0	+0, -0
FlexLagS3	643	662	696	700	718	736	761	*739*	*748*	*805*
	+0, -1	+0, -1	+0, -2	+0, -1	+0, -1	+0, -1	+0, -2	+0, -0	+0, -0	+0, -0
RedLagS3	621	671	687	694	700	721	737	741	*777*	*818*
	+0, -1	+0, -2	+0, -2	+0, -1	+0, -4	+0, -1	+0, -4	+0, -5	+0, -0	+0, -0
FlexKapS2	647	686	705	702	724	744	741	760	*795*	*810*
	+2, -1	+1, -2	+0, -2	+0, -1	+1, -1	+0, -1	+0, -2	+0, -1	+1, -0	+0, -0
RedKapS2	658	688	697	697	725	754	770	769	*758*	*794*
	+2, -1	+0, -1	+0, -1	+0, -1	+0, -1	+0, -1	+1, -2	+0, -1	+0, -0	+0, -0
FlexKapS1	694	**725**	**764**	*729*	*761*	758	**801**	*807*	*813*	*832*
	+2, -1	+12, -1	+14, -0	+0, -0	+2, -0	+0, -1	+15, -0	+4, -0	+0, -0	+0, -0
RedKapS1	**801**	**808**	**783**	**808**	**786**	**824**	**818**	**817**	*801*	*833*
	+17, -0	+17, -0	+16, -0	+16, -0	+16, -0	+17, -0	+15, -0	+10, -0	+0, -0	+0, -0
FlexKapM	623	677	680	706	703	725	759	*713*	*762*	*795*
	+0, -1	+0, -1	+0, -1	+0, -1	+0, -1	+0, -1	+0, -2	+0, -0	+0, -0	+0, -0
RedKapM	644	679	715	707	735	748	771	*772*	*785*	*831*
	+0, -1	+0, -2	+1, -2	+0, -1	+1, -1	+0, -1	+1, -2	+1, -0	+0, -0	+0, -0
FlexLagM	651	683	685	690	726	761	758	*781*	*780*	*815*
	+0, -1	+0, -2	+0, -2	+0, -1	+0, -1	+1, -1	+0, -2	+1, -0	+0, -0	+0, -0
RedLagM	650	679	704	706	728	748	762	*785*	*782*	*821*
	+2, -1	+0, -2	+0, -2	+0, -1	+0, -1	+0, -1	+0, -2	+4, -0	+0, -0	+0, -0
FlexKapR2	620	679	708	691	717	737	738	761	*783*	*802*
	+0, -7	+0, -2	+1, -2	+0, -1	+0, -1	+0, -1	+0, -2	+0, -1	+0, -0	+0, -0
RedKapR2	652	675	697	690	702	721	*731*	765	767	*814*
	+2, -1	+0, -2	+0, -2	+0, -1	+0, -2	+0, -1	+0, -0	+0, -1	+0, -1	+0, -0
FlexLagR2	655	676	697	693	719	725	746	763	*782*	*780*
	+2, -1	+0, -2	+0, -2	+0, -1	+0, -1	+0, -1	+0, -2	+0, -1	+0, -0	+0, -0
RedLagR2	651	666	697	684	716	745	743	745	*775*	*810*
	+0, -1	+0, -4	+0, -2	+0, -1	+0, -1	+0, -1	+0, -2	+0, -3	+0, -0	+0, -0
FlexKapD3	643	656	682	679	712	720	753	766	*780*	*813*
	+0, -1	+0, -2	+0, -4	+0, -1	+0, -1	+0, -1	+0, -2	+0, -1	+0, -0	+0, -0
RedKapD3	630	696	704	682	712	731	735	*769*	*782*	*790*
	+0, -1	+1, -1	+0, -2	+0, -1	+0, -1	+0, -1	+0, -2	+0, -0	+0, -0	+0, -0

Tabelle 35: Strategie-Risiko-Matrix: Medizingüter-Supply-Chain (Unterbrechungsziel: $Supplier_2$)

	Disruptionsdauer [Wochen]									
	25			15			5			
	Ausmaß [%]									Kein
Strategie	0	10	20	0	10	20	0	10	20	Risiko
Nullstrategie	617	660	667	661	693	694	734	753	*750*	*795*
	+0, -1	+0, -3	+0, -1	+0, -2	+0, -4	+0, -6	+0, -3	+0, -2	+0, -0	+0, -0
FlexKapS3	618	640	676	676	710	706	731	723	*742*	*804*
	+0, -1	+0, -2	+0, -1	+0, -1	+0, -2	+0, -2	+0, -1	+0, -1	+0, -0	+0, -0
FlexLagS3	642	671	669	698	693	728	746	*714*	*770*	*805*
	+0, -1	+0, -1	+0, -1	+1, -1	+0, -2	+0, -1	+0, -2	+0, -0	+0, -0	+0, -0
RedLagS3	601	644	664	660	697	717	730	749	712	*818*
	+0, -1	+0, -3	+0, -1	+0, -7	+0, -2	+0, -2	+0, -2	+0, -2	+0, -4	+0, -0
FlexKapS2	660	718	721	734	**790**	774	*791*	*803*	*783*	*810*
	+0, -1	+7, -1	+0, -1	+6, -1	+16, -0	+7, -1	+9, -0	+9, -0	+0, -0	+0, -0
RedKapS2	**813**	**806**	**826**	**823**	**825**	**835**	**827**	**823**	*778*	*794*
	+17, -0	+17, -0	+17, -0	+17, -0	+16, -0	+17, -0	+16, -0	+13, -0	+0, -0	+0, -0
FlexKapS1	643	629	674	709	695	736	769	*787*	*784*	*832*
	+0, -1	+0, -1	+0, -1	+1, -1	+0, -2	+0, -1	+2, -1	+0, -0	+1, -0	+0, -0
RedKapS1	627	660	681	692	720	747	751	755	*781*	*833*
	+0, -1	+0, -3	+0, -1	+0, -1	+0, -2	+2, -1	+0, -1	+0, -2	+0, -0	+0, -0
FlexKapM	622	646	660	655	694	661	745	762	*780*	*795*
	+0, -1	+0, -1	+0, -1	+0, -1	+0, -2	+0, -2	+0, -1	+0, -2	+1, -0	+0, -0
RedKapM	645	673	695	707	723	750	759	780	*783*	*831*
	+0, -1	+0, -1	+0, -1	+2, -1	+1, -2	+3, -1	+0, -1	+0, -1	+1, -0	+0, -0
FlexLagM	630	679	678	693	717	693	760	*774*	*770*	*815*
	+0, -1	+0, -1	+0, -1	+1, -2	+0, -2	+0, -1	+0, -1	+0, -0	+0, -0	+0, -0
RedLagM	643	695	697	705	729	751	758	772	*786*	*821*
	+0, -1	+4, -1	+0, -1	+1, -1	+1, -2	+1, -1	+0, -1	+0, -2	+1, -0	+0, -0
FlexKapR2	628	668	695	684	675	719	747	758	*765*	*802*
	+0, -1	+0, -1	+0, -1	+0, -2	+0, -2	+0, -1	+0, -2	+0, -2	+0, -0	+0, -0
RedKapR2	636	669	671	677	699	733	725	754	*770*	*814*
	+0, -1	+0, -1	+0, -1	+0, -1	+0, -2	+0, -1	+0, -3	+0, -2	+0, -0	+0, -0
FlexLagR2	621	663	686	689	711	741	703	769	*772*	*780*
	+0, -1	+0, -3	+0, -1	+0, -3	+0, -2	+1, -1	+0, -2	+0, -2	+0, -0	+0, -0
RedLagR2	612	664	659	680	706	721	726	727	*749*	*810*
	+0, -1	+0, -2	+0, -1	+0, -2	+0, -2	+0, -3	+0, -2	+0, -1	+0, -0	+0, -0
FlexKapD3	614	653	698	672	673	721	731	729	*761*	*813*
	+0, -1	+0, -2	+0, -1	+0, -1	+0, -2	+0, -2	+0, -2	+0, -1	+0, -0	+0, -0
RedKapD3	630	648	648	681	704	724	733	755	*761*	*790*
	+0, -1	+0, -1	+0, -1	+0, -1	+0, -2	+0, -4	+0, -2	+0, -2	+0, -0	+0, -0

Tabelle 36: Strategie-Risiko-Matrix: Medizingüter-Supply-Chain (Unterbrechungsziel: $Supplier_3$)

	Disruptionsdauer [Wochen]									
	25			15			5			
				Ausmaß [%]						Kein
Strategie	0	10	20	0	10	20	0	10	20	Risiko
Nullstrategie	612	662	669	692	*675*	712	750	760	*750*	*795*
	+0, -6	+0, -1	+0, -1	+0, -1	+0, -0	+0, -1	+0, -1	+0, -1	+0, -0	+0, -0
FlexKapS3	**685**	**729**	**762**	**742**	*743*	*760*	**801**	*803*	*788*	*804*
	+10, -0	+15, -0	+14, -0	+10, -0	+0, -0	+0, -0	+13, -0	+4, -0	+0, -0	+0, -0
FlexLagS3	*627*	677	*676*	686	*712*	*728*	732	*762*	*768*	*805*
	+0, -0	+0, -1	+0, -0	+0, -1	+0, -0	+0, -0	+0, -1	+0, -0	+0, -0	+0, -0
RedLagS3	*670*	681	712	*702*	*723*	*748*	*781*	*768*	*776*	*818*
	+8, -0	+0, -1	+1, -1	+0, -0	+0, -0	+0, -0	+4, -0	+0, -0	+0, -0	+0, -0
FlexKapS2	626	651	690	*676*	*696*	*694*	718	*759*	*750*	*810*
	+0, -2	+0, -1	+0, -1	+0, -0	+0, -0	+0, -0	+0, -1	+0, -0	+0, -0	+0, -0
RedKapS2	*649*	662	*685*	683	*707*	*690*	738	*763*	*771*	*794*
	+2, -0	+0, -1	+0, -0	+0, -1	+0, -0	+0, -0	+0, -1	+0, -0	+0, -0	+0, -0
FlexKapS1	*649*	663	*702*	*686*	*736*	*723*	778	*775*	*794*	*832*
	+2, -0	+0, -1	+0, -0	+0, -0	+0, -0	+0, -0	+3, -1	+0, -0	+0, -0	+0, -0
RedKapS1	*653*	*655*	695	663	*678*	*709*	765	752	*787*	*833*
	+2, -0	+0, -0	+1, -1	+0, -1	+0, -0	+0, -0	+1, -1	+0, -1	+0, -0	+0, -0
FlexKapM	625	*656*	671	676	*715*	*733*	759	*762*	*757*	*795*
	+0, -2	+0, -0	+0, -6	+0, -1	+0, -0	+0, -0	+0, -1	+0, -0	+0, -0	+0, -0
RedKapM	*658*	684	709	*704*	*723*	*730*	*765*	*781*	*781*	*831*
	+2, -0	+1, -1	+1, -1	+0, -0	+1, -0	+0, -0	+1, -0	+0, -0	+0, -0	+0, -0
FlexLagM	624	683	696	682	*711*	*734*	*734*	*758*	*760*	*815*
	+0, -2	+1, -1	+1, -1	+0, -1	+0, -0	+0, -0	+0, -0	+0, -0	+0, -0	+0, -0
RedLagM	631	684	706	*702*	*713*	*744*	757	*777*	*771*	*821*
	+0, -1	+1, -1	+1, -1	+0, -0	+0, -0	+2, -0	+1, -3	+0, -0	+0, -0	+0, -0
FlexKapR2	638	660	691	*694*	*704*	*714*	732	*753*	*766*	*802*
	+1, -2	+0, -1	+0, -1	+0, -0	+0, -0	+0, -0	+0, -1	+0, -0	+0, -0	+0, -0
RedKapR2	630	669	684	682	*702*	*713*	740	*728*	*767*	*814*
	+1, -2	+0, -1	+0, -1	+0, -1	+0, -0	+0, -0	+0, -3	+0, -0	+0, -0	+0, -0
FlexLagR2	*613*	678	685	667	*719*	*722*	720	753	*762*	*780*
	+0, -0	+0, -1	+0, -1	+0, -1	+0, -0	+0, -0	+0, -2	+0, -1	+0, -0	+0, -0
RedLagR2	641	648	680	*681*	*707*	*727*	*723*	*763*	*756*	*810*
	+1, -1	+0, -4	+0, -1	+0, -0	+0, -0	+0, -0	+0, -0	+0, -0	+0, -0	+0, -0
FlexKapD3	589	672	679	668	696	*696*	721	*738*	*767*	*813*
	+0, -10	+0, -1	+0, -1	+0, -1	+0, -1	+0, -0	+0, -6	+0, -0	+0, -0	+0, -0
RedKapD3	636	663	696	684	*673*	704	749	760	*778*	*790*
	+1, -2	+0, -1	+0, -1	+0, -1	+0, -0	+0, -1	+0, -1	+0, -1	+0, -0	+0, -0

Tabelle 37: Strategie-Risiko-Matrix: Medizingüter-Supply-Chain (Unterbrechungsziel: Manufacturer)

	Disruptionsdauer [Wochen]									
	25			15			5			
	Ausmaß [%]									Kein
Strategie	0	10	20	0	10	20	0	10	20	Risiko
Nullstrategie	662	681	689	714	732	753	*777*	785	783	*795*
	+0, -2	+0, -6	+0, -3	+0, -1	+0, -1	+0, -1	+0, -0	+0, -1	+0, -1	+0, -0
FlexKapS3	662	689	718	718	735	754	768	*794*	794	*804*
	+0, -1	+0, -1	+0, -1	+0, -1	+0, -3	+0, -1	+0, -2	+0, -0	+1, -1	+0, -0
FlexLagS3	644	712	692	690	742	765	755	*783*	796	*805*
	+0, -4	+0, -1	+0, -3	+0, -2	+0, -1	+0, -1	+0, -1	+0, -0	+1, -1	+0, -0
RedLagS3	660	681	724	696	757	731	*739*	*792*	*797*	*818*
	+0, -1	+0, -1	+0, -1	+0, -2	+2, -1	+0, -1	+0, -0	+0, -0	+1, -0	+0, -0
FlexKapS2	662	696	705	731	712	766	*779*	*798*	779	*810*
	+0, -1	+0, -1	+0, -1	+0, -1	+0, -1	+0, -1	+0, -0	+0, -0	+0, -1	+0, -0
RedKapS2	652	716	749	713	750	757	*783*	*804*	*810*	*794*
	+0, -1	+1, -1	+8, -1	+0, -1	+0, -1	+0, -1	+0, -0	+1, -0	+1, -0	+0, -0
FlexKapS1	684	721	734	742	757	*780*	*802*	*802*	*812*	*832*
	+2, -1	+0, -1	+0, -1	+2, -1	+0, -1	+0, -0	+3, -0	+0, -0	+2, -0	+0, -0
RedKapS1	647	694	724	715	745	770	752	*797*	*800*	*833*
	+0, -1	+0, -1	+0, -1	+0, -1	+0, -1	+0, -1	+0, -3	+0, -0	+1, -0	+0, -0
FlexKapM	693	726	757	721	741	772	*785*	*798*	*783*	*795*
	+2, -1	+1, -1	+2, -1	+0, -1	+0, -1	+0, -1	+0, -0	+0, -0	+0, -0	+0, -0
RedKapM	**815**	**842**	**837**	**822**	**810**	**837**	*824*	*827*	*830*	*831*
	+17, -0	+17, -0	+17, -0	+17, -0	+17, -0	+16, -0	+4, -0	+5, -0	+7, -0	+0, -0
FlexLagM	650	697	709	718	740	765	*783*	*791*	*803*	*815*
	+0, -1	+0, -1	+0, -2	+0, -1	+0, -1	+0, -1	+0, -0	+0, -0	+1, -0	+0, -0
RedLagM	684	710	734	731	755	778	*799*	*791*	*815*	*821*
	+3, -1	+1, -1	+0, -1	+0, -1	+1, -1	+1, -1	+3, -0	+0, -0	+2, -0	+0, -0
FlexKapR2	671	690	707	721	736	743	*762*	786	*773*	*802*
	+0, -1	+0, -1	+0, -2	+0, -1	+0, -2	+0, -1	+0, -0	+0, -1	+0, -0	+0, -0
RedKapR2	654	704	693	685	736	732	769	*771*	779	*814*
	+0, -1	+1, -1	+0, -1	+0, -1	+0, -1	+0, -1	+0, -2	+0, -0	+0, -3	+0, -0
FlexLagR2	656	690	724	725	731	771	*751*	779	*761*	*780*
	+0, -1	+0, -1	+0, -2	+0, -1	+0, -1	+0, -1	+0, -0	+0, -2	+0, -0	+0, -0
RedLagR2	649	669	718	703	718	767	738	755	755	*810*
	+0, -1	+0, -1	+0, -2	+0, -1	+0, -1	+0, -1	+0, -1	+0, -3	+0, -9	+0, -0
FlexKapD3	644	704	713	715	732	759	743	*802*	776	*813*
	+0, -4	+1, -1	+0, -2	+0, -1	+0, -1	+0, -1	+0, -1	+3, -0	+0, -1	+0, -0
RedKapD3	651	691	717	719	726	743	*776*	769	*792*	*790*
	+0, -1	+0, -1	+0, -2	+0, -1	+0, -1	+0, -2	+0, -0	+0, -2	+0, -0	+0, -0

Tabelle 38: Strategie-Risiko-Matrix: Medizingüter-Supply-Chain (Unterbrechungsziel: Retail$_1$)

	Disruptionsdauer [Wochen]									
	25			15			5			
	Ausmaß [%]									Kein
Strategie	0	10	20	0	10	20	0	10	20	Risiko
Nullstrategie	756	766	792	772	810	809	802	812	787	795
	+0, -0	+0, -0	+0, -0	+0, -0	+0, -0	+0, -0	+0, -0	+0, -0	+0, -0	+0, -0
FlexKapS3	764	803	805	794	822	807	819	812	839	804
	+0, -0	+0, -0	+0, -0	+0, -0	+0, -0	+0, -0	+1, -0	+0, -0	+2, -0	+0, -0
FlexLagS3	754	792	792	792	810	788	820	827	809	805
	+0, -3	+0, -0	+0, -2	+0, -0	+0, -0	+0, -0	+1, -0	+1, -0	+0, -0	+0, -0
RedLagS3	781	800	801	801	792	798	823	792	791	818
	+0, -0	+0, -0	+0, -0	+0, -0	+0, -3	+0, -1	+0, -0	+0, -0	+0, -2	+0, -0
FlexKapS2	784	781	785	800	827	814	813	811	772	810
	+0, -0	+0, -1	+0, -0	+0, -0	+1, -0	+0, -0	+0, -0	+0, -0	+0, -1	+0, -0
RedKapS2	804	789	825	807	811	820	826	817	819	794
	+1, -0	+0, -0	+1, -0	+0, -0	+0, -0	+0, -0	+1, -0	+1, -0	+0, -0	+0, -0
FlexKapS1	797	827	825	828	834	841	834	835	829	832
	+0, -0	+3, -0	+0, -0	+0, -0	+2, -0	+2, -0	+1, -0	+1, -0	+0, -0	+0, -0
RedKapS1	771	804	783	800	783	807	827	814	821	833
	+0, -0	+0, -0	+0, -0	+0, -0	+0, -1	+0, -0	+1, -0	+1, -0	+0, -0	+0, -0
FlexKapM	741	789	794	802	797	805	793	791	805	795
	+0, -0	+0, -0	+0, -0	+0, -0	+0, -0	+0, -0	+0, -0	+0, -0	+0, -0	+0, -0
RedKapM	791	800	826	799	800	821	831	840	828	831
	+0, -0	+0, -0	+0, -0	+0, -0	+0, -0	+0, -0	+1, -0	+2, -0	+0, -0	+0, -0
FlexLagM	780	772	798	816	815	813	820	823	823	815
	+0, -1	+0, -0	+0, -0	+0, -0	+0, -0	+0, -0	+0, -0	+1, -0	+0, -0	+0, -0
RedLagM	796	807	813	818	821	818	831	825	831	821
	+1, -0	+0, -0	+0, -0	+0, -0	+1, -0	+0, -0	+1, -0	+1, -0	+1, -0	+0, -0
FlexKapR2	819	805	795	808	790	818	794	810	818	802
	+2, -0	+0, -0	+0, -0	+0, -0	+0, -0	+0, -0	+0, -0	+0, -0	+0, -0	+0, -0
RedKapR2	795	816	815	805	797	781	776	816	779	814
	+0, -0	+1, -0	+0, -0	+0, -0	+0, -0	+0, -0	+0, -8	+1, -0	+0, -0	+0, -0
FlexLagR2	787	790	791	795	790	796	810	812	827	780
	+0, -0	+0, -1	+0, -C	+0, -0	+0, -0	+0, -0	+0, -0	+0, -0	+0, -0	+0, -0
RedLagR2	787	800	816	789	822	811	819	796	791	810
	+0, -0	+0, -0	+1, -0	+0, -0	+0, -0	+0, -0	+1, -0	+0, -0	+0, -0	+0, -0
FlexKapD3	787	788	799	791	761	815	774	773	820	813
	+0, -0	+0, -0	+0, -0	+0, -0	+0, -0	+0, -0	+0, -0	+0, -8	+0, -0	+0, -0
RedKapD3	766	778	781	805	810	801	811	807	813	790
	+0, -0	+0, -2	+0, -0	+0, -0	+0, -0	+0, -1	+0, -0	+0, -1	+0, -0	+0, -0

Tabelle 39: Strategie-Risiko-Matrix: Medizingüter-Supply-Chain (Unterbrechungsziel: $Demand_1$)

	Disruptionsdauer [Wochen]									
	25			15			5			
	Ausmaß [%]									Kein
Strategie	0	10	20	0	10	20	0	10	20	Risiko
Nullstrategie	*815* +0, -0	810 +0, -1	*783* +0, -0	*806* +0, -0	*816* +0, -0	*788* +0, -0	*809* +0, -0	*811* +0, -0	*821* +0, -0	*795* +0, -0
FlexKapS3	*814* +0, -0	816 +0, -1	*806* +0, -0	*787* +0, -0	*803* +0, -0	*818* +0, -0	*825* +0, -0	*832* +2, -0	*805* +0, -0	*804* +0, -0
FlexLagS3	*807* +0, -0	*804* +0, -0	*804* +0, -0	*825* +0, -0	*820* +0, -0	*803* +0, -0	*790* +0, -0	*814* +1, -0	*807* +0, -0	*805* +0, -0
RedLagS3	*798* +0, -0	780 +0, -6	*775* +0, -0	*802* +0, -0	*754* +0, -0	800 +0, -1	*797* +0, -0	*791* +0, -0	775 +0, -4	*818* +0, -0
FlexKapS2	*807* +0, -0	791 +0, -3	*812* +0, -0	*828* +0, -0	*798* +0, -0	*803* +0, -0	*814* +0, -0	*822* +1, -0	*815* +0, -0	*810* +0, -0
RedKapS2	*828* +0, -0	*846* +3, -0	*769* +0, -0	*827* +0, -0	*825* +0, -0	*800* +0, -0	*830* +0, -0	*825* +1, -0	*821* +0, -0	*794* +0, -0
FlexKapS1	*840* +0, -0	*852* +7, -0	*832* +0, -0	*844* +1, -0	*843* +3, -0	*831* +0, -0	*837* +1, -0	*836* +1, -0	*832* +1, -0	*832* +0, -0
RedKapS1	*812* +0, -0	*794* +0, -0	*795* +0, -0	*813* +0, -0	*808* +0, -0	*805* +0, -0	*796* +0, -0	*825* +1, -0	*828* +1, -0	*833* +0, -0
FlexKapM	*807* +0, -0	*781* +0, -0	*797* +0, -0	*778* +0, -0	*826* +0, -0	*791* +0, -0	*822* +0, -0	*783* +0, -0	782 +0, -1	*795* +0, -0
RedKapM	*830* +0, -0	*845* +3, -0	*840* +0, -0	*835* +0, -0	*825* +0, -0	*815* +0, -0	*842* +1, -0	*828* +1, -0	*836* +2, -0	*831* +0, -0
FlexLagM	*816* +0, -0	825 +1, -1	*820* +0, -0	*817* +0, -0	*802* +0, -0	*811* +0, -0	*836* +0, -0	*820* +1, -0	*818* +0, -0	*815* +0, -0
RedLagM	*816* +0, -0	*812* +0, -0	*818* +0, -0	*834* +0, -0	816 +0, -1	*835* +3, -0	*831* +0, -0	*835* +1, -0	*818* +0, -0	*821* +0, -0
FlexKapR2	*793* +0, -0	804 +0, -3	*797* +0, -0	*825* +0, -0	*820* +0, -0	*821* +0, -0	806 +0, -2	*791* +0, -0	*814* +0, -0	*802* +0, -0
RedKapR2	*791* +0, -0	*824* +1, -0	*822* +0, -0	781 +0, -1	815 +0, -1	*764* +0, -0	*821* +0, -0	766 +0, -9	*810* +0, -0	*814* +0, -0
FlexLagR2	*793* +0, -0	819 +0, -1	*811* +0, -0	*811* +0, -0	*784* +0, -0	*805* +0, -0	*809* +0, -0	*785* +0, -0	*808* +0, -0	*780* +0, -0
RedLagR2	*817* +0, -0	*827* +1, -0	*787* +0, -0	*812* +0, -0	815 +0, -1	783 +0, -1	*765* +0, -0	*801* +0, -0	*824* +1, -0	*810* +0, -0
FlexKapD3	*811* +0, -0	*796* +0, -0	*825* +0, -0	*777* +0, -0	*810* +0, -0	795 +0, -1	*809* +0, -0	*793* +0, -0	*807* +0, -0	*813* +0, -0
RedKapD3	*814* +0, -0	*805* +0, -0	*815* +0, -0	*810* +0, -0	*821* +0, -0	*802* +0, -0	*821* +0, -0	793 +0, -1	*772* +0, -0	*790* +0, -0

Literaturverzeichnis

Adam 1996
ADAM, D. : *Planung und Entscheidung.* Gabler Verlag, 1996 (Modelle, Ziele, Methoden : mit Fallstudien und Lösungen)

Adams 1996
ADAMS, J. : *Risk.* London : University College, 1996

Albino u. a. 2007
ALBINO, V. ; CARBONARA, N. ; GIANNOCCARO, I. : Supply chain cooperation in industrial districts: A simulation analysis. In: *European Journal of Operational Research* 177 (2007), Nr. 1, S. 261–280

An u. a. 2007
AN, L. T. H.; PHUC, N. T. ; TAO, P. D.: A continuous DC programming approach to the strategic supply chain design problem from qualified partner set. In: *European Journal of Operational Research* 183 (2007), Nr. 3, S. 1001–1012

Anupindi u. Akella 1993
ANUPINDI, R. ; AKELLA, R. : Diversification under supply uncertainty. In: *Management Science* 39 (1993), Nr. 8, S. 944–963

Arrow 1965
ARROW, K. J.: *Aspects of the theory of risk-bearing.* Helsinki : Yrjö Jahnssonin Säätiö, 1965

Axelrod 2003
AXELROD, R. : Advancing the Art of Simulation in the Social Sciences. In: *Japanese Journal for Management Information System* 12 (2003), Nr. 3, S. 11–18

Ayers 2006
AYERS, J. B.: *Handbook of Supply Chain Management*. 2. Broken : Auerbach, 2006

Babich 2006
BABICH, V. : Vulnerable options in supply chains: Effects of supplier competition. In: *Naval Research Logistics* 53 (2006), Nr. 7, S. 656–673

Baird u. Thomas 1990
BAIRD, I. S.; THOMAS, H. : What is Risk Anyway? In: BETTIS, R. A. (Hrsg.); THOMAS, H. (Hrsg.): *Risk, Strategy and Management*. Greenwich : JAI Press, 1990, S. 21–52

Balci 1994
BALCI, O. : Validation, verification, and testing techniques throughout the life cycle of a simulation study. In: *Annals of Operations Research* 53 (1994), Nr. 1, S. 121–173

Ballou 2001
BALLOU, R. H.: Unresolved Issues in Supply Chain Network Design. In: *Information Systems Frontiers* 3 (2001), Nr. 4, S. 417–426

Bamberg u. a. 2008
BAMBERG, G. ; COENENBERG, A. G. ; KRAPP, M. : *Betriebswirtschaftliche Entscheidungslehre*. 14. München : Vahlen, 2008

Barbuceanu u. a. 1997
BARBUCEANU, M. ; TEIGEN, R. ; FOX, M. : Agent based design and simulation of supply chain systems. In: *Proceedings of the 6th Workshop on Enabling Technologies on Infrastructure for Collaborative Enterprises*, 1997, S. 36–42

Barth u. a. 1998
BARTH, F. ; MÜHLBAUER, P. ; NIKOL, F. ; WÖRLE, K. : *Mathematische Formeln und Definitionen*. 7. München : Bayerischer Schulbuch-Verlag, 1998

Beamon 1999
BEAMON, B. M.: Measuring supply chain performance. In: *International Journal of Operations and Production Management* 19 (1999), Nr. 3, S. 275–292

Bechtel u. Jayaram 1997
BECHTEL, C. ; JAYARAM, J. : Supply chain management: a strategic perspective. In: *The International Journal of Logistics Management* 8 (1997), Nr. 1, S. 15–34

Becker u. a. 2006

BECKER, M. ; WENNING, B.-L. ; GÖRG, C. ; GEHRKE, J. D.; LORENZ, M. ; HERZOG, O. : Agent-Based and Discrete Event Simulation of Autonomous Logistic Processes. In: *European Conference on Modelling and Simulation*, 2006, S. 566–571

Beer 1959

BEER, S. : *Cybernetics and Management*. London : English Universities Press, 1959 (Management Science Series)

Bemeleit u. a. 2006

BEMELEIT, B. ; LORENZ, M. ; SCHUMACHER, J. ; HERZOG, O. : Risk Management for Agent Based Autonomous Logistic Objects. In: KERSTEN, W. (Hrsg.); BLECKER, T. (Hrsg.): *Managing Risks in Supply Chains*. Berlin : Erich Schmidt, 2006, S. 227–238

Bennett 1981

BENNETT, W. : A location-allocation approach to health care facility location: A study of the undoctored population in Lansing, Michigan. In: *Social Science & Medicine. Part D: Medical Geography* 15 (1981), Nr. 2, S. 305–312

Berens u. a. 2004

BERENS, W. ; DELFMANN, W. ; SCHMITTING, W. : *Quantitative Planung*. 4. Stuttgart : Schäffer-Poeschel, 2004 (Grundlagen, Fallstudien, Lösungen)

Bergmann u. Jahn 2012

BERGMANN, J. ; JAHN, C. : Complexity Modeling of Management Games in the Application Area of Logistics. In: *Hamburg International Conference of Logistics*. Hamburg, 2012

Berry u. Naim 1996

BERRY, D. ; NAIM, M. : Quantifying the relative improvements of redesign strategies in a PC supply chain. In: *International Journal of Production Economics* 46-47 (1996), S. 181–196

von Bertalanffy 1957

BERTALANFFY, L. von: Allgemeine Systemtheorie. In: *Deutsche Universitäts-Zeitung* 12 (1957), Nr. 5/6, S. 8–12

Bhaskaran 1998

BHASKARAN, S. : Simulation Analysis of a Manufacturing Supply Chain. In: *Decision Sciences* 29 (1998), Nr. 3, S. 633–657

Blackhurst u. a. 2005

BLACKHURST, J. V.; CRAIGHEAD, C. W.; ELKINS, D. ; HANDFIELD, R. B.: An empirically derived agenda of critical research issues for managing supply-chain disruptions. In: *International Journal of Production Research* 43 (2005), Nr. 19, S. 4067–4081

Blome u. Schoenherr 2011

BLOME, C. ; SCHOENHERR, T. : Supply chain risk management in financial crises – A multiple case-study approach. In: *International Journal of Production Economics* 134 (2011), Nr. 1, 43–57

Böger 2010

BÖGER, M. ; KERSTEN, W. (Hrsg.): *Gestaltungsansätze und Determinanten des Supply Chain Risk Managements – Eine explorative Analyse am Beispiel von Deutschland und den USA.* Lohmar : Josef Eul Verlag, 2010 (Supply Chain, Logistics and Operations Management)

Bogner u. Menz 2002

BOGNER, A. ; MENZ, W. : Das theoriegenerierende Experteninterview - Erkenntnisinteresse, Wissensformen, Interaktion. In: BOGNER, A. (Hrsg.); LITTIG, B. (Hrsg.) ; MENZ, W. (Hrsg.): *Das Experteninterview: Theorie, Methode, Anwendung.* Opladen : Leske + Budrich, 2002, S. 33–70

Bolstorff u. a. 2007

BOLSTORFF, P. ; ROSENBAUM, R. ; POLUHA, R. : *Spitzenleistungen im Supply Chain Management: Ein Praxishandbuch zur Optimierung mit SCOR.* Berlin : Springer, 2007

Bowersox u. a. 2010

BOWERSOX, D. J.; CLOSS, D. J. ; COOPER, M. B.: *Supply Chain Logistics Management.* 3. Boston : McGraw-Hill, 2010

Bowersox u. Daugherty 1987

BOWERSOX, D. J.; DAUGHERTY, P. J.: Emerging Patterns of Logistical Organization. In: *Journal of Business Logistics* 8 (1987), Nr. 1, S. 46–60

Bradsher 2011

BRADSHER, K. : Japan Ports Shunned by Shipping Lines Fearful of Radiation. In: *New York Times* (2011), März

Burger u. Burchhart 2002

BURGER, A. ; BURCHHART, A. : *Risiko-Controlling.* München : Oldenbourg, 2002

Burns u. Sivazlian 1978

BURNS, J. ; SIVAZLIAN, B. : Dynamic analysis of multi-echelon supply systems. In: *Computers and Industrial Engineering* 2 (1978), Nr. 4, S. 181–193

Cavinato 2004

CAVINATO, J. L.: Supply chain logistics risks: From the back room to the board room. In: *International Journal of Physical Distribution and Logistics Management* 34 (2004), Nr. 5, 383–387

Chandra u. Grabis 2009

CHANDRA, C. ; GRABIS, J. : Role of flexibility in supply chain design and modeling – Introduction to the special issue. In: *Omega* 37 (2009), Nr. 4, S. 743–745

Chen u. Li 2009

CHEN, Y. ; LI, X. : The Effect of Customer Segmentation on an Inventory System in the Presence of Supply Disruptions. In: ROSSETTI, M. D. (Hrsg.); HILL, R. R. (Hrsg.); JOHANSSON, B. (Hrsg.); DUNKIN, A. (Hrsg.) ; INGALLS, R. G. (Hrsg.): *Winter Simulation Conference*, Proceedings of the 2009 Winter Simulation Conference, 2009, 2344–2352

Child 1970

CHILD, J. : More Myths of Management Organization? In: *Journal of Management Studies* 7 (1970), Nr. 3, 376–390

Childerhouse u. a. 2002

CHILDERHOUSE, P. ; AITKEN, J. ; TOWILL, D. R.: Analysis and design of focused demand chains. In: *Journal of Operations Management* 20 (2002), Nr. 6, S. 675–689

Chopra u. Meindl 2004

CHOPRA, S. ; MEINDL, P. : *Supply Chain Management - Strategy, Planning, and Operations.* 2. Upper Saddle River : Prentice Hall, 2004

Chopra u. a. 2007

CHOPRA, S. ; REINHARDT, G. ; MOHAN, U. : The importance of decoupling recurrent and disruption risks in a supply chain. In: *Naval Research Logistics* 54 (2007), Nr. 5, S. 544–555

Chopra u. Sodhi 2004

CHOPRA, S. ; SODHI, M. S.: Managing Risk to Avoid Supply-Chain Breakdown. In: *MIT Sloan Management Review* 46 (2004), Nr. 1, 53–61

Choy u. Lee 2003

CHOY, K. ; LEE, W. : A generic supplier management tool for outsourcing manufacturing. In: *Supply Chain Management: An International Journal* 8 (2003), Nr. 2, 140–154

Christopher 1998

CHRISTOPHER, M. G.: *Logistics and Supply Chain Management: Strategies for Reducing Cost and Improving Service.* 2. London : Financial Times/Prentice Hall, 1998

Christopher 2005

CHRISTOPHER, M. G.: *Logistics and Supply Chain Management - Creating Value-Adding Networks.* 3. Harlow : Prentice Hall, 2005

Christopher u. a. 2011

CHRISTOPHER, M. G.; MENA, C. ; KHAN, O. ; YURT, O. : Approaches to managing global sourcing risk. In: *Supply Chain Management: An International Journal* 16 (2011), Nr. 2, S. 67–81

Christopher u. Peck 2004

CHRISTOPHER, M. G.; PECK, H. : Building the resilient supply chain. In: *The International Journal of Logistics Management* 15 (2004), Nr. 2, S. 1–14

Christopher u. a. 2006

CHRISTOPHER, M. G.; PECK, H. ; TOWILL, D. R.: A taxonomy for selecting global supply chain strategies. In: *The International Journal of Logistics Management* 17 (2006), Nr. 2, S. 277–287

Christopher u. Towill 2000

CHRISTOPHER, M. G.; TOWILL, D. R.: Supply chain migration from lean and functional to agile and customised. In: *Supply Chain Management: An International Journal* 5 (2000), Nr. 4, S. 206–213

Christopher u. Towill 2001

CHRISTOPHER, M. G.; TOWILL, D. R.: An integrated model for the design of agile supply chains. In: *International Journal of Physical Distribution and Logistics Management* 31 (2001), Nr. 4, S. 235–246

Cohen u. a. 1989

COHEN, M. A.; FISHER, M. L. ; JAIKUMAR, R. : International Manufacturing and Distribution Network: a Normative Model Framework. In: FERDOWS, K. (Hrsg.): *Managing International Manufacturing*. Amsterdam : Elsevier, 1989, S. 67–93

Conway 1963

CONWAY, R. : Some tactical problems in digital simulation. In: *Management Science* 10 (1963), Nr. 1, 47–61

Cooper u. a. 1997

COOPER, M. ; LAMBERT, D. ; PAGH, J. : Supply chain management: more than a new name for logistics. In: *The International Journal of Logistics Management* 8 (1997), Nr. 1, S. 1–14

Cousins u. a. 2004

COUSINS, P. D.; LAMMING, R. C. ; BOWEN, F. : The role of risk in environment-related supplier initiatives. In: *International Journal of Operations and Production Management* 24 (2004), Nr. 6, 554–565

Coutu 2002

COUTU, D. : How resilience works. In: *Harvard Business Review* 80 (2002), Nr. 5, 46–55

Craighead u. a. 2007

CRAIGHEAD, C. W.; BLACKHURST, J. V.; RUNGTUSANATHAM, M. ; HANDFIELD, R. B.: The severity of supply chain disruptions: design characteristics and mitigation capabilities. In: *Decision Sciences* 38 (2007), Nr. 1, S. 131–156

Crouhy u. a. 2000

CROUHY, M. ; GALAI, D. ; MARK, R. : *Risk Management*. New York : McGraw-Hill, 2000

Curtis u. a. 2000

CURTIS, S. ; GESLER, W. ; SMITH, G. ; WASHBURN, S. : Approaches to sampling and case selection in qualitative research: examples in the geography of health. In: *Social Science & Medicine* (2000)

Dahmen 2002

DAHMEN, J. W.: *Prozeßorientiertes Risikomanagement zur Handhabung von Produktrisiken.* Aachen : Shaker, 2002

Dai u. a. 2008

DAI, Y. ; FANG, S. ; LING, X. ; NUTTLE, H. : Risk pooling strategy in a multi-echelon supply chain with price-sensitive demand. In: *Mathematical Methods of Operations Research* 67 (2008), Nr. 3, S. 391–421

Dani 2009

DANI, S. : Predicting and Managing Supply Chain Risks. In: *Supply chain risk.* New York : Springer, 2009, S. 53–66

Dantzig 1963

DANTZIG, G. B.: *Linear programming and extensions.* Princeton : Princeton University Press, 1963

Datta u. a. 2007

DATTA, P. P.; CHRISTOPHER, M. G. ; ALLEN, P. : Agent-based modelling of complex production/distribution systems to improve resilience. In: *International Journal of Logistics: Research and Applications* 10 (2007), September, Nr. 3, 187–203

Davies u. Nutley 1999

DAVIES, H. T. O.; NUTLEY, S. M.: The Rise and Rise of Evidence in Health Care. In: *Public Money and Management* 19 (1999), Nr. 1, 9–16

Defee u. a. 2009

DEFEE, C. C.; STANK, T. P.; ESPER, T. L. ; MENTZER, J. T.: The Role of Followers in Supply Chains. In: *Journal of Business Logistics* 30 (2009), Nr. 2, 65–84

Deleris u. Erhun 2005

DELERIS, L. A.; ERHUN, F. : Risk management in supply networks using monte-carlo simulation. In: *Proceedings of the 2005 Winter Simulation Conference* (2005), 1643–1649

Demeter u. a. 2006

DEMETER, K. ; GELEI, A. ; JENEI, I. : The effect of strategy on supply chain configuration and management practices on the basis of two supply chains in the Hungarian automotive industry. In: *International Journal of Production Economics* 104 (2006), Nr. 2, S. 555–570

Denyer u. Tranfield 2009

DENYER, D. ; TRANFIELD, D. : Producing a systematic review. In: BUCHANAN, D. A. (Hrsg.); BRYMAN, A. (Hrsg.): *The SAGE Handbook of Organizational Research Methods.* London : SAGE Publication, 2009, 671–689

Domschke u. Drexl 2004

DOMSCHKE, W. ; DREXL, A. : *Einführung in Operations Research.* 6. Berlin : Springer, 2004

Domschke u. Scholl 2008

DOMSCHKE, W. ; SCHOLL, A. : *Grundlagen der Betriebswirtschaftslehre.* 4. Berlin : Springer, 2008

Drosdowski 1989

DROSDOWSKI, G. : *Duden Etymologie.* 2. Mannheim : Dudenverlag, 1989 (Herkunftswörterbuch der deutschen Sprache)

DRSC 2010

DRSC: *Deutscher Rechnungslegungsstandard Nr. 5 – Risikoberichterstattung.* Deutscher Rechnungslegungs Standards Committee, 2010

Duclos u. a. 2003

DUCLOS, L. ; VOKURKA, R. ; LUMMUS, R. R.: A conceptual model of supply chain flexibility. In: *Industrial Management and Data Systems* 103 (2003), Nr. 6, 446–456

Dullaert u. a. 2007

DULLAERT, W. ; BRÄYSY, O. ; GOETSCHALCKX, M. ; RAA, B. ; CENTER, A. : Supply chain (re-)design: Support for managerial and policy decisions. In: *European Journal of Transport and Infrastructure Research* 7 (2007), Nr. 2, S. 73–92

van Dyke Parunak u. a. 1998

DYKE PARUNAK, H. van; SAVIT, R. ; RIOLO, R. L.: Agent-Based Modeling vs. Equation-Based Modeling: A Case Study and Users' Guide. In: GOOS, G. (Hrsg.); HARTMANIS, J. (Hrsg.); LEEUWEN, J. (Hrsg.); SICHMAN, J. S. (Hrsg.); CONTE, R. (Hrsg.) ; GILBERT, N. (Hrsg.): *Multi-Agent Systems and Agent-Based Simulation.* Berlin, Heidelberg : Springer, 1998, 277–283

Eeckhoudt u. a. 1995

EECKHOUDT, L. ; GOLLIER, C. ; SCHLESINGER, H. : The risk-averse (and prudent) newsboy. In: *Management Science* 41 (1995), Nr. 5, S. 786–794

Efroymson u. Ray 1966
EFROYMSON, M. ; RAY, T. : A branch-bound algorithm for plant location. In: *Operations Research* 14 (1966), Nr. 3, S. 361–368

Eisenführ u. Weber 2003
EISENFÜHR, F. ; WEBER, M. : *Rationales Entscheiden*. 4. Berlin : Springer, 2003

Eisenhardt 1989
EISENHARDT, K. : Building Theories From Case Study Research. In: *The Academy of Management Review* 14 (1989), Nr. 4, S. 532–550

Elkins u. a. 2005
ELKINS, D. ; HANDFIELD, R. B.; BLACKHURST, J. V. ; CRAIGHEAD, C. W.: 18 Ways to Guard Against Disruption. In: *Supply Chain Management Review* 9 (2005), Nr. 1, 46–53

Eskigun u. a. 2005
ESKIGUN, E. ; UZSOY, R. ; PRECKEL, P. ; BEAUJON, G. ; KRISHNAN, S. ; TEW, J. : Outbound supply chain network design with mode selection, lead times and capacitated vehicle distribution centers. In: *European Journal of Operational Research* 165 (2005), Nr. 1, S. 182–206

Faisal u. a. 2006
FAISAL, M. N.; BANWET, D. ; SHANKAR, R. : Mapping supply chains on risk and customer sensitivity dimensions. In: *Industrial Management and Data Systems* 106 (2006), Nr. 6, S. 878

Faisal u. a. 2007a
FAISAL, M. N.; BANWET, D. ; SHANKAR, R. : Information risks management in supply chains: an assessment and mitigation framework. In: *Journal of Enterprise Information Management* 20 (2007), Nr. 6, 677–699

Faisal u. a. 2007b
FAISAL, M. N.; BANWET, D. ; SHANKAR, R. : Supply chain risk management in SMEs: analysing the barriers. In: *International Journal of Management and Enterprise Development* 4 (2007), Nr. 5, S. 588–607

Fawcett u. a. 2008
FAWCETT, S. E.; MAGNAN, G. M. ; MCCARTER, M. W.: Benefits, barriers, and bridges to effective supply chain management. In: *Supply Chain Management: An International Journal* 13 (2008), Nr. 1, 35–48

Fiege 2006

FIEGE, S. : *Risikomanagement- und Überwachungssystem nach KonTraG.* Wiesbaden : Deutscher Universitäts-Verlag, 2006

Fiksel 2003

FIKSEL, J. : Designing Resilient, Sustainable Systems. In: *Environmental Science & Technology* 37 (2003), Dezember, Nr. 23, 5330–5339

Fiksel 2006

FIKSEL, J. : Sustainability and resilience: toward a systems approach. In: *Sustainability: Science Practice and Policy* 2 (2006), Nr. 2, 14–21

Fisher 1997

FISHER, M. L.: What is the Right Supply Chain for Your Product. In: *Harvard Business Review* 75 (1997), Nr. 2, S. 105–116

Fleisch u. Tellkamp 2005

FLEISCH, E. ; TELLKAMP, C. : Inventory inaccuracy and supply chain performance: a simulation study of a retail supply chain. In: *International Journal of Production Economics* 95 (2005), Nr. 3, S. 373–385

Flyvbjerg 2006

FLYVBJERG, B. : Five Misunderstandings About Case-Study Research. In: *Qualitative Inquiry* 12 (2006), Nr. 2, 219–245

Forrester 1958

FORRESTER, J. W.: Industrial Dynamics a major breakthrough for decision makers. In: *Harvard Business Review* 36 (1958), Nr. 4, 37–66

Fortenberry u. Mitra 1986

FORTENBERRY, J. ; MITRA, A. : A multiple criteria approach to the location-allocation problem. In: *Computers and Industrial Engineering* 10 (1986), Nr. 1, S. 77–87

Fox u. a. 2000

FOX, M. ; BARBUCEANU, M. ; TEIGEN, R. : Agent-oriented supply-chain management. In: *International Journal of Flexible Manufacturing Systems* 12 (2000), Nr. 2, S. 165–188

Freiwald 2005

FREIWALD, S. ; ABRAMOVICI, M. (Hrsg.); COLBE, W. B. (Hrsg.); ENGELHARDT, W. H. (Hrsg.); GABRIEL, R. (Hrsg.); LASSMANN, G. (Hrsg.); MASSBERG, W.

(Hrsg.); PELLENS, B. (Hrsg.); STEVEN, M. (Hrsg.); WARTMANN, R. (Hrsg.) ; WERNERS, B. (Hrsg.): *Bochumer Beiträge zur Unternehmensführung*. Bd. 72: *Supply Chain Design: Robuste Planung mit differenzierter Auswahl der Zulieferer*. Frankfurt a. Main : Peter Lang, 2005

Frohlich 2002
FROHLICH, M. : Demand chain management in manufacturing and services: web-based integration, drivers and performance. In: *Journal of Operations Management* 20 (2002), Nr. 6, 729–745

Frohlich u. Westbrook 2001
FROHLICH, M. ; WESTBROOK, R. : Arcs of integration: an international study of supply chain strategies. In: *Journal of Operations Management* 19 (2001), Nr. 2, S. 185–200

Froschauer u. Lueger 2002
FROSCHAUER, U. ; LUEGER, M. : ExpertInneninterviews in der interpretativen Organisationsforschung. In: BOGNER, A. (Hrsg.); LÜTTIG, B. (Hrsg.) ; MENZ, W. (Hrsg.): *Das Experteninterview: Theorie, Methode, Anwendung*. Opladen : Leske + Budrich, 2002, S. 223–240

Fugate u. a. 2010
FUGATE, B. S.; MENTZER, J. T. ; STANK, T. P.: Logistics Performance: Efficiency, Effectiveness, and Differentiation. In: *Journal of Business Logistics* 31 (2010), Nr. 1, S. 43–62

Gabriel 2007
GABRIEL, S. ; HAASIS, H.-D. (Hrsg.): *Prozessorientiertes Supply Chain Risikomanagement - Eine Untersuchung am Beispiel der Construction Supply Chain für Offshore-Wind-Energie-Anlagen*. Frankfurt a. Main : Peter Lang, 2007 (Wertschöpfungsmanagement)

Garcia-Flores u. Wang 2002
GARCIA-FLORES, R. ; WANG, X. : A multi-agent system for chemical supply chain simulation and management support. In: *OR Spectrum* 24 (2002), Nr. 3, S. 343–370

Gebennini u. a. 2009
GEBENNINI, E. ; GAMBERINI, R. ; MANZINI, R. : An integrated production–distribution model for the dynamic location and allocation problem with safety stock optimization. In: *International Journal of Production Economics* 122 (2009), Nr. 1, 286–304

Georgiadis u. a. 2011

GEORGIADIS, M. C.; TSIAKIS, P. ; LONGINIDIS, P. ; SOFIOGLOU, M. K.: Optimal design of supply chain networks under uncertain transient demand variations. In: *Omega* 39 (2011), Nr. 3, 254–272

Giannakis u. Louis 2010

GIANNAKIS, M. ; LOUIS, M. : A multi-agent based framework for supply chain risk management. In: *Journal of Purchasing and Supply Management* 17 (2010), Nr. 1, 23–31

Gilbert 2008

GILBERT, N. : *Agent-based models.* Thousand Oaks : Sage, 2008 (Quantitative Applications in the Social Sciences)

Glaser u. Strauss 1967

GLASER, B. G.; STRAUSS, A. L.: *The Discovery of Grounded Theory.* 1. Chicago : Aldine Publishing, 1967 (Strategies for Qualitative Research)

Goetschalckx u. Fleischmann 2008

GOETSCHALCKX, M. ; FLEISCHMANN, B. : Strategic Network Planning. In: STADTLER, H. (Hrsg.); KILGER, C. (Hrsg.): *Supply chain management and advanced planning: concepts, models, software, and case studies.* Berlin : Springer, 2008, S. 117–137

Goldsman u. Nance 2009

GOLDSMAN, D. ; NANCE, R. : A brief history of simulation. In: *Winter Simulation Conference*, 2009, S. 310–313

Göpfert 2005

GÖPFERT, I. : *Logistik: Führungskonzeption; Gegenstand, Aufgaben und Instrumente des Logistikmanagements und -controllings.* 2. München : Vahlen, 2005

Gössinger u. Corsten 2001

GÖSSINGER, R. ; CORSTEN, H. : *Einführung in das Supply Chain Management.* 2. München : Oldenbourg Verlag, 2001

Govindu u. Chinnam 2007

GOVINDU, R. ; CHINNAM, R. : MASCF: A generic process-centered methodological framework for analysis and design of multi-agent supply chain systems. In: *Computers and Industrial Engineering* 53 (2007), Nr. 4, S. 584–609

Graves u. Willems 2003
GRAVES, S. C.; WILLEMS, S. P.: Supply chain design: safety stock placement and supply chain configuration. In: *Handbooks in Operations Research and Management Science* 11 (2003), S. 95–132

Green u. Figlewski 1999
GREEN, T. ; FIGLEWSKI, S. : Market risk and model risk for a financial institution writing options. In: *The Journal of Finance* 54 (1999), Nr. 4, S. 1465–1499

Gripsrud u. a. 2006
GRIPSRUD, G. ; JAHRE, M. ; PERSSON, G. : Supply chain management- back to the future? In: *International Journal of Physical Distribution and Logistics Management* 36 (2006), Nr. 8, S. 643–659

Guillen u. a. 2007
GUILLEN, G. ; BADELL, M. ; PUIGJANER, L. : A holistic framework for short-term supply chain management integrating production and corporate financial planning. In: *International Journal of Production Economics* 106 (2007), Nr. 1, S. 288–306

Guillen u. a. 2005
GUILLEN, G. ; MELE, F. ; BAGAJEWICZ, M. ; ESPUNA, A. ; PUIGJANER, L. : Multiobjective supply chain design under uncertainty. In: *Chemical Engineering Science* 60 (2005), Nr. 6, S. 1535–1553

Guillen u. a. 2006
GUILLEN, G. ; MELE, F. ; ESPUNA, A. ; PUIGJANER, L. : Addressing the design of chemical supply chains under demand uncertainty. In: *Industrial & Engineering Chemistry Research* 45 (2006), Nr. 22, S. 7566–7581

Gupta u. Maranas 2003
GUPTA, A. ; MARANAS, C. : Managing demand uncertainty in supply chain planning. In: *Computers & Chemical Engineering* 27 (2003), Nr. 8-9, S. 1219–1227

Gürler u. Parlar 1997
GÜRLER, Ü. ; PARLAR, M. : An inventory problem with two randomly available suppliers. In: *Operations Research* 45 (1997), Nr. 6, S. 904–918

Hafeez u. a. 1996
HAFEEZ, K. ; GRIFFITHS, M. ; GRIFFITHS, J. ; NAIM, M. : Systems design

of a two-echelon steel industry supply chain. In: *International Journal of Production Economics* 45 (1996), Nr. 1-3, S. 121–130

Hahn 1987

HAHN, D. : Risiko-Management - Stand und Entwicklungstendenzen . In: *Zeitschrift Führung und Organisation* 56 (1987), Nr. 3, S. 137–151

Haller 1978

HALLER, M. : Risiko-Management: neues Element in der Führung. In: *Management-Zeitschrift Industrielle Organisation* 47 (1978), Nr. 11, S. 483–487

Hammami u. a. 2009

HAMMAMI, R. ; FREIN, Y. ; HADJ-ALOUANE, A. B.: A strategic-tactical model for the supply chain design in the delocalization context Mathematical formulation and a case study. In: *International Journal of Production Economics* 122 (2009), Nr. 1, 351–365

Harland u. a. 2003

HARLAND, C. ; BRENCHLEY, R. ; WALKER, H. : Risk in supply networks. In: *Journal of Purchasing and Supply Management* 9 (2003), Nr. 2, S. 51–62

Harrison 2001

HARRISON, T. P.: Global Supply Chain Design. In: *Information Systems Frontiers* 3 (2001), Nr. 4, S. 413–416

Haywood u. Peck 2003

HAYWOOD, M. ; PECK, H. : Improving the Management of Supply Chain Vulnerability in UK Aerospace Manufacturing. In: *Proceedings of the first EUROMA/POMS Conference*, 2003, S. 121–130

Heidtmann 2008

HEIDTMANN, V. : *Organisation von Supply Chain Management: theoretische Konzeption und empirische Untersuchung in der deutschen Automobilindustrie.* 1. Wiesbaden : Gabler, 2008

Heikkilä 2002

HEIKKILÄ, J. : From supply to demand chain management: efficiency and customer satisfaction. In: *Journal of Operations Management* 20 (2002), Nr. 6, S. 747–767

Helferich 2003
HELFERICH, O. : Securing the supply chain against disaster. In: *Distribution Management Business Journal* 2 (2003), Nr. 2, S. 10–14

Hempel u. Offerhaus 2008
HEMPEL, M. ; OFFERHAUS, J. : Risikoaggregation als wichtiger Aspekt des Risikomanagements. In: *Risikoaggregation in der Praxis.* Berlin : Springer, 2008, 3–14

Hendricks u. Singhal 2003
HENDRICKS, K. ; SINGHAL, V. : The effect of supply chain glitches on shareholder wealth. In: *Journal of Operations Management* 21 (2003), Nr. 5, S. 501–522

Hendricks u. Singhal 2005a
HENDRICKS, K. ; SINGHAL, V. : An empirical analysis of the effect of supply chain disruptions on long-run stock price performance and equity risk of the firm. In: *Production and Operations Management* 14 (2005), Nr. 1, S. 35–52

Hendricks u. Singhal 2005b
HENDRICKS, K. ; SINGHAL, V. : Association between supply chain glitches and operating performance. In: *Management Science* 51 (2005), Nr. 5, S. 695–711

Higgins u. Green 2008
HIGGINS, J. P.; GREEN, S. : *Cochrane Handbook for Systematic Reviews of Interventions.* 1. West Sussex : Wiley-Blackwell, 2008 (Cochrane Book Series)

Higuchi u. Troutt 2004
HIGUCHI, T. ; TROUTT, M. : Dynamic simulation of the supply chain for a short life cycle product–Lessons from the Tamagotchi case. In: *Computers and Operations Research* 31 (2004), Nr. 7, S. 1097–1114

Hirsch u. a. 1998
HIRSCH, B. ; KUHLMANN, T. ; SCHUMACHER, J. : Logistics simulation of recycling networks. In: *Computers in Industry* 36 (1998), Nr. 1-2, S. 31–38

Hoffmann 1985
HOFFMANN, K. : *Risk Management - Neue Wege der betrieblichen Risikopolitik.* Karlsruhe : Verlag Versicherungswirtschaft, 1985

Hölscher u. a. 2006

HÖLSCHER, R. ; GIEBEL, S. ; KARRENBAUER, U. : Stand und Entwicklungstendenzen des industriellen Risikomanagements – Teil 1. In: *Zeitschrift für Risk, Fraud & Compliance* (2006), Nr. 4, S. 149–154

Holweg u. a. 2005

HOLWEG, M. ; DISNEY, S. ; HOLMSTRÖM, J. ; SMÅROS, J. : Supply Chain Collaboration: Making Sense of the Strategy Continuum. In: *European management journal* 23 (2005), Nr. 2, S. 170–181

Homburg 2000

HOMBURG, C. : *Quantitative Betriebswirtschaftslehre: Entscheidungsunterstützung durch Modelle. Mit Beispielen, Übungsaufgaben und Lösungen.* 3. Wiesbaden : Gabler Verlag, 2000 (Entscheidungsunterstützung durch Modelle. Mit Beispielen, Übungsaufgaben und Lösungen)

Houlihan 1988

HOULIHAN, J. B.: International Supply Chains: A New Approach. In: *Management Decision* 26 (1988), Nr. 3, S. 13–19

Huchzermeier u. Cohen 1996

HUCHZERMEIER, A. ; COHEN, M. A.: Valuing operational flexibility under exchange rate risk. In: *Operations Research* 44 (1996), Nr. 1, S. 100–113

Hull u. Suo 2002

HULL, J. ; SUO, W. : A methodology for assessing model risk and its application to the implied volatility function model. In: *Journal of Financial and Quantitative Analysis* 37 (2002), Nr. 2, S. 297–318

Husdal 2010

HUSDAL, J. : A Conceptual Framework for Risk and Vulnerability in Virtual Enterprise Networks. In: PONIS, S. (Hrsg.): *Managing Risk in Virtual Enterprise Networks: Implementing Supply Chain Principles.* Hershey : IGI, 2010, 1–27

Jahn 2012

JAHN, C. : Innovative Logistiksystemplanung – Schneller, besser, flexibler planen mit Visualisierung und Simulation. In: *Tagung Wissenschaft trifft Wirtschaft.* Hamburg, Mai 2012

Jahn u. Bergmann 2012

JAHN, C. ; BERGMANN, J. : Einsatz von Planspielen in der Maritimen Logistik:

Methodenvermittlung zur Prozessoptimierung. In: *21. Hamburger Logistik-Kolloquium.* Hamburg, März 2012

Jain 2008
JAIN, S. : Tradeoffs in building a generic supply chain simulation capability. In: *Winter Simulation Conference*, 2008, S. 1873–1881

Jain u. Leong 2005
JAIN, S. ; LEONG, S. : Stress testing a supply chain using simulation. In: *Winter Simulation Conference*, 2005, S. 1650–1657

Janssen 2006
JANSSEN, M. : The architecture and business value of a semi-cooperative, agent-based supply chain management system. In: *Electronic Commerce Research and Applications* 4 (2006), Nr. 4, S. 315–328

Jayaraman u. Ross 2003
JAYARAMAN, V. ; ROSS, A. : A simulated annealing methodology to distribution network design and management. In: *European Journal of Operational Research* 144 (2003), Nr. 3, S. 629–645

Jonen 2007
JONEN, A. ; LINGNAU, V. (Hrsg.): *Semantische Analyse des Risikobegriffs - Strukturierung der betriebswirtschaftlichen Risikodefinition und literaturempirischen Auswertung.* 2. Kaiserslautern : Technische Universität Kaiserslautern, 2007 (Beiträge zur Controlling-Forschung)

Julka u. a. 2002
JULKA, N. ; SRINIVASAN, R. ; KARIMI, I. : Agent-based supply chain management: framework. In: *Computers & Chemical Engineering* 26 (2002), Nr. 12, S. 1755–1769

Jüttner 2005
JÜTTNER, U. : Supply chain risk management - Understanding the business requirements from a practitioner perspective. In: *The International Journal of Logistics Management* 16 (2005), Nr. 1, 130–141

Jüttner u. a. 2010
JÜTTNER, U. ; CHRISTOPHER, M. G. ; GODSELL, J. : A strategic framework for integrating marketing and supply chain strategies. In: *The International Journal of Logistics Management* 21 (2010), Nr. 1, S. 104–126

Jüttner u. a. 2003

JÜTTNER, U. ; PECK, H. ; CHRISTOPHER, M. G.: Supply Chain Risk Management: Outlining an Agenda for Future Research. In: *International Journal of Logistics: Research and Applications* 6 (2003), Nr. 4, 197–210

Jüttner u. Ziegenbein 2008

JÜTTNER, U. ; ZIEGENBEIN, A. : Risikomanagement in der Supply Chain - Eine praktische Methode in sechs Schritten und Excel-basiertem Prototyp. (2008)

Kajüter 2003a

KAJÜTER, P. : Instrumente zum Risikomanagement in der Supply Chain. In: STÖLZLE, W. (Hrsg.); OTTO, A. (Hrsg.): *Supply Chain Controlling in Theorie und Praxis.* Wiesbaden : Gabler, 2003, 107–135

Kajüter 2003b

KAJÜTER, P. : Risk management in supply chains. In: SEURING, S. A. (Hrsg.); MÜLLER, M. (Hrsg.); GOLDBACH, M. (Hrsg.) ; SCHNEIDEWIND, U. (Hrsg.): *Strategy and Organization in Supply Chains.* Heidelberg : Physica, 2003, 321–336

Kanwischer 2002

KANWISCHER, D. : Experteninterviews – Stellenwert – Auswertungsmethoden und Verwendungsmöglichkeiten. In: KANWISCHER, D. (Hrsg.); RHODE-JÜCHTERN, T. (Hrsg.): *Qualitative Forschungsmethoden in der Geographiedidaktik - Geographiedidaktische Forschungen.* Nürnberg : Selbstverlag, 2002, 90–112

Kaplan u. Garrick 1981

KAPLAN, S. ; GARRICK, B. J.: On The Quantitative Definition of Risk. In: *Risk Analysis* 1 (1981), Nr. 1, 11–27

Kara u. a. 2007

KARA, S. ; RUGRUNGRUANG, F. ; KAEBERNICK, H. : Simulation modelling of reverse logistics networks. In: *International Journal of Production Economics* 106 (2007), Nr. 1, S. 61–69

Kersten u. a. 2007

KERSTEN, W. ; BÖGER, M. ; HOHRATH, P. : An empirical analysis of supply chain risk management – a theoretical and risk oriented approach. In: *International Conference on Operations and Supply Chain Management.* Bangkok, 2007

Kersten u. a. 2009
KERSTEN, W. ; BÖGER, M. ; HOHRATH, P. ; SINGER, C. ; WAGNER, S. M. ; KEMMERLING, R. : *Schlussbericht zum Projekt - Supply Chain Risk Management Navigator.* 2009

Kersten u. Hohrath 2007
KERSTEN, W. ; HOHRATH, P. : Risikomanagement in internationalen Supply Chains. In: WIMMER, T. (Hrsg.); BOBEL, T. (Hrsg.): *24. Deutscher Logistik-Kongress, Effizienz - Verantwortung - Erfolg.* Hamburg : Deutscher Verkehrs-Verlag, 2007, S. 165–190

Kersten u. a. 2011a
KERSTEN, W. ; HOHRATH, P. ; BOEGER, M. ; SINGER, C. : A Supply Chain Risk Management Process. In: *International Journal of Logistics Systems and Management* 8 (2011), Nr. 2, 152–166

Kersten u. a. 2010a
KERSTEN, W. ; HOHRATH, P. ; SCHOLL, J. : Lieferung mit Risiko. In: *Erneuerbare Energien* 20 (2010), Nr. 3, S. 40–45

Kersten u. a. 2010b
KERSTEN, W. ; LOPEZ CASTELLANOS, M. A. ; SKIRDE, H. : System's Complexity Management -an explorative study in supply operations. In: KERSTEN, W. (Hrsg.); BLECKER, T. (Hrsg.): *Pioneering solutions in supply chain management: a comprehensive insight into current management approaches.* Berlin : Erich Schmidt Verlag, 2010, S. 329–346

Kersten u. a. 2011b
KERSTEN, W. ; LOPEZ CASTELLANOS, M. A. ; STENGEL, D. : Strategic Agent Based Simulation Platform for Supply Chain Management. In: KERSTEN, W. (Hrsg.); BLECKER, T. (Hrsg.) ; JAHN, C. (Hrsg.): *International Supply Chain Management and Collaboration Practices.* Lohmar : Josef Eul Verlag, 2011, S. 263–282

Kersten u. Singer 2011
KERSTEN, W. ; SINGER, C. : Aufbau von Flexibilitäts- potenzialen zur Beherrschung von Supply Chain-Risiken. In: *Industrie Management* 27 (2011), Nr. 3, S. 61–64

Kersten u. Stengel 2011
KERSTEN, W. ; STENGEL, D. : Mitigation Strategies in Global Supply Chain

Risk Management: an exploratory Study. In: KERSTEN, W. (Hrsg.); BLECKER, T. (Hrsg.) ; JAHN, C. (Hrsg.): *International Supply Chain Management and Collaboration Practices*. Lohmar : Josef Eul Verlag, 2011, S. 55–74

Khan u. Burnes 2007

KHAN, O. ; BURNES, B. : Risk and supply chain management: creating a research agenda. In: *The International Journal of Logistics Management* 18 (2007), Nr. 2, 197–216

Kieser 2006

KIESER, A. ; EBERS, M. (Hrsg.): *Organisationstheorien*. 6. Stuttgart : Kohlhammer, 2006

Kistner u. Steven 2001

KISTNER, K.-P. ; STEVEN, M. : *Produktionsplanung*. 3. Heidelberg : Physica, 2001

Kleijnen 2005

KLEIJNEN, J. : Supply chain simulation tools and techniques: a survey. In: *International Journal of Simulation and Process Modeling* 1 (2005), Nr. 1, S. 82–89

Kleindorfer u. Saad 2005

KLEINDORFER, P. ; SAAD, G. : Managing disruption risks in supply chains. In: *Production and Operations Management* 14 (2005), Nr. 1, 53–68

Klibi u. a. 2010

KLIBI, W. ; MARTEL, A. ; GUITOUNI, A. : The design of robust value-creating supply chain networks: A critical review. In: *European Journal of Operational Research* 203 (2010), Nr. 2, 283–293

Kluge u. Götze 1951

KLUGE, F. ; GÖTZE, A. : *Etymologisches Wörterbuch der Deutschen Sprache*. 15. Berlin : De Gruyter, 1951

Knight 1921

KNIGHT, F. H.: *Risk, Uncertainty and Profit*. Cambridge : The Riverside Press, 1921

Kosiol 1964

KOSIOL, E. : Betriebswirtschaftslehre und Unternehmensforschung: eine

Untersuchung ihrer Standorte und Beziehungen auf wissenschaftstheoretischer Grundlage. In: *Zeitschrift für Betriebswirtschaft* 34 (1964), Nr. 12, 743–762

Kovács u. Tatham 2009
KOVÁCS, G. ; TATHAM, P. : Responding to Disruptions in the Supply Network - From Dormant to Action. In: *Journal of Business Logistics* 30 (2009), Nr. 2, 215–229

KPMG 2010
KPMG: Survival of the most informed. 2010. – Forschungsbericht

Lambert u. a. 1998
LAMBERT, D. ; COOPER, M. ; PAGH, J. : Supply chain management: implementation issues and research opportunities. In: *The International Journal of Logistics Management* 9 (1998), Nr. 2, S. 1–20

Langabeer u. Seifert 2003
LANGABEER, J. ; SEIFERT, D. : Supply Chain Integration: The Key to Merger Success. In: *Supply Chain Management Review* 7 (2003), S. 58–64

Lau 1989
LAU, C. : Risikodiskurse: Gesellschaftliche Auseinandersetzung um die Definition des Risikos. In: *Soziale Welt* 40 (1989), S. 418–436

Law 2009
LAW, A. M.: How to build Valid and Credible Simulation Models. In: *Winter Simulation Conference* (2009), S. 24–33

LeBlanc u. Abdulaal 1984
LEBLANC, L. J.; ABDULAAL, M. : A comparison of user-optimum versus system-optimum traffic assignment in transportation network design. In: *Transportation Research Part B: Methodological* 18 (1984), Nr. 2, S. 115–121

Lee 2002
LEE, H. L.: Aligning supply chain strategies with product uncertainties. In: *California Management Review* 44 (2002), Nr. 3, S. 105–119

Lee u. Tang 1997
LEE, H. L.; TANG, C. S.: Modelling the costs and benefits of delayed product differentiation. In: *Management Science* 43 (1997), Nr. 1, S. 40–53

Leitner u. Wroblewski 2002

LEITNER, A. ; WROBLEWSKI, A. : Zwischen Wissenschaftlichkeitsstandards und Effizientansprüchen - ExpertInneninterviews in der Praxis der Arbeitsmarktevaluation. In: BOGNER, A. (Hrsg.); LITTIG, B. (Hrsg.) ; MENZ, W. (Hrsg.): *Das Experteninterview: Theorie, Methode, Anwendung.* Opladen : Leske + Budrich, 2002, S. 241–256

Levy 1994

LEVY, D. : Chaos theory and strategy: theory, application, and managerial implications. In: *Strategic Management Journal* 15 (1994), Nr. 1, 167–178

Lewis 2003

LEWIS, M. A.: Cause, consequence and control: towards a theoretical and practical model of operational risk. In: *Journal of Operations Management* 21 (2003), Nr. 2, S. 205–224

Li u. O'Brien 2001

LI, D. ; O'BRIEN, C. : A quantitative analysis of relationships between product types and supply chain strategies. In: *International Journal of Production Economics* 73 (2001), Nr. 1, S. 29–39

Li u. a. 2009

LI, J. ; WANG, S. ; CHENG, T. C. E.: Competition and cooperation in a single-retailer two-supplier supply chain with supply disruption. In: *International Journal of Production Economics* 124 (2009), Nr. 1, 137–150

Lin u. a. 1998

LIN, F. ; TAN, G. ; SHAW, M. : Modeling supply-chain networks by a multi-agent system. In: *Hawaii International Conference on System Sciences*, 1998, S. 105–115

Lockamy u. McCormack 2004

LOCKAMY, A. I.; MCCORMACK, K. : Linking SCOR planning practices to supply chain performance: An exploratory study. In: *International Journal of Operations and Production Management* 24 (2004), Nr. 12, 1192–1218

Logendran u. Terrell 1988

LOGENDRAN, R. ; TERRELL, M. : Uncapacitated plant location-allocation problems with price sensitive stochastic demands. In: *Computers and Operations Research* 15 (1988), Nr. 2, S. 189–198

Luhmann 1991

LUHMANN, N. : *Soziologie des Risikos*. Berlin : de Gruyter, 1991

Luhmann 2004

LUHMANN, N. : *Einführung in die Systemtheorie*. 2. Heidelberg : Carl-Auer-Systeme, 2004

Macal u. North 2009

MACAL, C. ; NORTH, M. : Agent-based modeling and simulation. In: *Winter Simulation Conference*, 2009, S. 86–98

Manuj u. a. 2009

MANUJ, I. ; MENTZER, J. T. ; BOWERS, M. : Improving the rigor of discrete-event simulation in logistics and supply chain research. In: *International Journal of Physical Distribution and Logistics Management* 39 (2009)

March u. Shapira 1987

MARCH, J. ; SHAPIRA, Z. : Managerial Perspectives on Risk and Risk Taking. In: *Management Science* 33 (1987), Nr. 11, 1404–1418

Marks 2007

MARKS, R. E.: Validating Simulation Models: A General Framework and Four Applied Examples. In: *Computational Economics* 30 (2007), Nr. 3, 265–290

Mason-Jones u. Towill 1997

MASON-JONES, R. ; TOWILL, D. R.: Information enrichment: designing the supply chain for competitive advantage. In: *Supply Chain Management: An International Journal* 2 (1997), Nr. 4, S. 137–148

Mason-Jones u. Towill 1998

MASON-JONES, R. ; TOWILL, D. R.: Shrinking the supply chain uncertainty circle. In: *IOM Control* 24 (1998), Nr. 7, 17–22

Meixell u. Gargeya 2005

MEIXELL, M. ; GARGEYA, V. : Global supply chain design: A literature review and critique. In: *Transportation Research Part E: Logistics and Transportation Review* 41 (2005), Nr. 6, S. 531–550

Mello u. Flint 2009

MELLO, J. ; FLINT, D. J.: A refined View of Grounded Theory and its Application to Logistics Research. In: *Journal of Business Logistics* 30 (2009), Nr. 1, 107–125

Melo u. Nickel 2009

MELO, M. ; NICKEL, S. : Facility location and supply chain management-A review. In: *European Journal of Operational Research* 196 (2009), Nr. 2, S. 401–412

Mentzer u. a. 2001a

MENTZER, J. T.; DEWIN, W. ; KEEBLER, J. S.; MIN, S. ; NIX, N. W.; SMITH, C. D. ; ZACHARIA, Z. G.: What is Supply Chain Management? In: MENTZER, J. T. (Hrsg.): *Supply Chain Management*. Thousand Oaks : Sage, 2001, S. 1–26

Mentzer u. a. 2001b

MENTZER, J. T.; DEWITT, W. ; KEEBLER, J. S.; MIN, S. ; NIX, N. W.; SMITH, C. D. ; ZACHARIA, Z. G.: Defining Supply Chain Management. In: *Journal of Business Logistics* 22 (2001), Nr. 2, 1–25

Merschmann 2007

MERSCHMANN, U. : *Die Beziehung zwischen Unsicherheit, Supply-Chain-Flexibilität und Erfolg : eine empirische Untersuchung für das deutsche produzierende Gewerbe*. 1. Lohmar : Josef Eul Verlag, 2007 (Produktionswirtschaft und Industriebetriebslehre)

Meseck 2004

MESECK, G. : Risky Business. In: *Logistics Today* (2004), S. 34–41

Meuser u. Nagel 2002

MEUSER, M. ; NAGEL, U. : ExpertInneninterviews - vielfach erprobt, wenig bedacht - Ein Beitrag zur qualitativen Methodendiskussion. In: BOGNER, A. (Hrsg.); LITTIG, B. (Hrsg.) ; MENZ, W. (Hrsg.): *Das Experteninterview: Theorie, Methode, Anwendung*. Opladen : Leske + Budrich, 2002, S. 71–94

Meyer 2007

MEYER, C. M.: *Integration des Komplexitätsmanagements in den strategischen Führungsprozess der Logistik*. 1. Bern : Haupt, 2007

Meyr u. Stadtler 2008

MEYR, H. ; STADTLER, H. : Types of Supply Chains. In: STADTLER, H. (Hrsg.); KILGER, C. (Hrsg.): *Supply Chain Management and Advanced Planning*. Berlin : Springer, 2008, 65–80

Mikus 1996
MIKUS, B. : ZP-Stichwort: Risikomanagement. In: *Zeitschrift für Planung* 7 (1996), S. 105–110

Miles u. Huberman 1994
MILES, M. B.; HUBERMAN, A. M.: Qualitative Data Analysis. In: *Sage Publications* (1994)

Miller 1992
MILLER, K. D.: A Framework for integrated Risk Management in International Business. In: *Journal of International Business Studies* 23 (1992), Nr. 2, 311–331

Min u. Zhou 2002
MIN, H. ; ZHOU, G. : Supply chain modeling: past, present and future. In: *Computers and Industrial Engineering* 43 (2002), Nr. 1-2, S. 231–249

Mintzberg 1978
MINTZBERG, H. : Patterns in strategy formation. In: *Management Science* 24 (1978), Nr. 9, S. 934–948

Mintzberg u. Waters 1985
MINTZBERG, H. ; WATERS, J. : Of strategies, deliberate and emergent. In: *Strategic Management Journal* 6 (1985), Nr. 3, S. 257–272

Miranda u. Garrido 2004
MIRANDA, P. ; GARRIDO, R. : Incorporating inventory control decisions into a strategic distribution network design model with stochastic demand. In: *Transportation Research Part E: Logistics and Transportation Review* 40 (2004), Nr. 3, S. 183–207

Mitchell 1995
MITCHELL, V. : Organizational risk perception and reduction: A literature review. In: *British Journal of Management* 6 (1995), Nr. 2, S. 115–133

Mitra u. Fortenberry 1986
MITRA, A. ; FORTENBERRY, J. : The location-allocation problem using multi-objectives. In: *Engineering Costs and Production Economics* 10 (1986), Nr. 1, S. 113–120

Morgan 2006
MORGAN, G. : *Images of Organization.* Thound Oaks : Sage, 2006

Moyaux 2004

MOYAUX, T. : *Design, simulation and analysis of collaborative strategies in multi-agent systems: The case of supply chain management*, Université Laval Québec, Diss., 2004

Moyaux u. a. 2004

MOYAUX, T. ; CHAIB-DRAA, B. ; D'AMOURS, S. : Multi-agent simulation of collaborative strategies in a supply chain. In: *International Joint Conference on Autonomous Agents and Multiagent Systems*, 2004, S. 52–59

Mulrow 1987

MULROW, C. D.: The medical review article: state of the science. In: *Annual International Medicine* 106 (1987), Nr. 3, 485–488

Mulrow 1994

MULROW, C. D.: Systematic Reviews: Rationale for Systematic Reviews. In: *British Medical Journal* 309 (1994), Nr. 3, 597–599

Nahmias 2005

NAHMIAS, S. : *Production and Operations Analysis*. 5. New York : McGraw-Hill, 2005

Nakatsu 2005

NAKATSU, R. : Designing business logistics networks using model-based reasoning and heuristic-based searching. In: *Expert Systems with Applications* 29 (2005), Nr. 4, S. 735–745

Narasimhan u. a. 2008

NARASIMHAN, R. ; KIM, S. W. ; TAN, K. C.: An empirical investigation of supply chain strategy typologies and relationships to performance. In: *International Journal of Production Research* 46 (2008), Nr. 18, S. 5231–5259

Narasimhan u. Talluri 2009

NARASIMHAN, R. ; TALLURI, S. : Perspectives on risk management in supply chains. In: *Journal of Operations Management* 27 (2009), Nr. 2, S. 114–118

Neiger u. a. 2009

NEIGER, D. ; ROTARU, K. ; CHURILOV, L. : Supply chain risk identification with value-focused process engineering. In: *Journal of Operations Management* 27 (2009), Nr. 2, S. 154–168

Nepal u. a. 2012
NEPAL, B. ; MONPLAISIR, L. ; FAMUYIWA, O. : Matching Product Architecture with Supply Chain Design. In: *European Journal of Operational Research* 216 (2012), Nr. 2, 312–325

Neumann 2009
NEUMANN, L. : *Risikomanagement bei der Gestaltung von Unternehmenskooperationen - untersucht am Beispiel der Investitionsgüterindustrie.* 1. Hamburg : Eigenverlag, 2009 (Wissen schafft Innovation)

Norrman u. Jansson 2004
NORRMAN, A. ; JANSSON, U. : Ericsson's proactive supply chain risk management approach after a serious sub-supplier accident. In: *International Journal of Physical Distribution and Logistics Management* 34 (2004), Nr. 5, S. 434–456

Norrman u. Lindroth 2004
NORRMAN, A. ; LINDROTH, R. : Categorization of Supply Chain Risk and Risk Management. In: BRINDLEY, C. (Hrsg.): *Supply Chain Risk.* Surrey : Ashgate, 2004, S. 14–27

Nozick u. Turnquist 2001
NOZICK, L. ; TURNQUIST, M. : A two-echelon inventory allocation and distribution center location analysis. In: *Transportation Research Part E: Logistics and Transportation Review* 37 (2001), Nr. 6, S. 425–441

Oehmen u. a. 2009
OEHMEN, J. ; ZIEGENBEIN, A. ; ALARD, R. ; SCHÖNSLEBEN, P. : System-oriented supply chain risk management. In: *Production Planning and Control* 20 (2009), Nr. 4, 343–361

Oke u. Gopalakrishnan 2009
OKE, A. ; GOPALAKRISHNAN, M. : Managing disruptions in supply chains: A case study of a retail supply chain. In: *International Journal of Production Economics* 118 (2009), Nr. 1, S. 168–174

Ören u. Zeigler 1979
ÖREN, T. I.; ZEIGLER, B. P.: Concepts for advanced simulation methodologies. In: *Simulation* 32 (1979), Nr. 3, 69–82

Pan u. Nagi 2010
PAN, F. ; NAGI, R. : Robust supply chain design under uncertain demand in

agile manufacturing. In: *Computers and Operations Research* 37 (2010), Nr. 4, S. 668–683

Park u. a. 2010

PARK, S. ; LEE, T. ; SUNG, C. : A three-level supply chain network design model with risk-pooling and lead times. In: *Transportation Research Part E: Logistics and Transportation Review* 46 (2010), Nr. 5, 563–581

Parlar u. Wang 1993

PARLAR, M. ; WANG, D. : Diversification under yield randomness in inventory models. In: *European Journal of Operational Research* 66 (1993), Nr. 1, 52–64

Peck 2006

PECK, H. : Reconciling supply chain vulnerability, risk and supply chain management. In: *International Journal of Logistics: Research and Applications* 9 (2006), Nr. 2, 127–142

Pero u. a. 2010

PERO, M. ; ROSSI, T. ; NOÉ, C. ; SIANESI, A. : An exploratory study of the relation between supply chain topological features and supply chain performance. In: *International Journal of Production Economics* 123 (2010), Nr. 2, S. 266–278

Perry 1998

PERRY, C. : Processes of a case study methodology for postgraduate research in marketing. In: *European Journal of Marketing* 32 (1998), Nr. 9/10, 785–802

Persson 2002

PERSSON, F. : The impact of different levels of detail in manufacturing systems simulation models. In: *Robotics and Computer-Integrated Manufacturing* 18 (2002), Nr. 3-4, S. 319–325

Persson u. Araldi 2009

PERSSON, F. ; ARALDI, M. : The development of a dynamic supply chain analysis tool—Integration of SCOR and discrete event simulation. In: *International Journal of Production Economics* 121 (2009), Nr. 2, 574–583

Persson u. Olhager 2002

PERSSON, F. ; OLHAGER, J. : Performance simulation of supply chain designs. In: *International Journal of Production Economics* 77 (2002), Nr. 3, S. 231–245

Petrovic 2001

PETROVIC, D. : Simulation of supply chain behaviour and performance in an uncertain environment. In: *International Journal of Production Economics* 71 (2001), Nr. 1-3, S. 429–438

Petrovic u. a. 1998

PETROVIC, D. ; ROY, R. ; PETROVIC, R. : Modelling and simulation of a supply chain in an uncertain environment. In: *European Journal of Operational Research* 109 (1998), Nr. 2, S. 299–309

Pettit u. a. 2010

PETTIT, T. J.; FIKSEL, J. ; CROXTON, K. L.: Ensuring Supply Chain Resilience: Development of a Conceptual Framework. In: *Journal of Business Logistics* 31 (2010), Nr. 1, S. 1–21

Pfohl 2002

PFOHL, H.-C. : Risiko- und Chancen: Strategische Analyse in der Supply Chain. In: PFOHL, H.-C. (Hrsg.): *Risiko- und Chancenmanagement in der Supply Chain.* Berlin : Erich Schmidt, 2002, 1–58

Pfohl u. Ehrenhöfer 2009

PFOHL, H.-C. ; EHRENHÖFER, M. : Risiko Insolvenz - Herausforderung in Wertschöpfungsnetzwerken. In: WIMMER, T. (Hrsg.); WÖHNER, H. (Hrsg.): *26. Deutscher Logistik-Kongress.* Hamburg : Deutscher Verkehrs-Verlag, 2009, S. 120–152

Pfohl u. a. 2003

PFOHL, H.-C. ; HOFMANN, E. ; ELBERT, R. : Financial Supply Chain Management — Neue Herausforderungen für die Finanz-und Logistikwelt. In: *Logistik Management* 5 (2003), Nr. 4, S. 10–26

Pfohl u. a. 2010

PFOHL, H.-C. ; KÖHLER, H. ; THOMAS, D. : State of the art in supply chain risk management research: empirical and conceptual findings and a roadmap for the implementation in practice. In: *Logistics Research* 2 (2010), Nr. 1, 33–44

Pinkus 2011

PINKUS, K. : The Risks of Sustainability. In: CROSTHWAITE, P. (Hrsg.): *Criticism, Crisis, and Contemporary Narrative.* New York : Routledge, 2011, S. 62–77

Pittaway u. a. 2004

PITTAWAY, L. ; ROBERTSON, M. ; MUNIR, K. ; DENYER, D. ; NEELY, A. : Networking and innovation: a systematic review of the evidence. In: *International Journal of Management Review* 5/6 (2004), Nr. 3&4, 137–168

Popay u. a. 1998

POPAY, J. ; ROGERS, A. ; WILLIAMS, G. : Rationale and standards for the systematic review of qualitative literature in health services research. In: *Qualitative health research* 8 (1998), Nr. 3, 341–351

Qi u. a. 2009

QI, L. ; SHEN, Z.-J. M. ; SNYDER, L. V.: A continuous-review inventory model with disruptions at both supplier and retailer. In: *Production and Operations Management* 18 (2009), Nr. 5, S. 516–532

Qiang u. a. 2009

QIANG, Q. ; NAGURNEY, A. ; DONG, J. : Modeling of Supply Chain Risk under Disruptions with Performance Measurement and Robustness Analysis. In: WU, T. (Hrsg.); BLACKHURST, J. V. (Hrsg.): *Managing Supply Chain Risk and Vulnerability: Tools and Methods for Supply Chain Decision Makers*. Berlin : Springer, 2009, S. 91–111

Qin u. Ji 2010

QIN, Z. ; JI, X. : Logistics network design for product recovery in fuzzy environment. In: *European Journal of Operational Research* 202 (2010), Nr. 2, S. 479–490

Qu u. a. 2010

QU, T. ; HUANG, G. ; ZHANG, Y. ; DAI, Q. : A generic analytical target cascading optimization system for decentralized supply chain configuration over supply chain grid. In: *International Journal of Production Economics* 127 (2010), Nr. 2, S. 262–277

Rabelo u. a. 2007

RABELO, L. ; ESKANDARI, H. ; SHAALAN, T. ; HELAL, M. : Value chain analysis using hybrid simulation and AHP. In: *International Journal of Production Economics* 105 (2007), Nr. 2, S. 536–547

Rao u. Goldsby 2009

RAO, S. ; GOLDSBY, T. J.: Supply chain risks: a review and typology. In: *The International Journal of Logistics Management* 20 (2009), Nr. 1, 97–123

Ritchie u. Brindley 2000
RITCHIE, B. ; BRINDLEY, C. : Disintermediation, disintegration and risk in the SME global supply chain. In: *Management Decision* 38 (2000), Nr. 8, S. 575–583

Rogler 2002
ROGLER, S. : *Risikomanagement im Industriebetrieb – Analyse von Beschaffungs-, Produktions- und Absatzrisiken.* 1. Wiesbaden : Deutsche Universitätsverlag, 2002

Rong u. a. 2009
RONG, Y. ; SHEN, Z.-J. M. ; SNYDER, L. V.: Pricing during disruptions: A cause of the reverse bullwhip effect. In: *Social Science Research Network* (2009), April

Rosenzweig u. Roth 2007
ROSENZWEIG, E. ; ROTH, A. V.: B2B seller competence: construct development and measurement using a supply chain strategy lens. In: *Journal of Operations Management* 25 (2007), Nr. 6, S. 1311–1331

Ruefli u. a. 1999
RUEFLI, T. ; COLLINS, J. ; LACUGNA, J. : Risk measures in strategic management research: auld lang syne? In: *Strategic Management Journal* 20 (1999), Nr. 2, S. 167–194

Sabri u. Beamon 2000
SABRI, E. ; BEAMON, B. M.: A Multi-Objective Approach to Simultaneous Strategic and Operational Planning in Supply Chain Design. In: *Omega* 28 (2000), Nr. 5, 581–598

Sachan u. Datta 2005
SACHAN, A. ; DATTA, S. : Review of supply chain management and logistics research. In: *International Journal of Physical Distribution and Logistics Management* 35 (2005), Nr. 9, S. 664–705

Santoso u. a. 2005
SANTOSO, T. ; AHMED, S. ; GOETSCHALCKX, M. ; SHAPIRO, A. : A stochastic programming approach for supply chain network design under uncertainty. In: *European Journal of Operational Research* 167 (2005), Nr. 1, S. 96–115

Schmidt u. Wilhelm 2000
SCHMIDT, G. ; WILHELM, W. : Strategic, tactical and operational decisions

in multi-national logistics networks: a review and discussion of modelling issues. In: *International Journal of Production Research* 38 (2000), Nr. 7, S. 1501–1523

Schmitt u. Singh 2009

SCHMITT, A. ; SINGH, M. : Quantifying supply chain disruption risk using Monte Carlo and discrete-event simulation. In: ROSETTI, M. D. (Hrsg.); HILL, R. R. (Hrsg.); JOHANSSON, B. (Hrsg.); DUNKIN, A. (Hrsg.) ; INGALLS, R. G. (Hrsg.): *Winter Simulation Conference.* Austin : Winter Simulation Conference, 2009, 1237–1248

Schneider 2009

SCHNEIDER, I. : *Berichte aus dem Institut für Konstruktions- und Fertigungstechnik.* Bd. 15: *Die Risikobetrachtung in der Beschaffung als strategische Komponente im Supply-Chain-Design: eine Analyse am Beispiel Karosserieblechteile in der Automobilindustrie.* Aachen : Shaker, 2009

Schnetzler u. a. 2007

SCHNETZLER, M. ; SENNHEISER, A. ; SCHÖNSLEBEN, P. : A decomposition-based approach for the development of a supply chain strategy. In: *International Journal of Production Economics* 105 (2007), Nr. 1, S. 21–42

Schrader u. a. 2005

SCHRADER, U. ; HALBES, S. ; HANSEN, U. : Konsumentenorientierte Kommunikation über Corporate Social Responsibility (CSR). In: *Lehrstuhl Marketing und Konsum – Lehr- und Forschungsbericht* (2005), Januar

Schütz u. a. 2009

SCHÜTZ, P. ; TOMASGARD, A. ; AHMED, S. : Supply chain design under uncertainty using sample average approximation and dual decomposition. In: *European Journal of Operational Research* 199 (2009), Nr. 2, S. 409–419

Seiter 2006

SEITER, M. : Risk Management in Supply Chains Behavioural Risks. In: KERSTEN, W. (Hrsg.); BLECKER, T. (Hrsg.): *Managing Risks in Supply Chains.* Berlin : Erich Schmidt, 2006, S. 110–122

Senge 1997

SENGE, P. : *The fifth discipline: The art and practice of the learning organization.* 7. London : Doubleday, 1997

Seuring 2009
SEURING, S. A.: The product-relationship-matrix as framework for strategic supply chain design based on operations theory. In: *International Journal of Production Economics* 120 (2009), Nr. 1, 221–232

Sheffi 2001
SHEFFI, Y. : Supply Chain Management under the Threat of International Terrorism. In: *The International Journal of Logistics Management* 12 (2001), Nr. 2, 1–11

Sheffi 2005
SHEFFI, Y. : *The Resilient Enterprise - Overcoming Vulnerability for Competitive Advantage.* Cambridge : MIT Press, 2005

Sheffi 2008
SHEFFI, Y. : Resilience: What it is and how to achieve it. In: *Congress Testimony*, 2008

Sheffi 2009
SHEFFI, Y. : Business continuity: a systematic approach. In: RICHARDSON, H. W. (Hrsg.); GORDON, P. (Hrsg.) ; MOORE, J. E. (Hrsg.): *Global Business and the Terrorist Threat.* Edward Elgar, 2009, S. 23–41

Sheffi u. Rice 2005
SHEFFI, Y. ; RICE, J. : A supply chain view of the resilient enterprise. In: *MIT Sloan Management Review* 47 (2005), Nr. 1, S. 41–48

Sheffi u. a. 2003
SHEFFI, Y. ; RICE JR, J. ; FLECK, J. ; CANIATO, F. : Supply chain response to global terrorism: A situation scan. In: *Supply Chain Conference (Universität Mailand).* Mailand, 2003

Shen 2006
SHEN, Z.-J. M.: A profit-maximizing supply chain network design model with demand choice flexibility. In: *Operations Research Letters* 34 (2006), Nr. 6, S. 673–682

Shen 2007
SHEN, Z.-J. M.: Integrated supply chain design models: a survey and future research directions. In: *Journal of Industrial and Management Optimization* 3 (2007), Nr. 1, S. 1–27

Shepherd u. Günter 2006

SHEPHERD, C. ; GÜNTER, H. : Measuring supply chain performance: Current research and future directions. In: *International Journal of Productivity and Performance Management* 55 (2006), Nr. 3/4, 242–258

Si u. a. 2007

SI, Y. ; EDMOND, D. ; DUMAS, M. ; CHONG, C. : Strategies in supply chain management for the Trading Agent Competition. In: *Electronic Commerce Research and Applications* 6 (2007), Nr. 4, S. 369–382

Silva u. Cunha 2009

SILVA, M. ; CUNHA, C. : New simple and efficient heuristics for the uncapacitated single allocation hub location problem. In: *Computers and Operations Research* 36 (2009), Nr. 12, S. 3152–3165

Simchi-Levi u. a. 2003

SIMCHI-LEVI, D. ; KAMINSKY, P. ; SIMCHI-LEVI, E. : *Designing & Managing the Supply Chain.* 2. New York : McGraw-Hill, 2003

Simons 1999

SIMONS, R. : How risky is your company? In: *Harvard Business Review* 77 (1999), Nr. 3, 85–94

Smith u. a. 1990

SMITH, C. W.; SMITHSON, C. W. ; WILFORD, D. S.: *Managing financial risk.* New York : Harper & Row, 1990

Smith 2009

SMITH, M. E.: Psychological Foundations of Supply Chain Risk Management. In: *Supply chain risk.* New York : Springer, 2009, S. 219–233

Snyder u. Daskin 2005

SNYDER, L. V.; DASKIN, M. S.: Reliability models for facility location: The expected failure cost case. In: *Transportation Science* 39 (2005), Nr. 3, S. 400–416

Snyder u. a. 2006

SNYDER, L. V.; SCAPARRA, M. P.; DASKIN, M. S. ; CHURCH, R. L.: Planning for Disruptions in Supply Chain Networks. In: JOHNSON, M. P. (Hrsg.); NORMAN, B. (Hrsg.) ; SECOMANDI, N. (Hrsg.): *Tutorials in Operations Research.* Providence : Informs, 2006, S. 234–257

Sodhi u. Tang 2009a

SODHI, M. S.; TANG, C. S.: Managing Supply Chain Disruptions via Time-Based Risk Management. In: WU, T. (Hrsg.); BLACKHURST, J. V. (Hrsg.): *Managing Supply Chain Risk and Vulnerability*. Berlin : Springer, 2009, S. 29–40

Sodhi u. Tang 2009b

SODHI, M. S.; TANG, C. S.: Modeling supply-chain planning under demand uncertainty using stochastic programming: A survey motivated by asset–liability management. In: *International Journal of Production Economics* 121 (2009), September, Nr. 2, 728–738

Solomon 1977

SOLOMON, S. : Simulation as an alternative to linear programming. In: *ACM SIGSIM Simulation Digest* 8 (1977), Nr. 2, S. 13–15

Sorensen 2005

SORENSEN, L. : How risk and uncertainty is used in supply chain management: a literature study. In: *International Journal of Integrated Supply Management* 1 (2005), Nr. 4, S. 387–409

Sridharan 1995

SRIDHARAN, R. : The capacitated plant location problem. In: *European Journal of Operational Research* 87 (1995), Nr. 2, S. 203–213

Staehle 1973

STAEHLE, W. H.: *Organisation und Führung sozio-technischer Systeme: Grundlagen einer Situationstheorie*. Stuttgart : Enke, 1973

Sule 1981

SULE, D. : Simple methods for uncapacitated facility location/allocation problems. In: *Journal of Operations Management* 1 (1981), Nr. 4, S. 215–223

Supply Chain Council 2010

SUPPLY CHAIN COUNCIL: *Supply Chain Operations Reference Model*. 2010

Swaminathan u. a. 1998

SWAMINATHAN, J. M.; SMITH, S. ; SADEH, N. M.: Modeling Supply Chain Dynamics: A Multiagent Approach. In: *Decision Sciences* 29 (1998), Nr. 3, S. 607–632

Talluri u. Baker 2002

TALLURI, S. ; BAKER, R. : A multi-phase mathematical programming approach for effective supply chain design. In: *European Journal of Operational Research* 141 (2002), Nr. 3, S. 544–558

Tan u. a. 1998

TAN, K. C.; HANDFIELD, R. B. ; KRAUSE, D. R.: Enhancing the firm's performance through quality and supply base management: An empirical study. In: *International Journal of Production Research* 36 (1998), Nr. 10, 2813–2837

Tang 2006a

TANG, C. S.: Perspectives in supply chain risk management. In: *International Journal of Production Economics* 103 (2006), Nr. 2, 451–488

Tang 2006b

TANG, C. S.: Robust strategies for mitigating supply chain disruptions. In: *International Journal of Logistics: Research and Applications* 9 (2006), Nr. 1, 33–45

Tang u. Tomlin 2008

TANG, C. S.; TOMLIN, B. T.: The power of flexibility for mitigating supply chain risks. In: *International Journal of Production Economics* 116 (2008), Nr. 1, 12–27

Tang u. Musa 2011

TANG, O. ; MUSA, S. N.: Identifying risk issues and research advancements in supply chain risk management. In: *International Journal of Production Economics* 133 (2011), Nr. 1, 25–34

Tapiero u. Grando 2008

TAPIERO, C. S.; GRANDO, A. : Risks and supply chains. In: *International Journal of Risk Assessment and Management* 9 (2008), Nr. 3, S. 199–212

Terzi u. Cavalieri 2004

TERZI, S. ; CAVALIERI, S. : Simulation in the supply chain context: a survey. In: *Computers in Industry* 53 (2004), Nr. 1, S. 3–16

Thun u. Hoenig 2009

THUN, J. ; HOENIG, D. : An empirical analysis of supply chain risk management in the German automotive industry. In: *International Journal of Production Economics* 131 (2009), Nr. 1, 242–249

Ting 1988
TING, W. : *Multinational risk assessment and management : strategies for investment and marketing decisions.* New York : Quorum Books, 1988

Tocher 1967
TOCHER, K. ; PORTER, A. (Hrsg.): *The Art of Simulation.* 2. London : The Englisch Universities Press, 1967 (Electrical Engineering Series)

Todhunter 1865
TODHUNTER, I. : *History of the Theory of Probability to the Time of Laplace.* Cambridge : MacMillan and Co., 1865

Tomlin 2006
TOMLIN, B. T.: On the value of mitigation and contingency strategies for managing supply chain disruption risks. In: *Management Science* 52 (2006), Nr. 5, S. 639–657

Tomlin 2009
TOMLIN, B. T.: Disruption-management strategies for short life-cycle products. In: *Naval Research Logistics* 56 (2009), Nr. 4, S. 318–347

Tomlin u. Wang 2005
TOMLIN, B. T.; WANG, Y. : On the value of mix flexibility and dual sourcing in unreliable newsvendor networks. In: *Manufacturing & Service Operations Management* 7 (2005), Nr. 1, S. 37–57

Towill u. a. 1992
TOWILL, D. R.; NAIM, M. ; WIKNER, J. : Industrial dynamics simulation models in the design of supply chains. In: *International Journal of Physical Distribution and Logistics Management* 22 (1992), Nr. 5, S. 3–13

Tranfield u. Denyer 2003
TRANFIELD, D. ; DENYER, D. : Towards a methodology for developing evidence-informed management knowledge by means of systematic review. In: *British Journal of Management* 14 (2003), 207–222

Trkman u. McCormack 2009
TRKMAN, P. ; MCCORMACK, K. : Supply chain risk in turbulent environments–A conceptual model for managing supply chain network risk. In: *International Journal of Production Economics* 119 (2009), Nr. 2, S. 247–258

Truscott 1980

TRUSCOTT, W. : Timing market entry with a contribution-maximization approach to location-allocation decisions. In: *European Journal of Operational Research* 4 (1980), Nr. 2, S. 95–106

Tsai 2008

TSAI, C. : On supply chain cash flow risks. In: *Decision Support Systems* 44 (2008), Nr. 4, S. 1031–1042

Tsiakis u. a. 2001

TSIAKIS, P. ; SHAH, N. ; PANTELIDES, C. C.: Design of Multi-echelon Supply Chain Networks under Demand Uncertainty. In: *Industrial & Engineering Chemistry Research* 40 (2001), Nr. 16, 3585–3604

Tummala u. Leung 1996

TUMMALA, V. M. R.; LEUNG, Y. H.: A risk management model to assess safety and reliability risks. In: *International Journal of Quality & Reliability Management* 13 (1996), Nr. 8, 53–62

Tuncel u. Alpan 2010

TUNCEL, G. ; ALPAN, G. : Risk assessment and management for supply chain networks: A case study. In: *Computers in Industry* 61 (2010), Nr. 3, 250–259

Turner 1993

TURNER, J. : Integrated Supply Chain Management: What's Wrong with this Picture? In: *Industrial Engineering* 25 (1993), Nr. 12, S. 52–55

Vakharia u. Yenipazarli 2009

VAKHARIA, A. J.; YENIPAZARLI, A. : Managing Supply Chain Disruptions. In: *Foundations and Trends in Technology, Information and Operations Management* 2 (2009), Nr. 4, S. 243–325

Vidal u. Goetschalckx 1997

VIDAL, C. ; GOETSCHALCKX, M. : Strategic production-distribution models: A critical review with emphasis on global supply chain models. In: *European Journal of Operational Research* 98 (1997), Nr. 1, S. 1–18

van der Vorst u. Beulens 2002

VORST, J. G. A. J. d.; BEULENS, A. : Identifying Sources of Uncertainty to generate Supply Chain Redesign Strategies. In: *International Journal of Physical Distribution and Logistics Management* 32 (2002), Nr. 6, 409–430

Wagner u. a. 2009
WAGNER, S. M.; BODE, C. ; KOZIOL, P. : Supplier default dependencies: Empirical evidence from the automotive industry. In: *European Journal of Operational Research* 199 (2009), Nr. 1, S. 150–161

Walther 2001
WALTHER, J. : Konzeptionelle Grundlagen des Supply Chain Managements. In: WALTHER, J. (Hrsg.); BUND, M. (Hrsg.): *Supply Chain Management - Neue Instrumente zur kundenorientierten Gestaltung integrierter Lieferketten.* Frankfurt a. Main : Frankfurter Allgemeine Zeitung, 2001, S. 11–31

Wang u. a. 2007
WANG, W. ; RIVERA, D. ; KEMPF, K. : Model predictive control strategies for supply chain management in semiconductor manufacturing. In: *International Journal of Production Economics* 107 (2007), Nr. 1, S. 56–77

van Weele 2010
WEELE, A. J.: *Purchasing and Supply Chain Management - Analysis, Planning and Practice.* 5. Andover : Cengage Learning, 2010

Wencke-Schröder 2005
WENCKE-SCHRÖDER, R. : *Risikoaggregation unter Beachtung der Abhängigkeiten zwischen Risiken.* Baden-Baden : Nomos, 2005

White u. Ingalls 2009
WHITE, K. ; INGALLS, R. G.: Introduction to simulation. In: *Winter Simulation Conference*, 2009, S. 12–23

Willke 1993
WILLKE, H. : *Systemtheorie.* 4. Jena : G. Fischer, 1993

Wilson 2007
WILSON, M. C.: The impact of transportation disruptions on supply chain performance. In: *Transportation Research Part E: Logistics and Transportation Review* 43 (2007), Nr. 4, 295–320

Woodward 1958
WOODWARD, J. : *Management and Technology.* London : Crown, 1958 (Problems of Progress in Industry)

Woodward 1980
WOODWARD, J. : *Industrial Organization: Theory and Practice.* 2. Oxford : Oxford University Press, 1980

Wu u. a. 2006
WU, T. ; BLACKHURST, J. V. ; CHIDAMBARAM, V. : A model for inbound supply risk analysis. In: *Computers in Industry* 57 (2006), Nr. 4, S. 350–365

Xiao u. Yu 2006
XIAO, T. ; YU, G. : Supply chain disruption management and evolutionarily stable strategies of retailers in the quantity-setting duopoly situation with homogeneous goods. In: *European Journal of Operational Research* 173 (2006), Nr. 2, S. 648–668

Xu u. Nozick 2009
XU, N. ; NOZICK, L. : Modeling supplier selection and the use of option contracts for global supply chain design. In: *Computers and Operations Research* 36 (2009), Nr. 10, S. 2786–2800

Yan u. a. 2003
YAN, H. ; YU, Z. ; EDWIN CHENG, T. : A strategic model for supply chain design with logical constraints: formulation and solution. In: *Computers and Operations Research* 30 (2003), Nr. 14, S. 2135–2155

Yang u. a. 2011
YANG, T. ; WEN, Y. ; WANG, F. : Evaluation of robustness of supply chain information-sharing strategies using a hybrid Taguchi and multiple criteria decision-making method. In: *International Journal of Production Economics* 134 (2011), Nr. 2, 458–466

Yi u. a. 2011
YI, C. Y.; NGAI, E. W. T. ; MOON, K. L.: Supply chain flexibility in an uncertain environment: exploratory findings from five case studies. In: *Supply Chain Management: An International Journal* 16 (2011), Nr. 4, S. 271–283

Yin 2009
YIN, R. K.: *Case Study Research: Design and Methods.* 4. Sage Publications, 2009

Yu u. a. 2009
YU, H. ; ZENG, A. ; ZHAO, L. : Single or dual sourcing: decision-making in the presence of supply chain disruption risks. In: *Omega* 37 (2009), Nr. 4, S. 788–800

van der Zee u. van der Vorst 2005
ZEE, D. van d.; VORST, J. G. A. J. d.: A modeling framework for supply

chain simulation: Opportunities for improved decision making. In: *Decision Sciences* 36 (2005), Nr. 1, S. 65–95

Zsidisin 2003

ZSIDISIN, G. A.: A grounded definition of supply risk. In: *Journal of Purchasing and Supply Management* 9 (2003), Nr. 5-6, S. 217–224

Daniel Dumke

Lebenslauf

Persönliche Daten

Geburtsdatum:	9. 3. 1981	Familienstand:	verheiratet
Geburtsort:	Dachau	Geburtsname:	Stengel

Ausbildung

07/2010–12/2012 **Doktorand**, *Technische Universität*, Hamburg, Institut für Logistik und Unternehmensführung.
Thema: *Strategische Ansätze zur Risikoreduktion im Supply-Chain-Netzwerkdesign*, Forschungsaufenthalt: Bangkok, Thailand (07/2011–08/2011).

10/2001–08/2006 **Diplom-Kaufmann**, *Universität*, Mannheim.
Schwerpunkte: Finanzierung und Banken, Supply-Chain-Management sowie Internationales Management, Diplomarbeit: *Hedging bei Ungewissheit*, Auslandsstudium: Hongkong, China (08/2004–12/2004).

09/1991–05/2000 **Abitur**, *Graf-Rasso-Gymnasium*, Fürstenfeldbruck.

Berufserfahrung

07/2006–06/2010 **Consultant**, *Detecon (Schweiz) AG*, Zürich, Financial Management Group.
Projekte als Projektleiter:
- Risikomanagement: Konzeptentwicklung und -umsetzung,
- Business-Process-Restructuring: Analyse, Modellierung und Umsetzung,
- Mergers/Acquisitions: Analyse und Bewertung.

Studienbegleitende Berufserfahrung
Praktikant, *BASF AG*, Ludwigshafen, Financial Controlling.
Praktikant/Werkstudent, *EADS Deutschland GmbH*, München, Headquarters-Controlling.
Tutor, *Universität und selbstständig*, Mannheim.

Auszug Veröffentlichungen

Mitigation Strategies in Global Supply Chain Risk Management: an exploratory Study. In: *International Supply Chain Management and Collaboration Practices*. Lohmar : Josef Eul Verlag, 2011, S. 55–74. Gemeinsam mit: KERSTEN, Wolfgang

Strategic Agent Based Simulation Platform for Supply Chain Management. In: *International Supply Chain Management and Collaboration Practices*. Lohmar : Josef Eul Verlag, 2011, S. 263–282. Gemeinsam mit: KERSTEN, Wolfgang ; LOPEZ CASTELLANOS, Mayolo A.

IKS - Interne Kontrollsysteme nach der 8. EU-Richtlinie. In: *Zeitschrift für Recht und Rechnungswesen* 22 (2010), Nr. 86, S. 86–92. Gemeinsam mit: JASTER, Martin ; SOLTANI-SHIRAZI, Borsu

Hedging bei Ungewissheit, Universität Mannheim, Diplomarbeit, 2006. `http://hdl.handle.net/10419/39431`